2판

기본 유체역학

FLUID MECHANICS

박남섭 박시환 김상진 강형민

JINSAEM 진샘미디어

PREFACE

인류가 지구상에서 생활을 시작하면서 유체역학의 이용은 이루어졌다. 그것이 유체역학의 기본원리를 알고 했든지 그렇지 않든 간에 실생활에 유체역학의 원리를 체험적으로 응용하여 살아왔던 것이다. 오늘날의 산업사회에서는 모든 부분에서 유체역학은 가장 기초적인 학문으로 공학을 공부하는 학생에게는 꼭 필요한 과목이다. 그러나 유체역학은 자연현상을 수학적인 방법으로 해석하는 부분이 많아 수학에 흥미가 없는 학생들에게는 공부하는데 어려움이 있다고 여겨진다.

이 책은 수년간 강단에서 강의한 내용을 중심으로 처음 공학에 입문하는 학생들이 이해하는 데 어려움이 없도록 편찬하였다. 많은 교재들이 아직도 공학단위와 영국단위 등을 혼용하여 독자로 하여금 혼란을 주고 있으나 이 책에서는 기본단위로 지금까지 학생들이 배워온 SI 단위를 채택하여 단위에서 오는 혼란을 배제하였다.

이 책은 총 12장으로 구성하였으며 매 장마다 학생들이 스스로 해결할 수 있는 정도의 연습문제를 마련하여 수업시간에 얻지 못했거나 충분히 이해하지 못한 내용을 문제를 통하여 습득하도록 하였다.

앞으로 이 책의 착오나 미비한 점을 발견하면 즉시 보완 · 수정하여 더욱 좋은 교재가 되도록 노력하겠으며 끝으로 이 책에 인용된 참고서나 자료의 저자에 대하여 깊은 사의를 표한다.

저자 씀

CONTENTS

CHAPTER 01

유체의 기본성질

1.1 유체역학의 발달

유체역학(fluid mechanics)은 유동을 수반하는 여러 가지 현상을 공부하는 학문분야로 옛날부터 실생활에 이용되어 온 학문이라고 볼 수 있다. 원시시대부터 수차와 양수장치, 통나무배 등이 만들어져 이용되어 왔으며 고대도시에는 상하수도는 물론 밀폐식 수문 까지도 설계·제작하여 이용하였다.

유체역학의 학문적인 발전은 고대 그리스시대부터 시작되었으며, 20세기 이전까지 이것은 수리학자(hydraulician)와 이론유체역학자(mathematician)의 두 개의 그룹으로 나뉘어 연구되어 왔다. 수리학자들은 실험적인 면을 중요시하는 그룹이며, 이론유체역학자들은 유체현상을 수학적으로 해석하여 해결하려는 학자들이다. 수리학은 수많은 실험을 기초로 하여 유체의 제 현상에 대한 실험식을 세우고 이것을 이용하여 여러 가지 문제에 해답을 주는 데 효과적이었으나 일반적인 현상에 대한 통일된 법칙을 유도해 내는 데는 미흡하였다. 그러나 이론유체역학자들은 이론해석에 치우친 나머지 유동현상을 단순화하기 위한 무리한 가정으로 말미암아 실제의 실험결과와는 차이가 나는 한계가 존재하였다. 20세기에 접어들면서 순수한 실험주의는 점차 사라지고 수학적인 방법을 실험결과에 도입하고 수정을 반복하여 근대 유체역학의 학문체계로 발전하게 되었다.

최근의 유체역학자들이 직면하고 있는 문제는 더욱더 복잡해짐은 물론, 고대로부터 꾸준히 연장되어온 물의 공급, 관계, 항해와 수력, 동력의 문제 까지도 그 규모가 점차 거대하게 커지고 있는 실정이다. 그밖에 현대 유체역학자들이 추가로 다루고 있는 문제들은 우주비행선, 초음속 항공기의 개발과 초대형 유조선의 설계 등 공학적인 문제 뿐만 아니라 인간 동맥, 정맥과 심장을 포함한 의학적인 문제와 기상학, 우주항행 등 여러 가지 분야를 취급하고 있다.

이와 같이 유체역학의 응용분야는 아주 광범위한데 근래에 연구되고 있는 분야는 다음과 같다.

① 자동차, 선박, 항공기 분야 : 항력을 최소화하고 추진력을 극대화하기 위한 공기역학적 설계, 친환경 엔진연소, 방열냉각 등 열유동 특성 최적화설계

② 환경, 에너지 분야 : 도심 건물 주위의 공기역학, 대기와 대양의 유체역학, 바다에서의 기름띠 제거, 오염물질의 확산 및 방제, 기상학, 토네이도, 허리케인, 해일(쓰나미) 현상 연구

③ 생체역학 분야 : 혈관 내 혈액의 흐름, 인공심장 밸브, 인공장기의 유체역학적 거동, 호흡기 순환기 계통에 대한 유체역학적 이해 및 연구

④ 미세유체시스템(micro-fluid system) 분야 : 멤스(MEMS) 반도체 설계 공정, 의약품, 세포생물학 연구, 단백질 결정화, 약품 스크리닝, 혈당 측정기, 화학적 마이크로반응기, 마이크로 프로세서 냉각 및 마이크로 연료전지 등 분야 등 응용연구

1.2 유체

우리가 일상생활에서 경험하는 물질은 그 물질을 이루는 분자간의 거리와 응집력의 크기에 따라서 크게 고체와 유체로 구분한다. 유체는 고체에 비하여 분자상호간의 거리와 운동범위가 크고 응집력은 이와는 반대로 작다. 유체는 다시 액체와 기체로 분류한다. 액체는 기체에 비하여 분자간의 거리는 짧고 응집력은 크다. 또, 고체가 치밀성과 강성을 갖는데 반하여 액체분자는 액체질량 속에서 자유로이 운동할 수 있는 능력을 가지며 기체는 자신이 놓여 있는 용기를 꽉 채울 수 있는 능력을 가진다. 유체는 그 분자들이 이동성과 간격을 가지는 성질이 있음에도 불구하고, 유체 그 내부에 빈자리와 구멍 등이 존재할 수 없는 연속체로 가정되어 해석한다.

1.2.1 유체의 정의

'유체(fluid)는 아무리 작은 전단응력(shear stress)을 받아도 연속적으로 변형되는 물질'로 정의한다. 전단응력이 작용하는 한 유체의 운동이 지속되기 때문에 "정지 상태에서 전단응력을 지탱할 수 없는 물질'을 유체라고 정의 할 수도 있다.

유체가 일정한 형태의 정해진 모양이 없이 자유로이 변한다는 사실은, 유체가 전단응력을 받으면 연속적으로 변형이 일어나는 물질이라고 정의할 수 있다.

1.2.2 유체의 분류

점성(viscosity)이 있는 유체를 점성 유체(viscous fluid), 점성이 없는 유체를 비점성 유체(inviscid fluid)라 하고, 압축이 되는 유체를 압축성 유체(compressible fluid), 압축되지 않는 유체를 비압축성 유체(incompressible fluid)라 한다. 그리고, 비점성 · 비압축성 유체를 이상 유체(ideal fluid)라 한다.

실제 운동하고 있는 유체는 전단응력이 존재하며 이렇게 전단응력이 고려되는 것은 점성이라는 유체가 가지고 있는 성질 때문이다. 실제유체는 모두 점성을 가지며 압축이 된다. 그런데 실제로는 점성 · 압축성 유체이지만 그 영향이 매우 작게 나타나는 경우에는 일반적으로 비점성 · 비압축성 유체로 가정하여 해석한다. 점성유체에 비하여 점성이 없는 유체를 비점성유체라 하며 비점성 · 비압축성유체를 이상유체라 한다.

실제유체의 이론적 해석은 점성 때문에 매우 복잡하다. 따라서, 유체역학 공부를 처음 시작한 초보자는 실제유체의 성질을 대부분 내포하고 있는 이상유체의 해석부터 시작하게 된다. 공학적으로 많은 경우 실제유체는 이상 유체처럼 볼 수 있으며 이것은 열역학에서 가역과정과 비가역과정에 비유할 수 있다.

1.3 Newton의 운동 제2법칙

Newton의 운동 제2법칙은 질량, 힘, 가속도의 관계를 나타내는 식으로 "물체의 가속도는 그에 가해진 힘의 방향으로 힘의 크기에 비례한다."라고 할 수 있다. 질량 m인 물체에 힘 F가 가해지면 가속도 a와의 관계는 다음과 같다.

$$F = ma \tag{1-1}$$

물체가 가지는 무게 역시 지구가 물체에 작용하는 인력에 의한 힘으로 볼 수 있으므로 이 때는 가속도를 중력가속도로 하여 표시할 수 있다. 중력가속도를 g라 하면 물체의 무게 F는

$$F = mg \tag{1-2}$$

로 쓸 수 있다. 여기서 표준중력가속도는 $g = 9.80665\text{m/s}^2$이나 편의상 $g = 9.8\text{m/s}^2$을 사용하기로 한다.

예제 1-1

질량이 100kg인 물체에 수직 상방향으로 500N의 힘이 작용하고 600N의 힘이 수직 상방향에 대하여 30°의 방향으로 작용한다. 중력가속도가 9.8m/s²일 때 연직방향의 가속도를 구하여라.

풀이

문제를 풀기위한 첫째 단계는 이 물체에 작용하는 힘의 자유물체도를 그리는 일이다.

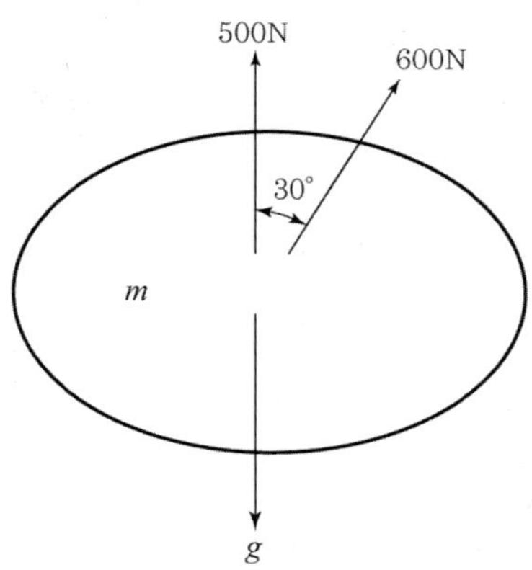

Newton의 운동 제2법칙을 연직방향에 대하여 적용하면 다음과 같다.

$$\Sigma F_y = ma_y$$

즉,

$$\Sigma F_y = 500 + 600\cos 30 - 100 \times 9.8 = 39.6N$$
$$ma_y = 100a_y$$
$$a_y = 0.396m/s^2$$

이다.

1.4 차원

우리가 경험하는 물리적인 현상은 상황에 따라 여러 가지로 표현되지만 그것의 물리적 양(quantity)은 같은 경우가 많다. 대부분의 물리적 현상은 길이, 질량, 시간 등의 몇 가지의 기본적인 양이라 하는 기본차원의 조합에 의해서 표현할 수 있다. 여기서 기본차원의 길이를 L, 질량을 M, 시간을 T라 하면 물리적인 현상 W는 이것들의 조합에 의해서

$$[W] = [L^{\alpha} M^{\beta} T^{\gamma}] \tag{1-3}$$

의 형태로 쓰고 이것을 W의 차원식이라 한다. 예를 들어 힘의 차원은 $[F] = [MLT^{-2}]$로 쓰며 힘의 차원은 이것 한가지로 밖에 표현할 수 없다. 즉, 차원은 단위와는 달리 하나의 차원을 다른 차원으로 환산할 수는 없으며 식 (1-3)과 같은 차원식에서 양변의 차원은 반드시 같아야 하고 이것은 공학상의 문제해결의 한 방법으로 이용된다.

기본차원을 위와 같이 길이를 L, 질량을 M, 시간을 T라 하면 차원은 식 (1-3)과 같이 쓰여지지만, 기본차원을 길이를 L, 힘을 F, 시간을 T로 하면 차원식은

$$[W] = [L^{\alpha} F^{\beta} T^{\gamma}] \tag{1-4}$$

로 쓴다. 〈표 1-1〉은 여러 가지 물리량에 대한 차원이다.

〈표 1-1〉 물리량의 차원과 단위

양	차원		단위	
	LMT계	LFT계	SI(국제)	공학(중력)
길 이	$[L]$	$[L]$	m	m
질 량	$[M]$	$[L^{-1}FT^2]$	kg	
시 간	$[T]$	$[T]$	s	s(또는 sec)
면 적	$[L^2]$	$[L^2]$	m^2	m^2
체 적	$[L^3]$	$[L^3]$	m^3	m^3
속 도	$[LT^{-1}]$	$[LT^{-1}]$	m/s	m/s
가 속 도	$[LT^{-2}]$	$[LT^{-2}]$	m/s^2	m/s^2
각 속 도	$[T^{-1}]$	$[T^{-1}]$	rad/s	rad/s
비 중 량	$[L^{-2}MT^{-2}]$	$[L^{-3}F]$	$kg/m^2 \cdot s^2$	kg_f/m^3
밀 도	$[L^{-3}M]$	$[L^{-4}FT^2]$	kg/m^3	$kg_f \cdot s^2/m^4$
운 동 량	$[LMT^{-1}]$	$[FT]$	$kg \cdot m/s$	$kg_f \cdot s$
힘, 무게	$[LMT^{-2}]$	$[F]$	N, $kg \cdot m/s^2$	kg_f
토 크	$[L^2MT^{-2}]$	$[LF]$	$kg \cdot m^2/s^2$	$kg_f \cdot m$
압력, 응력	$[L^{-1}MT^{-2}]$	$[L^{-2}F]$	Pa, N/m^2, bar	kg_f/cm^2
에너지, 일	$[L^2MT^{-2}]$	$[LF]$	J, $N \cdot m$, $kg \cdot m^2/s^2$	$kg_f \cdot m$
동 력	$[L^2MT^{-3}]$	$[LFT^{-1}]$	W, $kg \cdot m^2/s^3$	$kg_f \cdot m/s$
점 성 계 수	$[L^{-1}MT^{-1}]$	$[L^{-2}FT]$	$Pa \cdot s$, $N \cdot s/m^2$	$kg_f \cdot s/m^2$
동점성계수	$[L^2T^{-1}]$	$[L^2T^{-1}]$	m^2/s	m^2/s
압 축 률	$[LM^{-1}T^2]$	$[L^2F^{-1}]$	m^2/N, $m \cdot s^2/kg$	m^2/kg_f
기 체 상 수	$[LT^{-1}]$	$[LT^{-1}]$	$kJ/kg \cdot K$	m/°K
표 면 장 력	$[MT^{-2}]$	$[L^{-1}F]$	N/m, kg/s^2	kg_f/m

예제 1-2

일 W의 차원을 구하여라.

풀이

일은 힘과 변위의 곱이고 힘은 질량과 가속도의 곱이므로

$$\text{일} = \text{힘} \times \text{변위} = \text{질량} \times \text{가속도} \times \text{변위}$$

$$[W] = [M] \times [LT^{-2}] \times [L] = [ML^2T^{-2}]$$

이다.

1.5 단위

1.5.1 단위

단위(unit)는 인위적으로 정한 크기를 기준으로 하여 물리량의 차원을 표현하기 위해 사용하는 것을 말한다.

1.5.2 절대단위계

기준량으로 질량(M), 길이(L), 시간(T)을 정의하고 이들의 조합으로서 다른 물리량의 단위를 나타내는 것을 절대단위계(MLT계)라 한다.

1.5.3 중력단위계

기준량으로 힘(F), 길이(L), 시간(T)을 정의하고 이들의 조합으로써 다른 물리량의 단위를 나타내는 것을 중력단위계(FLT계)라 한다.

〈표 1-2〉 중력단위와 절대단위의 환산표

물리량	환산단위
무게, 힘	1 kg_f = 9.8N N = 9.8 × 10^5 dyne 1 N = 0.102kg_f
일, 에너지	1 kg_f · m = 9.8 J
일 률	1 kg_f · m/s = 9.8 W 1 PS = 75kg_f · m/s = 735.6 W 1 HP = 76kg_f · m/s = 746 W

같은 물리량의 크기를 서로 비교하기 위해서는 양의 크기를 나타내는 기준이 필요하다. 이와 같은 기준으로 사용되는 것이 단위(unit)이다. 따라서, 단위는 기준을 정하는 방법에 따라서 여러 가지로 정할 수 있다. 예를 들면 길이의 단위로 m, ft 등 여러 가지로 쓸 수 있으나 이들 사이에는 서로 환산이 가능하다.

현재 세계적으로 사용되고 있는 단위계는 크게 공학단위계와 절대단위계로 대변할 수 있다. 공학단위계는 중량단위계라고도 하며 기본단위로 길이는 m, 시간을 s로 힘을 kg_f로 하여 일 또는 에너지는 kg_f · m/s나 HP 또는 PS를 이용하고, 절대단위계는 일명 MKS 단위계라고도 하며 기본 단위로 길이, 질량, 시간의 단위로 m, kg, s를 사용하여 힘 또는 무게는 N, 일률은 W를 사용한다. 중량단위와 절대단위의 환산은 〈표 1-2〉와 같이 한다.

각 나라들은 자기 나라의 실정에 맞는 단위를 만들어 사용하여 왔으나 차츰 사람들의 생활범위가 넓어짐에 따라 단위제도상의 불편을 느끼기 시작하였다. 이와 같은 이유로 국제도량형총회에서 전세계적으로 단위를 통일하고자하여 채택한 것이 SI 단위계이다. 우리나라에서도 예전에는 영국단위, 공학단위 등 여러 가지 단위가 사용되어 왔으나 지금은 대부분 SI 단위계로 통일되어 가고 있다.

SI 단위계는 7개의 기본단위를 채택하여 필요한 상황에 따라서 고유명칭을 갖는 조립단위를 정의하여 사용하고 있다. 〈표 1-3〉은 SI 단위계의 기본단위와 보조단위, 조립단위이다.

〈표 1-3〉 SI 단위계

단위종별	물리량	SI 단위	비고
기본단위	길이	m	meter
	질량	kg	kilogram
	시간	s	second
	온도	K	Kelvin
	전류	A	ampere
	물질의 양	mol	molar
	광도	cd	candela
보조단위	평면각	rad	radian
	입체각	sr	steradian
조립단위	힘	N	newton
	압력	Pa	$1\ \text{Pa} = 1\ \text{N/m}^2$
			$1\ \text{bar} = 10^5\ \text{Pa}$
	일, 에너지, 열량	J	$1\ \text{J} = 1\ \text{N} \cdot \text{m}$
	일률	W	$1\ \text{W} = 1\ \text{J/s}$
	주파수	Hz	

〈표 1-4〉 단위의 접두어

단위에 곱해지는 수	명칭	기호
10^{12}	tera	T
10^{9}	giga	G
10^{6}	mega	M
10^{3}	kilo	k
10^{-2}	centi	c
10^{-3}	mili	mm
10^{-6}	micro	μ
10^{-9}	nano	n
10^{-12}	pico	p

예제 1-3

질량 30kg인 물체를 중력가속도 9.7m/s²인 지역에서 무게를 측정하였을 때 무게를 중력단위와 SI 단위로 표시하여라.

풀이

$F = mg$이므로 SI 단위로는

$$F = 30 \times 9.7 = 291\text{N}$$

$1\text{N} = 0.102\ \text{kg}_\text{f}$이므로 중력단위로는

$$F = 29.7\text{kg}_\text{f}$$

이다.

예제 1-4

어떤 물체에 50N 의 힘이 작용하여 4초 동안에 10m를 이동할 때, 일률을 중력단위와 SI 단위로 구하여라.

풀이

일률 W는 물체에 가해진 힘을 F, 물체의 변위를 S라 하면

$$W = \frac{F \times S}{t} = \frac{50 \times 10}{4} = 125\text{W}$$

이고, $1\text{W} = 0.00136\ \text{PS}$이므로

$$W = 120 \times 0.00136 = 0.17\text{PS}$$

이다.

기초학습 역학에 관한 단위계

(1) M · K · S 단위계 (SI 단위계)

길이(m), 질량(kg), 시간(s)을 기본 단위로 하는 단위계를 M · K · S 단위계라 한다. 단위계에서 힘의 단위는 N (Newton), 압력은 Pa (Pascal), 일과 에너지는 J (Joule), 일률(동력)은 W (Watt)이다.

① $1N$: $1kg$의 물체에 $1m/s^2$의 가속도를 가지게 하는 힘

$1N = 1kg\,m/s^2$

② $1J$: $1N$ 의 힘이 작용하여 힘의 방향으로 $1m$ 이동 하였을 때 한 일

$1\,J = 1\,Nm$

③ $1\,Pa$: 단위면적 $1\,m^2$ 위에 $1N$ 의 힘이 수직으로 작용 할 때의 압력

$1\,Pa = 1\,N/m^2$

④ $1\,W$: 1초에 $1\,J$의 일을 할 때의 일률(동력)

$1\,W = 1\,J/s = 1\,Nm/s$

(2) c · g · s 단위계

길이(cm), 질량(g), 시간(s)을 기본 단위로 하는 단위계를 c · g · s 단위계라 한다.

① $1dyne$: $1g$의 물체에 $1cm/s^2$의 가속도를 내게 하는 힘

$1dyne = 1\,g\,cm/s^2$

(3) 중력단위계

길이(m), 힘(kg_f), 시간(s)을 기본 단위로 하는 단위계를 중력단위계라 한다.

① $1kg_f$: 질량 1kg의 물체에 작용하는 중력

$1\,kg_f = 9.80665\,N$

② 질량 1kg의 무게 :

$W = mg = 1\,kg \times 9.80665\,m/s^2 = 9.80665\,N$

1.6 밀도, 비체적, 비중량, 비중

1.6.1 밀도

밀도(density)는 단위 체적당의 질량으로 정의한다. 즉, 단위 체적당의 물질에 포함되는 분자수를 의미하는 것으로 온도가 상승하면 분자간의 간격이 커지므로 밀도는 작아지고, 같은 온도라 하면 압력이 커감에 따라 밀도도 증가하게 됨을 알 수 있다. 어떤 물체의 질량을 m, 체적을 V라 하면 밀도 ρ는 다음과 같다.

$$\rho = \frac{m}{V} \tag{1-5}$$

따라서 밀도의 단위는 kg/m^{3}이고 차원은 $[ML^{-3}]$이다. 온도에 따른 물의 밀도가 〈표 1-5〉에 표시되어 있다.

예제 1-5

체적 5m^{3}의 밀폐된 탱크 속에 어떤 유체가 4900kg 들어 있다. 이 유체의 밀도를 구하여라.

풀이

식 (1-5)에 의해서

$$\rho = \frac{m}{V} = \frac{4900}{5} = 980\text{kg/m}^3$$

이다.

〈표 1-5〉 물의 밀도 및 비중량

온도[℃]	밀도(ρ) [kg/m^3]	비중량(γ) [kN/m^3]
0	999.8	9.805
5	1000.0	9.807
10	999.7	9.804
15	999.1	9.798
20	998.2	9.789
25	997.0	9.777
30	995.7	9.764
40	992.2	9.730
50	988.0	9.689
60	983.2	9.642
70	977.8	9.589
80	971.8	9.530
90	965.3	9.466
100	958.4	9.399

1.6.2 비체적

비체적(specific volume)은 단위 질량당의 체적으로 정의하며 밀도의 역수가 된다. 비체적을 v라 하면

$$v = \frac{V}{m} = \frac{1}{\rho} \tag{1-6}$$

이다. 따라서 비체적의 단위는 m^3/kg이고 차원은 $[LM^{-3}]$이다. 공학단위계에서는 단위 체적당의 중량으로 정의하며 물체의 중량을 G라 하면

$$v = \frac{V}{G} \tag{1-7}$$

이고 단위는 m^3/kg$_f$이다.

예제 1-6

체적 $5m^3$의 밀폐된 탱크 속에 어떤 유체가 4900kg 들어 있다. 이 유체의 비체적을 구하여라.

풀이

식 (1-6)에서 비체적은

$$v = \frac{V}{m} = \frac{5}{4900} = 1.02 \times 10^{-3} \ \mathrm{m^3/kg}$$

또는 비체적은 밀도의 역수이므로 〈예제 1-5〉를 이용하여 구할 수 있다.

$$v = \frac{1}{\rho} = \frac{1}{980} = 1.02 \times 10^{-3} \ \mathrm{m^3/kg}$$

1.6.3 비중량

비중량(specific weight)은 단위 체적당의 중량으로 정의한다. 어떤 유체의 체적을 V, 중량을 G라 하면 비중량 γ는 다음과 같이 구해진다.

$$\gamma = \frac{G}{V} = \frac{mg}{V} = \rho g \tag{1-8}$$

위 식에서 중량은 질량과 중력가속도의 곱이므로 비중량 γ는 밀도 ρ와 중력가속도 g의 곱으로 된다. 비중량의 단위는 무게의 단위가 N이므로 $\mathrm{N/m^3}$이며 차원은 $[ML^{-2}T^{-2}]$이다. 온도에 따른 물의 비중량은 〈표 1-5〉에 표시되어 있으며, 표준대기압 상태에서 4℃ 순수한 물의 밀도와 비중량은 〈표 1-6〉과 같다.

〈표 1-6〉 4℃ 순수물의 밀도와 비중량

물의 성질	국제단위(SI)	공학단위(중량단위)
밀도(ρ)	$1000\ \mathrm{kg/m^3}$	$102\ \mathrm{kg_f \cdot s^2/m^4}$
비중량(γ)	$9800\ \mathrm{N/m^3}$	$1000\ \mathrm{kg_f/m^3}$

예제 1-7

어떤 유체의 중량이 30000N 이고 체적이 3m^{3}이면 비중량은 얼마인가?

풀이

식 (1-8)을 이용하여

$$\gamma = \frac{30000}{3} = 10000\text{N/m}^3$$

이다.

1.6.4 비중

어떤 물질의 비중(specific gravity) S는 그 물질의 밀도와 같은 온도, 같은 압력 하에서의 물의 밀도와의 비로써 정의한다. 물의 밀도와 비중량을 각각 ρ_ω, γ_ω라 하고 알고자 하는 물체의 밀도와 비중량을 각각 ρ, γ라 하면 비중 S는 다음과 같다.

$$S = \frac{\rho}{\rho_\omega} = \frac{\gamma}{\gamma_\omega} \tag{1-9}$$

〈표 1-7〉 여러 가지 유체의 비중

유체	온도(℃)	비중	유체	온도(℃)	비중
수 은	0	13.595	글리세린	15	1.204
수 은	10	13.570	휘 발 유	15	0.66~0.75
수 은	20	13.546	피마자유	15	0.97
에틸알콜 100%	15	0.794	동물성유	15	0.86~0.94
			벤 졸	15	0.884
사염화탄소	15	1.604	해 수	15	1.01~1.05

표준대기압, 4℃에서 물의 밀도가 1000kg/m^{3}이므로 이 물질의 밀도와 비중량은 비중 S를 이용하여 구할 수 있다.

$$\rho = 1000S$$
$$\gamma = 9800S \qquad (1\text{-}10)$$

예제 1-8

체적 200l인 기름의 중량이 1.8kN이다. 이 원유의 밀도, 비중량, 비중을 구하여라.

풀이

체적과 중량이 주어졌으므로 비중량을 먼저 구하면

$$\gamma = \frac{G}{V} = \frac{1.8 \times 10^3}{200 \times 10^{-3}} = 9000\text{N/m}^3$$

밀도의 비중량에 의해서

$$\rho = \frac{\gamma}{g} = \frac{9000}{9.8} = 918.37\text{kg/m}^3$$

비중은 식 (1-9)에 의해서

$$S = \frac{\rho}{\rho_\omega} = \frac{918.37}{1000} = 0.918$$

이다.

예제 1-9

수은의 비중이 13.6이다. 수은 500kg이 차지하는 체적을 구하여라.

풀이

비중은 다음과 같이 쓸 수 있으므로

$$S = \frac{\rho}{\rho_\omega} = \frac{v_\omega}{v}$$

수은의 비체적은

$$v = \frac{v_\omega}{S} = \frac{0.001}{13.6} = 0.74 \times 10^{-4}\ \mathrm{m^3/kg}$$

이므로 수은 1kg은 $0.74 \times 10^{-4}\mathrm{m^3}$의 체적을 차지한다. 따라서 수은 500kg이 차지하는 체적은

$$V = 0.74 \times 10^{-4} \times 500 = 0.037\mathrm{m^3}$$

이다.

1.7 압력과 온도

유체역학에서 압력은 단위 면적에 대하여 수직으로 작용하는 힘에 의해서 형성되는 것으로, 압력을 p라 하면 다음과 같이 정의한다.

$$p = \lim_{\Delta A \to 0} \frac{\Delta F_n}{\Delta A} \tag{1-11}$$

여기서 ΔF_n은 단면적 ΔA에 작용하는 수직방향의 힘이다. 압력의 단위는 SI 단위로 단위 면적당 작용하는 힘 $\mathrm{N/m^2}$ 또는 Pa(Pascal)이 사용되지만 그 크기가 매우 작으므로 kPa 또는 bar를 쓴다. 공학단위계에서는 $\mathrm{kg_f/cm^2}$ 또는 at를 쓰며 이들의 관계는 다음과 같다.

$1\ \mathrm{N/m^2} = 1\ \mathrm{Pa} = 10^{-5}\ \mathrm{bar}$

$1\ \mathrm{kg_f/cm^2} = 1\ \mathrm{at} = 98\ \mathrm{kPa}$

표준대기압 atm(standard atmospheric pressure)은

$1\ \mathrm{atm} = 760\ \mathrm{mmHg} = 101.3\ \mathrm{kPa}$

이다.

압력과 온도는 물리량으로서 그 기준을 어떻게 잡느냐에 따라서 여러 가지 값으로 측정할 수 있다. 그 중에서 우리는 이 둘의 값을 절대적인 값과 상대적인 값 두 개로 나누어 사용하고 있다. [그림 1-1, 1-2]는 절대압력과 게이지 압력, 절대온도와 상대온도의 눈금 관계를 보여주는 그림이다.

압력은 완전진공을 0으로 하여 측정하는 절대압력과, 국지대기압을 기준으로 하여 측정한 게이지 압력으로 표시한다. 완전진공은 용기 속에 공기 입자가 하나도 없으므로 절대압력은 항상 양의 값을 가진다. 이에 반하여 게이지 압력은 측정하는 지역의 국지대기압을 0으로 하기 때문에 이보다 압력이 낮은 용기의 압력은 음 또는 진공으로 표시하며 높은 용기의 압력은 양으로 표시한다. 양의 값을 가지는 게이지 압력 p_g와 음의 값을 가지는 진공압력 p_v를 이용하여 대기압 p_o인 지역에서의 절대압력 p_a를 구하면 다음과 같다.

$$p_a = p_o + p_g$$
$$p_a = p_o - p_v \tag{1-12}$$

절대압력은 게이지 압력과 구별하여 Pa abs, kg_f/m^2abs와 같이 압력의 단위 뒤에 abs를 표기하여 사용한다. 유체역학에서는 대부분 게이지 압력을 이용한다.

온도의 상대적인 단위는 섭씨 ℃와 화씨 °F를 사용하여 [그림 1-2]와 같은 기준으로 표시한다. 두 온도 모두 표준대기압(101.3 kPa) 하에서 물의 빙점과 비등점을 기준으로 하여 정한 온도로써, 섭씨는 빙점을 0℃, 비등점을 100℃로 하여 나타내고 화씨는 빙점을 32°F, 비등점을 212°F로 나타낸 것이다. 절대온도는 두 경우가 서로 다르게 표시한다. 섭씨온도는 절대온도로 켈빈(Kelvin, K)으로 쓰며 그 관계는 다음과 같다.

$$K = ℃ + 273.15 \tag{1-13)]}$$

화씨온도는 절대온도로 랭킨(Rankine, R)을 사용하며 R로 쓴다.

$$R = °F + 459.67 \tag{1-14}$$

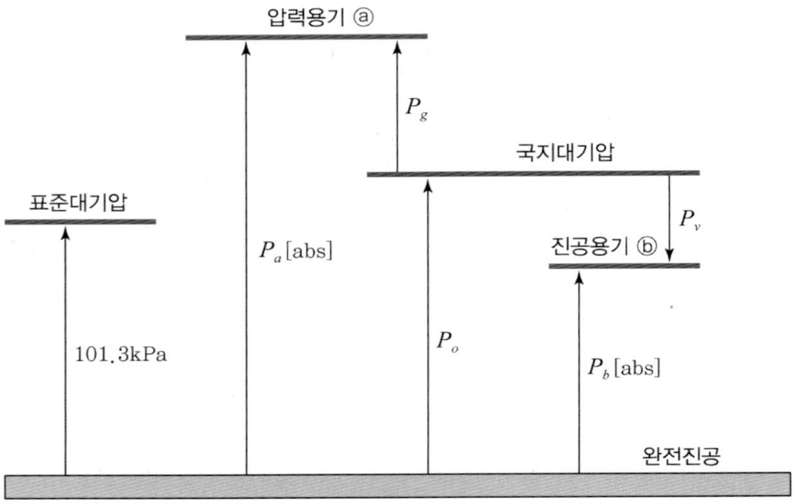

[그림 1-1] 절대압력과 게이지 압력

	℃	K	℉	R
물비등점	100	373.15	212	671.67
물빙점	0	273.15	32	459.67
절대영도				

[그림 1-2] 온도의 단위

예제 1-10

대기압 750 mmHg인 지역에서의 게이지 압력이 10 kPa일 때 이것의 절대압력을 Pa abs, kg_f/cm^2 abs으로 환산하여라.

풀이

$$750\,\mathrm{mmHg} = 101.3 \times \frac{750}{760} = 100.0\,\mathrm{kPa}$$

절대압력 p_a는 다음과 같다.

$$p_a = 100.0 + 10 = 110.0 \text{ kPa abs}$$
$$= \frac{110}{98} = 1.1 \text{ kg}_f/\text{cm}^2 \text{ abs}$$

1.8 이상기체

실제기체는 많은 분자로 이루어져 있으며 분자간에는 분자력이 작용하고 분자 자신의 역학적 에너지가 존재한다. 그러나 분자력이 작용하지 않고 분자의 크기도 무시할 수 있는, Boyle 법칙이나 Charles 법칙을 따르는 가상적인 기체를 이상기체(ideal gas)라 한다. 따라서, 이상기체는 실제 존재하지 않으나 대부분의 기체는 다른 물질보다 상대적으로 분자간의 거리가 멀고 분자력도 작으며 체적도 무시할 수 있을 정도로 작으므로, 공업적으로 이용되는 공기나 수소, 산소, 질소 등은 이상기체로 취급한다.

Boyle 법칙과 Charles 법칙을 이용하여 이상기체의 상태방정식을 다음과 같이 얻을 수 있다.

$$pv = RT \quad \text{또는} \quad \frac{p}{\rho} = RT \tag{1-15}$$

여기서 p는 기체의 압력, T는 절대온도이고 R은 기체상수로 단위는 kJ/kg · K이며 공기의 경우 0.287 kJ/kg · K이다.

Avogadro 법칙에 의하면, 모든 기체는 같은 온도, 같은 압력 하에서 동일 체적 속에 같은 수의 분자수를 갖는다. 따라서, 밀도는 분자량에 비례하므로 분자량을 M이라 하면 다음과 같이 쓸 수 있다.

$$\frac{\rho_2}{\rho_1} = \frac{M_2}{M_1} \tag{1-16}$$

또, 식 (1-15)에서 온도와 압력이 같은 경우

$$\frac{\rho_2}{\rho_1} = \frac{R_1}{R_2} \tag{1-17}$$

이므로 위 두 식에서 다음을 얻을 수 있다.

$$M_1 R_1 = M_2 R_2 \tag{1-18}$$

즉, $MR = Const.$라고 할 수 있으며, MR은 모든 기체가 같으므로 이것을 일반기체상수라 하고 그 값은

$$MR = 8.314 \text{ kJ/kmol} \cdot \text{K} \tag{1-19}$$

이다. 이상기체가 변화할 때 온도가 일정하다면 식 (1-15)는

$$pv = Const. \tag{1-20}$$

로 이것을 등온변화의 상태방정식이라 한다. 또, 기체에 외부로부터 일체의 열출입이 없이 변화하는 경우 이것을 단열변화라 하며 이 때의 상태방정식은 다음과 같다.

$$pv^k = Const. \tag{1-21}$$

여기서 k는 비열비로 정압비열 C_p와 정적비열 C_v의 비

$$\frac{C_p}{C_v} = k$$

로 정의한다. 〈표 1-8〉은 여러 가지 유체의 물성치이다.

〈표 1-8〉 여러 가지 유체의 물성치

기체	분자식	분자량	$R\ \frac{kJ}{kg \cdot K}$	$Cp\ \frac{kJ}{kg \cdot K}$	$Cv\ \frac{kJ}{kg \cdot K}$	k
공 기	–	28.97	0.28700	1.0035	0.7165	1.400
헬 륨	He	4.003	2.07703	5.1926	3.1156	1.667
네 온	Ne	20.183	0.41195	1.0299	0.6179	1.667
알 르 곤	Ar	39.948	0.20813	0.5203	0.3122	1.667
수 소	H_2	2.106	4.12418	14.2091	10.0849	1.409
질 소	N_2	28.013	0.29680	1.0416	0.7448	1.400
산 소	O_2	31.999	0.25983	0.9216	0.6618	1.393
일산화탄소	CO	28.01	0.29683	1.0413	0.7445	1.400
수 증 기	H_2O	18.015	0.46152	1.8723	1.4108	1.327
이산화탄소	CO_2	44.01	0.18892	0.8418	0.6529	1.289
메 탄	CH_4	16.04	0.51835	2.2537	1.7354	1.299
에 탄	C_2H_8	30.07	0.27650	1.7662	1.4897	1.186
프 로 판	C_3H_8	44.097	0.18855	1.6794	1.4909	1.126
부 탄	C_4H_{10}	58.124	0.14304	1.7164	1.5734	1.091
옥 탄	C_8H_{18}	114.23	0.07297	1.7113	1.6385	1.044
에 틸 렌	C_2H_4	28.054	0.29637	1.5482	1.2518	1.237

※ 1kcal = 4.186kJ, 1kgf · m = 9.8J

예제 1-11

압력이 1 bar이고 온도가 0℃인 산소의 비체적과 밀도를 구하여라.

풀이

산소의 기체상수는 산소의 분자량이 32이므로 일반기체상수를 이용하여 구할 수 있다.

$$R = \frac{8.314}{M} = \frac{8.314}{32} = 0.26 \text{ kJ/kg} \cdot \text{K}$$

$$v = \frac{RT}{p} = \frac{260 \times 273}{10^5} = 0.71 \text{ m}^3\text{/kg}$$

$$\rho = \frac{1}{v} = \frac{1}{0.71} = 1.408 \text{ kg/m}^3$$

예제 1-12

압력 283 kPa, 온도 10℃인 공기의 밀도를 구하여라.

풀이

공기의 기체상수는 287 J/kg · K이므로

$$\rho = \frac{p}{RT} = \frac{283 \times 10^3}{287 \times (273 + 10)} = 3.484 \text{ kg/m}^3$$

이다.

1.9 유체의 탄성과 압축성

모든 유체는 압력을 받으면 압축되어 체적이 감소하고 그에 의해서 탄성에너지가 저장된다. 이 때 유체에 가해진 압력을 제거하면 압축된 유체는 저장된 에너지에 의해 팽창하여 원래의 상태로 돌아오게 된다. 이런 성질을 탄성이라 하며 이런 성질을 가지고 있는 유체를 탄성유체라 한다. 강성을 가지는 고체 물질에서는 탄성의 척도로서 강체에 작용하는 응력과 길이의 변형률과의 비인 탄성계수(modulus of elasticity)를 정의하여 사용하고 있으나, 유체는 강성을 가지지 않아 일정하게 정해진 형태가 없으므로 작용한 압력과 체적변화율 사이의 관계를 나타내기 위하여 체적탄성계수를 정의하여 사용한다.

[그림 1-3(a)]에서 어떤 힘에도 변형을 일으키지 않는 강체(비탄성체)의 용기 속에 탄성 유체를 채워 실험을 하자. 유체의 처음 체적이 V_1인 상태에서 피스톤에 가하는 압력을 Δp만큼 증가시키면 유체의 체적은 처음의 V_1에서 V_2로 변화한다. 지금 $\Delta V = V_2 - V_1$이라고 하고 증가된 압력 Δp와 압축된 체적변화율 $\dfrac{\Delta V}{V_1}$와의 관계를 그래프로 표시한 것이 [그림 1-3(b)]이다. 그림에서 임의의 점에서의 접선의 기울기를 체적탄성계수로 정의한다. 즉, 체적탄성계수 E는 다음과 같다.

$$E = \lim_{\Delta V \to 0} - \frac{\Delta p}{\dfrac{\Delta V}{V_1}} = - \frac{dp}{\dfrac{dv}{v_1}} \tag{1-22}$$

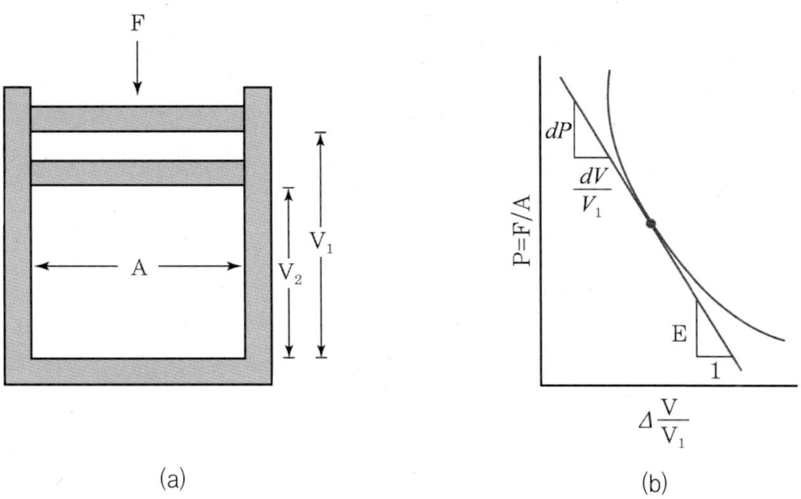

[그림 1-3] 체적탄성계수

위의 그림에서 보는 바와 같이 압력이 높아질수록 접선의 기울기가 급해지고 압축이 어려워진다는 것을 알 수 있다. 이것은 압력이 높아지면 분자 사이의 간격이 좁아져 그 거리를 더 좁히는 것이 쉽지 않다는 것을 의미하는 것으로 유체의 탄성계수는 일정하지 않고 압력이 증가함에 따라 증가한다. 〈표 1-9〉는 여러 가지 유체들의 체적탄성계수이다.

〈표 1-9〉 여러 가지 유체의 체적탄성계수

유체	체적탄성계수(N/m^2)
벤 젠	1.03425×10^9
사 염 화 탄 소	1.103200×10^9
에 틸 알 콜	1.206625×10^9
글 리 세 린	4.323850×10^9
수 은	2.6201×10^{10}
물	2.0685×10^9

※ 20℃ 표준대기압

체적탄성계수의 역수를 압축률이라 한다. 압축률은 압력증가에 따른 체적감소율의 비를 타나내는 것으로 β로 쓰고 다음과 같이 나타낸다.

$$\beta = \frac{1}{E} = -\frac{\frac{dv}{v_1}}{dp} \tag{1-23}$$

일반적으로 액체는 압축하기 힘든 비압축성유체로 취급되므로 이것을 압축하기 위해서는 큰 힘이 필요하게 된다. 예를 들어 물은 상온에서 대략 $\beta = 4.83 \times 10^{-8} m^2/N$로 비압축성으로 고려하여 밀도를 온도에 관계없이 일정하다고 보아도 무방하다.

기체의 경우는 압력이 작용하여 체적이 변화하는 동안 기체가 어떤 과정을 거쳐 변화하느냐에 따라 체적탄성계수가 달라진다. 지금 기체가 폴리트로픽(polytropic) 변화를 한다면 폴리트로픽 상태방정식은

$$pv^n = C \quad \text{또는} \quad \frac{p}{\rho^n} = C \tag{1-24}$$

이다. 이것을 밀도 ρ에 관하여 미분하면

$$\frac{dp}{d\rho} = nC\rho^{n-1} = \frac{np}{\rho} \tag{1-25}$$

이다. 위 식 (1-22)를 밀도로 표시하면

$$E = \frac{dp}{\frac{d\rho}{\rho_1}} \tag{1-26}$$

이므로 식 (1-26)은

$$E = np \tag{1-27}$$

로 이것을 이용하여 상태변화에 따른 체적탄성계수를 얻을 수 있다. 즉, 등온변화의 경우는 $n=1$이므로

$$E = p \tag{1-28}$$

이고 단열변화의 경우는 $n=k$이므로

$$E = kp \tag{1-29}$$

이다. 공기 중에서 소리는 음파의 이동에 의해서 전달된다. 즉, 음파라는 아주 미소한 압력파의 파동에 의해서 소리가 전달되며 이 때 대기는 등엔트로피 변화로 가정한다. 공기 중에서 음파의 속도를 c라 하면 다음과 같이 정의한다.

$$c = \sqrt{\frac{E}{\rho}} \tag{1-30}$$

등엔트로피 변화, 즉 공기 중에서 음파의 속도는 식 (1-29)를 대입하여

$$c = \sqrt{\frac{kp}{\rho}} = \sqrt{kRT} \tag{1-31}$$

와 같이 구해진다.

예제 1-13

어떤 액체가 0.01m^{3}의 체적을 갖는 실린더 속에서 10 kPa의 압력을 받고 있다. 이때 압력이 500 kPa로 증가하고 체적이 0.0098m^{3}으로 변하였다. 이 액체의 체적탄성계수를 구하여라.

풀이

식 (1-22)을 이용하여 얻을 수 있다.

$$E = -\frac{500-10}{\dfrac{0.0098-0.01}{0.01}} = 24500\,\mathrm{kPa} = 2.45\times10^7\,\mathrm{Pa}$$

예제 1-14

20℃ 표준대기압 하에서 물을 3% 압축하는 데 필요한 압력을 계산하여라. 단, 물의 탄성계수는 2.0685 × 10^9 N/m^{2}이다.

풀이

물의 체적을 3% 압축하였으므로 이것을 체적변화율로 나타내면

$$\frac{\Delta V}{V_1} = -0.03$$

이므로

$$\Delta p = E\times\left(-\frac{\Delta V}{V_1}\right) = 2.0685\times10^9\times1.03 = 6.206\times10^7\ \mathrm{N/m^2}$$

이다.

1.10 유체의 점성

1.10.1 점성계수

〈그림 1-4〉와 같이 유체 유동이 속도분포 $u(y)$를 가질 때 유체 내부에서 발생하는 전단응력 τ가 속도기울기 $\dfrac{du}{dy}$에 비례하는 유체를 뉴턴 유체라 하고 비례상수(μ)를 점성계수(viscosity)라 한다.

$$\tau = \mu \frac{du}{dy}$$

점성(viscosity)이란 실제유체가 유동시에 유동방향에 저항하는 성질을 의미하며 이것은 유체의 유동에 따른 손실의 요인이 되기도 한다.

1.10.2 뉴턴의 점성법칙(Newton's law of viscosity)

점성계수의 정의식 $\tau = \mu \dfrac{du}{dy}$ 를 뉴턴의 점성법칙이라 한다. 이 법칙을 따르는 유체를 뉴턴 유체(Newton fluid), 따르지 않는 유체를 비뉴턴 유체(non-Newtonian fluid)라 한다.

지금 유체의 입자가 흐트러짐이 없이 흐르는 층류유동에 대해서 고려하자. [그림 1-4]에서 보는 바와같이 유체의 층과 층사이에는 점성 때문에 서로 다른 속도가 형성된다. 2개의 층사이의 거리가 dy라면 낮은 층은 u라는 속도로 움직이며 그 위의 층은 $u+du$라는 속도로 움직인다. 그림에서 두 개의 입자 1, 2는 같은 수직선 상에서 출발하나 dt만큼의 시간이 흐른 후 이동한다. 따라서, 1층과 2층 사이에 발생하는 상대적 변위(변형률)는 $\dfrac{du}{dy}dt$로 쓸 수 있다. 그러나 매우 작은 응력을 받고 있는 유체의 유동에서 연속적으로 작용하는 일정한 응력의 결과는 [그림 1-4]에서와 같이 아주 작은 변형으로 간주할 수 있으므로 유체유동의 응력은 변형률과 관계가 있다. 이것을 이용하여 Newton은 유체에 작용하는 전단응력을 속도구배 $\dfrac{du}{dy}$에 비례한다고 생각하여 다음 식을 제안하였다.

$$\tau \propto \frac{du}{dy} \tag{1-32}$$

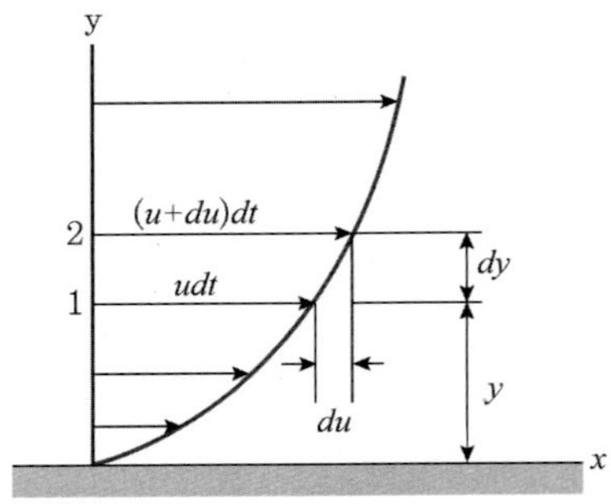

[그림 1-4] 유체의 점성

또, [그림 1-5]와 같이 두 개의 평행한 평판 사이에 실제유체를 가득 채우고 위 쪽의 평판을 F의 힘을 가하여 정지상태에서 Δu 속도로 이동시키면 힘 F는 운동하는 평판의 넓이 A와 이동 속도 Δu에 비례하고 두 평판의 수직거리 Δy에 반비례한다. 따라서 식 (1-32)는 다음과 같이 비례상수를 이용하여 등식으로 쓸 수 있다.

$$\frac{F}{A} = \tau = \mu \frac{du}{dy} \tag{1-33}$$

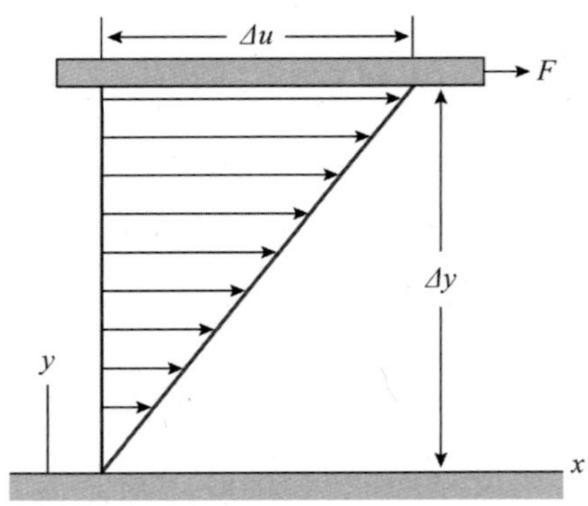

[그림 1-5] 평판 사이의 유동

여기서 비례상수 μ를 점성계수라 하고 $\frac{du}{dy}$를 속도구배라 한다. 이 식은 층류유동을 하는 유체에 대하여 처음으로 Newton에 의해서 제안되었기 때문에 Newton의 점성법칙(Newton's law of viscosity)이라 하며 후에 수많은 학자들이 실험을 통하여 이 식의 타당성을 입증하였다.

위와 같은 점성계수와 속도구배 사이의 관계를 [그림 1-6]과 같은 작은 간격을 갖고 있는, 점성유체가 채워진 동심 실린더에도 적용할 수 있다. 외부 실린더를 고정하고 내부 실린더를 일정한 속도로 움직이기 위해서는 토크가 필요하다. 왜냐하면 실린더의 운동을 방해하는 점성이라는 성질이 유체에 있기 때문이다. 이 경우 응력과 속도구배 사이의 관계는 다음과 같다.

$$\tau = \mu \frac{du}{dr} \tag{1-34}$$

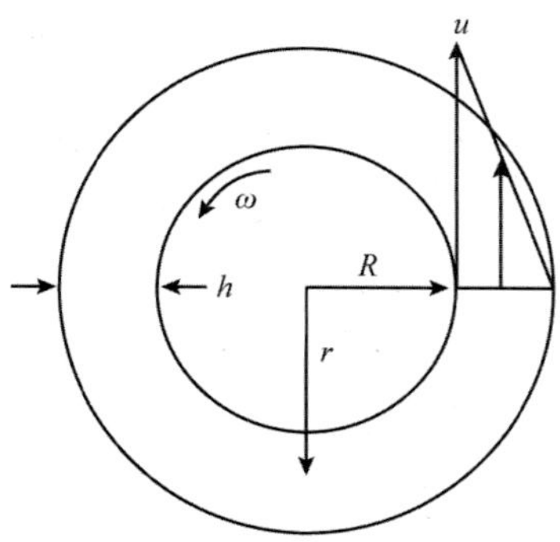

[그림 1-6] 실린더 속의 점성유체

여기서 $\frac{du}{dr}$은 속도구배이고, 여기서 u는 원주속도이며, 반경에 비하여 실린더 사이의 간격이 매우 좁으면 속도구배는 근사적으로 다음과 같다.

$$\frac{du}{dr} = \frac{\omega R}{h} \tag{1-35}$$

여기서 ω는 실린더의 각속도(rad/s)이고, R은 내부 실린더의 반경, h는 실린더의 간격이다. 실린더를 회전시키기 위한 토크 T는 실린더의 길이를 L이라 하면 다음과 같다.

$$T = stress \times area \times momentarm$$
$$= \tau \times 2\pi RL \times R$$
$$= \mu \frac{\omega R}{h} \times 2\pi RL \times R$$
$$= \frac{2\pi\mu R^3 \omega L}{h} \tag{1-36}$$

토크의 단위는 N · m이고 이것은 점성계수를 계측하는 점도계에 응용되기도 한다.

점성계수의 단위는 SI 단위계에서는 N · s/m², 또는 dyne · s/cm²를 사용하며 공학단위계에서는 kg_f · s/m²를 사용하고 실용단위로서는 poise를 쓴다.

$$1\ \text{poise} = 1\ \text{dyne} \cdot \text{s/cm}^2$$
$$= 0.1\ \text{N} \cdot \text{s/m}^2$$
$$= \frac{1}{98}\ \text{kg}_\text{f} \cdot \text{s/m}^2$$
$$= 100\ \text{centipoise}$$

또, 점성계수의 차원은 다음과 같다.

$$\mu = \frac{F}{A}\frac{dy}{du}$$
$$= \frac{[MLT^{-2}]}{[L^2]} \times \frac{[L]}{[LT^{-1}]}$$
$$= [ML^{-1}T^{-1}]$$

[그림 1-7]은 여러 가지 물질의 전단응력 τ와 속도구배 $\frac{du}{dy}$의 관계를 나타낸 것이다.

[그림 1-8]에서 보는 바와 같이 Newton의 점성법칙을 만족시키는 유체의 점성계수는 원점을 지나는 직선의 기울기와 같으며 이런 유체를 Newton 유체라 하며 이 책에서는 Newton 유체에 관하여 주로 취급하였다.

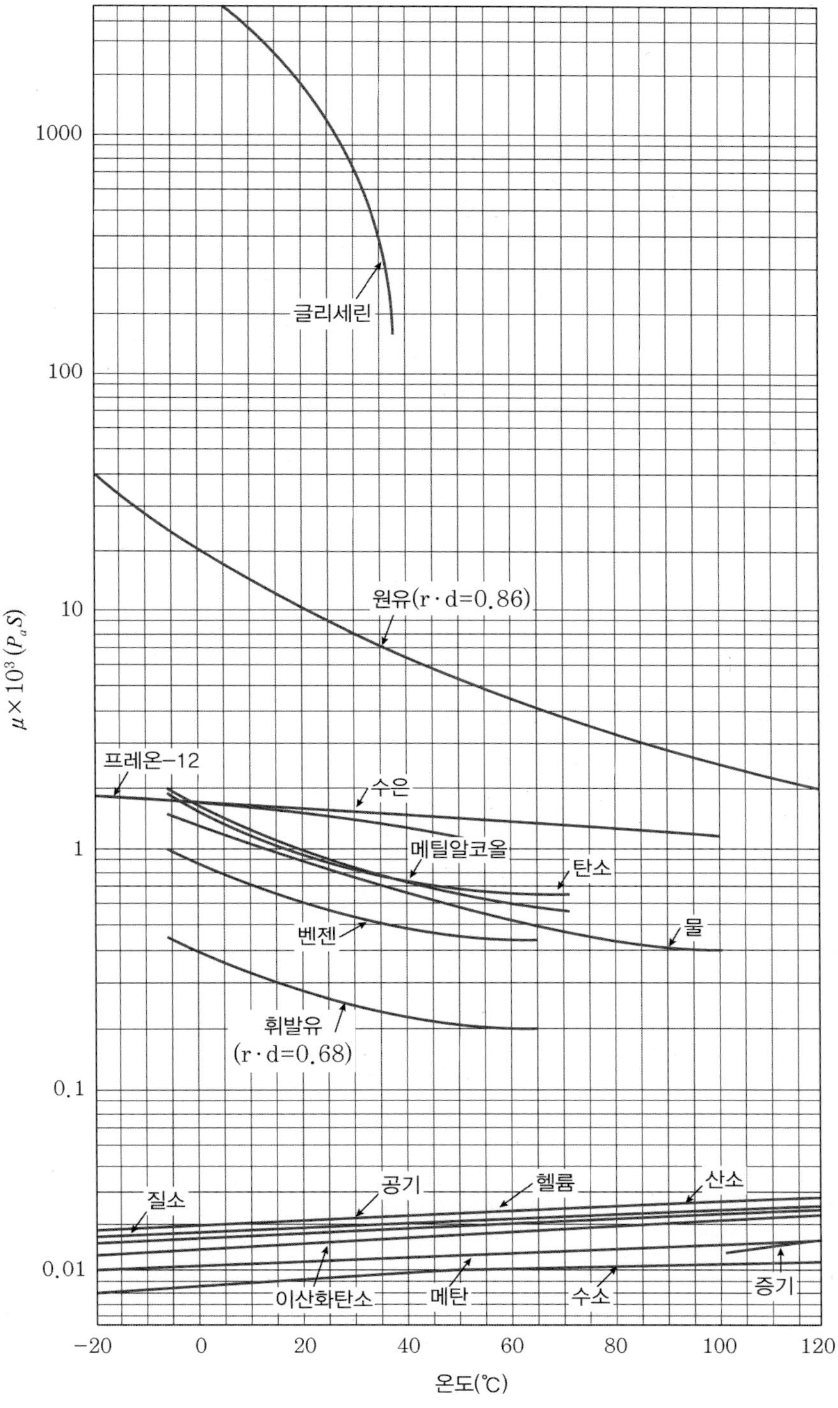

[그림 1-7] 여러 가지 물질의 점성계수

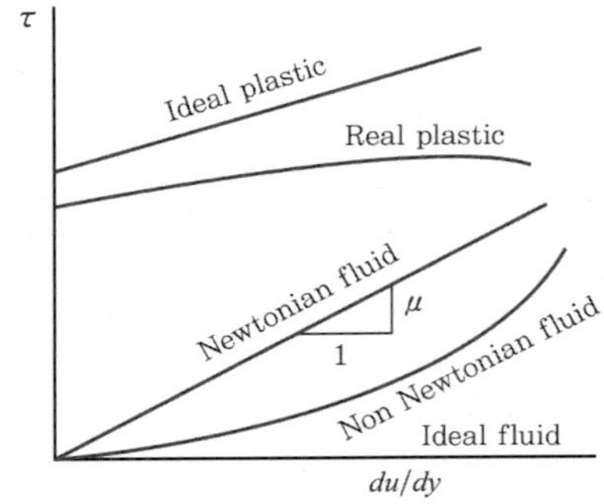

[그림 1-8] Newton 유체와 비 Newtom 유체

우리가 일상 생활에서 많이 취급하는 공기, 물, 기름 등은 Newton 유체이다. 그림에서 플라스틱 물질은 어느 정도 힘을 가하여도 유동이 발생하지 않으며 계속적인 유동이 이루어지기 위해서는 일정한 크기의 힘이 필요하다. 따라서, 이와 같은 물질은 식 (1-33)과 (1-34)의 Newton의 점성법칙을 만족시키지 않으며 이러한 유체를 비 Newton 유체라 한다. 비 Newton 유체의 예로는 혈액, 플라스틱, 치약, 페인트 등을 들 수 있다. 일반적으로 유체는 Newton 유체와 비 Newton 유체로 구분한다. Newton 유체는 위에서 언급한 바와 같이 Newton의 점성법칙을 만족시키는 유체를 의미하며 그렇지 않은 유체를 비 Newton 유체라 한다. 그 외에도 점성이 없고 압축성도 없는 유체를 이상유체(ideal fluid)라 하며 이것은 [그림 1-8]의 횡축에 해당한다.

1.10.3 벽 점착조건

유체가 고체 표면 위를 흐를 때 고체 표면에서 유체 입자가 고체와 미끄럼이 없다는 조건, 즉 '벽에서 유체의 속도 $u = 0$'이라는 조건을 벽 점착조건(no slip condition)이라 한다.

1.10.4 동점성계수(kinematic viscosity)

유체의 유동문제를 다루다 보면 점성계수를 밀도로 나누어서 사용하는 경우가 많다. 이런 경우를 위하여 동점성계수를 정의하였다. 점성계수(μ)와 밀도(ρ)의 비를 동점성계수(ν) 라 한다. 동점성계수는 다음과 같다.

$$v = \frac{\mu}{\rho} \tag{1-37}$$

동점성계수 ν의 SI 단위는 m^2/s 이다. ν의 단위로 cm^2/s를 사용하기도 하며 실용단위는 stoke를 쓴다.

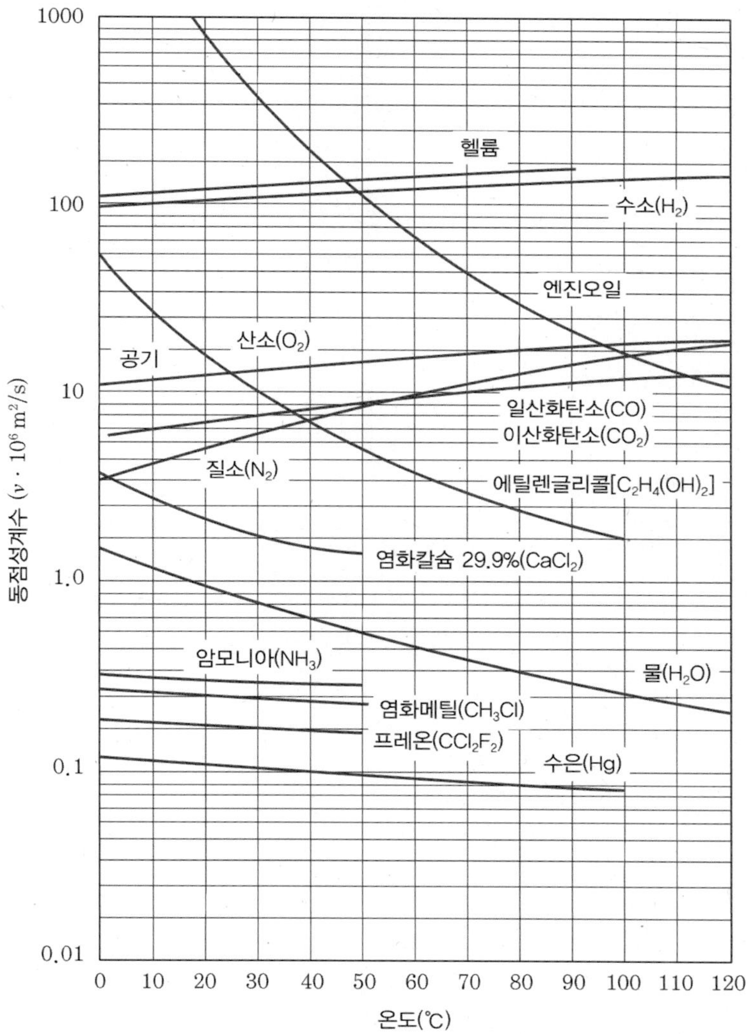

[그림 1-9] 여러 가지 유체의 동점성계수

$$1\,\text{stoke} = 1\,\text{cm}^2/\text{s}$$
$$= 100\ \text{centistokes}$$
$$= 10^{-4}\,\text{m}^2/\text{s}$$

점성계수는 온도에 따라 광범위하게 변화한다. 점성계수의 온도에 대한 영향은 [그림 1-7]에서 보는 바와 같이 기체와 액체가 서로 상반된다.

즉, 액체는 온도가 상승함에 따라 점성계수가 감소하지만 기체는 이와는 반대로 온도가 상승하면 점성계수도 증가한다. 이것은 각각의 분자간의 특성으로 여겨지고 있다. 기체는 액체에 비하여 분자사이의 응집력, 즉 분자층 사이의 모멘텀(momentum) 교환은 기체의 흐름에 저항력으로 작용한다. 따라서, 기체의 온도가 상승하면 기체분자의 상대운동이 증가하여 분자층 사이의 모멘텀의 증가를 가져와 기체유동에 저항이 증가한다. 결국 기체의 온도상승은 점성계수의 증가를 가져온다.

액체는 분자 사이의 모멘텀에 비하여 응집력이 매우 크므로 액체의 유동에 영향을 미치는 요소는 응집력이다. 응집력의 크기는 온도의 상승에 따라 감소하므로 점성계수도 온도의 증가에 따라 감소한다.

예제 1-15

2 mm 간격을 가지고 있는 2개의 평행 평판 사이를 점성계수 μ가 15 poise인 기름이 채워져 있다. 위 평판을 5 m/s의 속도로 잡아당길 때 평판에 작용하는 전단응력은 얼마인가?

풀이

$\mu = 15\ \text{poise} = 1.5\ \text{N}\cdot\text{s/m}^2$이므로

$$\tau = \mu\frac{du}{dy} = 1.5 \times \frac{5}{0.002} = 3750\text{N/m}^2$$

이다.

예제 1-16

직경이 각각 26cm, 30cm인 이중 동심원통의 길이가 30cm이다. 동심원통 사이에 점성계수 1.5 N · s/m^{2}인 기름이 채워져 있다면 외측 실린더를 고정하고 내측 실린더를 20rpm으로 회전시키는 데 필요한 토크는 얼마인가?

풀이

식 (1-36)을 이용하여

$$T = \frac{2\pi\mu R^3 \omega L}{h}$$

에서 $R = 0.13\,\mathrm{m}$, $\omega = \dfrac{2\pi \times 20}{60} = 2.094\,\mathrm{s}^{-1}$, $L = 0.3\,\mathrm{m}$ 이고

$$h = \frac{(0.3 - 0.26)}{2} = 0.02\,\mathrm{m}$$

이므로 토크는

$$T = \frac{2\pi \times 1.5 \times 0.13^3 \times 2.094 \times 0.3}{0.02} = 0.4336\ \mathrm{N \cdot m}$$

이다.

예제 1-17

어떤 기름의 동점성계수가 1.6 stokes이고, 비중이 0.8이면 점성계수는 얼마인가?

풀이

비중이 0.8이므로 밀도는

$$\rho = S\rho_w = 0.8 \times 1000 = 800\ \mathrm{kg/m^3}$$

$$1.6\ \mathrm{stokes} = 1.6 \times 10^{-4}\,\mathrm{m^2/s}$$

$$\mu = \rho v = 800 \times 1.6 \times 10^{-4} = 0.128\ \mathrm{N \cdot s/m^2}$$

이다.

1.11 증기압

밀폐공간에 액체가 담겨진 용기를 놓아두면 액체는 어느 정도까지 증발이 일어날 것이다. 이 때 증발은 액체표면의 입자가 주위의 공기 중으로 이동하는 것으로, 액체입자가 공기 속으로 더 이상 들어갈 수 없게 되면 증발은 멈춘다. 이와 같이 액체의 증발에 의해서 증기의 상태로 기화된 분자들의 운동에 의해서 형성되는 압력, 즉 증기의 분압을 그 액체의 증기압(vapor pressure)이라 한다. 증기압은 액체의 종류에 따라서 다르다. 물은 표준상태, 즉 15℃, 101.3 kPa에서 1.71 kPa abs이나 암모니아는 33.8 kPa abs이다. 기체의 분자운동은 온도에 따라서 변화한다. 온도가 상승하면 분자운동은 활발해지고 온도가 내려가면 분자운동도 미약해진다. 따라서, 증기압도 온도가 증가하게 되면 상승하게 된다.

비등(boiling)은 액체의 온도가 충분히 상승하여 액체의 표면에 작용하고 있는 압력이 증기압과 같거나 증기압보다 낮은 상태를 말한다. 이때는 액체의 분자끼리 작용하는 분자력보다 외부로 튀어 나갈려는 힘이 커 액체분자는 활발하게 공기 속으로 이동한다. 이것은 비등이 액체표면에 작용하는 압력에 영향을 받는다는 것을 의미하는 것으로 이러한 현상을 우리는 일상 생활에서 경험하기도 한다. 그의 한 예로서 높은 산에서 밥을 지으면 밥이 설익는 것을 경험한다. 이것은 산 위에서는 액체의 표면에 작용하는 압력이 낮아져 물의 끓는 온도가 낮기 때문이다. 이런 현상은 유체기계 내부에서도 발생한다. 유체기계 내부에서 유체의 유동 속도가 빨라지면 압력이 감소하여 증기압보다 낮아지는 지점이 생긴다. 이에 따라서 그 지역에서 증발이 일어나 유체의 유동을 차단한다. 이런 현상을 캐비테이션(cavitaion) 현상 또는 공동현상이라 한다. 캐비테이션은 유체기계에 심각한 손상을 초래하여 유체기계의 운전을 방해하므로 유체기계를 설계할 때 증기압은 중요한 고려 대상이 된다.

1.12 표면장력, 모세관형성

1.12.1 표면장력

표면장력은 액체에서만 볼 수 있는 분자사이의 인력에 의해서 형성되는 힘이다. 액체 분자와 분자 사이에는 모든 방향의 인력을 가지고 있다. 따라서, 액체 내부에서는 이 힘에 의하여 모든 방향으로 힘의 평형상태에 있지만 자유표면에 있는 액체분자가 가지고 있는 인력은 표면장력으로 나타난다. 액체의 표면장력은 액체의 표면적을 최소화하려는 방향으로 작용하여 물방울이 둥글게 된다든지 이슬방울이 구형으로 맺히게 되는 것을 볼 수 있다. 분자 사이의 인력은 온도에 영향을 받으므로 표면장력도 액체의 온도에 따라서 변화하여 온도가 상승하면 감소한다.

표면장력은 단위 길이당의 힘으로 정의하여 N/m의 단위를 사용하므로 표면장력의 크기는 표면장력이 작용하는 길이에 액체의 표면장력을 곱하여 얻을 수 있다. 여기서 표면장력이 작용하는 길이란 액체와 고체와의 접촉길이, 또는 주위와의 접촉길이를 의미한다. 〈표 1-10〉은 여러 가지 액체의 표면장력이다.

〈표 1-10〉 여러 가지 액체의 표면장력(N/m)

물질	표면유체	0℃	10℃	20℃	40℃	70℃	100℃
물	공 기	0.075558	0.074186	0.072716	0.069482	0.064386	0.0588
	포화증기	0.073206	0.071932	0.7056	0.067424	0.062524	0.57134
수 은	진 공	0.47334	0.47236	0.47138	0.46764	0.46256	0.4557
에탄올	공 기	0.02401	0.023128	0.022246	0.02058	0.018228	-
	알콜증기	-	0.023618	0.022736	0.020972	0.018326	0.015484

■ 물방울의 표면장력

〈그림 1-10〉과 같이 표면장력이 작용하는 물방울의 반쪽 부분을 고려해 보자. 물방울 내부와 외부에 작용하는 압력에 의한 힘과 표면장력에 의해 물방울 막을 지탱하고 있는

힘이 평형을 이루고 있는 것을 알 수 있다. 이 상태에서 물방울의 내부에 작용하는 힘과 물방울 표면을 지탱하고 있는 힘이 평형상태에 있다고 볼 수 있으므로 이것을 이용하여 물방울 내부의 압력을 계산할 수 있다.

물방울에 대하여 내부의 압력이 외부의 압력보다 p만큼 높다면, 이것에 의한 힘과 이에 대응하여 평형을 이루는 힘은, 표면장력을 σ라 하면 다음과 같다.

$$p\pi R^2 = 2\pi R\sigma$$

$$p = \frac{2\sigma}{R} \tag{1-38}$$

여기서 R은 물방울의 반경이다. 위 식을 이용하면 물방울의 크기의 변화에 따른 압력을 계산할 수 있다.

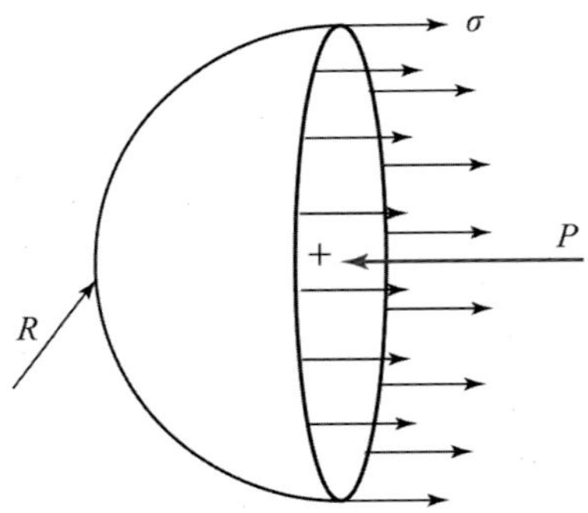

[그림 1-10] 구의 표면장력

예제 1-18

물방울 내부의 압력이 외부의 압력보다 0.07 kPa 만큼 더 높은 압력을 유지하려면 물방울의 반경은 얼마이어야 하는가? 단, 물의 표면장력은 0.07 N/m이다.

풀이

위의 식 (1-38)을 이용하여 구하면

$$p = \frac{2\sigma}{R}$$

$$R = \frac{2\sigma}{p} = \frac{2 \times 0.07}{70} = 0.002\,\mathrm{m}$$
$$= 2\,\mathrm{mm}$$

이다.

예제 1-19

물의 표면장력이 7.35 × 10^{-2} N/m일 때 지름이 2.5 mm인 물방울 내부의 압력은 얼마인가?

풀이

식 (1-38)에서

$$p = \frac{4\sigma}{D} = \frac{4 \times 7.35 \times 10^{-2}}{2.5 \times 10^{-3}} = 117.6\,\mathrm{Pa}$$

이다.

1.12.2 모세관현상

액체 속에 직경이 매우 작은 모세관을 세워 놓으면 관을 따라서 올라가는 액체의 높이가 액체의 표면보다 높거나 낮은 경우를 발견할 수 있다. 이와 같은 현상을 모세관현상이라 하며 이것은 액체의 표면장력에 의해서 형성된다. 모세관현상에 의해서 올라가는 액체의 높이는 액체의 응집력과 부착력의 크기에 따라서 달라진다. 응집력이 부착력보다 큰 경우는 모세관의 액체의 높이가 액체표면의 높이보다 낮아지지만 응집력이 작은 경우는 모세관의 액체 높이가 액체표면보다 높게 되며 이 두 힘의 차에 의해서 액체와 고체 사이의 접촉각이 결정된다. 물과 유리의 경우는 접촉각 β가 8~9°인 반면에 특수하게 수은과 유리의 접촉각은 139°로서 [그림 1-11]에서 보는 바와 같다.

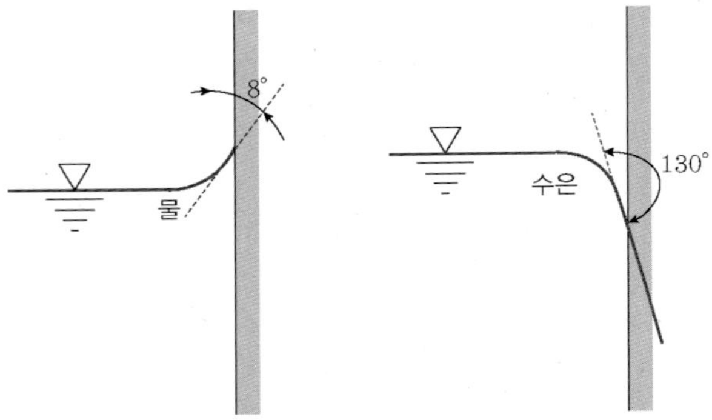

[그림 1-11] 물과 수은의 접촉각

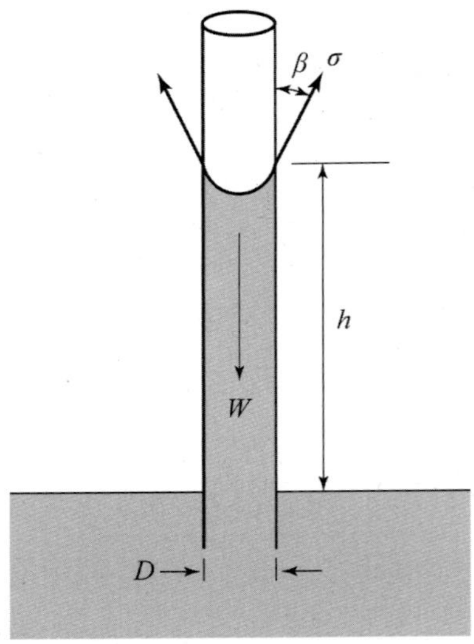

[그림 1-12] 모세관현상

[그림 1-12]에서 액체의 접촉각이 β라 하면 모세관현상에 의해서 올라가는 액체의 무게는 표면장력의 수직분력과 평형을 이루어야하므로 모세관의 액체의 높이는 다음과 같이 구할 수 있다.

모세관 속에 올라간 액체의 높이를 h라 하면 액체의 무게 G는 다음과 같다.

$$G = \gamma h \frac{\pi D^2}{4} \tag{1-39}$$

이 식에서 D는 모세관의 직경이며, 모세관 주위에 작용하는 표면장력의 수직 성분 F_y는 다음과 같다.

$$F_y = \pi \sigma D \cos \beta \tag{1-40}$$

두 힘이 평형상태이므로 두 식을 같게 놓아 모세관의 상승 높이 h를 구하면 다음과 같다.

$$h = \frac{4\sigma \cos \beta}{\gamma D} \tag{1-41}$$

예제 1-20

직경 2 mm의 유리관이 접촉각 30°의 유체가 담긴 그릇 속에 세워져 있다. 유리와 액체 사이의 표면장력이 60 dyne/cm, 유체의 밀도가 950 kg/m^{3}일 때 액체의 모세관에서의 상승 높이를 구하여라.

풀이

액체 표면장력은 60 dyne/cm = 0.06 N/m이므로 식 (1-41)을 이용하여 구하면

$$h = \frac{4\sigma \cos \beta}{\rho g D} = \frac{4 \times 0.06 \times \cos 30}{950 \times 9.8 \times 0.002} = 0.011\,\mathrm{m}$$

이다.

Exercise

1. 중력 가속도가 $9.87 m/s^2$인 곳에서의 질량 20 kg인 물체의 무게는 몇 N인가?

2. 다음 물리량의 차원을 쓰라.

① 밀도 ② 에너지
③ 압력 ④ 힘
⑤ 동력 ⑥ 비중량

3. 2번 문제의 차원을 FLT계로 표시하여라.

4. 다음의 SI 단위를 쓰라.

① 압력 ② 점성계수
③ 에너지 ④ 열량
⑤ 동력 ⑥ 비열

5. 다음 수를 접두어를 이용하여 표현하여라.

① 4.3×10^8 Pa ② 5.76×10^7 m
③ 3.67×10^{11} N ④ 2.5×10^{-5} Pa
⑤ $2.6 \times 10^6 m^2$ ⑥ $3.6 \times 10^{-8} m^3$

6. 다음 수를 접두어를 사용하지 말고 표현하여라.

① 2.3 MPa ② 2.4 μs
③ 4.5 GN ④ 5.8 mm
⑤ 2.7 kg ⑥ 6580 cm^2

7. 어떤 물체 10 kg을 40 m/sec^{2}으로 가속하기 위해서는 얼마의 힘이 요구되는가?

① 수평방향으로 이동할 때
② 수직방향으로 이동할 때
③ 수평면에 대하여 45°로 상승할 때

8. 지구상에서 무게가 200 N인 물체는 중력가속도가 $g=$ 1.7m/sec^{2}인 달에서는 몇 N이 겠는가?

9. 50 kPa의 게이지 압력은 대기압력이 다음과 같을 때 절대압력으로 환산하면 얼마인가?

① 표준대기압
② 750 mmHg
③ 1.4 kg_f/cm^2
④ 1016 mb

10. 대기압력이 750 mmHg일 때 진공도가 90%이면 절대압력은 얼마인가?

11. 대기압력이 748 mmHg일 때 진공압력이 45 kPa이면 절대압력은 얼마인가?

12. 물 0.01 kg의 체적은 10 cm^{3}이다. 밀도와 비중량을 구하여라.

13. 비중 13.6인 수은의 밀도와 비체적, 비중량을 구하여라.

14. 공기의 기체상수는 287 J/kgK이다. 표준대기압, 대기온도 15℃에서의 공기의 비중을 계산하여라.

15. 비중이 1.3인 물체 3 kg의 체적은 얼마인가?

16. 물의 체적탄성계수가 2.07 × 10^9 N/m^{2}이면 물의 체적을 4% 압축하는 데 필요한 압력은 얼마인가?

17. 체적탄성계수가 1.04×10^5N/cm^{2}인 액체에 2.0 MPa의 압력을 가하면 이 액체의 체적변화율은 얼마인가?

18. 어떤 액체에 0.8 MPa의 압력을 가하였더니 체적이 0.03% 감소하였다. 체적탄성계수를 구하여라.

19. 물의 체적탄성계수 $E = 1.95 \times 10^5$ N/m^{2}일 때 음속을 구하여라.

20. 간격이 0.5 mm인 평행평판 사이에 기름이 가득 채워져 있다. 이 때 위 평판이 0.3 m/s로 움직이고 아래 평판은 고정되어 있다. 위 평판을 움직이는 힘이 45 N/m^{2}라면 기름의 점성계수는 얼마인가?

21. 두 개의 평행한 평판사이에 액체가 흐른다. 평판으로부터의 수직거리 y와 속도 u와의 관계는 $u = 5y - y^2$ m/s로 표시된다. 평판 사이의 거리가 100mm일 때 평판표면에서의 마찰 전달응력은 얼마인가? 단, 액체의 점성계수는 4×10^{-2} N · s/m^{2}이다.

22. 직경 2cm인 관에 온도 25℃의 물이 흐른다. 관 중심으로부터 r인 점에서의 속도분포가 $u(r) = 1000(0.01 - r^2)$m/s이면 관 벽면에서의 전단응력은 얼마인가? 단, 물의 점성계수는 0.904×10^{-3} N · s/m^{2}이다.

23. 점성계수가 0.4 poise이고 비중이 0.8인 액체의 동점성계수를 구하여라.

24. 어떤 기름의 동점성계수가 1.5 stokes이고, 비중량이 8700 N/m^{3}이다. 점성계수는 얼마인가?

25. 온도 30℃, 압력 5 MPa인 산소의 밀도를 구하여라.

26. 직경 5cm인 비누 풍선이 있다. 이 비누 풍선 속의 초과압력이 $2.1 \times N/m^2$이었다면, 비누 풍선의 표면장력은 얼마인가?

27. 물의 표면장력이 7.4×10^{-2} N/m이다. 직경 4mm인 물방울 내부의 초과압력은 얼마인가?

28. 직경 2mm인 유리관 속을 상승하는 물의 높이를 구하여라. 단, 물의 표면장력은 $\sigma = 7.4 \times 10^{-2}$ N/m이고 접촉각은 30°이다.

29. 수은과 깨끗한 유리면과의 접촉각은 130°이다. 수은 속에 직경 2mm인 수직 유리관이 세워져 있을 때 수은이 밀려 내려가는 높이는 얼마인가? 단, 수은의 표면장력은 $\sigma = 0.5$N/m이다.

CHAPTER 02

유체 정역학

2.1 유체 정역학

유체 정역학은 유체역학을 유체 동역학과 유체 정역학으로 분류할 때의 유체역학의 한 분야이다. 이 장에서는 유체입자들 사이에 상대운동이 없는 유체의 힘의 관계를 취급한다. 즉, 정역학에서는 정지상태의 유체는 물론, 등가속도 직선운동을 하는 유체, 등속원운동 하는 유체 등도 외형적으로는 운동상태로 보이지만 유체입자 상호간에는 상대운동이 존재하지 않으므로 정지상태로 다루게 된다. 상대운동이 없는 유체에는 속도구배가 존재하지 않으므로 점성이 작용하지 않고 점성이 작용하지 않으므로 전단응력이나 마찰력은 고려되지 않는다. 따라서 유체에 미치는 힘은 수직방향의 힘인 압력과 중력 뿐이다. 이와 같은 사실들은 유체의 점성을 고려해야 하는 유체 동역학에 비하여 유체 정역학의 해석을 쉽게 하고 또 이론적 해석만으로도 충분하여 실험적 뒷받침을 필요로 하지 않는다.

유체 정역학의 원리를 이용하여 유체 속에 잠겨있는 물체에 작용하는 힘의 계산, 유압프레스의 개발, 그 밖에도 잭이나 자동차의 브레이크 장치에서의 제동력 등도 계산할 수 있다.

2.1.1 한 점에서의 압력

압력은 미소면적에 수직으로 작용하는 힘으로 정의한다. 여기서 미소면적이 아주 작아지면 이 정의는 한 점에 작용하는 압력에 적용할 수 있다. 파스칼(Pascal)은 "유체 속의 임의의 한 점에 작용하는 압력의 크기는 모든 방향에서 동일하다."라고 하였다. 이것을 증명하기 위하여 유체 속에서 [그림 2-1]과 같은 단위 폭을 갖는 직각삼각기둥형의 입체모형을 생각하여 여기에 힘의 평형관계를 적용하여 보자.

그림에서 dy 단면에 작용하는 압력을 p_x, dx 단면에 작용하는 압력을 p_y, ds 단면에 작용하는 압력을 p_s라 하고 입체의 ds면과 dx면이 이루는 각을 θ라 하자. 유체가 정지상태에 있으므로 모든 방향에서의 힘은 평형상태로 볼 수 있다. 즉, $\Sigma F = 0$으로 이것은 다시 각각의 성분 $\Sigma F_x = 0$, $\Sigma F_y = 0$으로 쓸 수 있다. 유체입자에 작용하는 x 방향의 힘은

$$p_x\, dy - p_s\, ds\, \sin\theta = 0 \tag{2-1}$$

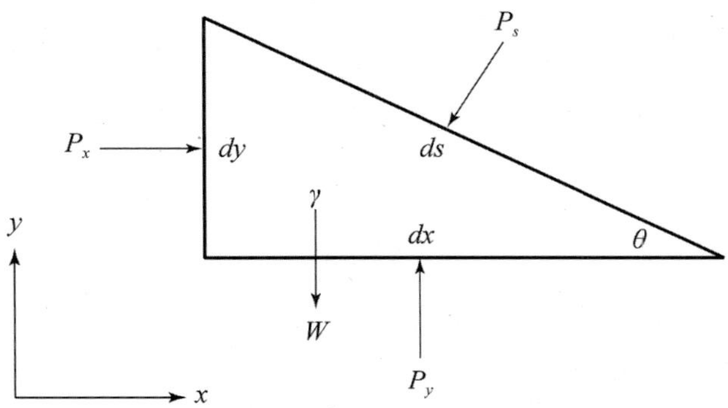

[그림 2-1] 한 점에서의 압력

이고 여기서 $ds\, \sin\theta = dy$이므로 식 (2-1)은

$$p_x = p_s \tag{2-2}$$

이다. 같은 방법으로 y 방향의 힘은, 유체의 비중량을 γ이라 하면

$$p_y\, dx - p_s\, ds\, \cos\theta - \frac{1}{2}\gamma\, dx\, dy = 0 \tag{2-3}$$

이다. 여기서 $ds\, \cos\theta = dx$이므로 식 (2-3)은 다음과 같다.

$$p_y - p_s - \frac{1}{2}\gamma\, dy = 0 \tag{2-4}$$

식 (2-3)에서 $\frac{1}{2}\gamma\, dx\, dy$는 입체의 유체무게로 유체입자를 점으로 본다면 $dy \to 0$이므로 식 (2-4)는 다음과 같다.

$$p_y = p_s \tag{2-5}$$

따라서 식 (2-2), (2-5)는

$$p_x = p_y = p_s \tag{2-6}$$

으로 되며 여기서 x, y, z 축은 어느 방향으로 잡아도 무방하므로 식 (2-6)이 성립하는 것은, 유체 속에서 임의의 한 점에 작용하는 압력의 크기는 모든 방향에서 같다는 것을 의미한다.

위의 원리는 수압기에 응용되어 여러 분야에 이용된다. [그림 2-2]는 수압기의 그림이다.

임의의 한점에서 모든 방향의 압력의 크기는 동일하므로

$$p = \frac{F_1}{A_1} = \frac{F_2}{A_2} \tag{2-7}$$

이고

$$F_2 = \frac{A_2}{A_1} F_1 \tag{2-8}$$

으로 되므로 이것을 이용하여 힘을 증폭할 수 있다.

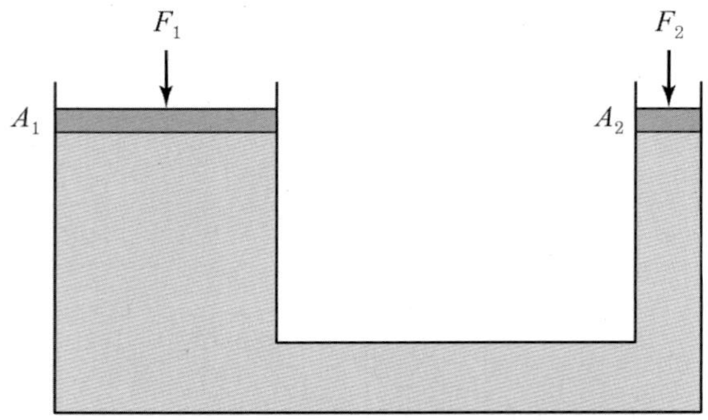

[그림 2-2] 수압기

예제 2-1

[그림 2-2]와 같은 수압기의 $d_1 = 10\text{cm}$, $d_2 = 40\text{cm}$이고 $F_1 = 15\text{N}$이면 F_2는 얼마나 되는가?

풀이

식 (2-8)에서 단면적의 비를 직경의 비로 바꾸면 다음과 같다.

$$F_2 = \frac{A_2}{A_1}F_1 = \left(\frac{d_2}{d_1}\right)^2 F_1$$

$$= \left(\frac{40}{10}\right)^2 \times 15 = 240\,\text{N}$$

2.2 압력의 변화

2.2.1 비압축성유체의 압력변화

(1) 수평방향의 압력변화

정지유체 내에서 수평방향의 압력변화를 조사하기 위하여 [그림 2-3]과 같이 측변의 면적이 dA이고 길이가 l인 자유물체를 설정하여 여기에 미치는 수평방향의 압력변화를 알아보자. 이 입체의 좌측에 작용하는 압력을 p_1, 우측에 작용하는 압력을 p_2라 하면 자유물체에 수평방향으로 작용하는 힘은 좌측에서 작용하는 $p_1 dA$와 우측에 작용하는 $p_2 dA$밖에 없음을 알 수 있다. 유체는 정지상태에 있으므로 수평방향의 힘이 평형을 고려하면 다음과 같다.

$$\Sigma F_x = 0$$

$$p_1 dA - p_2 dA = 0$$

$$p_1 = p_2 \tag{2-9}$$

즉, 정지유체 내에서 수평방향의 압력은 모든 점에서 같다.

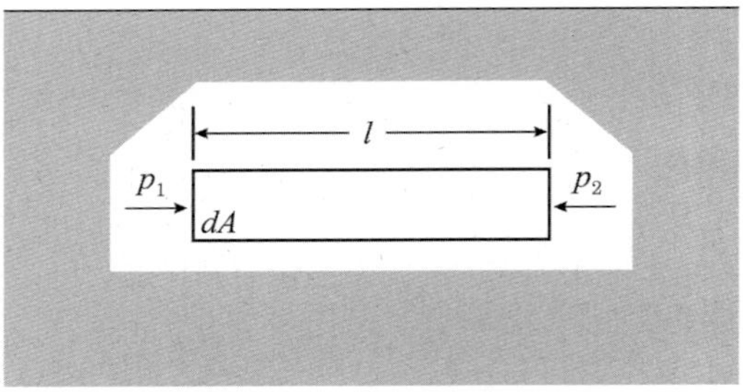

[그림 2-3] 수평방향의 압력변화

(2) 연직방향의 압력변화

정지유체 내에서 연직방향의 압력은 깊이가 달라짐에 따라서 변화한다. 연직깊이에 따른 압력변화량의 관계를 구하기 위하여 [그림 2-4]와 같은 자유물체도를 생각하여 보자. 기준면으로부터 y만큼 높이에 있는 밑면적 A인 자유물체에 미치는 힘의 평형관계를 고려하면, 기준면으로부터 높이 y 지점의 압력을 p라 할 때 $y+dy$인 점에서의 압력은 $p+\dfrac{dp}{dy}dy$이고 유체의 비중량이 γ이면 자유물체의 무게는 $\gamma A\,dy$이다. 연직방향의

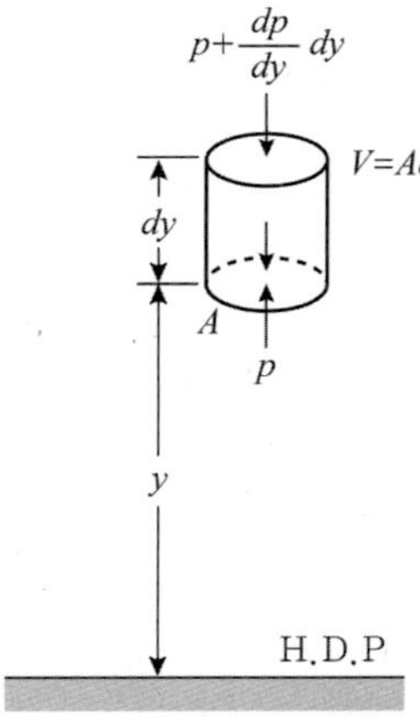

[그림 2-4] 연직방향의 압력 변화

힘의 평형은 정지상태이므로 다음과 같다.

$$\Sigma F_y = 0$$

$$pA - \left(p + \frac{dp}{dy}\,dy\right)A - \gamma A\,dy = 0$$

$$\frac{dp}{dy} = -\gamma \tag{2-10}$$

식 (2-10)은 연직방향의 압력변화율로 기준면으로부터 위로 올라가면 압력은 감소함을 의미한다. 또, 같은 깊이에서의 압력은 같은 값을 갖음도 알 수 있다.

여기서 유체가 비압축성인 경우, 즉 액체의 경우를 고려하자. 밀도 또는 비중량이 일정하므로 γ를 상수로 보고 식 (2-10)을 적분하면 기준면으로부터 y만큼 위 쪽의 A 점의 압력 p는 다음과 같다.

$$p = -\gamma y + C \tag{2-11}$$

여기서 C는 적분상수다. [그림 2-5]에서 기준면으로부터 액체표면까지의 거리를 H_o, 액체표면의 압력을 대기압 $p_o = 0$이라 하면 적분상수 C를 구할 수 있다.

$$C = \gamma H_o \tag{2-12}$$

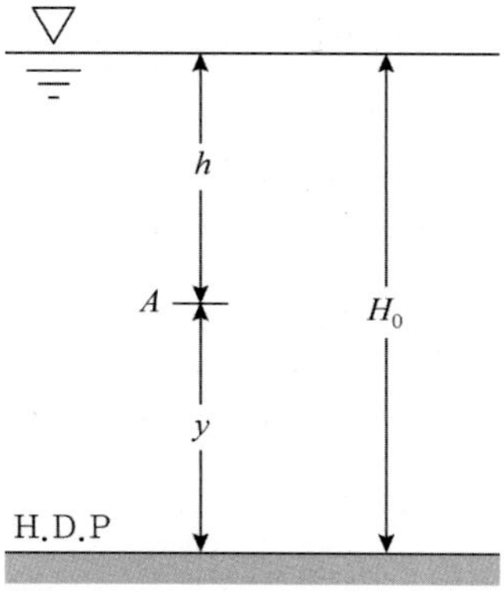

[그림 2-5] A점의 압력

식 (2-11)에서 식 (2-12)을 대입하고 A 점의 위치 y에 $y = H_o - h$를 대입하여 정리하면 다음과 같다.

$$p = \gamma h \tag{2-13}$$

즉, 기준면으로부터 y만큼 위 쪽의 압력은 액체표면으로부터 깊이 h를 이용하여 식 (2-13)에 의해서 얻을 수 있다.

예제 2-2

해수의 비중이 1.03이면 수면 아래 10m 깊이에서의 수압은 얼마인가?

풀이

식 (2-13)을 이용하여

$$p = \gamma h = 1.03 \times 9800 \times 10 = 100904 \text{ N/m}^2 = 100.904 \text{ kPa}$$

이다.

예제 2-3

자유표면이 대기와 접하고 있는 탱크에 비중이 0.85인 기름과 물이 각각 2m, 3m 깊이로 채워져 있다. 탱크 밑면에서의 압력을 구하여라.

풀이

탱크 밑면에서의 압력은 기름의 압력과 물의 압력을 합해야 하므로

$$p = 0.85 \times 9800 \times 2 + 9800 \times 3 = 46.06 \text{ kPa}$$

이다.

예제 2-4

수은의 비중이 13.6이면 750 mmHg는 몇 Pa인가?

풀이

식 (2-13)을 이용하여

$$p = \gamma h = 13.6 \times 9800 \times 0.75$$
$$= 99.96 \text{ kPa}$$

이다.

2.2.2 압축성유체의 압력변화

공기와 일반 가스 같은 기체는 압력이 변화함에 따라서 유체입자간의 간격이 현저하게 달라짐으로 비중량 역시 압력에 따라 변화하게 된다. 따라서 이런 기체의 연직방향의 압력변화는 식 (2-10)을 비중량을 일정하다고 놓고 적분해서는 안 된다. 이 경우는 기체의 상태변화가 어느 과정을 따라 변화하느냐에 따라서 각각의 상태방정식을 이용하여 식 (2-10)을 적분하여야 한다.

(1) 등온변화

기체가 등온변화 하는 경우는 등온변화의 상태식을 이용하여 식 (2-10)을 적분해야 한다. 지금 기준면의 압력과 비중량을 각각 p_o, γ_o라 하고 기준면으로부터 h 높이의 압력과 비중량을 p, γ라 하면 등온변화의 상태식은 다음과 같다.

$$\frac{p}{\rho} = \frac{p_o}{\rho_o} \quad \text{또는} \quad \frac{p}{\gamma} = \frac{p_o}{\gamma_o} \tag{2-14}$$

이며 이것을 기준면으로부터 h까지 식 (2-10)에 대입하여 적분하면

$$\int_0^h dy = -\frac{p_o}{\gamma_o}\int_{p_o}^{p}\frac{dp}{p} \tag{2-15}$$

로 이것을 정리하면

$$h = -\frac{p_o}{\gamma_o}\ln\frac{p}{p_o} \tag{2-16}$$

이것을 압력에 대하여 정리하면 다음과 같다.

$$p = p_o e^{-\frac{h}{p_o/\gamma_o}} \tag{2-17}$$

이 식을 이용하면 등온변화하는 기체의 고도에 따른 압력을 얻을 수 있다.

예제 2-5

지면의 대기압이 1bar이고 온도가 15℃로 등온변화할 때 1000m 상공에서의 기압 및 밀도를 구하여라. 단, 공기의 기체상수는 287 J/kg · K이다.

풀이

지면에서의 공기의 밀도 ρ_o는

$$\rho_o = \frac{p_o}{RT_o} = \frac{10^5}{287\times 288} = 1.21\,\mathrm{kg/m^3}$$

이고 비중량은

$$\gamma_o = \rho_o\, g = 1.21\times 9.8 = 11.858\,\mathrm{N/m^3}$$

1000m 상공에서의 압력은 식 (2-17)을 이용하여

$$p = p_o\, e^{-\frac{h}{p_o/\gamma_o}}$$

$$= 10^5\times e^{-\frac{1000}{100000/11.858}} = 88818\ \mathrm{Pa}$$

$$=88.818\ \text{kPa}$$

1000m 상공에서의 공기의 밀도는

$$\rho=\rho_o\frac{p}{p_o}=1.21\times\frac{88818}{100000}=1.07\text{kg/m}^3$$

이다.

(2) 폴리트로픽 변화

기체가 폴리트로픽 변화한다면 식 (2-10)에 폴리트로픽 변화 상태식을 적용하여 고도에 따른 압력을 얻을 수 있다. 폴리트로픽 변화 상태식은 다음과 같으므로

$$\frac{p}{\gamma^n}=\frac{p_o}{\gamma_o^n} \tag{2-18}$$

위 식에서 γ를 구하여 식 (2-10)에 대입하여 고도 h에 따른 압력관계를 구하면 다음과 같다.

$$\int_0^h dy = -\frac{p_o^{\frac{1}{n}}}{\gamma_o}\int_{p_o}^{p} p^{-\frac{1}{n}}\,dp \tag{2-19}$$

즉,

$$h=-\frac{n}{n-1}\frac{p_o^{\frac{1}{n}}}{\gamma_o}\left\{p^{\frac{n-1}{n}}-p_o^{\frac{n-1}{n}}\right\}$$

$$=\frac{n}{n-1}\frac{p_o}{\gamma_o}\left\{1-\left(\frac{p}{p_o}\right)^{\frac{n-1}{n}}\right\} \tag{2-20}$$

이며, 이것을 이용하여 압력을 구하면

$$p=p_o\left\{1-\frac{n-1}{n}\frac{\gamma_o}{p_o}h\right\}^{\frac{n}{n-1}} \tag{2-21}$$

와 같다.

실제로 대류권에서의 공기의 압력은 $n=1.235$일 때 만족할 만한 결과를 얻으며, 단열변화시는 $n=1.4$를 이용하여 압력과 고도의 관계를 얻을 수 있다. 또, 성층권은 등온변화로 보고 등온변화시의 식 (2-17)을 이용하여 고도와 압력의 관계를 구할 수 있다.

예제 2-6

대기가 $n=1.235$의 폴리트로픽 변화를 할 때 지면의 온도가 15℃, 압력이 표준대기압이라면 지상 1000m 상공의 압력은 얼마인가? 단, 공기의 기체상수는 287 J/kg · K이다.

풀이

지상에서의 공기의 밀도는 표준대기압 101325 Pa을 이용하여

$$\rho_o = \frac{p_o}{RT} = \frac{101325}{287 \times 288} = 1.226 \text{ kg/m}^3$$

공기의 비중량은

$$\gamma_o = \rho_o g = 1.226 \times 9.8 = 12.014 \text{ N/m}^3$$

이므로 식 (2-21)을 이용하여

$$p = p_o \left\{1 - \frac{n-1}{n} \frac{\gamma_o}{p_o} h\right\}^{\frac{n}{n-1}}$$

$$= 101325 \left\{1 - \frac{1.235-1}{1.235} \frac{12.014 \times 1000}{101325}\right\}^{\frac{1.235}{1.235-1}}$$

$$= 89855 \text{ Pa}$$

2.3 액주계

대기압은 절대압력으로 표기하므로 아네로이드 기압계나 수은기압계 등 절대압력계를 사용하여 측정하고, Bourdon 압력계 등과 같은 기계적 압력계는 대체로 높은 계기압력을 측정하는 데 이용되며 액체의 높이를 이용하여 측정하는 액주계는 비교적 낮은 압력이나 차압을 측정하기에 적합하다. 또, 미압계는 정밀한 압력을 측정하는 데 이용되기도 한다.

[그림 2-6]은 여러 가지 액주계로, 눈금이 매겨져 있는 가는 관을 측정하고자 하는 압력원에 연결하여 여기에 올라간 액주의 높이를 읽어서 압력을 측정한다. 액주계 내부의 액체가 압력원의 유체와 같은 경우는 피에조미터(Piezometer)라고 하며 그것과 다른 유체를 사용하는 경우에는 마노미터(manometer)라 한다. 그림의 좌측 수은주는 마노미터를 나타내고 우측 수주는 피에조미터를 의미한다. 탱크의 동일지점에서의 압력은 어느 것을 읽어도 같은 압력이다.

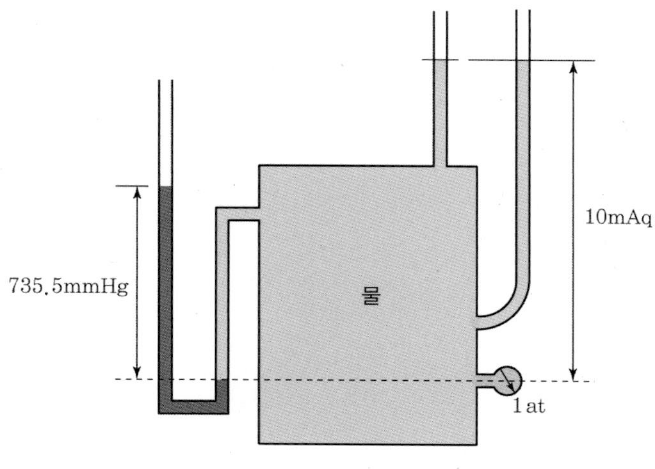

[그림 2-6] 액주계

예제 2-7

1 bar의 압력을 수은주의 높이, 수주의 높이, 공학기압으로 환산하여라. 단, 수은의 비중은 13.6이다.

풀이

1 bar = 10^5 N/m^{2}이므로 수은주의 높이를 x m라 하면

$$x \times 13.6 \times 9800 = 10^5$$

이므로

$$x = 0.75\,\mathrm{mHg} = 750\,\mathrm{mmHg}$$

수주의 높이를 y m라 하면

$$y \times 9800 = 10^5$$

이므로 수주(Aq)의 높이는

$$y = 10.2\,\mathrm{mAq}$$

이다. 또, 공학기압 1 at = 1 kg$_f$/cm^2 = 98000 N/m^{2}이므로

$$1\text{ bar} = 1.02\text{ at}$$

이다.

2.3.1 마노미터

[그림 2-7]은 마노미터(manometer)이다. [그림 2-7(a)]의 경우 탱크압력을 p_x, 탱크 내부 액체의 비중량을 γ라 하고 대기압력을 p_o, 액주계 액체의 비중량을 γ_1이라 하면 p_x는 다음과 같이 구할 수 있다.

$$p_x = p_o + \gamma h + \gamma_1 h_1 \tag{2-22}$$

식 (2-22)의 p_x는 절대압력이 되며, $p_o = 0$이면 p_x는 계기압력이 된다.

$$p_x = \gamma h + \gamma_1 h_1 \tag{2-23}$$

[그림 2-7(b)]의 경우는 동일한 압력이 작용하는 두 점을 택하여 p_x를 구할 수 있다. p_x를 계기압력, 즉 $p_o = 0$으로 하여 구하기 위해 p_1, p_2 구하면 다음과 같다.

$$p_1 = p_x + \gamma h$$
$$p_2 = \gamma_1 h_1$$

위 식에서 $p_1 = p_2$이므로 p_x는 다음과 같다:

$$p_x = \gamma_1 h_1 - \gamma h \tag{2-24}$$

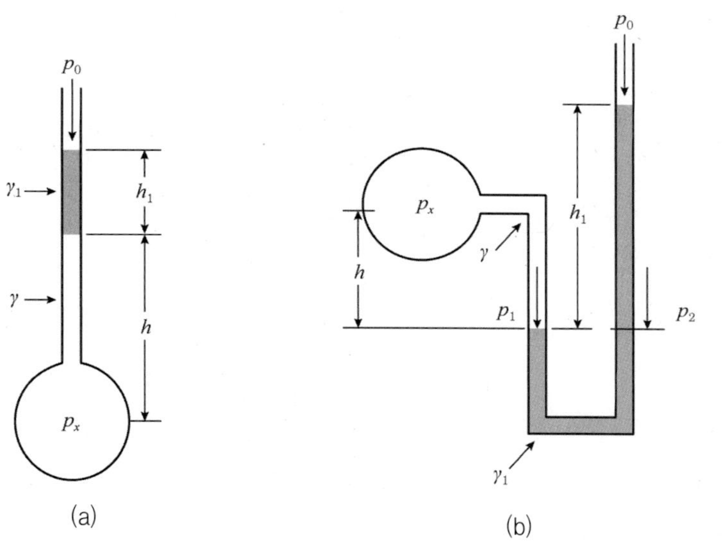

[그림 2-7] 마노미터

예제 2-8

다음 그림에서 A 관 속에 비중이 0.8인 기름이 흐르고 있다. 관의 계기압력을 구하여라.

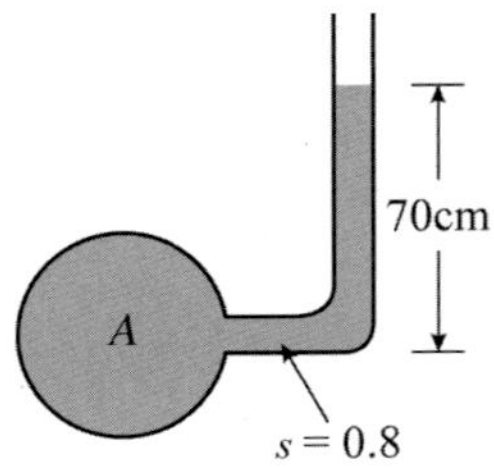

풀이

$p_A = \gamma h$ 이므로

$$p_A = 9800hS = 9800 \times 0.8 \times 0.7 = 5488 \text{ N/m}^2$$

이다.

예제 2-9

다음 그림에서 $S_1 = 0.8$, $S_2 = 13.6$이다. p_A를 구하여라.

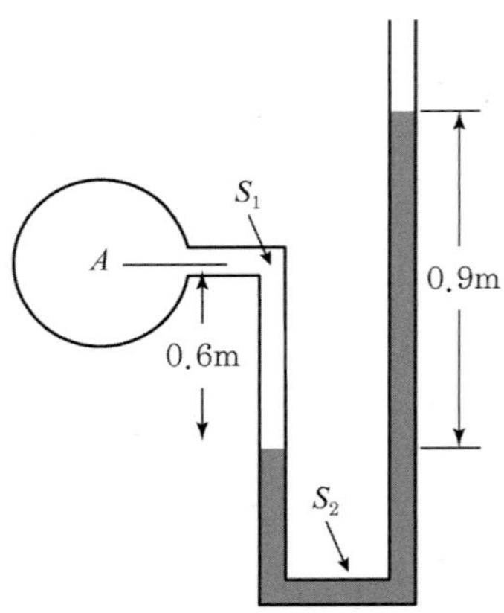

풀이

식 (2-24)을 이용하여

$$p_A = \gamma_2 h_2 - \gamma_1 h_1$$
$$= 13.6 \times 9800 \times 0.9 - 0.8 \times 9800 \times 0.6 = 115.248 \text{ kPa}$$

이다.

예제 2-10

그림에서 압력계가 30 kPa, $h =$ 1.5m이면 p_A의 압력은 얼마인가?

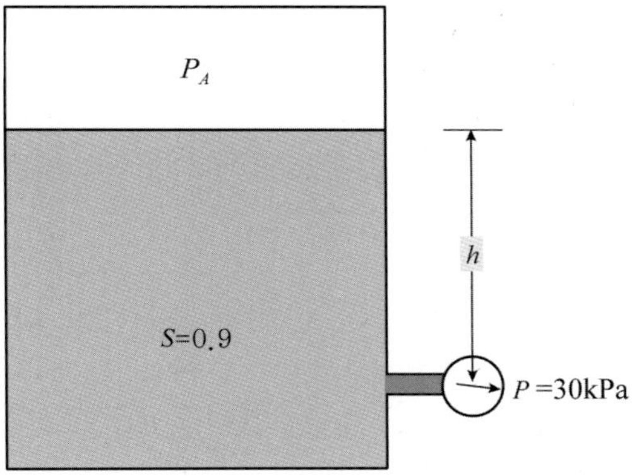

풀이

$p = p_A + \gamma h$이므로

$$p_A = p - \gamma h = 30000 - 0.9 \times 9800 \times 1.5 = 16.77 \text{ kPa}$$

이다.

2.3.2 차압계

[그림 2-8]은 액주계를 이용하여 압력차이를 측정하는 차압계이다. 두 경우 모두 압력이 동일한 지점 p_1, p_2를 택하여 $p_1 = p_2$로 놓음으로서 압력차 $p_x - p_y$를 액주계의 눈금으로 얻을 수 있다.

[그림 2-8(a)]에서 압력이 같은 수평선 상의 두 점의 압력을 p_1, p_2라 하면 p_1, p_2는 각각 다음과 같다.

$$p_1 = p_x + \gamma_1 h_1$$
$$p_2 = p_y + \gamma_2 h_2 + \gamma_3 h_3 \tag{2-25}$$

여기서 $p_1 = p_2$이므로 $p_x - p_y$는 다음과 같다.

$$p_x - p_y = \gamma_2 h_2 + \gamma_3 h_3 - \gamma_1 h_1 \tag{2-26}$$

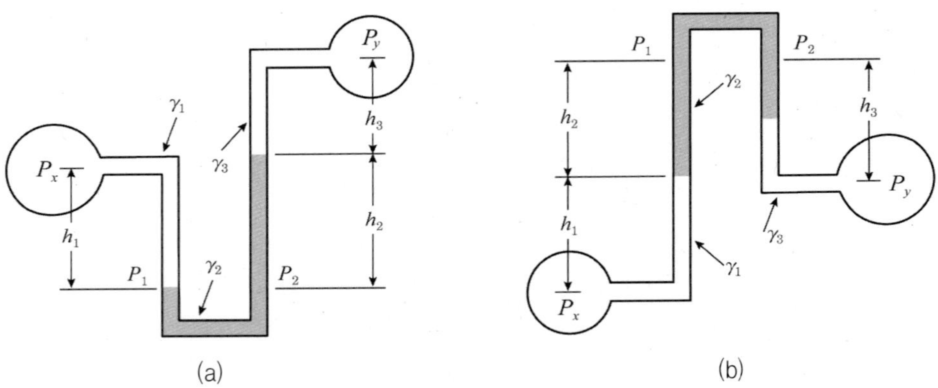

[그림 2-8] 차압계

[그림 2-8(b)]와 같은 역 U자관을 이용한 차압계의 경우도 압력이 같은 수평선 상의 두 점 p_1, p_2를 취하여 다음과 같이 차압을 구할 수 있다.

$$p_1 = p_x - \gamma_1 h_1 - \gamma_2 h_2$$
$$p_2 = p_y - \gamma_3 h_3 \tag{2-27}$$

$p_1 = p_2$이므로

$$p_x - p_y = \gamma_1 h_1 + \gamma_2 h_2 - \gamma_3 h_3 \tag{2-28}$$

이다.

예제 2-11

그림에서 A관에는 물이 B관에는 비중 0.9의 기름이 흐르고 있다. 두 관의 압력차이를 구하여라.

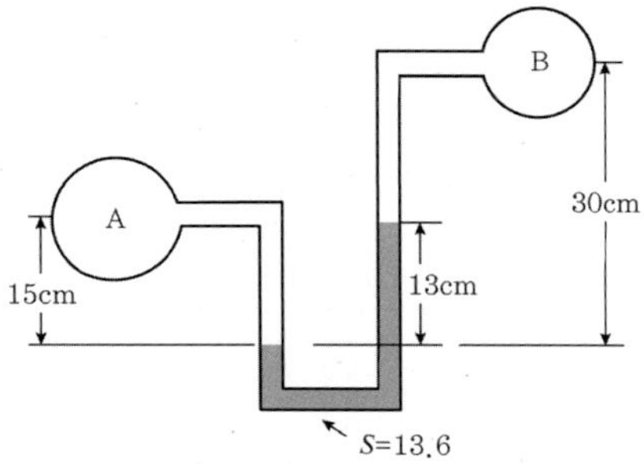

풀이

식 (2-25)을 이용하여 압력이 동일한 두 점의 압력을 각각 구하면

$$p_1 = p_A + 9800 \times 0.15$$

$$p_2 = p_B + 13.6 \times 9800 \times 0.13 + 0.9 \times 9800 \times (0.3 - 0.13)$$

$p_1 = p_2$이므로

$$\begin{aligned} p_A - p_B &= 13.6 \times 9800 \times 0.13 + 0.9 \times 9800 \times 0.17 - 9800 \times 0.15 \\ &= 17355.8 \text{ N/m}^2 \end{aligned}$$

이다.

예제 2-12

A, B 두 개의 관에 모두 물이 흐르고 있다. 두 관의 압력차이를 계산하여라.

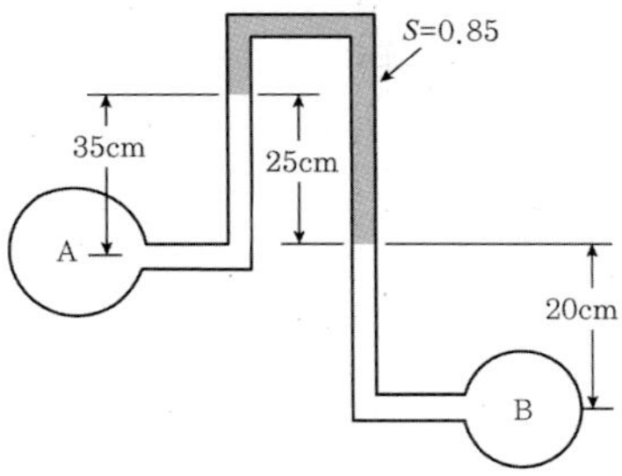

풀이

식 (2-27)을 이용하여 압력이 동일한 두 점의 압력을 구하면

$$p_1 = p_A - 9800 \times 0.35$$

$$p_2 = p_B - 9800 \times 0.2 - 0.85 \times 9800 \times 0.25$$

$p_1 = p_2$이므로

$$\begin{aligned} p_A - p_B &= 9800 \times 0.35 - 9800 \times 0.2 - 0.85 \times 9800 \times 0.25 \\ &= -612.5\ \text{N/m}^2 \end{aligned}$$

이다.

예제 2-13

그림과 같은 벤투리관에 물이 흐르고 있다. 여기에 설치된 시차액주계를 이용하여 A, B 두 점 사이의 압력차를 구하여라.

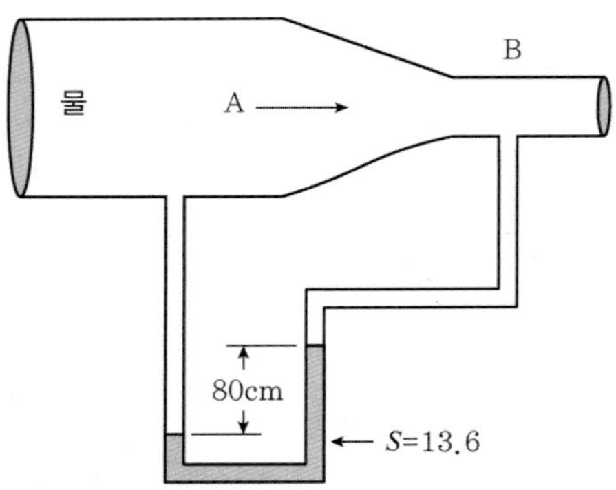

풀이

그림에서 압력이 동일한 두 점을 취하여 같게 놓으면

$$p_A + 0.8 \times 9800 = p_B + 0.8 \times 13.6 \times 9800$$

이므로 두 점 사이의 압력차는

$$p_A - p_B = 0.8 \times 13.6 \times 9800 - 0.8 \times 9800$$

$$= 98784 \text{ N/m}^2$$

이다.

2.3.3 미압계

[그림 2-9]는 U자관을 이용한 미압계이다. 그림에서 압력이 동일한 점을 택하여 각각의 압력을 구하여 같게 놓으면 구하는 압력 p_A는 다음과 같다.

$$p_A = \gamma_2 h_2 + (\gamma_3 - \gamma_2)H - \gamma_1 h_1 \tag{2-29}$$

미압계의 원리는 직경이 큰 D관에서의 액주변화를 직경이 작은 d관의 액주로 확대한 것으로, 이것을 이용하면 미소압력까지도 측정할 수 있게 하였다. 즉, p_A가 약간 변화하면 식 (2-29)에서 보는 바와 같이 상대적으로 H의 변화는 크게 되어 미소압력의 변화를 쉽게 알 수 있다.

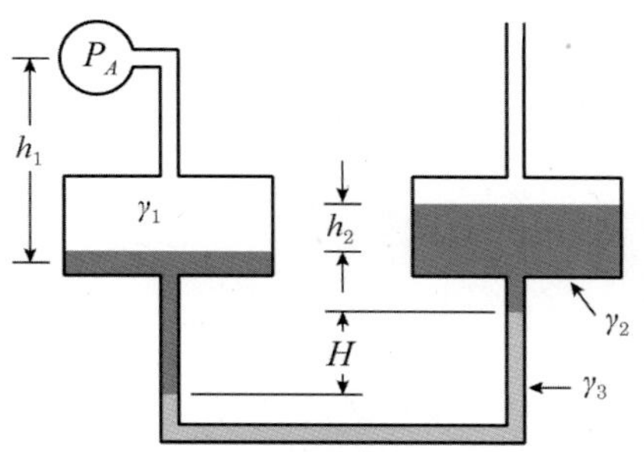

[그림 2-9] 미압계

예제 2-14

[그림 2-9]에서 $h_1 = 0.25\text{m}$, $H = 0.13\text{m}$, $h_2 = 0.02\text{m}$이고 $\gamma_1 = 9800\ \text{N/m}^3$, $\gamma_2 = 11500\ \text{N/m}^3$, $\gamma_3 = 14000\ \text{N/m}^3$이다. 또 $D = 0.2\text{m}$, $d = 0.01\text{m}$ 이면 p_A는 얼마인가?

풀이

식 (2-29)에서

$$\begin{aligned} p_A &= \gamma_2 h_2 + (\gamma_3 - \gamma_2)H - \gamma_1 h_1 \\ &= 11500 \times 0.02 + (14000 - 11500) \times 0.13 - 9800 \times 0.25 \\ &= -1895\ \text{Pa} \end{aligned}$$

이다.

예제 2-15

다음 경사미압계의 그림에서 관의 길이 L은 얼마인가? 단, 공기의 무게는 무시한다.

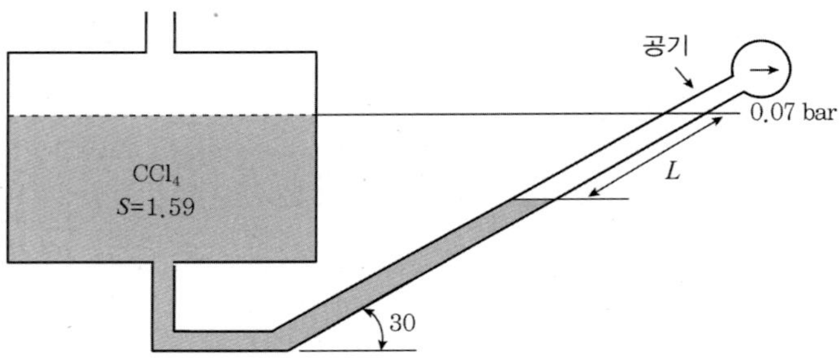

풀이

압력계의 압력을 p라 하면

$$p = \gamma L \sin 30 = 1.59 \times 9800 \times L \sin 30$$

$$L = \frac{p}{1.59 \times 9800 \times 0.5} = \frac{0.07 \times 10^5}{1.59 \times 9800 \times 0.5} = 0.9\text{m}$$

이다.

2.4 유체 속에 잠긴 면에 작용하는 힘

2.4.1 수평면에 작용하는 힘

[그림 2-10]는 비중량 γ인 액체 속에 수평하게 잠긴 면적 A의 평판이다. 평판 각점의 압력은 $p=\gamma h$로 동일하고 그림에서 음영처리 된 사각형을 압력 프리즘이라 하며 평면 전체에 작용하는 힘은 다음과 같다.

$$F=\gamma h A \tag{2-30}$$

여기서 Ah는 평판 윗부분의 체적이므로 γhA는 평판 윗부분의 액체의 무게와 같다. 작용점의 위치는 유체의 무게중심을 통과하고 면에 수직하므로 면의 중심과 일치힌다.

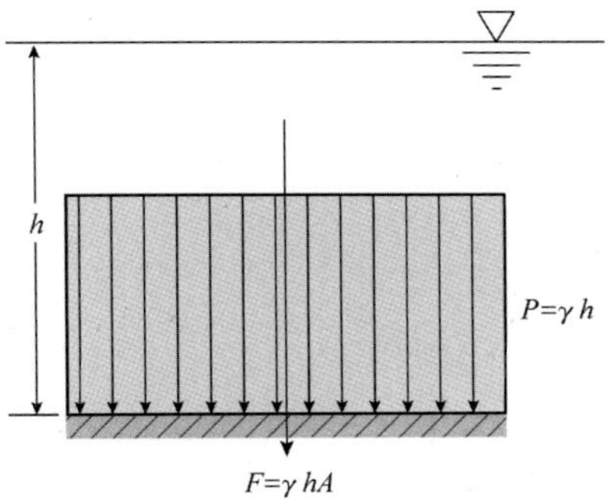

[그림 2-10] 수평면에 작용하는 힘

예제 2-16

물속에 가로, 세로가 3m, 2m인 평판이 5m 깊이로 수평하게 잠겨있다. 평판에 작용하는 전압력, 즉 힘의 크기를 구하여라.

풀이

식 (2-30)을 이용하여 힘의 크기를 구하면 다음과 같다.

$$F=9800\times 5\times 2\times 3=294000\ \text{N}$$

2.4.2 경사면에 작용하는 힘

[그림 2-11]은 액체 속에 잠긴 경사면과 이것의 x, y 축의 설정을 보여주고 있다. [그림 2-11]과 같이 평판이 수면에 대하여 θ의 경사각을 이루고 있는 평면의 면적 A에 작용하고 있는 힘을 구하기 위하여, 평면에서 미소면적 dA에 작용하는 힘을 dF라 하면 dF는 다음과 같다.

$$dF = \gamma h\, dA = \gamma y \sin\theta\, dA \tag{2-31}$$

전체평판에 대해서는 식 (2-31)을 적분하여 얻을 수 있다.

$$F = \gamma \sin\theta \int_A y\, dA \tag{2-32}$$

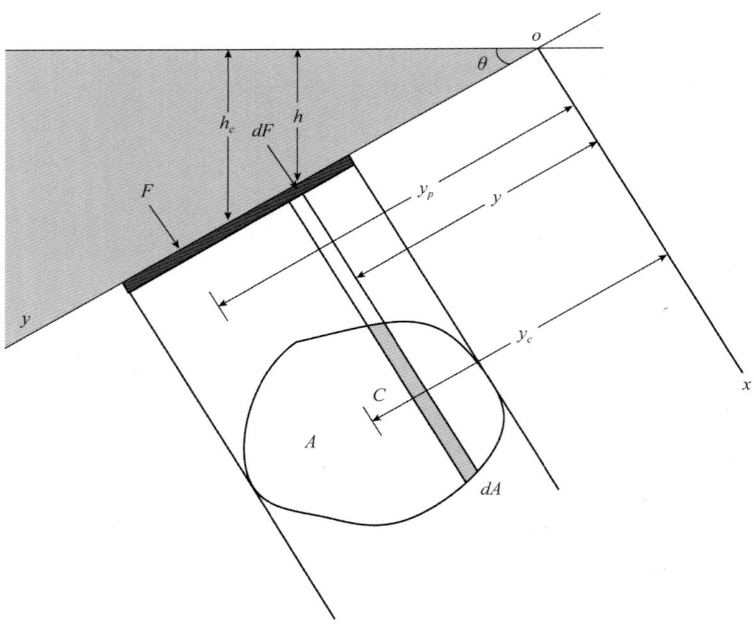

[그림 2-11] 경사면에 작용하는 힘

수면에서 평판의 중심까지의 거리를 y_c라 하면 $o-x$ 축에 대한 면 A의 모멘트는 다음과 같다.

$$\int_A y\,dA = y_c A \tag{2-33}$$

따라서 식 (2-32)는 다음과 같다.

$$F = \gamma y_c A \sin\theta = \gamma h_c A \tag{2-34}$$

경사진 평판에 작용하는 힘은 평판의 중심에 작용하는 압력 γh_c에 면적을 곱한 값이다. 힘의 작용방향은 평판에 수직한 방향이 된다. 평판에 작용하는 힘의 작용점을 y_p라 하고 이것을 구하기 위하여 $o-x$ 축에 대한 dF의 모멘트 dM을 구하면

$$dM = y dF = \gamma y^2 \sin\theta\, dA \tag{2-35}$$

이므로 전체 힘에 대한 모멘트 M은

$$M = \int_A dM = \gamma \sin\theta \int_A y^2\, dA \tag{2-36}$$

위 식에 $o-x$ 축에 대한 관성능률(moment of inertia)을 I_x라 하면

$$I_x = \int_A y^2\, dA \tag{2-37}$$

이므로 식 (2-36)은 다음과 같다.

$$M = \gamma I_x \sin\theta \tag{2-38}$$

또, 모멘트 M은 힘 F를 이용하여

$$M = F y_p \tag{2-39}$$

이므로 식 (2-34), (2-38), (2-39)를 이용하여 y_p를 구하면

$$y_p = \frac{I_x}{y_c A} \tag{2-40}$$

면의 중심 C를 지나고 $o-x$ 축에 평행한 중심축의 관성능률을 I_c라 하면 I_x, I_c 사이에는 다음과 같은 관계가 있다.

$$I_x = I_c + {y_c}^2 A \tag{2-41}$$

식 (2-41)을 식 (2-40)에 대입하면 다음과 같다.

$$y_p = y_c + \frac{I_c}{y_c A} \tag{2-42}$$

여기서 여러 가지 도형에 따른 I_c는 부록에 주어져 있다. 위 식에 따르면 힘의 작용점은 평판의 중심보다 아래쪽에 있음을 알 수 있다.

예제 2-17

폭이 2m, 길이 3m의 직사각형 평판이 수면 아래 5m 깊이에 수직으로 놓여 있다. 물이 평판에 작용하는 힘과 힘의 작용점을 구하여라.

풀이

수면과의 경사각이 90°이므로 식 (2-34)에서

$$F = \gamma h_c A = 9800 \times 6.5 \times 2 \times 3 = 382200 \text{ N}$$

작용점은 식 (2-42)를 이용하여

$$y_p = y_c + \frac{I_c}{y_c A}$$

$$= 6.5 + \frac{\dfrac{2 \times 3^3}{12}}{6.5 \times 6} = 6.62 \text{ m}$$

이다.

예제 2-18

그림과 같은 수문이 물속에서 열릴 수 있는 최소한의 힘 R을 구하여라. 단, 수문의 폭은 2m 이다.

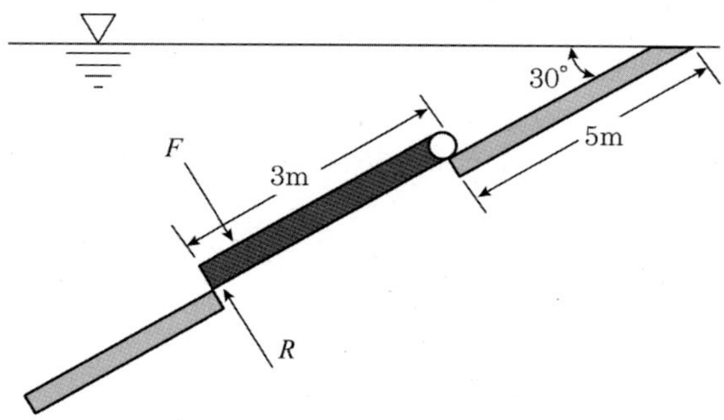

풀이

평판에 걸리는 힘 F는

$$F = \gamma h_c A = 9800 \times 6.5 \times 6 \sin 30 = 191100 \text{ N}$$

힘의 작용점 y_p는

$$y_p = y_c + \frac{Ic}{y_c A} = 6.5 + \frac{\frac{2 \times 3^3}{12}}{6.5 \times 6} = 6.62 \text{ m}$$

힘 F에 대한 힌지(hinge)의 모멘트는 R에 의한 힌지의 모멘트와 같아야 하므로

$$F(y_p - 5) = P \times 3$$

$$R = \frac{F(y_p - 5)}{3} = \frac{191100 \times 1.62}{3} = 103194 \text{ N}$$

이다.

2.4.3 곡면에 작용하는 힘

곡면에 작용하는 힘은 곡면의 유체압력을 적분하여 구하는 방법을 이용하기보다는 곡면과 유체에 대한 자유물체도를 이용하는 것이 편리하다. [그림 2-12]는 곡면에 작용하는 힘을 구하는 한 예이다. [그림 2-12(a)]는 유체 속에 잠겨있는 곡면수문으로 수문과 수문 위에 있는 유체의 자유물체도이다. F_x, F_y는 힌지에 작용하는 힘의 x, y 성분이며 F_1, F_2는 수문 주위 유체의 압력분포에 따른 힘이다. F_w는 곡면 바로 윗부분에 있는 유체의 무게이다. R는 수문을 지지하는 힘으로 힌지에 대한 모멘트를 이용하여 구할 수 있다.

[그림 2-12(b)]는 수문에 대한 자유물체도이다. 수문에 작용하는 수평력 F_h는 [그림 2-12(a)]의 F_1과 같고 수직력 F_v는 F_2+F_w와 같다. 즉, 수평력 F_h는 곡면을 투영한 수직면에 작용하는 힘과 같고 수직력 F_v는 곡면 위에 있는 전체유체의 무게와 같다. 곡면수문은 힘 R에 의해서 정지해 있으므로 힌지에 대한 모멘트는 영이다. 이것을 이용하여 힘 R을 구할 수 있다.

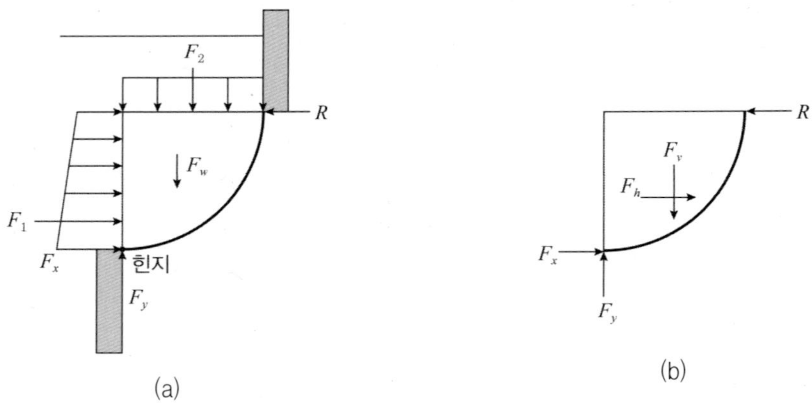

[그림 2-12] 곡면에 작용하는 힘

예제 2-19

[그림 2-12]에서 유체는 물이고 수면에서 힌지까지의 깊이는 5m, 곡면수문은 원호로 중심각은 90°, 반경은 2m이다. 수문에 작용하는 수직력과 수평력을 구하여라. 또, 수문을 지지하는 힘 R을 구하여라. 수문의 폭은 1m이다.

풀이

수문에 작용하는 수평력 F_h는

$$F_h = \gamma h_c A = 9800 \times 4 \times 2 = 78400 \text{ N}$$

수문에 작용하는 수직력 F_v는 곡면 위의 액체의 무게와 같으므로

$$F_v = (3 \times 2 \times 1 + \frac{2^2\pi}{4} \times 1) \times 9800 = 89590N$$

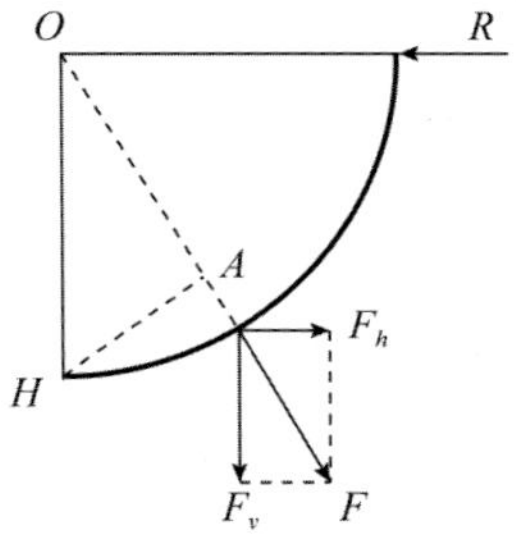

그림에서 보는 바와 같이 수평력과 수직력의 합력 F는 곡면이 원호일 경우 원의 중심 O를 지나므로 이것과 힌지에 대한 모멘트를 이용하여 R을 구한다.

$$F = \sqrt{{F_h}^2 + {F_v}^2}$$
$$= \sqrt{78400^2 + 89587.6^2} = 119048.3 \text{ N}$$

힌지에 대한 모멘트는

$$F \times HA = R \times 2$$

이므로 여기서 HA를 구하면

$$HA = 2 \times \frac{F_h}{F} = 2 \times \frac{78400}{119048.3} = 1.32 \text{ m}$$

$$R = \frac{F \times HA}{2} = \frac{119048.3 \times 1.32}{2} = 78571.88 \text{ N}$$

이다.

2.5 부력

2.5.1 Archimedes 원리

부력은 지금부터 2,200여 년 전 그리스의 철학자 Archimedes에 의해서 알려진 Archimedes의 원리로 다음과 같은 일화가 전해지고 있다. 시러큐스(Syracuse)의 한 왕이 순금으로 자신의 왕관을 만들도록 하였다. 왕관이 만들어졌을 때 왕은 왕관을 의심하여 Archimedes로 하여금, 왕관이 순금 외에 다른 금속이 사용되었는지를 알아보도록 하였다. Archimedes는 왕관에 순금과 같은 무게의 다른 금속이 사용되었을 거라 여기고 그것을 밝혀낼 방법을 생각하였다. 왕관의 무게와 같은 순금을 준비하여 물속에서 무게를 측정해 본 결과 순금의 무게가 왕관보다 무겁다는 것에 의해서 왕관은 순금 대신 다른 금속이 사용되었다는 결론을 얻게 되었다. 즉, 순금 대신 쓰인 금속은 순금과 같은 무게이지만 체적이 더 크기 때문에 더 많은 물을 배제시켰다. Archimedes의 원리를 정리하면 다음과 같다. "물속에 있는 물체는 그것이 배제한 체적의 유체의 무게와 같은 부력을

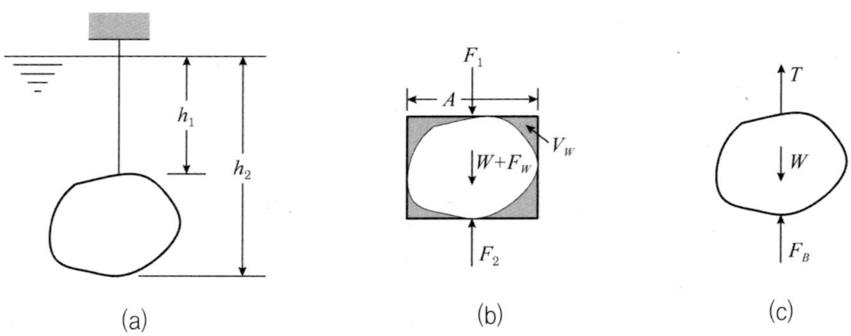

[그림 2-13] 부력

받는다."

[그림 2-13]은 Archimedes의 원리를 증명하기 위하여 비중량 γ 속에서 무게 W인 물체를 줄로 매달 때의 자유물체도이다. 그림 (b)에서 W는 물체의 공기 중에서의 무게, F_W는 육면체에서 물체 주위의 액체무게이고 그것이 차지하는 체적은 V_W이며, A는 물체의 수평방향의 최대단면적이다. 그림에서 알 수 있는 바와 같이 부력은 이 물체에 작용하는 상방향의 수직력에서 하방향의 수직력(무게를 제외한)을 뺀 값으로 부력 F_B는 다음과 같다.

$$F_B = F_2 - F_1 - F_W \tag{2-43}$$

이 식은 압력과 힘의 관계를 이용하여

$$F_B = \gamma(h_2 A - h_1 A - V_W) \tag{2-44}$$

로 쓸 수 있다. 여기서

$$V_B = (h_2 - h_1)A - V_W \tag{2-45}$$

라 하면 V_B는 액체 속에 잠겨있는 물체의 체적, 즉 물체가 배제한 액체의 체적이다. 따라서 식 (2-44)은 다음과 같다.

$$F_B = \gamma V_B \tag{2-46}$$

즉, 부력은 물체가 배제한 액체의 무게와 같음을 알 수 있다. 그림과 같이 물체가 줄에 매달려 액체 속에 잠겨있는 경우 힘의 평형관계를 고려하면

$$T = W - F_B \tag{2-47}$$

로 줄에 걸리는 장력은 물체의 무게보다 부력만큼 작아진다. 또, [그림 2-14]와 같이 물체가 유체표면에 떠 있는 경우는 $T = 0$이므로 식 (2-47)에서

$$F_B = W \tag{2-48}$$

로 부력은 물체의 무게와 같다.

[그림 2-14]와 같이 물체가 물위에 떠 있는 경우 물체에 작용하는 힘은 물체의 무게와 부력을 들 수 있다. 부력은 배제된 액체의 중심방향으로 작용하며, 무게는 물체의 무게중심 방향으로 작용하므로 무게중심은 배제체적의 중심과 같은 수직선 상에 있어야 한다.

이 물체는 물속에 잠겨있으므로 부력은 물체의 체적과 같은 물의 무게와 같다.

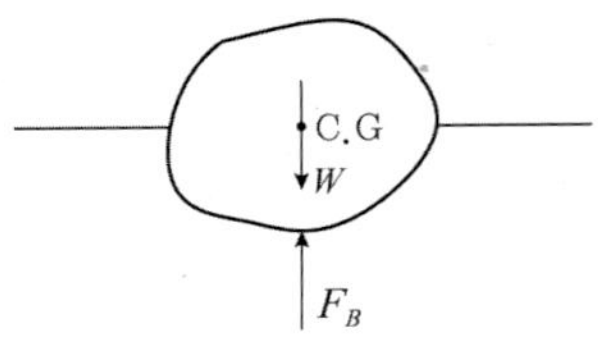

[그림 2-14] 부력

예제 2-20

어떤 물체의 공기 중에서 무게가 100N, 물속에서 무게가 30N이었다. 이 물체의 체적과 비중을 구하여라.

풀이

식 (2-47)에서

$$F_B = W - T$$
$$= 100 - 30 = 70 \text{ N}$$

$$F_B = 9800 \times V$$

$$V = \frac{70}{9800} = 0.007 \text{ m}^3$$

따라서 비중은

$$S = \frac{100}{0.007 \times 9800} = 1.458$$

이다.

2.5.2 비중계

비중계는 부력의 원리를 이용하여 유체의 비중을 측정하는 계기이다. [그림 2-15]에서 보는 바와 같이 유리구 속에 납을 채우고 그 위에 유리막대를 붙여 유체 속에 띄우면 유체의 비중에 따라 잠기는 깊이가 다르다. [그림 2-15(a)]는 순수한 물의 비중을 측정하는 것으로 이 때 수면과 접촉하는 부위의 눈금은 1.0을 가리키며 부력의 원리에 의해서 부력은 이 비중계의 무게 W와 같고 비중계의 배제체적을 V_o라 하면 같은 체적의 물의 무게와 같다.

$$W = \gamma_w V_o \tag{2-49}$$

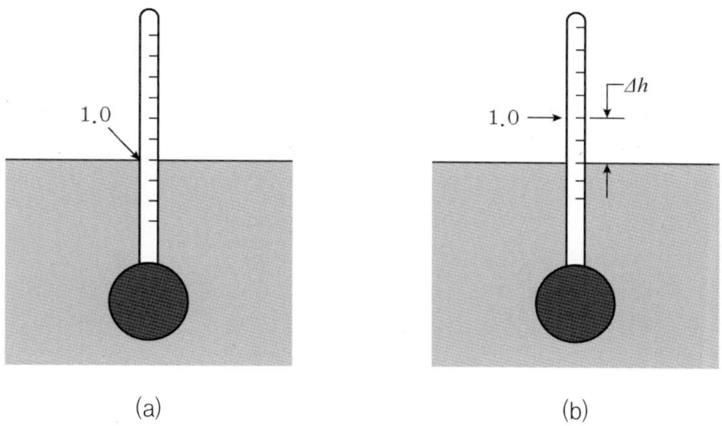

[그림 2-15] 비중계

위 식에서 γ_w는 물의 비중량이다. [그림 2-15(b)]는 비중량 γ_x인 어떤 액체의 비중을 측정하는 것이다. 비중계의 유리관 부분의 단면적을 A라 하면 비중계의 무게는 동일하므로 다음 식이 성립한다.

$$W = \gamma_x (V_o - \Delta h A) \tag{2-50}$$

위 두 식에서 비중 $S = \dfrac{\gamma_x}{\gamma_w}$이므로

$$\Delta h = \frac{V_o}{A}\left(1 - \frac{1}{S}\right) \tag{2-51}$$

위 식에서 V_o, A 등은 비중계에 따라 주어지는 값이므로 Δh를 읽으면 바로 비중 S를 알 수 있다.

예제 2-21

비중계를 만들려고 한다. 비중이 1.007인 액체에 무게 0.4N인 비중계를 띄울 때 이것을 물속에서 띄울 때보다 눈금이 1mm만큼 더 뜨게 하려면 비중계의 눈금막대의 직경은 얼마로 해야 하는가?

풀이

비중계가 물속에서 받는 부력과 비중 1.007인 액체에서 받는 부력은 모두 비중계의 무게와 같으므로 물에 잠긴 비중계의 체적을 V라 하면 물의 비중량이 9800 N/m^{3}이므로

$$9800\,V = 0.4$$

에서 V는

$$V = 40.8 \times 10^{-6}\ \mathrm{m}^3$$

이고 관의 직경을 d라 하면

$$0.4 = 1.007 \times 9800 \times \left(V - \frac{\pi d^2}{4} \times 0.001\right)$$

이므로

$$d = 19\ \mathrm{mm}$$

이다.

2.5.3 부체의 안정

물체가 유체 속에 잠겨있으면 물체는 그 중심과 부심의 위치에 따라 안정성이 달라진다. 무게는 물체의 중심에서 아래 방향으로 작용하고 부력은 배제된 체적의 중심을 지나 위쪽으로 작용한다. 따라서 기구와 같이 부심이 중심보다 항상 위에 있는 부체는 안전하지만 선박과 같이 유체 위에 떠 있는 물체는 그렇지 않다. [그림 2-16]은 기구와 잠수함의 부심과 중심과의 관계를 나타낸 것이다.

그림에서 보는 바와 같이 기구나 잠수함은 부력의 중심이 항상 무게의 중심보다 위에 있으므로 두 힘은 기구나 잠수함이 기울어질 경우 복원 모멘트로 작용하여 원래의 상태로 되돌아 간다.

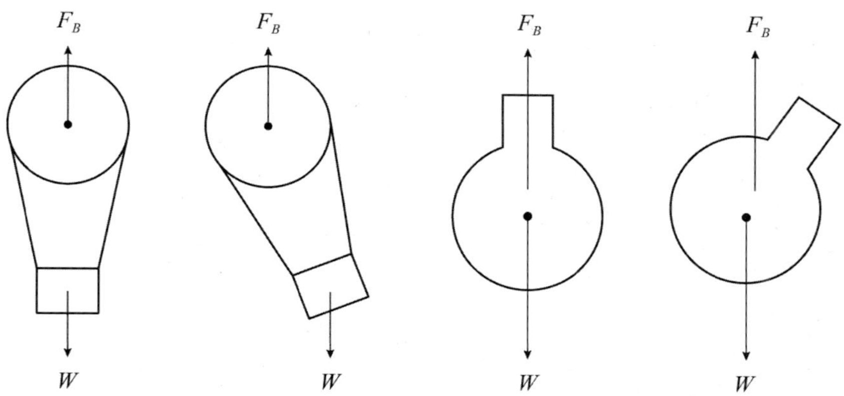

[그림 2-16] 부체의 안정성

[그림 2-17(a)]는 배가 물위에 바르게 떠 있을 때의 횡단면을 나타낸 것이다. 배의 무게 중심 G와 부력의 중심 B를 연결한 선을 부양축이라 하고 수면에서 배 밑바닥까지의 수직깊이를 흘수라 하며 배가 배제한 물의 무게를 배수량이라 한다.

[그림 2-17(a)]의 배가 외부 힘에 의하여 [그림 2-17(b)]와 같이 수면에 대하여 θ만큼 기울어지면 부양축의 좌측부의 배수량은 그림에서와 같이 ΔW 만큼 증가하고 우측은 반대로 감소한다. 배수량이 변화함에 따라 부심의 위치도 B에서 B'로 변화하지만 배의 무게와 부력의 크기는 변함이 없다. 배의 무게 W와 부력 F_B의 작용방향은 [그림 2-17(a)]

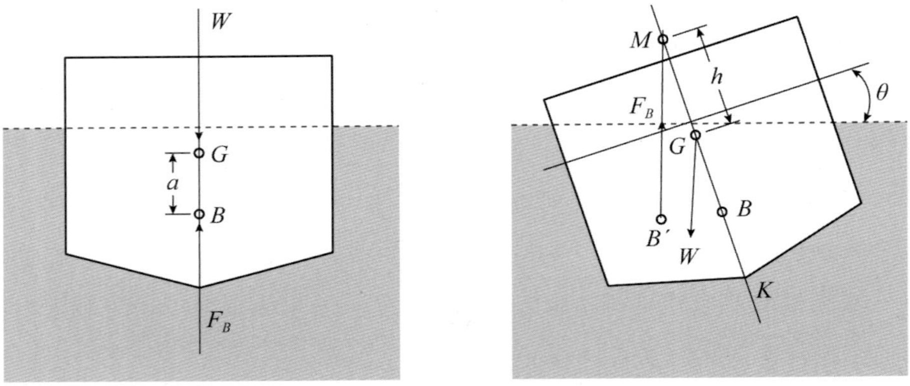

(a) (b)

[그림 2-17] 선박의 안정성

와는 달리 일직선 상에 있지 않게 되며 이것은 배를 회전시키는 모멘트를 만든다. 새로운 부심 B'를 지나 부력 F_B의 연장선과 부양축 BG와의 교점을 M이라 하고 이 점을 경심(metacenter)이라 한다. 그림에서 보는 바와 같이 경심 M이 배의 무게중심 G보다 위에 있게 되면 배의 무게 W와 부력 F_B는 배를 원래의 상태로 되돌려 놓으려는 모멘트를 만든다. 이 모멘트를 복원 모멘트라 한다. 이 때는 배가 항상 원래의 상태로 되돌아오게 되므로 안전하다. 경심 M과 무게중심 G가 같게 되면 모멘트를 형성하지 않으므로 배는 기울어진 상태에서 평형을 유지한다. 이 때를 중립이라 하며, M이 G보다 아래 쪽에 오게 되면 두 힘은 배를 기울어진 방향으로 계속 기울어지게 하는 모멘트로 작용하여 배를 전복시키고 만다. 이 때의 모멘트를 전복 모멘트라 한다.

배의 무게중심 G에서 $B'M$에 내린 수선의 발을 Z라 하면

$$GZ = GM\sin\theta = h\sin\theta \tag{2-52}$$

이며 배의 복원 모멘트를 T라 하면 배의 무게 W에 의해서

$$T = W \cdot GZ = Wh\sin\theta \tag{2-53}$$

와 같다. 위 식에서 복원 모멘트 T는 경심의 높이 h에 비례함을 알 수 있다. 즉,

$$h > 0 \text{이면 안정}$$
$$h = 0 \text{이면 중립} \tag{2-54}$$
$$h < 0 \text{이면 불안정}$$

이다. 여기서 부양면의 O축 둘레의 관성능률을 I_o, 선체의 배수체적을 V_o라 하고 $BG = a$라 하면 경심 높이 h는 다음과 같다.

$$h = BM - a = \frac{I_o}{V_o} - a \tag{2-55}$$

예제 2-22

배수중량이 1000t이고 배의 밑면, 즉 부양면이 사각형으로 길이가 30m, 폭이 10m인 배가 있다. 배의 부심은 수면으로부터 2m 아래에 있고 무게중심은 수면으로부터 50cm 아래에 있다. 이 배의 경심의 높이를 계산하여라.

풀이

식 (2-55)를 이용하여

$$h = \frac{I_o}{V_o} - a$$

$$a = 1.5\text{m}$$

$$V_o = 1000\text{m}^3$$

$$I_o = \frac{30 \times 10^3}{12} = 2500\text{m}^4$$

$$h = \frac{2500}{1000} - 1.5 = 1\text{m}$$

이다.

2.6 등가속도운동을 하는 액체

용기 속에 담겨서 용기와 함께 등가속도 직선운동을 하거나 등속원운동을 하고 있는 액체는 모두 등가속도운동을 하고 있는 경우로 취급할 수 있다. 즉, 유체와 유체 사이에 또는 유체와 용기 사이에 상대운동이 없으므로 정지유체와 같이 취급할 수 있다. 유체와 유체층 사이에 상대운동이 없으므로 상대운동에 의해서 형성되는 점성과 마찰은 고려되지 않으며 이와 같은 운동을 하고 있는 액체를 상대적 평형(relative equilibrium)상태라고 한다.

2.6.1 수평 등가속도운동을 하는 액체

[그림 2-18]과 같이 상부가 개방된 용기에 담겨진 액체가 용기와 함께 수평가속도 a_x로 운동하고 있다면 액체의 표면은 가속도에 의하여 수평면과 θ의 각도만큼 기울어진 상태에서 상대적 평형상태를 이루게 된다. 그림과 같이 액체 속에 단면적이 A이고 길이가 l인 체적요소를 가정하여 여기에 Newton의 운동법칙을 적용하면 다음과 같다.

$$p_1 A - p_2 A = \rho l A a_x \tag{2-56}$$

위 식에 $P = \gamma h$를 이용하여 정리하면

$$\frac{h_1 - h_2}{l} = \frac{a_x}{g} = \tan\theta \tag{2-57}$$

로 액체의 경사각과 수평가속도는 서로 상관관계를 가지고 있다. 즉, 경사각을 알면 가속도의 크기를, 또는 그 역으로 가속도를 알면 경사각의 크기를 알 수 있다. 이와 같은 원리를 이용하여 가속도계를 만들 수 있으며 이 원리는 밀폐된 용기에 담겨진 액체의 운동에 대해서도 그대로 적용된다.

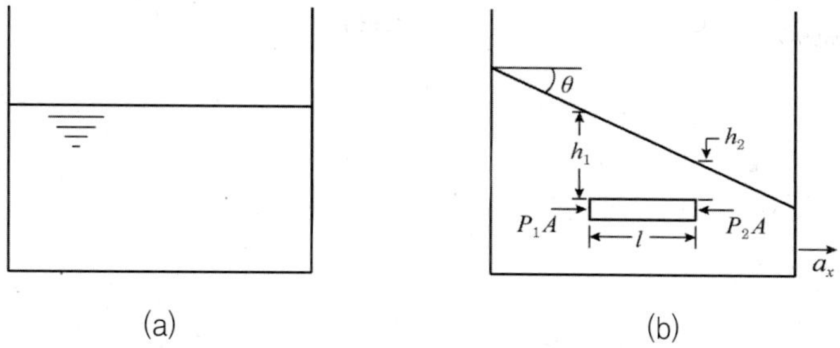

[그림 2-18] 수평 등가속도운동

예제 2-23

물이 담긴 용기가 중력가속도와 같은 크기의 가속도로 수평면을 운동할 때 용기 속 물의 표면은 어떻게 변화하는가?

풀이

식 (2-57)에서 $a_x = g$이므로

$$\tan\theta = 1\,,\ \theta = 45^\circ$$

수평면에 대하여 45°만큼 경사져서 운동한다.

예제 2-24

그림과 같은 탱크가 우측으로 가속되고 있다. 탱크의 수면이 (b)의 점선과 같이 될 때 가속도 a_x를 구하여라.

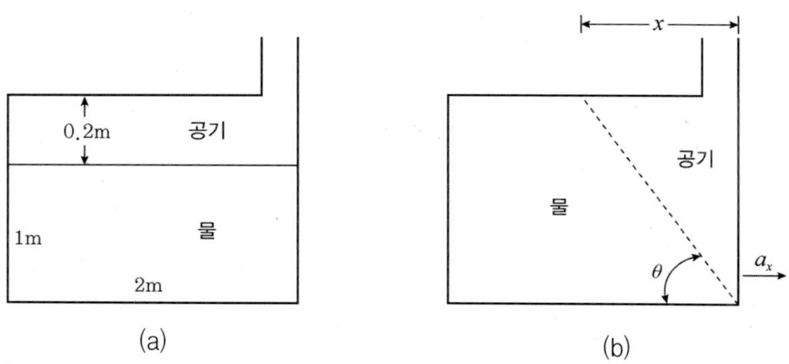

풀이

그림의 (a)에서 탱크 상부에 채워져 있던 공기의 양은 우측으로 가속되고 있는 (b)의 공기의 양과 같으므로

$$0.2 \times 2 = 1.2x \times \frac{1}{2}$$

$$x = 0.667\text{m}$$

이것을 이용하여 각도 θ를 구하면

$$\tan\theta = \frac{1.2}{0.667} = 1.8$$

$$a_x = g\tan\theta$$
$$= 9.8 \times 1.8 = 17.66\text{m/s}^2$$

이다.

2.6.2 연직 등가속도운동을 하는 액체

연직방향으로 a_y의 등가속도운동을 하는 액체의 자유표면과 등압면은, 정지상태의 자유표면과 등압면과 같으나 압력의 크기는 [그림 2-19]와 같다.

그림에서 밑면적 A, 높이 h인 자유물체를 가정하여 여기에 힘의 평형관계를 적용하면 다음과 같다.

$$\Sigma F_y = ma_y \tag{2-58}$$

여기서 y 방향의 힘은 압력과 액체의 무게를 고려해야 하므로

$$p_2 A - p_1 A - \gamma h A = \rho h A a_y$$

$$p_2 - p_1 = \rho h(g + a_y) \tag{2-59}$$

와 같다.

즉, 연직방향의 압력변화는 중력에 의한 힘과 가속도에 의한 힘의 합 만큼 변화함을 말한다. 용기가 자유낙하, 즉 $a_y = -g$의 가속도로 연직운동을 한다면 액체 내부에서는 압력변화가 없이 모든 점에서 압력의 크기가 같게 된다.

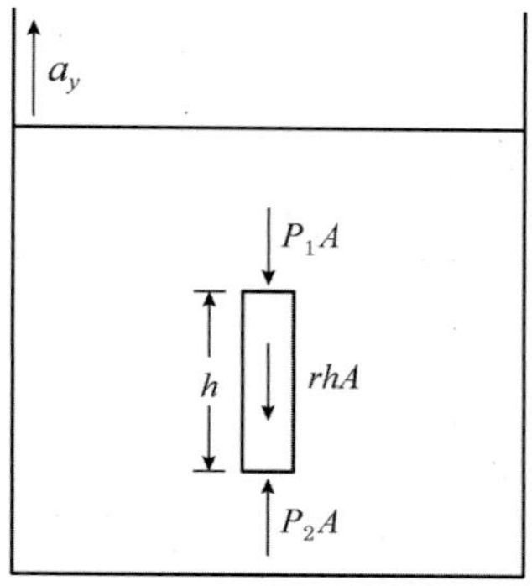

[그림 2-19] 연직 등가속도운동

2.6.3 등속원운동을 하는 유체

[그림 2-20]과 같이 원통용기에 액체를 채우고 중심축을 일정한 속도로 회전시키면 액체는 평형상태에 도달하여 액체입자 사이의 상대적인 운동은 없어지고 마치 고체가 운동하는 것처럼 된다. 또, 액체이지만 전단응력이 전혀 작용하지 않아 정지한 유체와 같은 특성을 갖는다. 따라서 등속원운동하는 액체는 유체 정역학의 원리를 이용하여 해석할 수 있다.

[그림 2-20]에서 반경방향, 즉 r방향의 길이가 dr이고 단면적이 dA인 용기 내의 미소 유체입자에 뉴턴의 운동 제 2법칙을 적용하자. 지금 중심축에서 r 위치에서의 압력을 p라 하면 $r+dr$에서의 압력은 $p+\dfrac{dp}{dr}dr$이므로

$$pdA - \left(p + \frac{dp}{dr}dr\right)dA = \rho\, dr dA\left(-\omega^2 r\right) \tag{2-60}$$

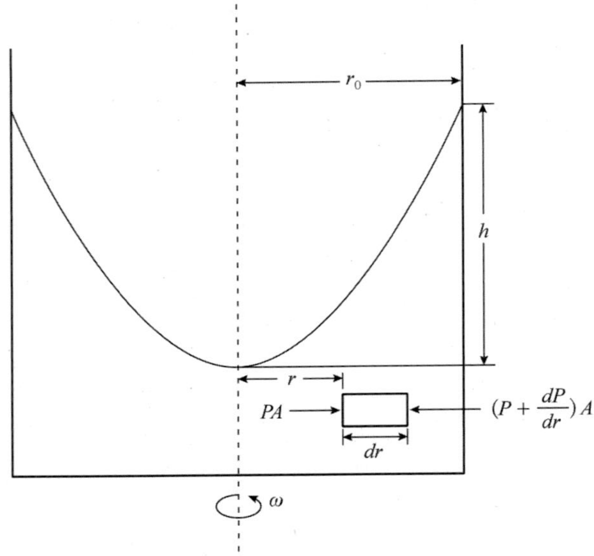

[그림 2-20] 등속원운동

이며, 위 식을 정리하면

$$\frac{dp}{dr}=\rho r\omega^2 \tag{2-61}$$

이고 연직방향에 대해서는 앞에서 유도한 바와 같이

$$\frac{dp}{dy}=-\gamma \tag{2-62}$$

이므로 식 (2-61), (2-62)을 이용하여 정리하면 다음과 같다.

$$\frac{dy}{dr}=-\frac{r\omega^2}{g} \tag{2-63}$$

식 (2-63)을 적분하고 여기에 초기조건 $r=0, y=y_0$를 이용하여 적분 상수를 구하면

$$y=\frac{r^2\omega^2}{2g}+y_0 \tag{2-64}$$

가 된다. 따라서 액체의 회전 포물면은 자유표면과 함께 액체 내의 등압면임을 알 수 있으며 이와 같은 액체의 회전운동을 강제 볼텍스(forced vortex)라 한다. 식 (2-64)에서 반경 r인 위치에서의 액체표면의 높이차 h는 다음과 같다.

$$h = \frac{r^2 \omega^2}{2g} \tag{2-65}$$

예제 2-25

지름이 10cm인 원통에 물이 담겨져 있다. 중심축에 대하여 300rpm으로 회전시킬 때 수면의 최고점과 최저점의 높이는 얼마인가?

풀이

식 (2-65)를 이용하여

$$\omega = \frac{2\pi n}{60} = \frac{2\pi \times 300}{60} = 10\pi/\mathrm{s}$$

$$h = \frac{r^2\omega^2}{2g} = \frac{(10\pi)^2 \times 0.05^2}{2 \times 9.8} = 0.126\mathrm{m}$$

이다.

예제 2-26

그림과 같은 액체가 담긴 원통이 있다. 중심축을 회전축으로 하여 원통을 회전시킬 때 유체가 넘치지 않을 최대각속도를 구하여라.

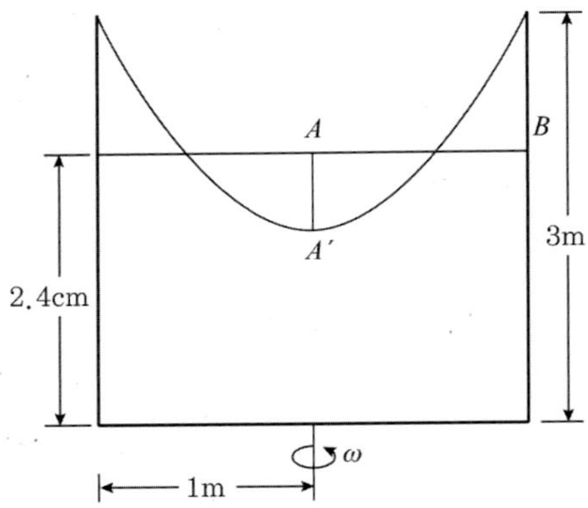

풀이

회전운동으로 인하여 변화하는 자유표면의 높이는 $AA' = BB'$ 이므로 중심과 원통벽면에서의 높이차는 1.2m이다.

$$\omega = \sqrt{\frac{2gh}{r^2}} = \sqrt{2 \times 9.8 \times 1.2} = 4.85\text{rad/s}$$

Exercise

1. 비중이 다음과 같을 때 깊이 10m에서의 압력을 구하여라.

① 1.0 ② 0.8
③ 13.6 ④ 1.59
⑤ 0.68

2. 비중이 다음과 같은 유체에서 압력이 250kPa이 되려면 깊이는 얼마나 되어야 하는가?

① 1.0 ② 0.8
③ 13.6 ④ 1.59
⑤ 0.68

3. 어떤 유체 10m 깊이에서의 압력이 136kPa이다. 이 유체의 비중은 얼마인가?

4. 다음 수은주의 압력을 물기둥의 높이로 환산하면 얼마나 되는가?

① 760mmHg ② 75cmHg
③ 10mmHg

5. 탱크에서 유체층의 깊이가 다음과 같을 때 밑면에서의 압력을 구하여라.

① 물 20cm, 수은 2cm
② 물 52mm와 비중 6.8인 기름 26mm
③ 비중 0.8인 기름 3m, 물 2m 그리고 수은 10cm

6. 공기의 밀도가 1.23kg/m^{3}로 일정하다면 산의 높이가 2,000m변화하면 압력은 얼마나 변화하는가?

7. 어떤 용기의 계기압력이 $5kg_f/cm^2$이고 대기압력이 750mmHg이면 이 용기의 절대압력은 얼마인가?

8. 펌프 흡입구의 압력이 진공계로 40mmHg 진공이었다. 이 때, 대기압력이 735mmHg이면 이 펌프 흡입구의 절대압력은 얼마인가?

9. 직경의 비가 4 : 1인 두 피스톤에 힘이 작용하고 있을 때, 두 피스톤의 이동거리의 비를 구하여라.

10. 다음 그림에서 $p_x - p_y$를 구하여라.

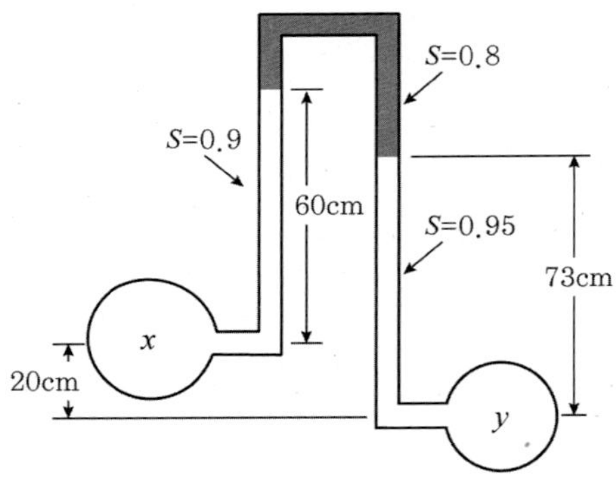

11. 다음 그림에서 $p_x - p_y$를 구하여라.

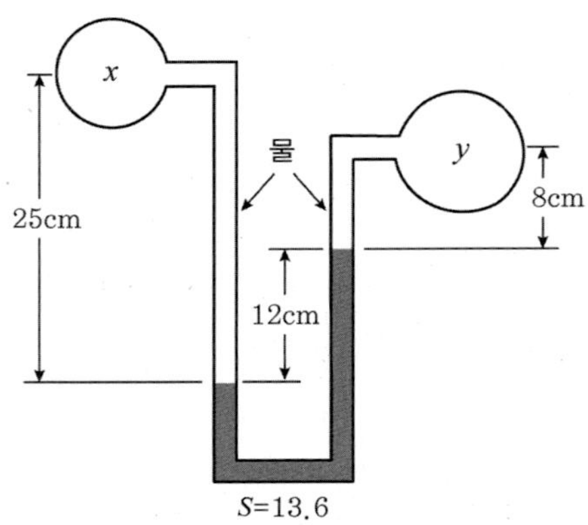

12. 다음 그림에서 $H=$ 16cm일 때, 압력계의 눈금은 얼마인가?

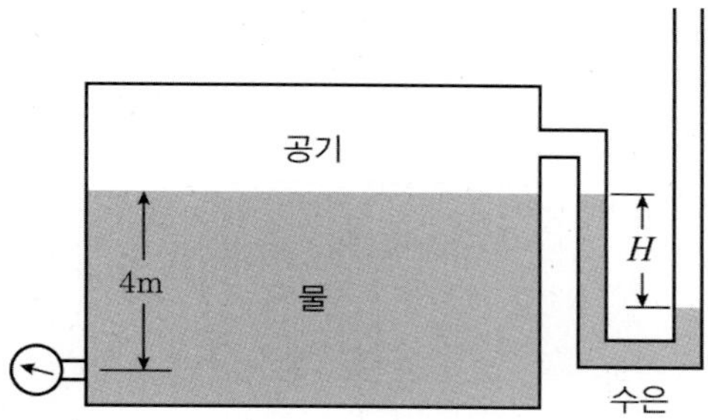

13. 다음 그림에서 수직관 속에 비중 0.9인 기름이 흐르고 있다. 그림과 같이 액주계를 설치하였을 때 압력계의 눈금 p_x를 구하여라.

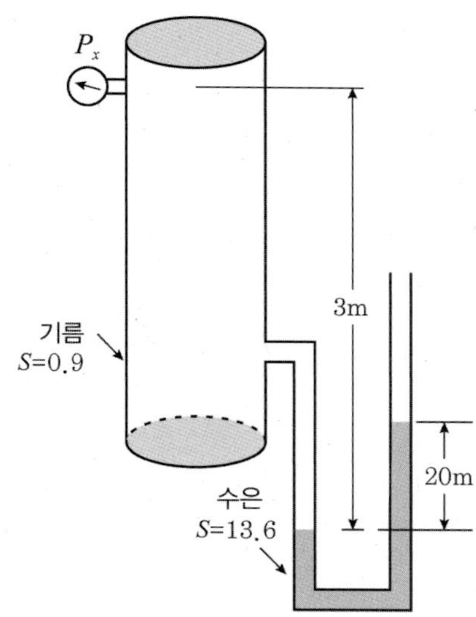

14. 다음 그림에서 압력계의 눈금은 얼마인가?

① $H=2\text{m},\ h=10\text{cm}$

② $H=0.8\text{m},\ h=20\text{cm}$

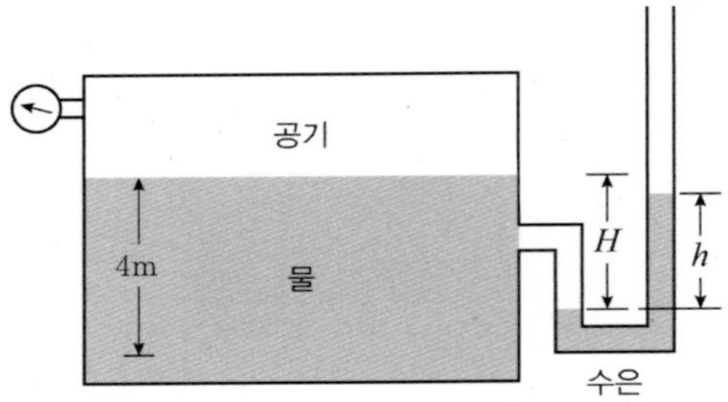

15. 다음 그림에서 물이 흐르는 관의 압력을 구하여라.

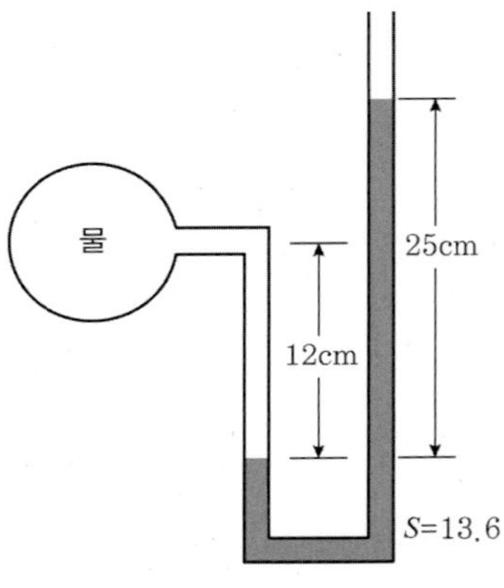

16. 다음 그림에서 H를 구하여라.

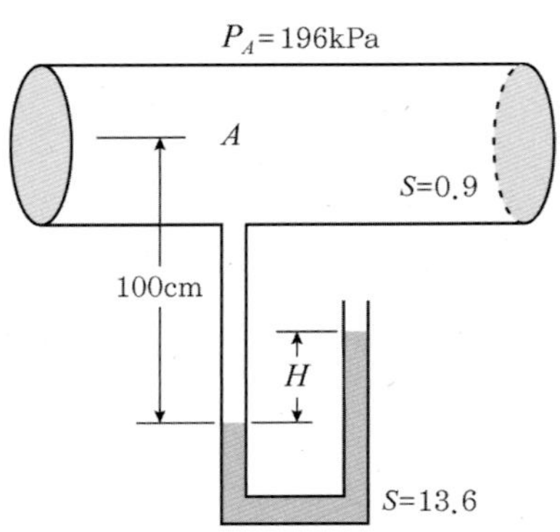

17. U자 관에서 그림과 같이 어떤 액체 25cm와 수은(비중 13.6) 3.3cm가 평형을 이루고 있다. 이 액체의 비중은 얼마인가?

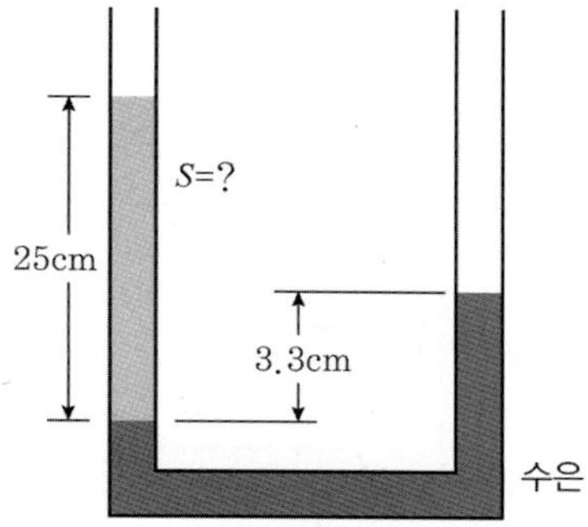

18. 다음 그림에서 댐의 폭 1m가 받는 물의 전압을 구하여라. 또, 수면에서 작용점까지의 깊이를 구하여라.

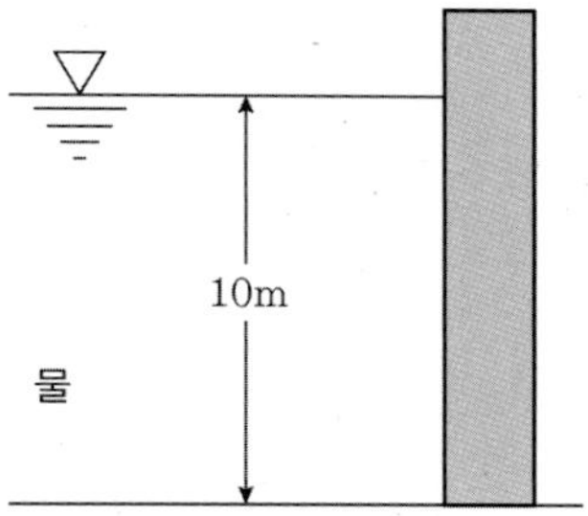

19. 다음 그림에서와 같이 수문의 양쪽에 수면차가 4m로 물이 채워져 있다. 수문폭 1m에 작용하는 전압력을 구하고 A점에서의 모멘트를 구하여라.

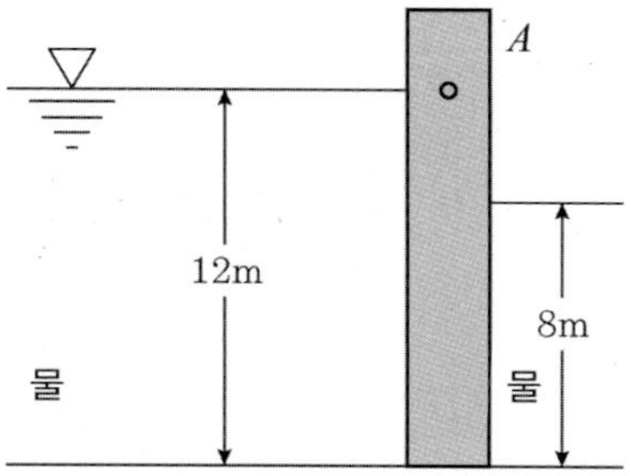

20. 다음 그림과 같은 수문이 수면에 대하여 수직으로 놓여 있다. 수문에 작용하는 물의 전압력과 작용점의 위치를 구하여라.

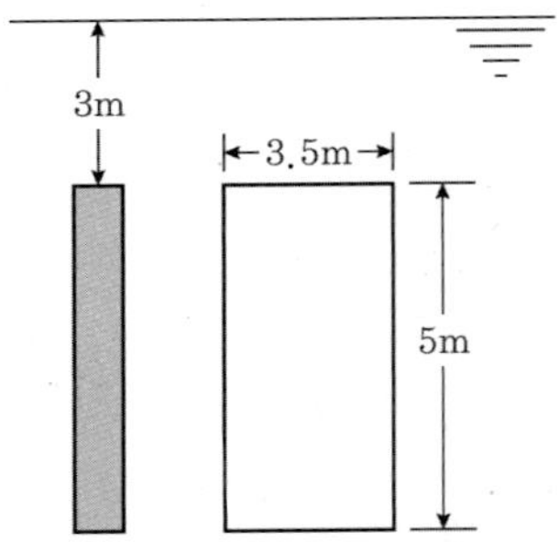

21. 직경 2m의 원형수문이 수면 아래로 4m 깊이에 수면에 대하여 수직으로 놓여 있다. 수문에 작용하는 전압력과 작용점의 위치를 구하여라.

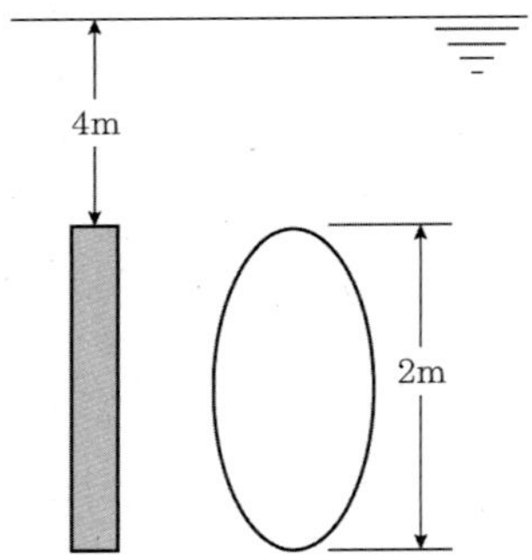

22. 다음 그림에서 사각형 수문을 지탱하기 위한 힘 P를 구하여라.

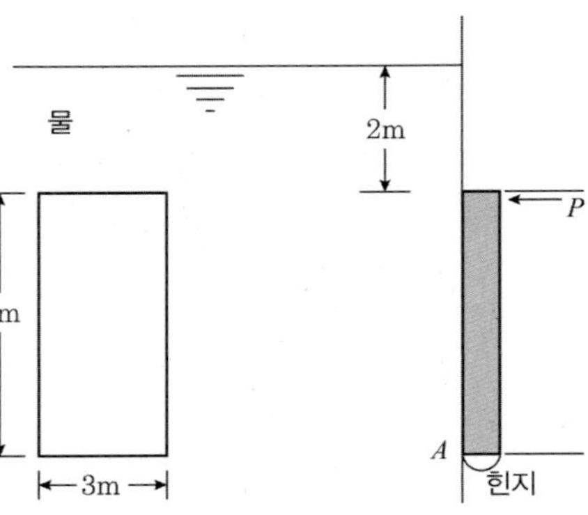

23. 다음 그림에서 직사각형 수문이 받는 전압력을 구하고 A점에서 받쳐 주어야 할 힘을 구하여라. 수문의 폭은 1m이다.

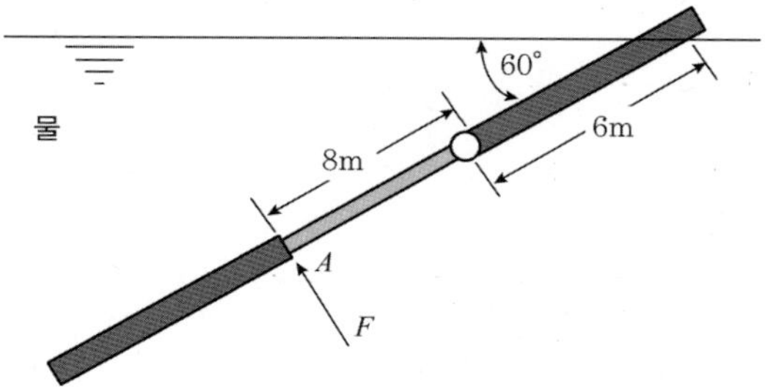

24. 다음 그림에서 AB 곡면은 1/4의 원통면이다. 원통면 ABC가 받는 전압력의 크기와 방향을 결정하여라. 단, 폭은 1m이다.

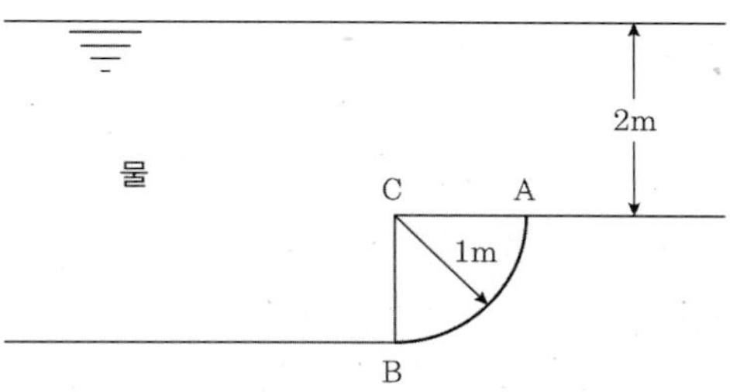

25. 다음 그림에서 수면이 상승하면 자동적으로 수문이 열리도록 설계되어 있다. 수문 폭이 1m라면 수문이 열리기 시작하는 수면높이 h를 구하여라. 단, 수문의 무게는 무시한다.

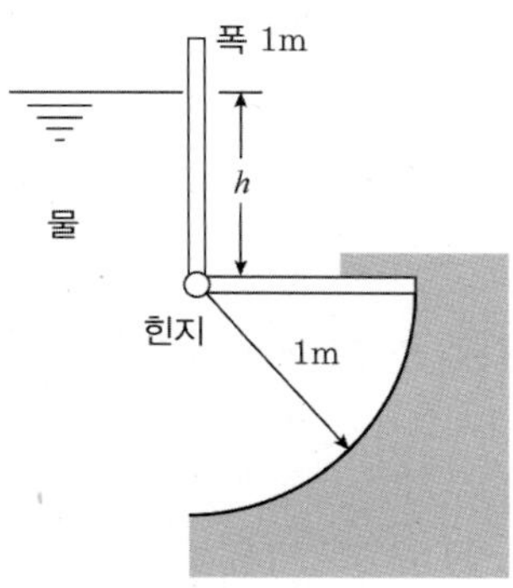

26. 다음 그림에서 수문 AB가 받는 전압력을 구하여라. 단, 수문의 폭은 1m이다.

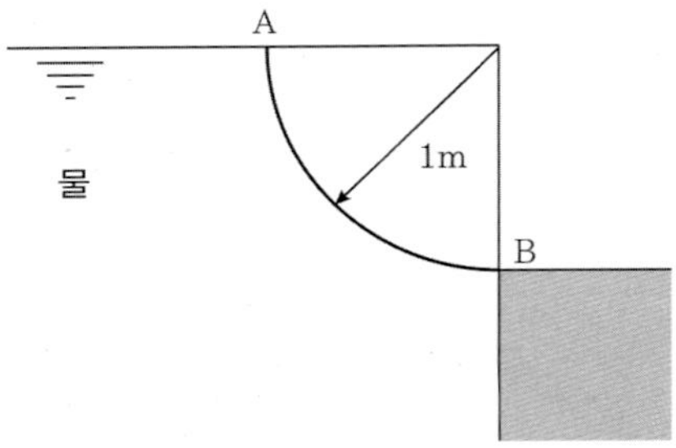

27. 다음 그림과 같은 무게가 0.3N인 비중계를 비중이 S인 액체에 띄웠더니 4℃ 순수한 물에 띄웠을 때보다 20mm 더 가라앉았다. 이 액체의 비중은 얼마인가? 단, 비중계의 직경 $d = 10\,\text{mm}$이다.

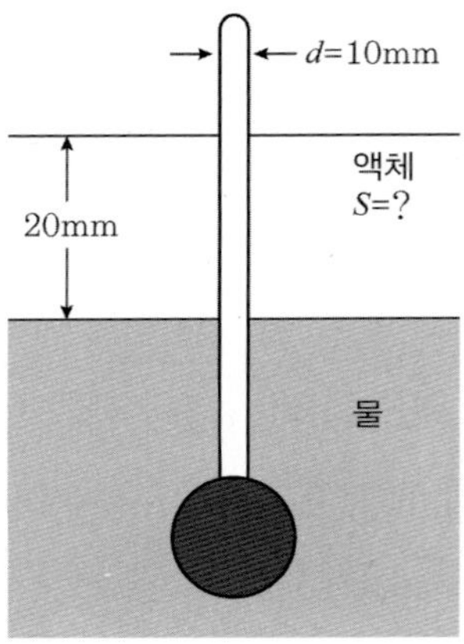

28. 가로, 세로, 높이가 각각 7m, 3m, 4m인 밑면에 막혀있는 상자의 무게가 400kN이다. 이 상자를 물위에 띄웠을 때 수면 밑으로 가라앉는 깊이를 구하여라.

29. 5.65m/s^{2}의 등가속도로 달리는 차 속에서 수평하게 놓인 물통의 수면은 얼마의 각도로 기울어지겠는가?

30. 그림과 같이 길이와 높이가 각각 6m, 2m인 사각형 탱크에 물이 1m 깊이로 채워져 있다. 탱크가 수평방향으로 $2.5m/s^2$ 등가속도로 운동하고 있다. 탱크 양단에 걸리는 압력을 구하여라.

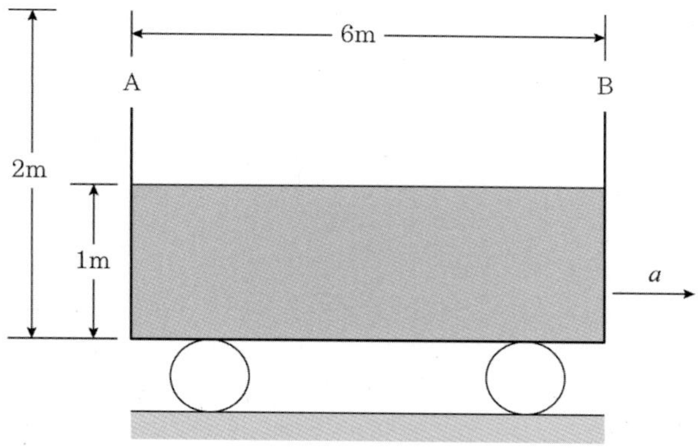

31. 반지름 1m인 실린더에 담겨진 물이 실린더의 중심축에 대하여 60rpm의 일정한 속도로 회전하고 있다. 실린더에서 물이 넘쳐흐르지 않을 때 실린더의 중심과 벽면과의 수면차이는 얼마인가?

32. 원통형 실린더를 이용하여 회전계를 만들었다. 원통 속에 물을 넣고 회전하면 회전수가 3,000rpm일 때 수면 차를 20cm가 되게 하려면 반지름은 얼마로 하여야 하는가?

CHAPTER 03

유동의 기초방정식

이 장에서는 이 책에서 다루게 될 여러 가지 운동방정식을 소개하였다. 유체의 유동은 여러 가지 방법으로 나타내어진다. 어떤 것은 아주 쉽게 표현될 수 있는 것에 반하여 어떤 경우는 물리적인 법칙을 완전히 이해하여야만 알 수 있는 것이 있다. 공학적인 견지에서 본다면 유체의 유동을 가능한 한 단순하게 표현하는 것은 매우 중요하다. 대체적으로 그 정확도는 ±10% 정도로 하고 있지만 특수한 경우에는 그 이상의 정확도를 요구하는 경우도 있다. 유동현상을 단순화하기 위해서는 여러 가지 가능한 가정을 하게 되며 그 가정을 하는 데는 경험적인 지식뿐만 아니라 물리적인 지식이 요구되기도 한다.

유체의 유동을 단순화하기 위해서 사용하는 공통적인 가정은 유체의 성질에 관한 것이다. 예를 들어 점성은 유체유동에 큰 영향을 미치는 경우도 있지만, 점성의 영향을 무시하여도 유동현상을 해석하는 데 큰 잘못이 없는 경우도 있다. 또, 유체의 속도가 매우 빠를 경우에는 압축성을 무시할 수 없지만, 건축물에 미치는 바람의 영향과 같이 속도가 느린 흐름에서는 압축성을 무시하여도 오차는 적다. 실제유체는 점성과 압축성을 가지고 있다. 이러한 성질은 유체의 유동을 해석하는 데 여러 가지 어려운 문제를 불러일으킨다. 이 장에서는 유체유동을 좀 쉽게 해석하고 단순화하기 위하여 점성과 압축성이 무시된 이상유체의 유동에 관한 몇 가지의 기초방정식을 유도하였다.

유체가 유동하기 위해서는 운동에 필요한 힘이 있어야 한다. 유체의 유동에 영향을 미치는 힘으로는 무게에 의한 중력, 압력에 의한 힘, 관성력 및 점성력, 그리고 탄성력으로 볼 수 있다. 이상유체의 경우는 점성과 압축성을 무시하므로 다섯 가지의 힘 중에서 중력, 압력, 관성력 등을 고려하였으며 흐름의 형태도 1차원 흐름으로 단순화하였다.

3.1 유체유동의 형태

복잡한 유체유동을 해석하기 위하여 유동을 여러 가지 방법으로 가시화 하기도 한다. 그 방법으로는 정상류와 비정상류, 1차원 흐름과 2차원, 3차원 흐름으로, 층류와 난류, 압축성유동과 비압축성유동, 그리고 아음속유동과 초음속유동 등으로 구분하여 해석한다. 여기서는 몇 가지 유동에 대한 정의와 그에 대한 설명을 하였다.

3.1.1 정상류와 비정상류

'유동장에서 어느 한 점에 주목하여 그 점에서의 유체흐름의 제 성질이 시간이 지남에 따라 변화하지 않는 흐름'을 정상류(steady flow)라 하며 '유체흐름의 성질이 변화하는 흐름'을 비정상류(unsteady flow)라 한다. 유체흐름에 있어 예를 들어 밀도를 ρ, 압력을 p, 온도를 T 그리고 속도를 v라 하고 시간을 t라 하면 정상류가 되기 위한 조건은 다음과 같다.

$$\frac{\partial \rho}{\partial t}=0,\ \frac{\partial p}{\partial t}=0,\ \frac{\partial T}{\partial t}=0,\ \frac{\partial v}{\partial t}=0 \tag{3-1}$$

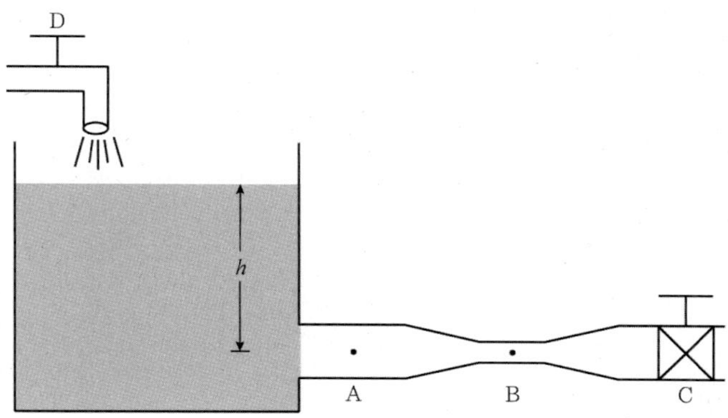

[그림 3-1] 정상류와 비정상류

[그림 3-1]을 이용하여 시간에 따른 유체흐름의 성질을 살펴보자. 그림에서 밸브 D를 열어 탱크의 수위가 항상 일정한 상태로 유지되지 않으면 밸브 C를 일정한 개도로 열어 놓았다 할 지라도 A, B 각 점에서의 유체의 속도는 시간이 지남에 따라 변화하므로 흐름은 비정상류이다. 그러나 밸브 D를 열어 탱크의 수위가 항상 h가 되도록 유지하면 관측점 A, B에서의 속도는 시간의 경과에 따라 변화하지 않으므로 이 때의 흐름은 정상류이다.

흐름의 상태가 정상류인 경우는 비정상류의 문제에 비하여 아주 간단하다. 따라서 대부분의 유체역학적인 문제에서는 문제해석을 쉽게 하기 위하여 흐름을 정상류로 취급하고 있다.

3.1.2 유선

유선(streamline)이란 다음과 같은 특성을 갖는 흐름 속의 하나의 가상적인 선이다. 즉, 유체유동에 있어서 각 입자의 속도 벡터와 같은 방향을 갖는 연속적인 선이다. [그림 3-2]에 보여주는 바와 같이 유선에 접하는 속도 벡터를 V라 하면 유선 변위 벡터 dr과 방향이 같으므로 유선의 방정식은 다음과 같이 쓸 수 있다.

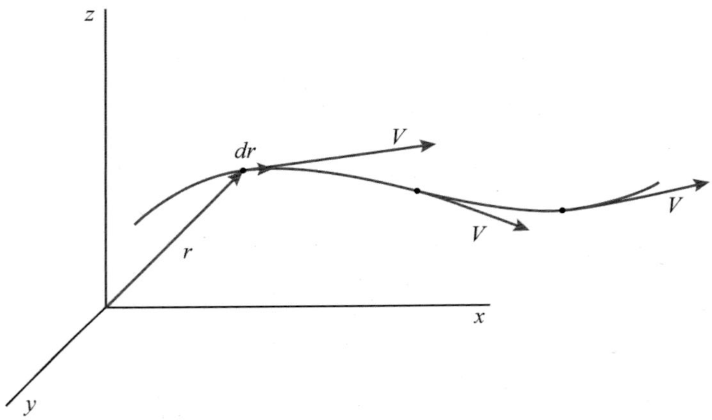

[그림 3-2] 유선

$$V \times dr = 0 \tag{3-2}$$

유선 외에도 유체의 흐름을 선으로 표현하는 데는 유적선 등이 있다. 유적선은 유체의 흐름 내에서 유체입자가 이동하는 궤적을 뜻하는 것으로 유체입자의 지나온 경로를 보여주는 선이며 [그림 3-3]은 물탱크 밑바닥에서의 파도에 의한 유적선이다.

정상류의 경우 유선은 고정되어 유체입자의 궤적을 선으로 표현한 유적선과 일치하게 된다. 그러나 비정상류의 경우는 유선은 흐름의 순간적인 변화에 의존하여 정상류에서처럼 유적선과 단순한 상관관계를 갖지 않는다.

폐곡선을 지나는 유선들에 의해서 만들어지는 관을 유관이라고 하며 이것은 [그림 3-4]에 보여주는 것과 같다. 유선의 정의에 따라 유관의 벽을 가로질러 흐르는 흐름은 존재하지 않는다. 유관은 가상적인 관으로 벽의 두께는 없으며 유체의 출입이 없다.

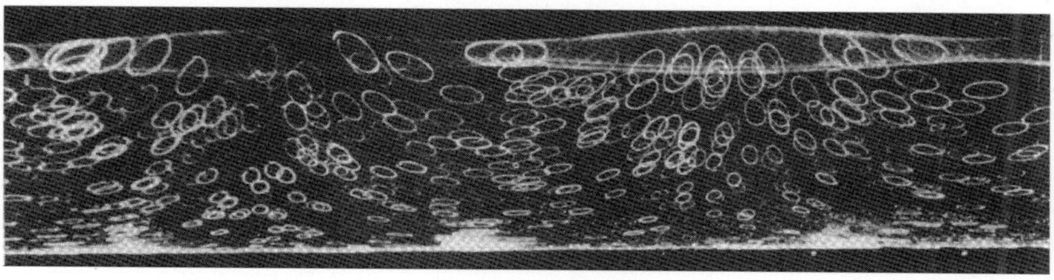

[그림 3-3] 유적선

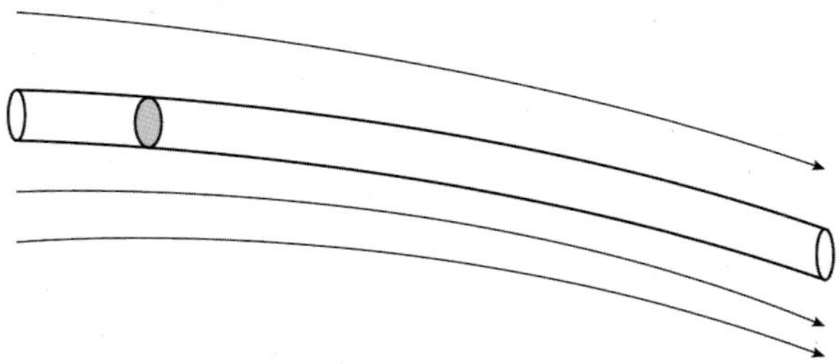

[그림 3-4] 유관

3.1.3 1차원, 2차원, 3차원 흐름

앞에서 언급한 바와 같이 유체의 흐름을 쉽게 해결하기 위해서는 여러 가지 가정을 이용하여 단순화한다. 1차원 흐름은 유체의 모든 성질(압력, 밀도, 속도 등)과 유동 특성을 하나의 공간좌표나 또는 시간으로 표현이 가능한 흐름을 말한다. 즉, 1차원 흐름은 여러 개의 유선 중에서 단 한 개의 유선만을 따르는 흐름을 말하며 유체의 압력, 속도, 밀도 등과 같은 유체성질도 유선방향으로만 변화한다. 예를 들어 관속을 흐르는 유체의 흐름은 [그림 3-5]와 같이 1차원 흐름으로 취급하며 유체의 속도, 압력 등은 관의 단면상에서는 모두 같다.

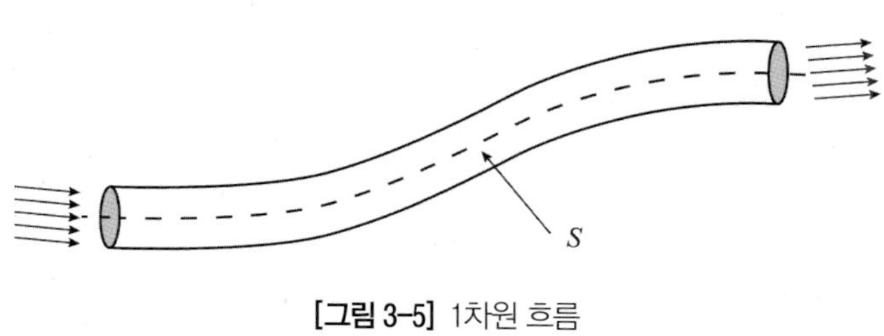

[그림 3-5] 1차원 흐름

실제로 관속에서의 흐름은 결코 1차원 흐름이 아니다. 왜냐하면 관 단면에서의 유체의 속도는 일정하지 않기 때문이다. [그림 3-6]은 관 단면에서의 유체의 실제 속도분포와 1차원 흐름에서의 속도분포이다.

2차원 흐름은 유체의 제 성질이 시간을 포함한 x, y 좌표의 함수로 표현될 수 있는 흐름으로 z 방향으로는 흐름의 변화가 없다. 즉, 한 개의 유선만으로는 표현될 수 없고 한 개의 유동면으로만 표현될 수 있는 흐름을 말한다. [그림 3-7]은 2차원 흐름의 예이다.

3차원 흐름은 유체의 유동을 공간을 이용하여 표현해야 하는 유동이다. 즉, 유체의 제 성질이 x, y, z 좌표계와 더불어 시간 t의 함수로 나타내어지는 유동을 말한다. 3차원 유동을 수학적으로 해석하는 것은 매우 복잡하여 간단한 경우가 아니면 취급하지 않는다. 따라서 대부분의 유동문제에서는 실제 2, 3차원 흐름이라 할지라도 문제의 해석을 쉽게 하기 위하여 유동방향에 수직인 단면에서의 유체의 제 성질이 같다고 가정하여 1차원 흐름으로 취급한다. [그림 3-8]은 3차원 유동 중에서 축 대칭인 경우로 유선방향은 물론 공간적으로 유동이 변화함을 보여 주고 있다.

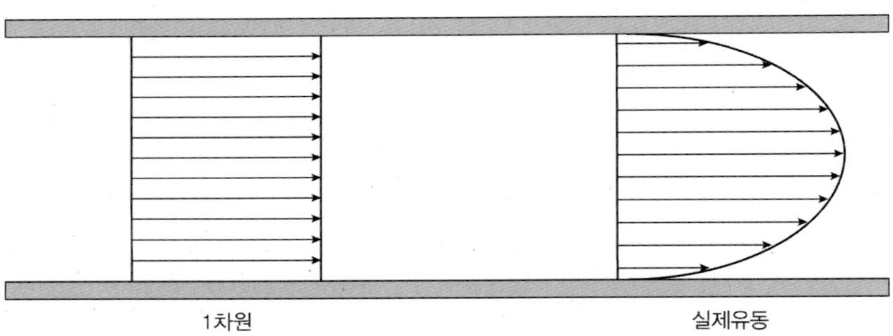

[그림 3-6] 관에서의 속도분포

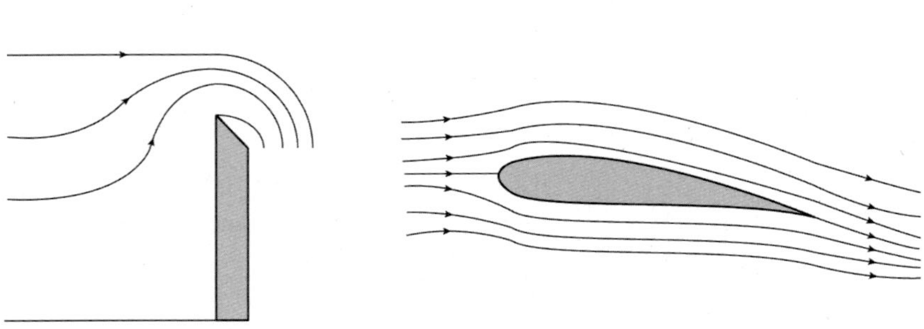

[그림 3-7] 2차원 흐름

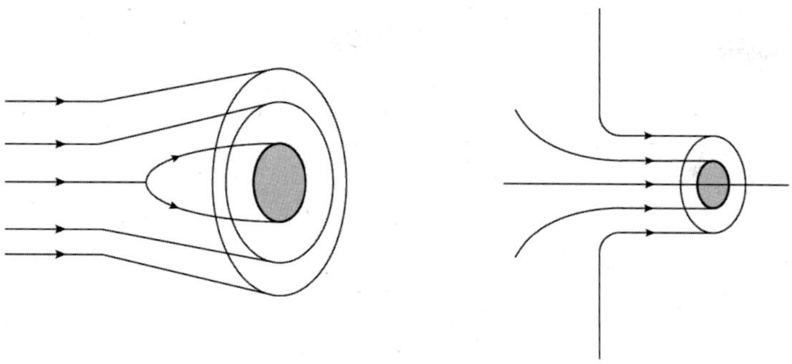

[그림 3-8] 3차원 흐름

3.2 연속방정식(1차원 정상류)

[그림 3-9]와 같은 관의 흐름을 1차원 정상류로 보고 여기에 질량보존법칙(물질은 만들어지지도 않고 없어지지도 않는다)을 적용하면 연속방정식(equation of continuity)을 구할 수 있다.

그림에서 단면 1과 단면 2로 둘러싸인 관의 체적을 생각하자. 이것은 특정한 물리적인 집합체로서 계(system)로 정의하며 검사체적(control volume)이라고 하며 이 계의 경계를 통하여 물질, 에너지, 운동량 등의 출입이 가능하다. 그리고 검사체적을 둘러싸고 있는 검사체적의 경계를 검사표면(control surface)이라 한다.

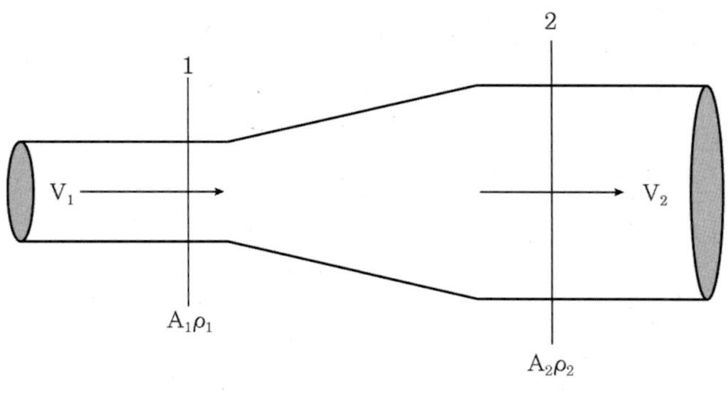

[그림 3-9] 연속방정식

그림에서 관의 유동을 정상유동으로 보았으므로 검사체적의 질량은 변하지 않는다. 따라서 단위시간 동안 단면 1을 통해서 들어오는 질량과 단면 2를 통해서 흘러나가는 질량은 같아야 한다. 단면 1에서의 단면적, 평균밀도, 평균속도를 각각 A_1, ρ_1, V_1이라 하고, 단면 2에서의 단면적, 평균밀도, 평균속도를 각각 A_2, ρ_2, V_2라 하면

$$A_1 V_1 \rho_1 = A_2 V_2 \rho_2 = m \tag{3-3}$$

가 성립한다. 이 식을 1차원 정상류의 연속방정식이라 한다. 또, 이 방정식은 다음과 같이도 쓴다.

$$A V \rho = C$$

$$\frac{dA}{A} + \frac{dV}{V} + \frac{d\rho}{\rho} = 0 \tag{3-4}$$

여기서 m을 질량유량(kg/s)이라 하며 여기에 중력가속도를 곱해주면 중량유량 G (N/s)를 얻을 수 있다.

$$G = \gamma A V \tag{3-5}$$

일반적으로 공기와 같은 압축성유체를 취급할 때는 질량유량이나 중량유량을 이용하지만 물과 같은 비압축성유체에서는 입구나 출구에서의 밀도변화가 없다고 여겨 $\rho_1 = \rho_2$이므로 식 (3-3)은 다음과 같다.

$$A_1 V_1 = A_2 V_2 = Q \tag{3-6}$$

여기서 Q를 체적유량이라 하며 단위는 m^3/s이다.

예제 3-1

지름이 30cm인 관 속에 물이 평균속도 20m/s로 흐르고 있다. 유량은 얼마인가?

풀이

식 (3-6)에서 유량 $AV=Q$이므로

$$Q=\frac{\pi\times 0.3^2}{4}\times 20=1.43\mathrm{m^3/s}$$

이다.

예제 3-2

지름이 10cm인 관과 20cm인 관이 수평하게 연결되어 있다. 지름 20cm인 관에서의 유속이 2.4m/s이면 지름이 10cm인 관에서의 유속은 얼마인가?

풀이

$A_1 V_1 = A_2 V_2$에서

$$\frac{\pi\times 0.1^2}{4}\times V_1=\frac{\pi\times 0.2^2}{4}\times 2.4$$

$$V_1=9.6\mathrm{m/s}$$

이다.

예제 3-3

지름 30cm인 관과, 20cm인 관이 연결되어 있다. 이 관 속에 2940 N/s의 물이 흐른다면 각 단면에서의 평균유속은 얼마인가?

풀이

$Q=\dfrac{G}{\gamma}=\dfrac{2940}{9800}=0.3\mathrm{m^3/s}$이고 식 (3-6)의 연속방정식을 이용하면

$$A_1 V_1 = A_2 V_2 = Q$$

$$V_{0.2} = 9.55\text{m/s}$$

$$V_{0.3} = 4.24\text{m/s}$$

이다.

3.3 일반 연속방정식

3차원 유체의 유동과 압축성유동에도 적용할 수 있는 미분 형태의 연속방정식을 구해보자. [그림 3-10]에서 미소검사체적에 외부에서 유입되는 유량과 검사체적으로부터 유출되는 유량의 차이는 검사체적 내의 질량의 증가율과 같다.

$$\dot{m}_{in} - \dot{m}_{out} = \frac{\partial}{\partial t} m_{element} \tag{3-7}$$

$dy\,dz$ 단면을 통하여 외부에서 단위시간 동안 유입되는 질량유량은 x방향의 속도성분을 u라 하면

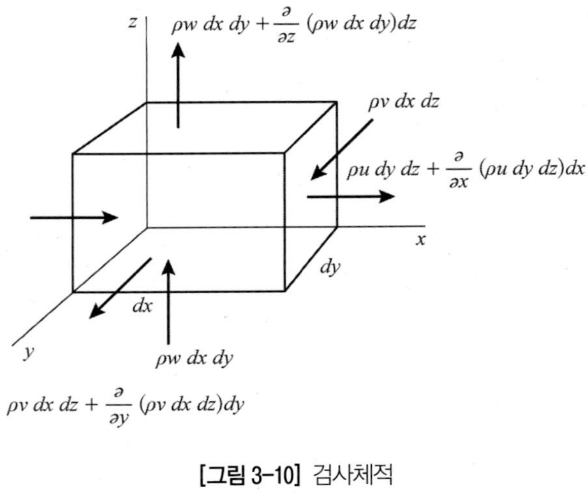

[그림 3-10] 검사체적

$$\rho\, u\, dy\, dz \tag{3-8}$$

이며 유출되는 질량유량은

$$\rho\, u\, dy\, dz + \frac{\partial}{\partial x}(\rho\, u\, dy\, dz)\, dx \tag{3-9}$$

이므로 x 방향의 질량증가량은 두 식의 차에 의해서

$$-\frac{\partial}{\partial x}(\rho\, u\, dy\, dz)\, dx \tag{3-10}$$

이며 같은 방법으로 y 방향의 질량증가량은 y 방향의 속도성분이 v 이므로

$$-\frac{\partial}{\partial y}(\rho\, v\, dx\, dz)\, dy \tag{3-11}$$

이며 z 방향의 질량증가량은 z 방향의 속도성분 w를 이용하여 다음과 같이 쓸 수 있다.

$$-\frac{\partial}{\partial z}(\rho\, w\, dx\, dy)\, dz \tag{3-12}$$

검사체적 내의 단위 시간 동안의 질량증가량은 질량증가율과 같으므로 식 (3-10), (3-11), (3-12)의 합은 다음과 같다.

$$-\frac{\partial}{\partial x}(\rho\, u\, dy\, dz)\, dx - \frac{\partial}{\partial y}(\rho\, v\, dx\, dz)\, dy - \frac{\partial}{\partial z}(\rho\, w\, dx\, dy)\, dz$$
$$= \frac{\partial}{\partial t}(\rho\, dx\, dy\, dz) \tag{3-13}$$

위의 식을 $dx\, dy\, dz$로 양변을 나누고 정리하면

$$\frac{\partial}{\partial x}(\rho\, u) + \frac{\partial}{\partial y}(\rho\, v) + \frac{\partial}{\partial z}(\rho\, w) = -\frac{\partial \rho}{\partial t} \tag{3-14}$$

로 되며, 이것을 다음과 같이도 쓸 수 있다.

$$\frac{\partial \rho}{\partial t}+u\frac{\partial \rho}{\partial x}+v\frac{\partial \rho}{\partial y}+w\frac{\partial \rho}{\partial z}+\rho\left(\frac{\partial u}{\partial x}+\frac{\partial v}{\partial y}+\frac{\partial w}{\partial z}\right)=0 \qquad (3\text{-}15)$$

여기에 material derivative를 적용하면

$$\frac{D\rho}{Dt}+\rho\left(\frac{\partial u}{\partial x}+\frac{\partial v}{\partial y}+\frac{\partial w}{\partial z}\right)=0 \qquad (3\text{-}16)$$

와 같으며 이 식을 미분형 연속방정식 또는 일반 연속방정식이라 한다.

미분연산자 del의 정의는 다음과 같다.

$$\nabla=\frac{\partial}{\partial x}\hat{i}+\frac{\partial}{\partial y}\hat{j}+\frac{\partial}{\partial z}\hat{k} \qquad (3\text{-}17)$$

이것을 이용하여 식 (3-16)을 바꿔 쓰면

$$\frac{D\rho}{Dt}+\rho\nabla\cdot \mathrm{V}=0 \qquad (3\text{-}18)$$

이고 여기서 $\mathrm{V}=u\hat{i}+v\hat{j}+w\hat{k}$이다.

비압축성유체는 유동 중에 밀도의 변화가 없으므로 $\frac{D\rho}{Dt}=0$으로 되어 식 (3-18)은 다음과 같이 되고 이 식을 3차원 비압축성유체의 연속방정식이라 한다.

$$\frac{\partial u}{\partial x}+\frac{\partial v}{\partial y}+\frac{\partial w}{\partial z}=0 \qquad (3\text{-}19)$$

또, 이 식을 벡터 형태로 쓰면 다음과 같다.

$$\nabla\cdot \mathrm{V}=0 \qquad (3\text{-}20)$$

3.4 Euler 운동방정식

1750년 Leonhard Euler는 처음으로 Newton의 운동 제 2법칙을 유체입자의 운동에 적용시켜 유체 동역학의 해석적 연구의 토대를 마련하였다. 즉, Euler 운동방정식은 유선 또는 미소단면적의 유관을 따라 움직이는 비점성 유체에 Newton의 운동 제 2법칙을 적용하여 얻은 미분방정식을 말한다.

[그림 3-11]은 임의의 유선을 따라 흐르는 유체의 미소체적에 관한 자유물체도이다. 이 미소체적의 유선방향의 단면적을 dA, 길이를 ds라 하면 유선방향의 미소체적에 작용하는 압력에 의한 힘은 다음과 같다.

$$pdA - \left(p + \frac{dp}{ds}ds\right)dA = -\frac{dp}{ds}ds\,dA \tag{3-21}$$

또, 유선방향의 힘은 미소체적을 갖는 유체무게의 유선방향의 분력이다.

$$-\rho\,g\,ds\,dA\cos\theta = -\rho g\,dA\,dz \tag{3-22}$$

미소체적에 작용하는 힘의 합 F는 식 (3-21)과 식 (3-22)의 합이므로

$$F = -dpdA - \rho\,g\,dA\,dz \tag{3-23}$$

와 같으며, Newton의 운동 제 2법칙을 적용하기 위해 미소체적의 질량을 구하면

$$m = \rho\,ds\,dA \tag{3-24}$$

이고, 유선방향의 가속도는

$$a = \frac{dV}{dt} = V\frac{dV}{ds} \tag{3-25}$$

이다. Newton의 운동 제 2법칙은 $F = ma$이므로 여기에 식 (3-23), (3-24), (3-25)을 대입하여 정리하면 다음과 같다.

$$\frac{dp}{\rho} + VdV + gdz = 0 \tag{3-26}$$

이 식을 1차원 Euler 운동방정식이라 하며 비압축성유동에 대해서는 다음과 같이 쓰기도 한다.

$$\frac{dp}{\gamma} + d\left(\frac{V^2}{2g}\right) + dz = 0 \tag{3-27}$$

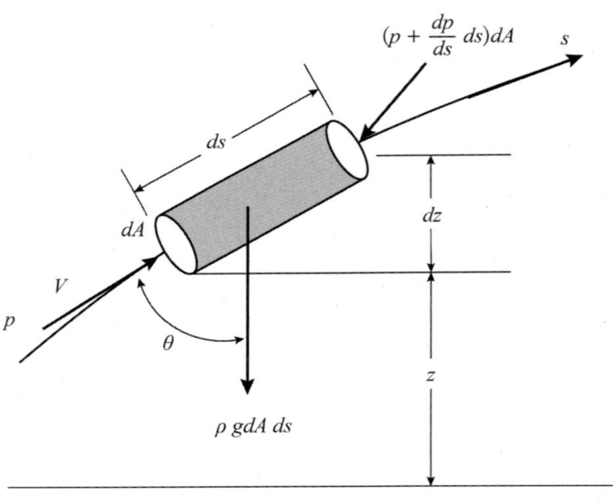

[그림 3-11] Euler 운동방정식

3.5 Bernoulli 방정식

Euler 방정식은 하나의 유선을 따라 흐르는 비점성 정상류에 관한 운동방정식이다. 여기에 비압축성이라는 가정을 추가하여 적분한 방정식이 Bernoulli 방정식(Bernoulli equation)이다. 식 (3-27)을 적분하면 다음과 같다.

$$\int \frac{dp}{\gamma} + \int d\left(\frac{V^2}{2g}\right) + \int dz = C \tag{3-28}$$

여기서 γ, g는 앞에서 가정한 바와 같이 상수로 볼 수 있고 또 C를 상수 H로 바꿔 쓰면 식 (3-28)은 다음과 같다.

$$\frac{p}{\gamma} + \frac{V^2}{2g} + z = H \tag{3-29}$$

식 (3-29)를 Bernoulli 방정식이라 하며 이 식의 각 항은 모두 길이의 단위를 가지고 있고 이 각 항을 수두(head)라 한다. 그러나 Bernoulli 방정식은 에너지방정식의 하나로, 실제 각 항의 단위는 J/N이며 단위중량이 갖는 에너지를 의미한다. 즉, $\frac{p}{\gamma}$는 유체 1N의 압력에너지이며, $\frac{V^2}{2g}$는 유체 1N의 운동에너지이고, z는 유체 1N이 갖는 위치에너지이다. 여기서 보는 바와 같이 각 항의 합은 항상 일정하다. 압력에너지, 운동에너지, 위치에너지의 합, 즉 동일 유선 상에서 기계적 에너지는 항상 일정함을 보여주고 있다. 식 (3-29)의 각 항은

- $\frac{p}{\gamma}$: 압력수두
- $\frac{V^2}{2g}$: 속도수두
- z : 위치수두
- H : 전수두

로 부르며 1차원 이상유체의 유동의 경우 압력수두, 속도수두, 위치수두의 합은 언제나 일정하며 그 합을 전수두 H로 칭한다.

Bernoulli 방정식을 [그림 3-12]와 같이 동일 유선상의 임의의 두점 1과 2에 식 (3-29)를 적용하면

$$\frac{p_1}{\gamma} + \frac{{V_1}^2}{2g} + z_1 = \frac{p_2}{\gamma} + \frac{{V_2}^2}{2g} + z_2 \tag{3-30}$$

와 같다. 여기서 세 가지 수두의 합, H를 나타내는 선을 에너지선(energy line)이라 하

며 E.L.로 표기하고 이것은 기준면으로부터 피토관(pitot tube)의 액체높이와 같다. 관 속을 흐르는 유체의 정압 P는 피에조미터에 의해서 측정할 수 있으며 피에조미터의 수주를 연결한 선을 수력구배선(H.G.L.)이라 한다. 즉, 수력구배선은 임의의 위치에서의 $\dfrac{P}{\gamma}+z$ 높이를 나타낸다. 피에조미터는 관에 대하여 수직으로 설치해야 하고, 피에조미터의 압력을 정압 이라고 한다면 피토관에 의해서 측정되는 압력은 전압이라고 한다. 관의 중심에서 수력구배선까지의 높이는 압력수두 $\dfrac{p}{\gamma}$이고, 에너지선에서 수력구배선까지의 높이차이는 속도수두 $\dfrac{V^2}{2g}$이며, 이것을 압력으로 환산한 $\dfrac{\rho V^2}{2}$은 동압을 의미한다. 그리고 정압과 동압의 합은

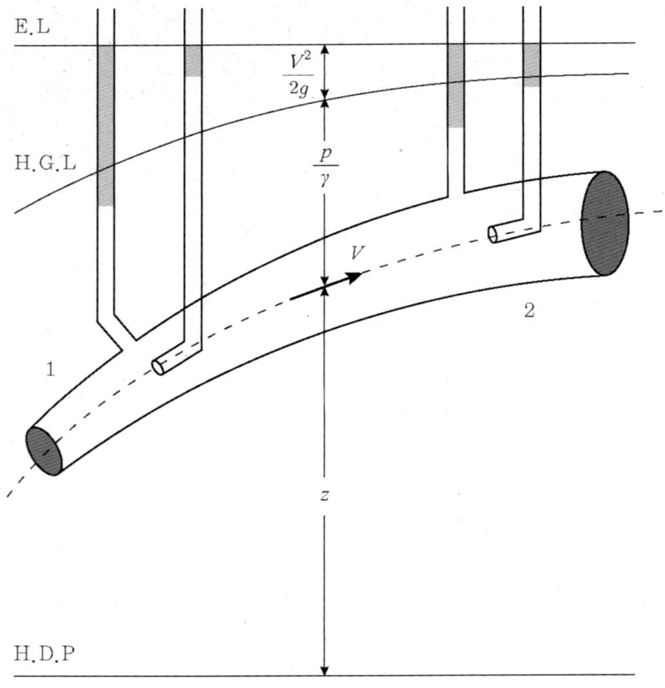

[그림 3-12] Bernoulli 방정식

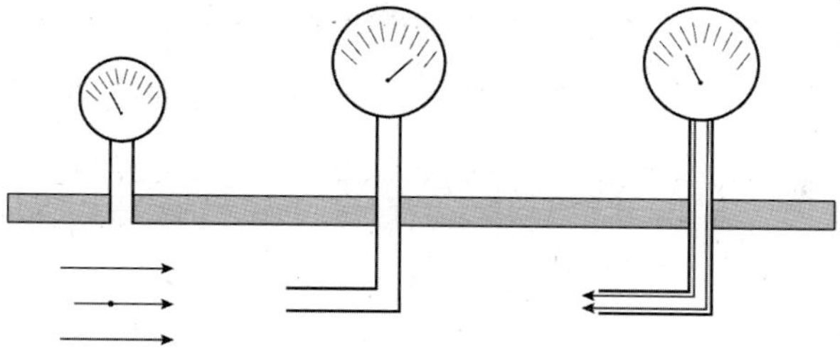

[그림 3-13] 피토 · 정압관

$$p+\frac{\rho V^2}{2}=p_T \tag{3-31}$$

p_T로 쓰고 전체압력(total pressure) 또는 정체압력(stagnation pressure)이라 한다. [그림 3-13]은 각 압력을 측정하기 위한 피에조미터, 피토관, 피토 · 정압관의 설치 예이다. 그림의 p_1은 피에조미터에 의한 정압이며, p_2는 피토관에 의한 전체압력 그리고 p_2-p_1은 동압을 의미한다.

1차원 정상류 이상유체 흐름의 경우 손실이 고려되지 않으므로 에너지선은 기준면과 항상 평행하게 되고, 손실이 고려된다면 에너지선은 손실수두만큼 유동방향으로 높이가 낮아진다.

예제 3-4

기준면으로부터 4m 높이에 있는 관에 물이 8m/s로 흐른다. 이 때 관의 압력이 49kPa이라면 이 관의 물이 갖는 전수두는 얼마인가?

풀이

관의 전수두는 식 (3-29)에 의해서

$$\frac{p}{\gamma}+\frac{V^2}{2g}+z=H$$

이므로

$$\frac{49\times10^3}{9800}+\frac{8^2}{2\times9.8}+4=12.27\text{m}$$

이다.

예제 3-5

다음 그림과 같이 물이 위에서 아래로 2m/s의 속도로 흐른다. A점과 B점의 압력이 같을 때 관의 직경 d를 구하여라.

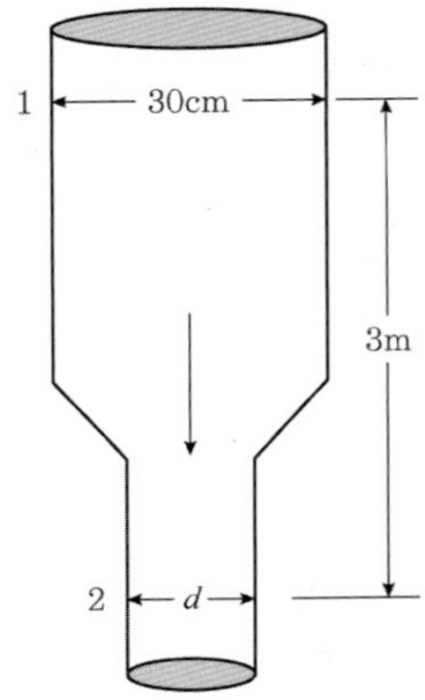

풀이

식 (3-30)에서 $p_1=p_2$이고 $z_2=0$이므로

$$\frac{{V_1}^2}{2g}+z_1=\frac{{V_2}^2}{2g}$$

에서 $V_2=7.9\text{m/s}$이고, 연속방정식을 이용하여

$$A_1V_1=A_2V_2$$

$$2\times\frac{\pi}{4}(0.3)^2=7.9\times\frac{\pi}{4}d^2$$

$$d=0.15\text{m}$$

이다.

예제 3-6

흐르고 있는 물의 동압이 2kPa이다. 물의 유속을 구하여라.

풀이

동압 $p_v = \dfrac{\rho V^2}{2}$ 이므로 여기서 속도를 구하면

$$V = \sqrt{\frac{2p_v}{\rho}} = \sqrt{\frac{2 \times 2000}{1000}} = 2\text{m/s}$$

이다.

3.6 Bernoulli 방정식의 응용

Bernoulli 방정식은 유체역학의 문제를 해결하는 데 가장 많이 사용되는 식 중의 하나이다. 따라서 이 방정식을 사용하는 방법을 익혀두는 것은 유체역학의 제 문제를 해결하는 데 많은 도움이 된다. 앞에서 언급한 바와 같이 Bernoulli 방정식은 비점성, 비압축성 이상유체의 1차원 정상류의 경우를 가정하여 유도하였다. 따라서 이 방정식의 적용도 이와 같은 조건 하에서 이루어져야 하나 다음과 같은 저수지의 예는 위의 조건을 무시하고도 적용할 수 있다.

[그림 3-14]와 같은 저수지에서 저수지 내의 임의의 한 점에 Bernoulli 방정식을 적용하면

$$\frac{p}{\gamma} + \frac{V^2}{2g} + z$$

에서, 정지유체이므로 유체의 속도 $V = 0$이고 유체정압 $p = \gamma(H - y)$이며 이 점의 위치는 기준면으로부터 y 높이 만큼이므로 위 식은

$$(H - y) + 0 + y = H$$

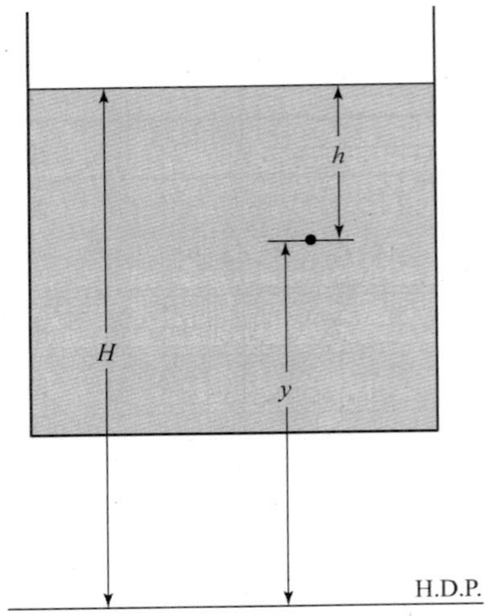

[그림 3-14] 저장탱크

로 저수지의 유체는 어느 위치에서든지 단위 중량당의 유체가 갖는 에너지의 합은 항상 일정함을 알 수 있다. 위의 예에서와 같이 저수지나 저장 탱크와 같이 부피가 충분히 큰 용기의 유체는 모두 동일 유선 상의 점으로 여겨 Bernoulli 방정식을 적용할 수 있다. 이와 같이 다음의 각 경우에는 Bernoulli 방정식을 유도할 때 하였던 몇 가지의 가정을 무시하고 Bernoulli 방정식을 적용하여도 된다.

1. 위의 저수지의 경우와 같이 그 체적이 충분히 큰 용기에서는 Bernoulli 방정식을 적용시키는 두 점이 동일 유선 상에 없어도 된다.
2. 압력의 변화가 적은 경우는 기체의 흐름이라 할지라도 기체를 비압축성 유체로 간주하여 Bernoulli 방정식을 적용시킨다.
3. 체적이 충분히 큰 탱크에서 흘러나오는 유체와 같이 그 흐름의 상태가 매우 느리게 변화하는 흐름은 정상류로 간주하여 Bernoulli 방정식을 적용할 수 있다.
4. 점성이 커서 손실을 무시할 수 없는 경우의 흐름은 Bernoulli 방정식의 우측 항에 손실수두 항을 추가하여 적용시킬 수 있다.

3.6.1 오리피스 유량계

[그림 3-15]는 저장탱크의 유체출구에 오리피스(orifice)를 부착하여 유량을 측정하는 경우이다. 수면으로부터 출구까지의 깊이를 h라 하면, 저장탱크의 자유표면을 1, 저장탱크의 출구를 2로 하여 Bernoulli 방정식을 적용시켜 유체의 속도를 구할 수 있다. 위의 가정과 같이 탱크 자유표면의 유속 $V_1 = 0$이고 여기에 작용하는 압력은 출구 2의 압력과 마찬가지로 대기압이므로 $p_1 = p_2 = 0$으로 되어 Bernoulli 방정식은

$$0 + 0 + z_1 = 0 + \frac{{V_2}^2}{2g} + z_2$$

$$\frac{{V_2}^2}{2g} = z_1 - z_2 = h \tag{3-32}$$

$$V_2 = \sqrt{2gh}$$

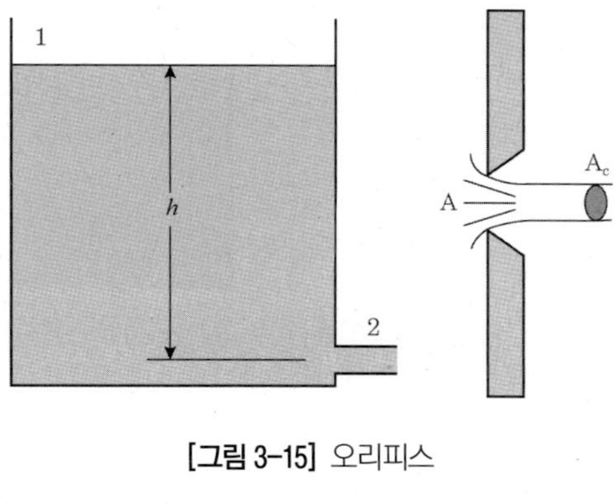

[그림 3-15] 오리피스

오리피스에서 방출되는 유량은 오리피스의 단면적을 A라 하면

$$Q = A\,V_2$$

이지만 실제는 점성의 영향 때문에 유속도 식 (3-32)보다 작고, 분출되는 유체의 단면적도 오리피스의 단면적보다 작게 된다. 실제의 유속을 V_o이라하고 식 (3-32)에 의한 이론적인 속도를 V라 하면

$$V_o = C_v V$$

로 비례상수 C_v는 속도계수라 하며 이것은 $0 \le C_v \le 1$ 범위의 값을 갖는다. 물의 경우 속도계수는 일반적으로 0.93 ~ 0.98의 값을 갖는다. 같은 방법으로 실제 분출되는 유체의 단면적을 A_o이라 하면

$$A_o = C_c A$$

로 여기서 C_c를 수축계수라 한다. 물의 경우 수축계수는 0.61 ~ 0.66의 값을 갖는 것으로 알려져 있다. 따라서 오리피스에서 유출되는 실제유량(Q_o)은 위 두 식에 의하여

$$\begin{aligned} Q_o &= A_o V_o = C_c C_v A V = CA V \\ &= CA\sqrt{2gh} \end{aligned} \tag{3-33}$$

로 여기서 C는 유량계수라 한다. 물의 유량계수의 값은 일반적으로 0.59 ~ 0.68으로 실험에 의하여 알려져 있다. 오리피스에 의한 유량 측정은 위에서의 예 외에도 관로 등에 설치하여 유량을 측정하기도 한다.

예제 3-7

물이 그림과 같이 들어 있다. 탱크에 부착된 오리피스에서 분출되는 물의 속도와 유량을 구하여라. 단, 유량계수는 1이다. 만약, 유량계수가 0.65면 어떻게 되는가?

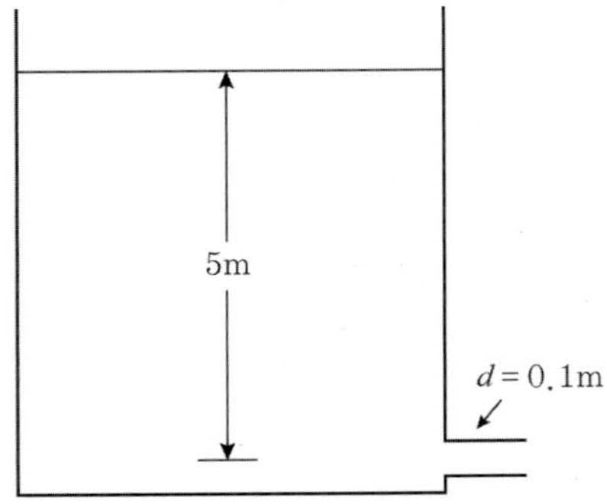

풀이

오리피스 출구의 속도 V는 식 (3-32)에서

$$V=\sqrt{2gh}=\sqrt{2\times 9.8\times 5}=9.9\text{m/s}$$

유량계수가 1일 경우 유량 Q는

$$Q=AV=\frac{\pi}{4}(0.1)^2\times 9.9=0.078\text{m}^3/\text{s}$$

유량계수가 0.65이면 유량은 식 (3-33)에 의하여

$$Q=CAV=0.65\times 0.078=0.051\text{m}^3/\text{s}$$

이다.

3.6.2 벤투리 유량계

벤투리 유량계(venturi meter)는 [그림 3-16]과 같이 축소관과 확대관이 서로 연결된 것으로 관 단면적이 축소되면 유체의 정압은 감소하여 압력에너지가 운동에너지로 전환되므로 벤투리관(venturi tube)의 입구와 단면적이 축소된 목에서의 압력차를 측정하여 이것으로써 유량을 측정하는 계기이다.

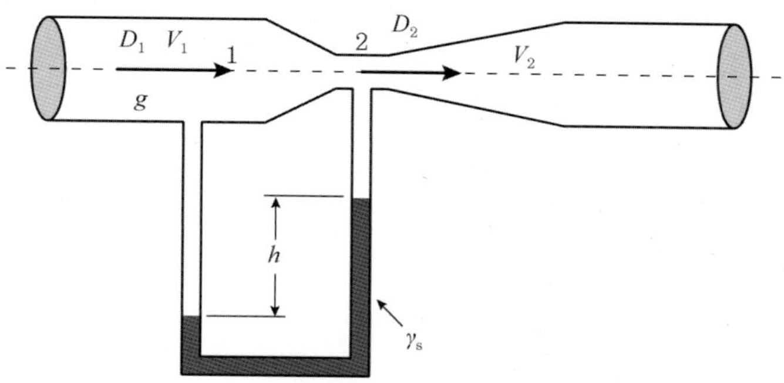

[그림 3-16] 벤투리 유량계

그림에서 1, 2 사이의 압력차를 구하기 위하여 설치한 마노미터의 높이차를 h라 하면 1, 2 사이의 Bernoulli 방정식은 다음과 같다.

$$\frac{p_1}{\gamma}+\frac{{V_1}^2}{2g}=\frac{p_2}{\gamma}+\frac{{V_2}^2}{2g} \qquad ①$$

단면 1, 2의 직경을 각각 D_1, D_2라 하면 V_1, V_2 사이의 관계는 연속방정식에 의해서

$$V_1=\left(\frac{D_2}{D_1}\right)^2 V_2 \qquad ②$$

로 되므로 ②식을 ①식에 대입하여 정리하면

$$p_1-p_2=\frac{\gamma\,{V_2}^2}{2g}\left\{1-\left(\frac{D_2}{D_1}\right)^4\right\} \qquad ③$$

이므로

$$V_2=\frac{1}{\sqrt{1-\left(\frac{D_2}{D_1}\right)^4}}\sqrt{2g-\frac{(p_1-p_2)}{\gamma}} \qquad ④$$

가 된다. 여기서 그림에 주어진 액주계의 높이차로서 압력차를 구하면

$$p_1+\gamma h=p_2+\gamma_s h \qquad ⑤$$

이므로 이 식을 이용하여 압력차를 구하면

$$\frac{p_1-p_2}{\gamma}=h\left(\frac{\gamma_s}{\gamma}-1\right) \qquad ⑥$$

가 된다. 이 식을 ④식에 대입하여 정리하면 ④식은 다음과 같다.

$$V_2 = \frac{1}{\sqrt{1-\left(\frac{D_2}{D_1}\right)^4}}\sqrt{2gh\left(\frac{\gamma_s}{\gamma}-1\right)} \tag{3-34}$$

여기서 D_1, D_2, γ_s, γ는 주어지는 값이므로 액주계의 높이 h만 측정한다면 목에서의 유속을 구할 수 있고 여기에 목의 단면적을 곱해주면 유량을 구할 수 있다.

$$Q = A_2 V_2 = \frac{A_2}{\sqrt{1-\left(\frac{D_2}{D_1}\right)^4}}\sqrt{2gh\left(\frac{\gamma_s}{\gamma}-1\right)} \tag{3-35}$$

예제 3-8

벤투리 유량계를 이용하여 유량을 측정하고자 한다. 여기에 설치된 입구와 목의 압력차는 수두로 96cm로 나타났다. 벤투리 유량계 입구와 목의 직경이 각각 10cm, 5cm일 경우 유량은 얼마인가?

풀이

입구와 목에 대하여 Bernoulli 방정식과 연속방정식을 적용하면

$$\frac{p_1}{\gamma}+\frac{V_1^{\,2}}{2g}=\frac{p_2}{\gamma}+\frac{V_2^{\,2}}{2g}$$

$$A_1 V_1 = A_2 V_2$$

$$0.96 = \frac{p_1-p_2}{\gamma} = \frac{V_2^{\,2}-V_1^{\,2}}{2g}$$

$$= \frac{V_2^{\,2}}{2g}\left\{1-\left(\frac{V_1}{V_2}\right)^2\right\}$$

$$0.96 = \frac{V_2^{\,2}}{2\times 9.8}\left\{1-\left(1-\frac{d_2}{d_1}\right)^4\right\}$$

$$V_2 = \sqrt{\frac{0.96\times 2\times 9.8}{1-\left(\frac{5}{10}\right)^4}} = 4.48\text{m/s}$$

$$Q = A_2 V_2 = \frac{\pi \times 0.05^2}{4} \times 4.48 = 8.8 \times 10^{-3} m^3/s$$

실제 유량은 유량계수를 곱해서 계산하며 이 때

$$Q = CA_2 V_2 = 0.98 \times \frac{\pi \times 0.05^2}{4} \times 4.48 = 8.62 \times 10^{-3} m^3/s$$

이다.

예제 3-9

다음 그림과 같은 벤투리 유량계에서 물이 흐르고 있으며, $d_1 = 50$cm, $d_2 = 30$cm이고 $V_1 = 5.6$m/s일 때 액주계의 높이 h를 결정하여라.

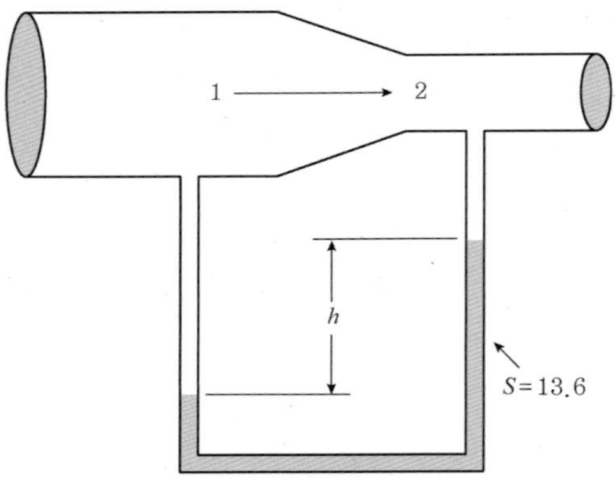

풀이

식 (3-34)을 이용하기 위하여 V_2를 구하면

$$V_2 = V_1 \left(\frac{d_1}{d_2} \right)^2 = 5.6 \left(\frac{50}{30} \right)^2 = 15.6 \text{m/s}$$

이므로 식 (3-34)은

$$15.6 = \frac{1}{\sqrt{1 - \left(\frac{d_2}{d_1} \right)^4}} \sqrt{2gh \left(\frac{\gamma_s}{\gamma} - 1 \right)}$$

$$= \frac{1}{\sqrt{1-\left(\frac{30}{50}\right)^4}}\sqrt{2\times 9.8\times h\left(\frac{13.6}{1}-1\right)}$$

$$= 1.07\times \sqrt{246.96\times h}$$

$$h = 0.86\text{m}$$

이다.

3.6.3 피토 · 정압관

피토 · 정압관(pitot · static tube)은 관 내부를 흐르는 유체의 유속을 측정하는 방법 중의 하나이다. 다음의 [그림 3-17]에 보여주는 바와 같이 관벽에 수직으로 설치된 피에조미터는 관 속을 흐르는 유체의 정압을 측정하기 위한 것이고, 유동방향에 대하여 정반대로 설치된 피토관은 유체의 전압을 측정하기 위한 것이다. 피토관과 피에조미터와의 압력차는 동압으로 [그림 3-17]에서는 마노미터에 차압이 표시되며 [그림 3-13]에서는 압력계로 측정하였다.

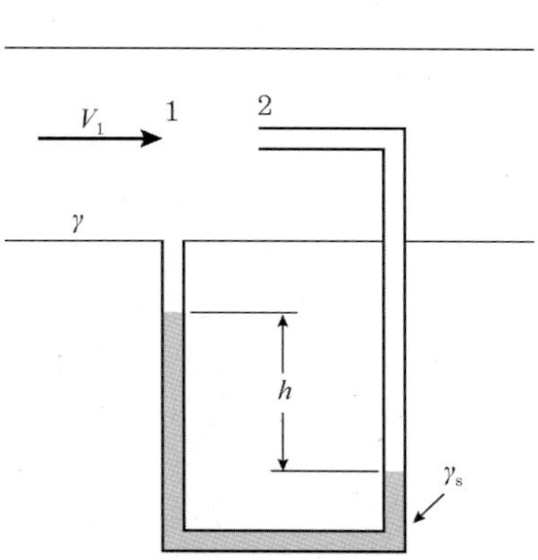

[그림 3-17] 피토 · 정압관

[그림 3-17]에서 동일 유선 상의 두 점 1, 2에 Bernoulli 방정식을 적용하면, 피토관 입구에서는 유체가 정체되어 있으므로 속도 $V_2 = 0$으로 다음과 같다.

$$\frac{p_1}{\gamma}+\frac{{V_1}^2}{2g}=\frac{p_2}{\gamma}+0$$

$$\frac{\rho\,{V_1}^2}{2}=p_2-p_1 \qquad ①$$

U 자관의 액주를 이용하여 압력차를 계산하면

$$p_2-p_1=\gamma h\left(\frac{\gamma_s}{\gamma}-1\right) \qquad ②$$

위 두 식에서 유체의 동압을 얻을 수 있으며 이것을 이용하여 관 속의 유속을 얻을 수 있다.

$$V_1=\sqrt{2gh\left(\frac{\gamma_s}{\gamma}-1\right)} \tag{3-36}$$

예제 3-10

해수의 유속을 측정하기 위하여 다음 그림과 같은 피토관을 설치하였다. 마노미터 높이차가 10cm이다. 유속을 구하여라.

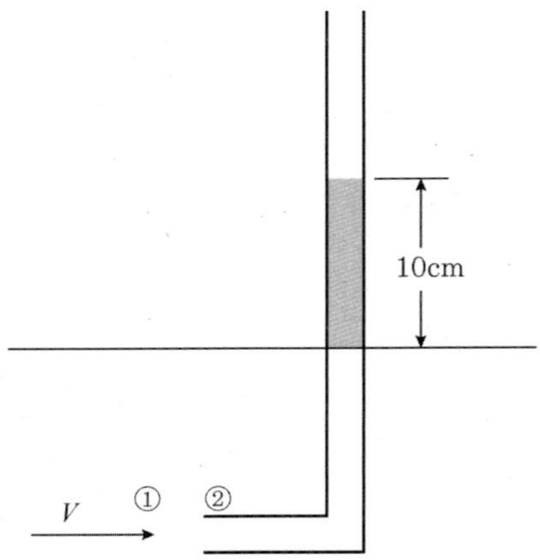

풀이

그림에서 피토관 입구에서 충분히 떨어진 곳을 ①, 피토관 입구를 ②라 하여 Bernoulli 방정식을 적용하면 다음과 같다.

$$\frac{p_1}{\gamma}+\frac{V_1^{\ 2}}{2g}=\frac{p_2}{\gamma}+\frac{V_2^{\ 2}}{2g}$$

여기서 $\frac{p_1}{\gamma}=h$이고, $\frac{p_2}{\gamma}=h+H$이며 $V_2=0$이므로 유속은

$$V_1=\sqrt{2gH}=\sqrt{2\times9.8\times0.1}=1.4\text{m/s}$$

이다.

예제 3-11

공기의 속도를 측정하기 위하여 그림과 같이 피토관에 물을 넣은 U자관을 연결하여 시차를 측정하니 $h=$ 10cm이었다. 공기의 비중량이 12.3 N/m³이라면 공기의 속도는 얼마인가?

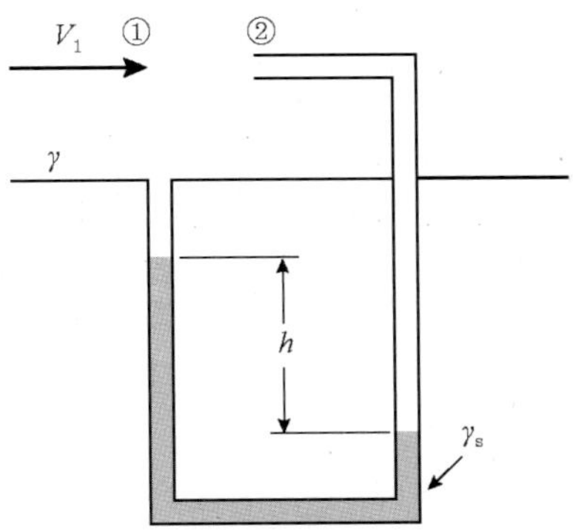

풀이

피토관의 입구에서 수평방향으로 충분히 먼 거리를 ①, 피토관의 입구를 ②라 하여 Bernoulli 방정식을 적용하면

$$\frac{V_1^{\ 2}}{2g}+\frac{p_1}{\gamma}=\frac{V_2^{\ 2}}{2g}+\frac{p_2}{\gamma}$$

이고 여기서 $V_2=0$이므로

$$V=\sqrt{2g\frac{p_2-p_1}{\gamma}}$$

또, U 자관에서 대기압력은 p_1이므로 시차압력은

$$p_2-p_1=\gamma_s h-\gamma h=h(\gamma_s-\gamma)$$

이므로 위 두 식에서 속도를 구하면

$$V_1=\sqrt{\frac{2\times 9.8}{12.3}\times 0.1\times(9800-12.3)}=39.5\text{m/s}$$

이다.

3.6.4 일반 에너지방정식

실제유체의 유동문제에서는 유체의 성질 중에서 점성의 영향을 무시할 수 없다. 점성은 유체입자와 벽면 등에 상호마찰을 일으켜 유체의 온도를 상승시키고 유체의 온도상승은 내부에너지의 증가를 가져오거나 외부로의 열전달을 야기시킨다. 즉, 유체가 가지고 있는 유효에너지(운동에너지와 위치에너지 등)가 마찰에 의하여 사용할 수 없는 내부에너지로 변환되거나 열의 형태로 외부로 유출되어 유체의 유효에너지가 감소한다. 따라서 이러한 마찰에 의한 에너지변환을 손실이라 한다. 관의 두 지점, 즉 흐름의 상류 측을 1, 하류 측을 2라 하고 두 지점 사이의 유체의 손실수두를 h_L이라 하면 Bernoulli 방정식은 다음과 같다.

$$\frac{p_1}{\gamma}+\frac{{V_1}^2}{2g}+z_1=\frac{p_2}{\gamma}+\frac{{V_2}^2}{2g}+z_2+h_L \tag{3-37}$$

[그림 3-18]과 같이 펌프를 관 사이에 설치한 경우, 펌프는 유체에 에너지를 공급하게 되므로 식 (3-37)은 좌변에 펌프의 수두 H_P를 추가하여 주어야 하며

$$\frac{p_1}{\gamma}+\frac{{V_1}^2}{2g}+z_1+H_P=\frac{p_2}{\gamma}+\frac{{V_2}^2}{2g}+z_2+h_L \qquad (3\text{-}38)$$

이다.

터빈이 설치되어 유체로부터 에너지를 얻게 되는 경우는 터빈수두 H_T를 식 (3-38)의 우변에 추가하여야 한다.

$$\frac{p_1}{\gamma}+\frac{{V_1}^2}{2g}+z_1+H_P=\frac{p_2}{\gamma}+\frac{{V_2}^2}{2g}+z_2+h_L+H_T \qquad (3\text{-}39)$$

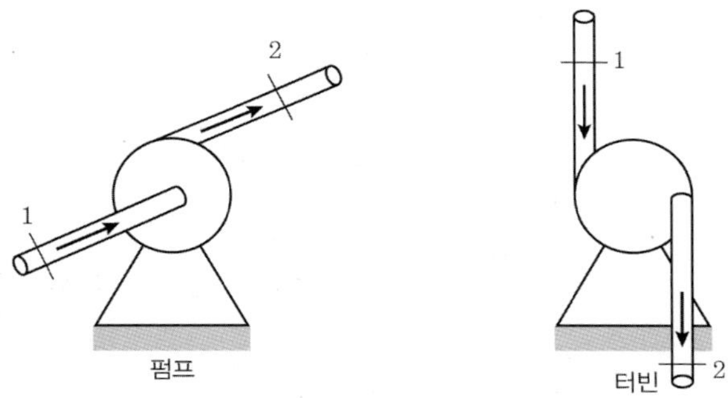

[그림 3-18] 펌프와 터빈

3.6.5 동력

단위 시간에 하는 일의 양을 일률(동력, power)이라 한다. 펌프의 수두(펌프의 단위 중량당 에너지)가 H_P 이면 동력을 구하기 위해서는 중량유량을 구하면 된다. 유체의 비중량이 γ 이고 체적유량이 Q 이면 이론적인 펌프동력 W_P 는 다음과 같다.

$$W_P=\gamma Q H_P$$

또한, 터빈의 수두(터빈의 단위중력당 에너지)가 H_T 이면 이 때 이론적인 터빈동력 W_T 는 다음과 같다.

$$W_T=\gamma Q H_T$$

실제로 펌프와 터빈을 작동시킬 때에 마찰 등 비가역적 요인에 의한 손실이 발생하므로 , 펌프의 경우는 이론적인 값보다 더 많은 양의 에너지를 공급해야 하고, 터빈의 경우는 이론적으로 얻어지는 값보다 더 적은 에너지를 얻게 된다. 이에 따라 다음과 같이 펌프 효율 η_P 과 터빈 효율 η_T 을 정의하여 사용한다.

- 펌프 효율 : $\eta_P = \dfrac{\gamma QH_P}{W_{Pa}}, \quad \left(\dfrac{\text{펌프의 이론동력}}{\text{펌프의 실제동력}}\right)$
- 터빈 효율 : $\eta_T = \dfrac{W_{Ta}}{\gamma QH_T}, \quad \left(\dfrac{\text{터빈의 실제동력}}{\text{터빈의 이론동력}}\right)$

여기에서, W_{Pa}는 손실을 고려해서 실제로 펌프에 공급해야 할 펌프의 실제 동력, W_{Ta}는 터빈에서 실제로 얻게 되는 동력을 나타낸다. 일반적으로 효율은 입력 값에 대한 출력 값의 비로 정의한다. 펌프는 외부로부터 기계적 에너지(W_{Pa})를 투입하여 유체의 에너지(γQH_P)로 변환하고, 터빈은 유체의 에너지(γQH_T)를 터빈의 기계적 에너지(W_{Ta})로 변환한다는 것을 고려하면 서로 다른 효율의 정의를 이해할 수 있다.

따라서, 펌프에서 공급하는 유체의 유량을 Q, 유체의 비중량을 γ, 펌프의 효율을 η_P라 하면 펌프에 공급해야 할 실제 동력 W_{Pa}는

$$W_P = \frac{\gamma QH_P}{\eta_P} \tag{3-40}$$

이며 터빈을 통과하는 유량을 Q, 유체의 비중량을 γ라 하고 효율을 η_T라 하면 터빈에서 얻게 되는 동력은 다음과 같다.

$$W_T = \gamma QH_T\eta_T \tag{3-41}$$

동력의 SI 단위로는 보통 $kW(=kJ/s)$를 사용한다. 그런데 산업현장에서 펌프와 터빈에서 실용적으로 사용되는 단위로 마력(PS, hp)이 있다. 체적유량 $Q(m^3/s)$, 수두 $H(m)$ 일 때 동력 P는 다음 식으로 계산된다.

(1) 비중량(γ)의 단위가 국제단위 N/m^3 일 때

$$P_{(kW)} = \frac{\gamma QH}{1000}\,(kW)\ ,\ P_{(PS)} = \frac{\gamma QH}{736}\,(PS)\ ,\ P_{(hp)} = \frac{\gamma QH}{746}\,(hp)$$

(2) 비중량(γ)의 단위가 공학단위 kg_f/m^3 일 때

$$P_{(kW)} = \frac{\gamma QH}{102}\,(kW)\ ,\ P_{(PS)} = \frac{\gamma QH}{75}\,(PS)\ ,\ P_{(hp)} = \frac{\gamma QH}{76}\,(hp)$$

※ 참조 : 물의 비중량(γ_w)은 국제단위 값은 $\gamma_w = 9.8kN/m^3$, 공학단위 값은 $\gamma_w = 1000kg_f/m^3$ 이다.
그리고, $1PS = 736W = 75kg_f\ m/s$, $1hp = 746W$ 이다.

예제 3-12

그림과 같은 펌프를 이용하여 물을 12m^3/min씩 퍼올린다. 입구 ①에서의 직경이 21cm, 압력이 200mmHg 진공이고, 출구 ②에서의 직경이 15cm, 압력이 4 bar이면 펌프의 동력은 얼마나 되어야 하는가?

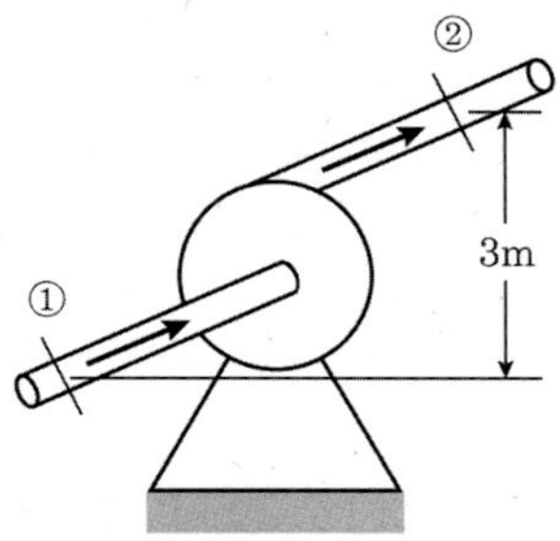

풀이

$$V_1 = \frac{Q}{A_2} = 6\text{m/s}$$

$$V_2 = \frac{Q}{A_2} = 11.3\text{m/s}$$

이고 ①과 ② 두 점에 Bernoulli 방정식을 적용하면

$$\frac{p_1}{\gamma} + \frac{{V_1}^2}{2g} + H_P = \frac{p_2}{\gamma} + \frac{{V_2}^2}{2g} + z_2$$

$$H_p = \frac{p_2 - p_1}{\gamma} + \frac{V_2{}^2 - V_2{}^2}{2g} + z_2$$

이다. 여기서

$$p_1 = -200 \times \frac{101325}{760} = -26664.5\text{Pa}$$

이므로

$$H_p = \frac{4 \times 10^5 + 26664.5}{9800} + \frac{11.3^2 - 6.4^2}{2 \times 9.8} + 3 = 50.9\text{m}$$

펌프에 필요한 동력은 다음과 같다.

$$L = \gamma Q H_p = 9800 \times \frac{12}{60} \times 50.9 = 99813\text{W} = 135.8\text{PS}$$

예제 3-13

그림과 같은 터빈에서 입구의 유속이 4m/s, 압력이 200kPa이고 출구의 압력이 88kPa인 진공이다. 터빈이 물로부터 얻는 동력은 얼마인가?

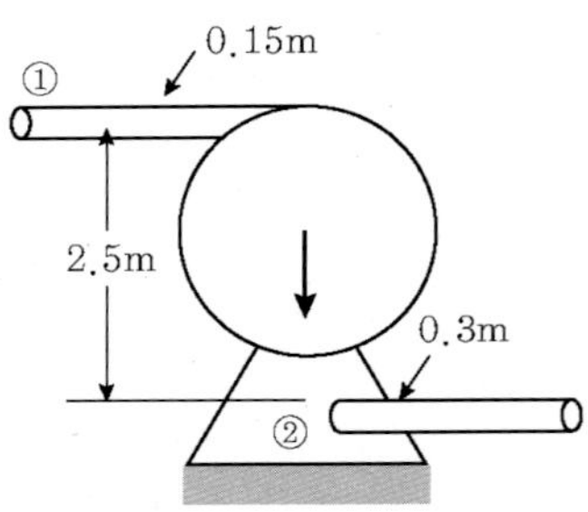

풀이

연속방정식에서

$$V_2 = V_1 \frac{A_1}{A_2} = 4 \times \frac{1}{4} = 1\text{m/s}$$

$$\frac{p_1}{\gamma} + \frac{V_1{}^2}{2g} + z_1 = \frac{p_2}{\gamma} + \frac{V_2{}^2}{2g} + H_T$$

$$H_T = \frac{p_1 - p_2}{\gamma} + \frac{{V_1}^2 - {V_2}^2}{2g} + z_1$$

$$= \frac{2 \times 10^5 + 88 \times 10^3}{9800} + \frac{4^2 - 1^2}{2 \times 9.8} + 2.5$$

$$= 32.7\text{m}$$

$$L = \gamma Q H_T$$

$$= 9800 \times 4 \times \frac{\pi}{4} \times 0.15^2 \times 32.7$$

$$= 22640.5\text{W}$$

$= 30.8\text{PS}$이다.

예제 3-14

그림과 같은 사이펀에서 유량이 $0.7\text{m}^3/\text{s}$이면 손실수두는 얼마인가?

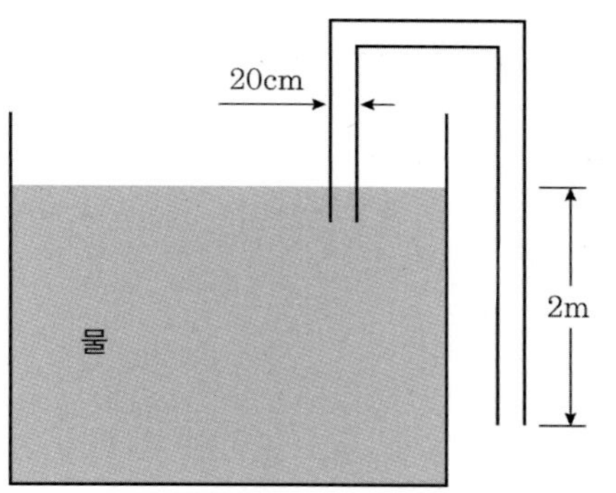

풀이

사이펀에서 실제유속은

$$V = \frac{Q}{A} = 0.7 \times \frac{4}{\pi \times 0.2^2} = 2.23\text{m/s}$$

탱크 수면과 사이펀 출구에 Bernoulli 방정식을 적용하면

$$\frac{V^2}{2g} + H_L = h$$

$$H_L = h - \frac{V^2}{2g}$$

$$= 2 - \frac{2.23^2}{2 \times 9.8} = 1.75\mathrm{m}$$

이다.

예제 3-15 동력의 단위

수력발전에서 터빈으로 유입되는 유량이 $0.4m^3/s$ 이고, 터빈수두가 $25m$ 이다. 발전시스템에서 유체의 에너지로부터 터빈이 얻게 되는 동력을 구하고 kW, PS, hp로 환산하시오.

풀이

물의 비중량 $\gamma_w = 1000\,kg_f/m^3$ 이므로 동력은 다음과 같다.

$$P_{(kW)} = \frac{\gamma_w Q H_T}{102}\,(kW) = \frac{1000 \times 0.4 \times 30}{102} = 117.6\,(kW)$$

$$P_{(PS)} = \frac{\gamma_w Q H_T}{75}\,(PS) = \frac{1000 \times 0.4 \times 30}{75} = 160\,(PS)$$

$$P_{(hp)} = \frac{\gamma_w Q H_T}{76}\,(hp) = \frac{1000 \times 0.4 \times 30}{76} = 157.9\,(hp)$$

Exercise

1. 지름 10cm인 원관 내에 기름이 10m/s 속도로 흐를 때 유량은 얼마인가?

2. 직경 30mm인 관에서 100mm인 관으로 물이 2kN/s로 흐른다. 관의 각 지점에서의 평균속도를 구하여라.

3. 기름의 비중이 0.8이다. 내경 200mm인 관에서 평균유속이 10m/s로 흐른다면 질량유량과 중량유량은 얼마인가?

4. 비행기 날개 주위의 유선간격이 20mm인 지점에서의 유속이 30m/s이면 유선간격이 30mm인 지점에서의 유속은 얼마인가?

5. 직경 50mm인 관에서 비압축성유체의 유속이 10m/s이면 여기에 연결된 20mm관에서의 유속은 얼마인가?

6. 50N/s의 공기가 직경 250mm의 관 내를 흐른다. 공기의 비중량이 12N/m^{3}이라면 공기의 평균속도는 얼마인가?

7. 다음 그림에서 p_1 = 300kPa, p_2 = 200kPa이고 d_1 = 100mm, d_2 = 40mm이면 유량은 얼마인가?

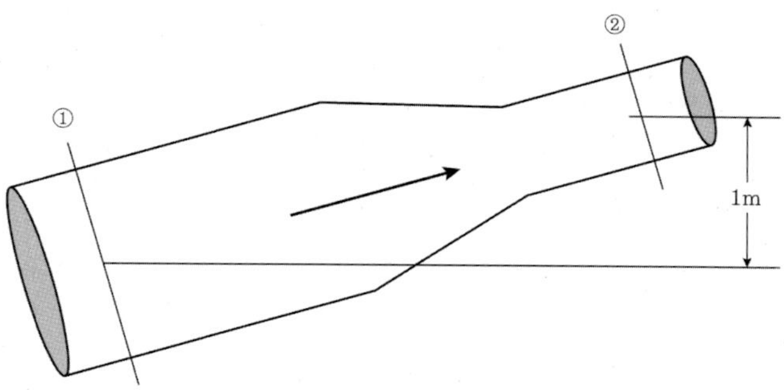

8. 수평관에서 물의 속도가 4.9m/s, 압력이 196kPa이다. 속도수두와 압력수두를 구하여라. 또, 수평관이 기준면으로부터 5m 위에 있다면 전수두는 얼마나 되며 수력구배선의 높이는 얼마나 되는가?

9. H.G.L. 이란 무엇인가?

10. 직경 30cm의 관 내를 물이 2.5m/s의 평균속도로 흐른다. 관의 압력이 1.5bar이면 물이 가지고 있는 동력은 몇 kW인가?

11. 지름 150mm인 관에서 평균유속이 0.5m/s이고 압력이 300kPa으로 유동하는 물이 지름이 80mm인 수축된 수평관으로 연결되어 흐른다. 수축관에서의 압력은 얼마나 되는가?

12. 흐르는 물의 동압이 15bar이다. 이것을 이용하여 물의 유속을 구하여라.

13. 그림에서 물의 깊이가 $H=$ 25m이다. 노즐에서 분출되는 유속을 구하여라. 또, 노즐의 직경이 10cm이면 유량은 얼마나 되는가?

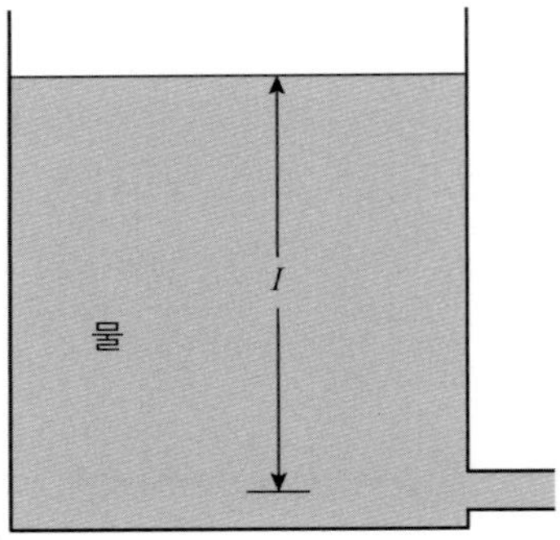

14. 다음 그림과 같이 펌프를 이용하여 아래 탱크에서 위 탱크로 40l/sec의 물을 이송한다. 펌프에 필요한 동력을 구하여라. 단, $H=$ 17m이고 손실수두는 2.3m이며 관의 직경은 10cm이다.

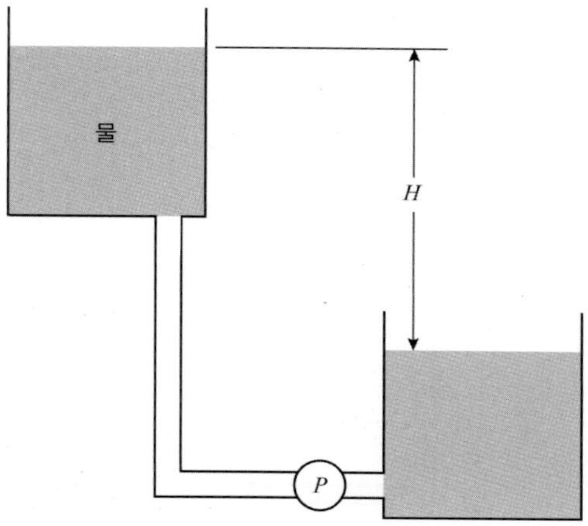

15. 다음 그림과 같이 물이 흐르는 수평관에 A, B 부분에 유리관을 세웠더니 물기둥의 높이가 각각 A관이 80cm, B관이 50cm이었다. A 부분의 직경이 40cm, B 부분의 직경이 30cm이라 하면 두 지점에서 유속은 얼마나 되는가?

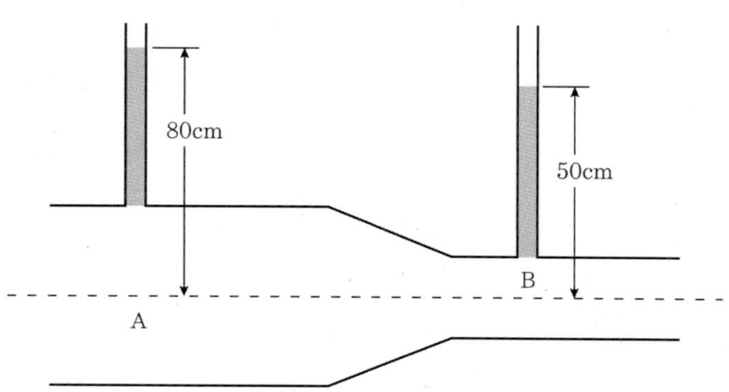

16. 다음 그림과 같이 물이 흐르는 벤투리 유량계에서 U 자관에 넣은 수은의 높이 차가 50cm이다. 두 지점의 압력차 $p_1 - p_2$를 구하여라. 또, ①의 관 직경이 25cm, ② 점의 직경이 15cm이면 유속은 얼마나 되는가?

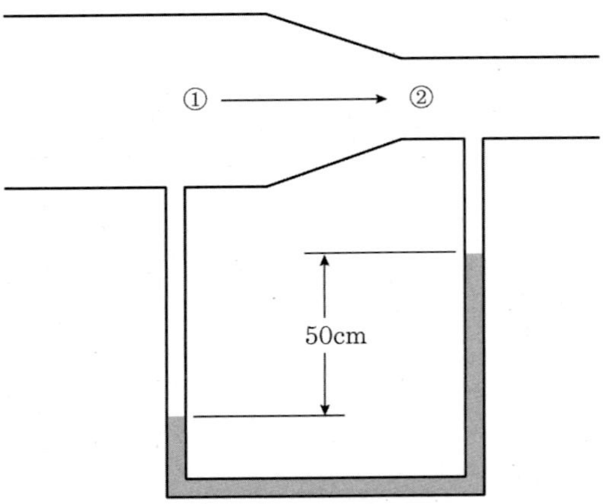

17. 강물의 속도를 측정하기 위하여 피토관을 물 속에 넣었더니 마노미터 차가 20cm이었다. 강물의 속도를 구하여라.

18. 다음과 같은 직경이 30mm인 사이펀에서 유량을 구하여라.

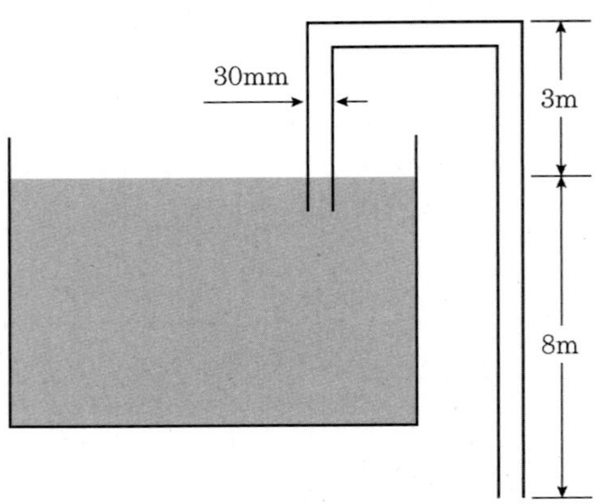

19. 다음과 같은 펌프의 입구 및 출구에 연결된 압력계 1, 2가 각각 −25mmHg와 3bar를 가리켰다. 펌프의 유량이 0.2m^3/s가 되려면 펌프의 동력은 얼마나 되어야 하는가? 단, 입구와 출구관의 직경은 모두 10cm이다.

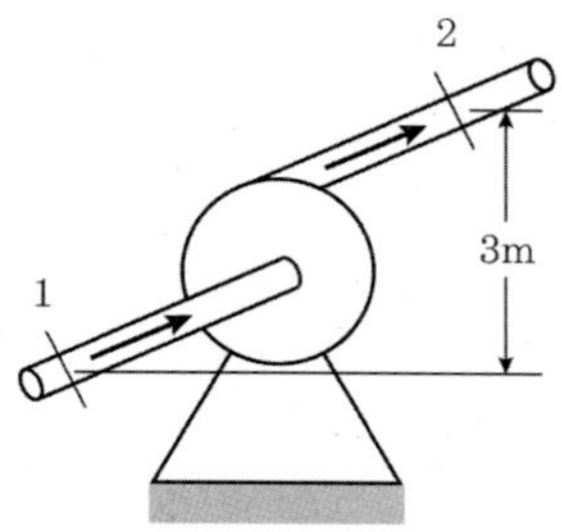

20. 다음 그림에서 직경이 300mm인 관에 0.4m^3/s의 물이 흐르고 있다. 관 출구에서의 압력을 구하여라.

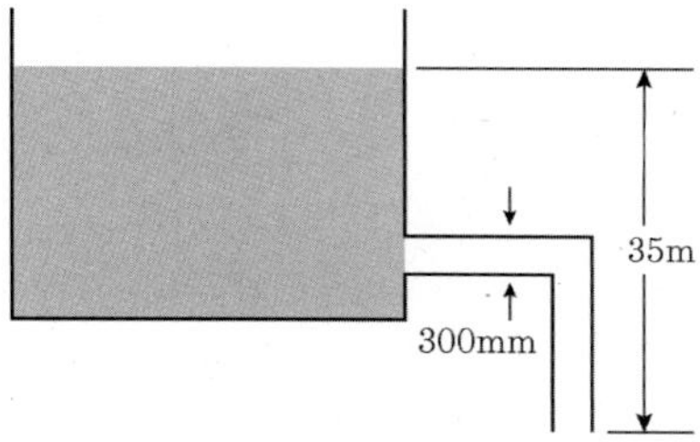

21. 표면 표고가 30m인 탱크에서 표고 80m인 탱크로 30m^3/min의 물을 펌프를 이용하여 이송할 때 펌프에 필요한 동력을 구하여라. 단, 손실수두는 3m이다.

22. 그림과 같은 사이펀에 물이 흐르고 있다. 사이펀에서 일어나는 손실수두를 구하여라. 단, 관의 직경은 200mm이고 유량은 0.08m^3/s이다.

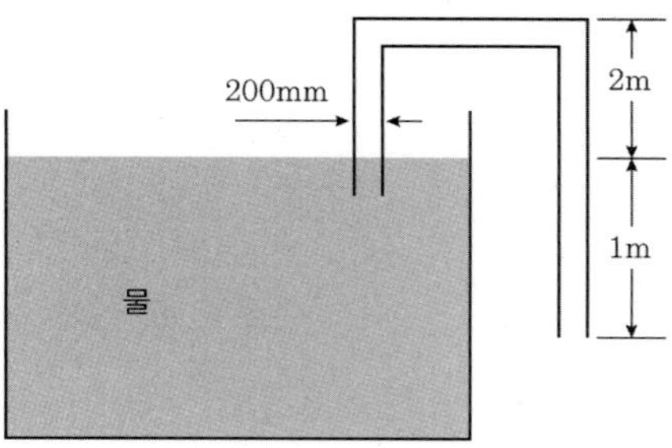

CHAPTER 04

운동량방정식

4.1 역적과 운동량방정식

유체의 유동에 있어서도 운동량변화가 유체의 점성이나 압축성에 관계없이 유체에 작용하는 모든 힘에 비례하게 되므로, Newton의 운동 제 2법칙을 때때로 운동량방정식이라고도 한다. Newton의 운동 제 2법칙을 유체의 유동에 적용할 때 ΣF는 검사체적(control volume)에 작용하는 모든 힘을 의미한다. 즉, 외부에서 유체의 검사표면(control surface)에 작용하는 힘과 유체 자신의 무게와 자력 등에 의해 만들어지는 힘 등 모든 힘의 합력이다.

질량 m인 물체에 작용하는 힘이 ΣF일 때 여기에 Newton의 운동 제 2법칙을 적용하면

$$\Sigma F = ma = \frac{d(mV)}{dt}$$

$$\Sigma F dt = d(mV) \tag{4-1}$$

와 같다. 여기서 a는 가속도이고 질량과 속도의 곱 mV는 운동량(momentum)이며 $\Sigma F dt$는 역적 또는 충격량(impulse)이라고 한다. 식 (4-1)은 일정 시간 동안에 가해진 힘의 합은 운동량변화량과 같음을 의미하는 것으로 이 식을 역적-운동량방정식이라 한다.

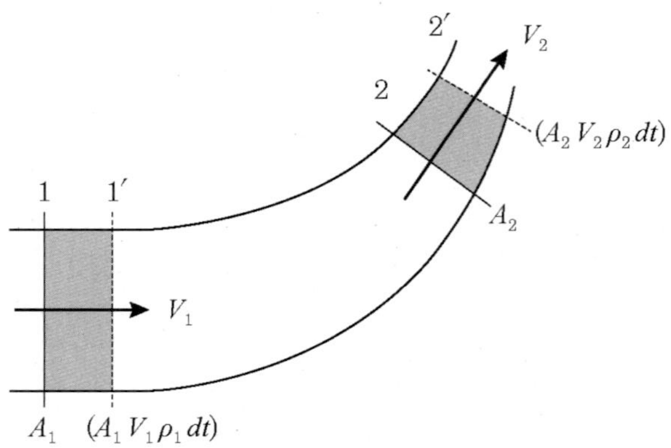

[그림 4-1] 운동량

1차원 정상류의 유동에 역적-운동량방정식을 적용하여 유체유동에 관한 방정식으로 바꾸어 보자. [그림 4-1]에서 단면 1, 2 사이의 공간을 검사체적이라 하면 검사체적 내의 유체가 dt 시간 후에 1′, 2′의 위치로 이동하였다면 검사체적 내 유체의 운동량변화량은

변화량 = (단면 1′과 2′ 사이의 유체운동량)−(단면 1과 2 사이의 유체운동량)

이지만 단면 1′와 2 사이의 유체가 가지는 운동량은 공통으로 포함되므로 dt 시간 동안의 실제 운동량변화량은 그림의 빗금 친 부분의 운동량변화량과 같다. 이것을 식 (4-1)에 대하여 정리하면 다음과 같다.

$$\Sigma F dt = (A_2 V_2 \rho_2 dt) V_2 - (A_1 V_1 \rho_1 dt) V_1 \qquad (4\text{-}2)$$

이 식을 비압축성유체에 적용하면 $\rho_1 = \rho_2$이므로 다음과 같은 비압축성유체의 역적-운동량방정식을 얻을 수 있다.

$$\Sigma F = Q\rho (V_2 - V_1) \qquad (4\text{-}3)$$

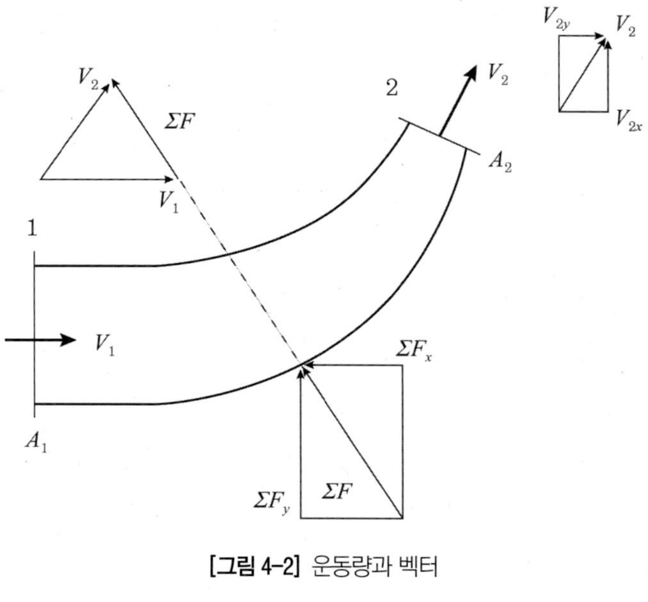

[그림 4-2] 운동량과 벡터

힘, 속도, 운동량은 벡터(vector)이므로 $V_2 - V_1$ 벡터와 ΣF 벡터의 방향은 [그림 4-2]에 표시된 바와 같이 같아야 하며 식 (4-3)의 운동량방정식도 방향성을 고려해야 한다. 유체의 유동을 공간좌표 상에서 x, y, z 방향으로 간주하는 경우 식 (4-3)은 x, y, z 방향으로 간주하는 경우 식 (4-3)은 x, y, z 방향의 성분으로 표현된 스칼라(scalar)식으로 표현할 수 있다.

$$\Sigma F_x = Q\rho(V_{2x} - V_{1x}) \tag{4-3-1}$$

$$\Sigma F_y = Q\rho(V_{2y} - V_{1y}) \tag{4-3-2}$$

$$\Sigma F_z = Q\rho(V_{2z} - V_{1z}) \tag{4-3-3}$$

4.2 운동량방정식의 응용

4.2.1 관에 작용하는 힘

단면적이 점차로 확대되거나 축소되는 관 또는 굽어진 관 속에 흐르는 유체에 의해서 관에 미치는 힘을 구하는 것은 앞에서 유도한 역적-운동량방정식을 이용하면 쉽게 얻을 수 있다. [그림 4-3]에서 보는 바와 같이 관의 단면적이 점차 축소되는 관의 경우 검사체적에 작용하는 힘은, 입구와 출구에서 작용하는 유체의 압력 p_1, p_2가 단면적 A_1, A_2에 작용하는 힘과 유체 자체의 무게 W가 있으며 유체와 벽면 사이에는 전단응력(shear stress)과 수직응력(normal stress)에 의하여 야기되는 힘 R이 존재한다.

그림과 같이 곡관의 흐름을 1차원으로 보고 검사체적에 작용하는 각각의 힘을 그림에 표시하면 그림과 같다. 그림에서 τ_w는 관의 벽에 작용하는 전단응력이고 p_w는 관 벽에 작용하는 수직응력이다. 관 속의 유체를 비압축성으로 보고 식 (4-3-1)과 식 (4-3-2)을 적용하면

$$\Sigma F_x = p_1 A_1 - p_2 A_2 \cos\theta - R_x$$

이고

$$Q\rho(V_{2x} - V_{1x}) = Q\rho(V_2 \cos\theta - V_1)$$

이므로

$$p_1 A_1 - p_2 A_2 \cos\theta - R_x = Q\rho(V_2 \cos\theta - V_1)$$

$$R_x = p_1 A_1 - p_2 A_2 \cos\theta - Q\rho(V_2 \cos\theta - V_1) \quad (4\text{-}4)$$

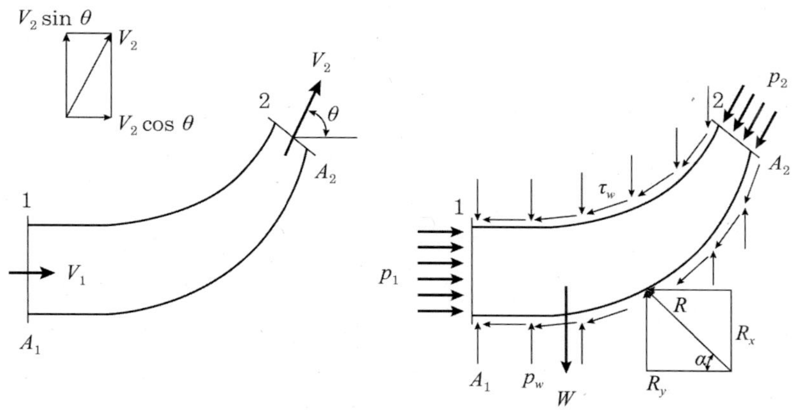

[그림 4-3] 곡관에 작용하는 힘

식 (4-4)을 이용하여 R_x를 구할 수 있으며 같은 방법으로 R_y를 구하면 다음과 같다.

$$R_y = p_2 A_2 \sin\theta + W + Q\rho(V_2 \sin\theta - 0) \quad (4\text{-}5)$$

관 속에 포함된 유체의 무게를 무시할 경우는 식 (4-5)에서 $W = 0$으로 하여 계산하면 된다. 두 힘 R_x, R_y의 합력 R은

$$R = \sqrt{R_x^{\,2} + R_y^{\,2}} \quad (4\text{-}6)$$

이며 힘의 작용방향은

$$a = \tan^{-1}\left(\frac{R_y}{R_x}\right) \tag{4-7}$$

이다.

예제 4-1

그림과 같은 노즐의 d_1 = 90mm, d_2 = 30mm이고 여기서 비중 0.9인 기름이 분출되고 있다. p_1 = 7bar일 때 노즐에 미치는 힘을 구하여라.

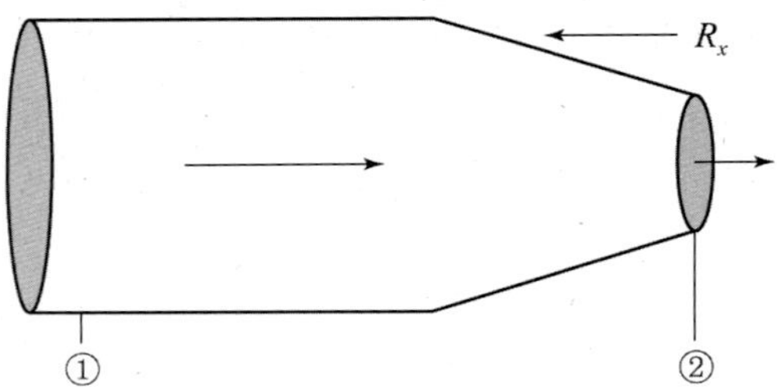

풀이

운동량방정식을 노즐에 적용하여 여기에 작용하는 힘들의 관계를 표현하면

$$p_1 A_1 - p_2 A_2 - R_x = Q\rho(V_2 - V_1)$$

여기서 p_2는 대기압과 같으므로 $p_2 = 0$의 대기압으로 위 식은 다음과 같다.

$$R_x = p_1 A_1 - Q\rho(V_2 - V_1)$$

노즐의 입구 ①과 출구 ②에 연속방정식과 Bernoulli 방정식을 적용하여 정리하면

$$A_1 V_1 = A_2 V_2$$

$$V_2 = 9 V_1$$

$$\frac{p_1}{\gamma} + \frac{V_1^2}{2g} = \frac{V_2^2}{2g}$$

$$\frac{80\,V_1^{\,2}}{2g} = \frac{p_1}{\gamma}$$

$$V_1 = \sqrt{\frac{g\,p_1}{40\,\gamma}}$$

$$= \sqrt{\frac{9.8 \times 7 \times 10^5}{40 \times 9800 \times 0.9}} = 4.41\,\text{m/s}$$

$$V_2 = 39.69\,\text{m/s}$$

이므로 위 식에 대입하여 노즐에 작용하는 힘을 구하면 다음과 같다.

$$R_x = 7 \times 10^5 \times \frac{\pi}{4} \times 0.09^2 - \frac{\pi}{4} \times 0.09^2 \times 4.41 \times 900\,(39.69 - 4.41)$$

$$= 3.56\,\text{kN}$$

예제 4-2

그림에서 $p_1 = 200\text{kPa}$, $p_2 = 80\text{kPa}$, $d_1 = 50\text{cm}$, $d_2 = 40\,\text{cm}$, $\theta = 60°$ 이고 관에는 980 N/s의 물이 흐르고 있다. 이 관에 작용하는 힘 R과 작용각도 α를 구하여라.

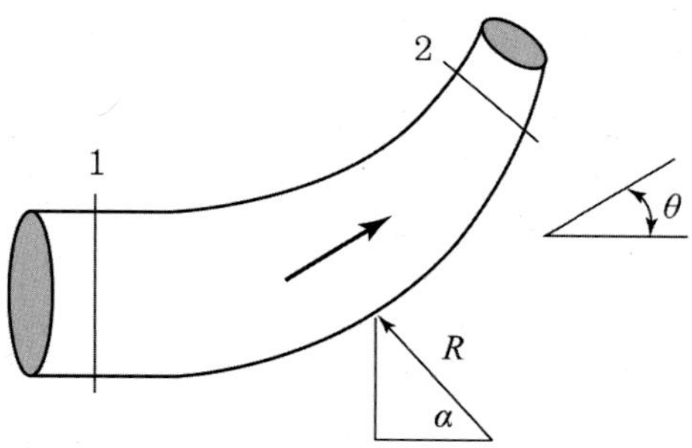

풀이

중량유량이 주어졌으므로 이것을 이용하여 체적유량 Q를 구하면

$$Q = \frac{G}{\gamma} = \frac{980}{9800} = 0.1\,\text{m}^3/\text{s}$$

이다. 이것을 이용하여 V_1, V_2를 구하면 다음과 같다.

$$V_1 = \frac{Q}{A_1} = \frac{0.1 \times 4}{\pi \times 0.5^2} = 0.51\text{m/s}$$

$$V_2 = 0.8\text{m/s}$$

식 (4-4)에 의해서

$$R_x = p_1 A_1 - p_2 A_2 \cos\theta - Q\rho(V_2 \cos\theta - V_1)$$

$$= 20 \times 10^4 \times \frac{\pi}{4} \times 0.5^2 - 8 \times 10^4 \times \frac{\pi}{4} \times 0.4^2 \cos 60 - 0.1 \times 10^3 (0.8 \cos 60 - 0.5)$$

$$= 34250\text{N}$$

$$R_y = Q\rho V_2 \sin\theta + p_2 A_2 \sin\theta$$

$$= 0.1 \times 10^3 \times 0.8 \sin 60 + 8 \times 10^4 \times \frac{\pi}{4} 0.4^2 \sin 60$$

$$= 8776\text{N}$$

이고 합력은

$$R = \sqrt{R_x{}^2 + R_y{}^2} = 35360\text{N}$$

이며 작용각도는

$$\alpha = \tan^{-1}\frac{R_x}{R_y} = \tan^{-1}\frac{8776}{34250} = 14.4^\circ$$

이다.

예제 4-3

그림과 같은 직경 50cm로 일정한 관에 물이 흐르고 있다. $p_1 = 25\text{Pa}$, $p_2 = 13\text{Pa}$이면 벽면에 작용하는 유체의 힘은 얼마인가?

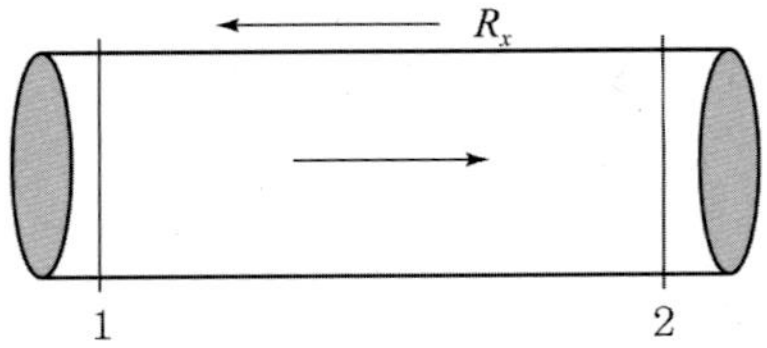

풀이

운동량방정식에서

$$p_1 A_1 - p_2 A_2 - R_x = 0$$

$$R_x = p_1 A_1 - p_2 A_2$$

$$= \frac{\pi}{4} 0.5^2 (25 - 13)$$

$$= 2.356\text{N}$$

이다.

예제 4-4

그림과 같이 물이 흐르는 관에 작용하는 압력이 $p_1 =$ 490kPa, $p_2 =$ 160kPa이고 직경이고 $d_1 =$100mm, $d_2 =$ 50mm이다. 관에 작용하는 힘 R_x는 얼마인가?

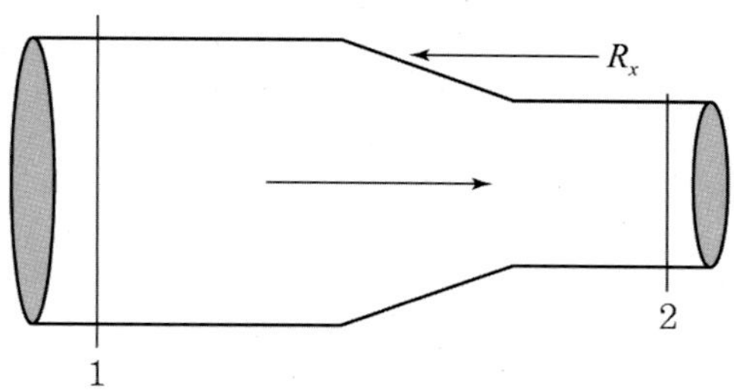

풀이

Beronulli 방정식을 여기에 적용하면

$$\frac{{V_1}^2}{2g} + \frac{p_1}{\gamma} = \frac{{V_2}^2}{2g} + \frac{p_2}{\gamma}$$

$V_2 = 4V_1$이므로

$$\frac{15{V_1}^2}{2g} = \frac{p_1 - p_2}{\gamma}$$

$$V_1 = \sqrt{\frac{2g(p_1 - p_2)}{15\gamma}}$$

$$= \sqrt{\frac{2 \times 9.8(490 - 160) \times 10^3}{15 \times 9800}}$$

$$= 6.63\text{m/s}$$

$$V_2 = 26.52\text{m/s}$$

$$Q = A_1 V_1 = \frac{\pi}{4} 0.1^2 \times 6.63 = 0.052\,\text{m}^3/\text{s}$$

$$R_x = p_1 A_1 - p_2 A_2 - \rho Q(V_2 - V_1)$$

$$= 490 \times 10^3 \times \frac{\pi}{4} \times 0.1^2 - 160 \times 10^3 \times \frac{\pi}{4} \times 0.05^2 - 1000 \times 0.052 \times (26.52 - 6.63)$$

$$= 2500N$$

이다.

4.2.2 분류가 작용하는 힘

터빈, 펌프, 압축기 등과 같이 날개에 분류(jet)를 작용하여 동력을 얻는 여러 가지 터보머신(turbomachine)의 해석도 운동량방정식을 이용하여 쉽게 해답을 얻을 수 있다. 이 단원에서는 운동량방정식을 이용하여 이와 같은 터보머신에 미치는 힘을 다음과 같은 단계로 해석하고자 한다. 먼저 고정된 평판과 날개에 작용하는 분류에 대하여 해석하고 다음으로 움직이는 날개에 대하여 해석한다. 실제분류가 날개에 작용하면 날개표면과, 정도의 차이는 있으나 마찰력이 존재한다. 그러나 여기서는 앞에서 논의한 바와 같이 해석의 용이성을 위하여 분류를 취급하는데 다음과 같은 가정을 하였다.

1. 날개에 작용하는 분류는 어느 위치에서나 항상 대기압력과 같다.
2. 분류와 날개의 표면사이에서 발생하는 마찰력은 무시한다. 따라서 분류의 속도는 어느 위치에서나 항상 일정하다.

3. 분류의 단면적은 분류의 실제흐름에서는 하류로 갈수록 넓어지지만 해석을 용이하게 하기 위하여 어디에서나 분류의 단면적은 같다.
4. 분류의 자체 무게는 아주 작으므로 무시한다.

(1) 고정평판에 작용하는 분류

[그림 4-4]와 같이 분류가 평판에 대하여 경사지게 작용하는 경우를 고려해보자. 앞서의 가정과 같이 분류의 입구와 출구의 속도는 $V_1 = V_2 = V$이고 분류의 정압도 입 · 출구에서 같으므로 분류의 압력에 의한 힘이 무시되며 자체 무게에 의한 힘도 없다. 분류를 1차원 정상류로 취급하여 힘을 식 (4-2)를 이용하여 구하면 다음과 같다.

$$R = Q\rho V \sin\theta \tag{4-8}$$

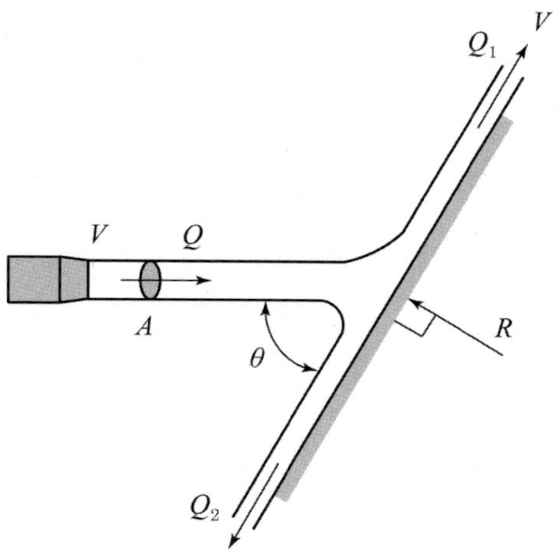

[그림 4-4] 고정평판에 작용하는 분류

평판에 의해서 양쪽으로 분리된 분류의 유량 Q_1, Q_2를 구하여 보자. 평판에 분출되는 분류에 대하여 운동량 보존의 법칙을 적용하면, 평판에 평행한 방향으로 작용하는 힘은 없으므로 평판에 입사되는 분류의 운동량은 평판으로부터 흘러나가는 분류의 운동량과 같다. 따라서 평판에 대하여 평행한 방향의 운동량은 다음과 같이 쓸 수 있다.

$$Q\rho V\cos\theta = Q_1\rho V - Q_2\rho V$$

$$Q_1 - Q_2 = Q\cos\theta \quad ①$$

또,

$$Q_1 + Q_2 = Q \quad ②$$

이므로 ①, ② 두 식을 이용하여 각각의 유량을 구하면

$$Q_1 = \frac{Q}{2}(1+\cos\theta)$$

$$Q_2 = \frac{Q}{2}(1-\cos\theta) \quad (4\text{-}9)$$

와 같다.

예제 4-5

그림과 같이 비중 0.9인 분류가 10m/s의 속도로 평판에 수직으로 부딪치고 있다. 분류의 직경이 100mm이면 평판에 작용하는 힘은?

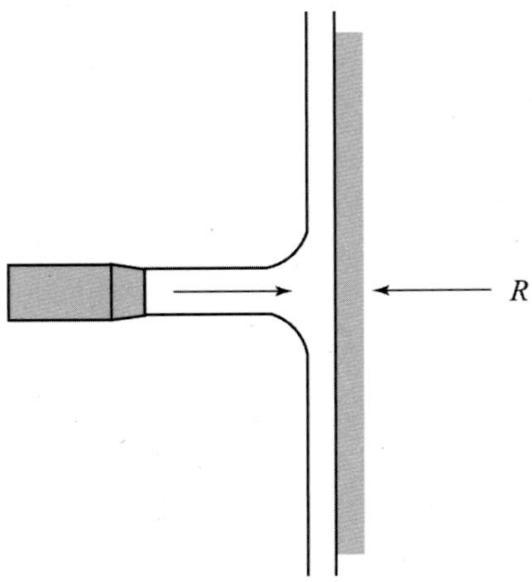

풀이

평판에 작용하는 힘 R은

$$R = Q\rho V$$

$$= \rho A V^2 = \frac{9800 \times S \times A \times V^2}{g}$$

$$= \frac{9800 \times 0.9 \times \frac{\pi}{4} \times 10^2}{9.8}$$

$$= 706.5\text{N}$$

이다.

예제 4-6

그림과 같이 수평면과 30° 경사진 평판에 직경 50mm의 물분류가 15m/s의 속도로 부딪치고 있다. 평판이 받는 힘 R을 구하여라.

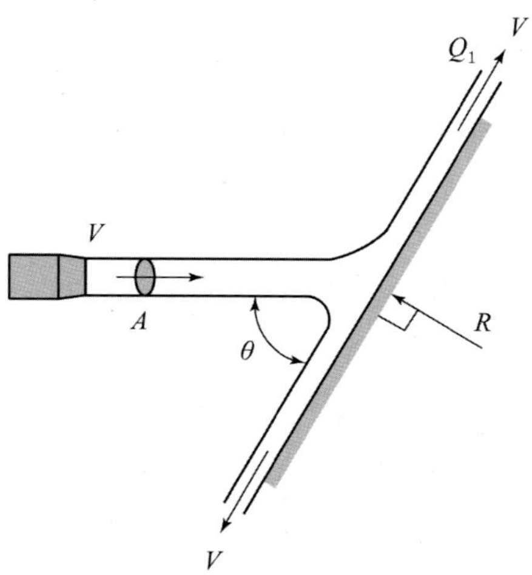

풀이

식 (4-8)을 이용하여 힘을 구하면

$$R = Q\rho V \sin\theta$$

$$= AV^2\rho\sin\theta$$

$$= \frac{\pi}{4}0.05^2 \times 15^2 \times 10^3 \sin 30$$

$$= 220.8\text{N}$$

이다.

(2) 고정날개에 작용하는 분류

[그림 4-5]와 같이 입구와 출구가 θ의 각을 이루고 있는 고정된 날개에 분류가 작용하고 있다. 고정날개에 분류가 작용하는 힘을 구하여 보자.

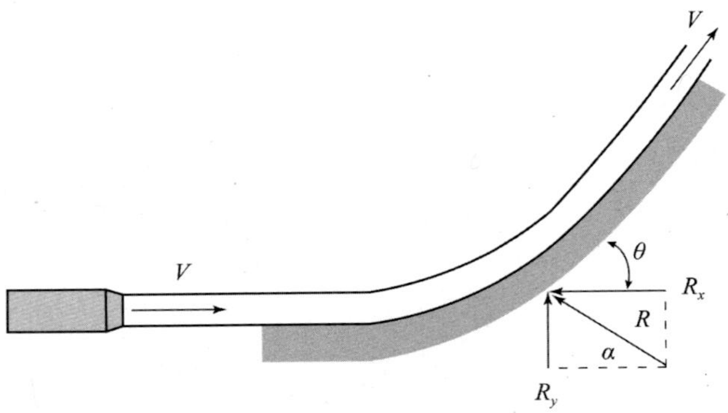

[그림 4-5] 고정날개에 작용하는 분류

앞에서 가정한 바를 고려하여 분류가 고정날개에 작용하는 힘을 x, y 방향에 대해서 식 (4-3-1), (4-3-2)을 이용하여 구하면

$$R_x = Q\rho V(1 - \cos\theta)$$
$$R_y = Q\rho V\sin\theta \tag{4-10}$$

이다. 따라서 날개가 받는 힘의 합 R은

$$R = \sqrt{{R_x}^2 + {R_y}^2} = 2Q\rho V\sin\frac{\theta}{2} \tag{4-11}$$

이며, 합력 R이 x축과 이루는 각도를 α라 하면 그 방향은 다음과 같다.

$$\alpha = \tan^{-1}\left(\frac{R_y}{R_x}\right) \tag{4-12}$$

식 (4-11)에 의하면 날개가 받는 힘이 최대가 되는 경우는 $\theta = 180^\circ$, 즉 U자형 날개에 의해서 분류의 진행방향이 180°로 바뀔 때이다.

예제 4-7

물분류가 그림과 같이 고정날개에 충돌하고 있다. 유량이 $0.05\text{m}^3/\text{s}$이고, 속도가 40m/s이며, 날개의 각도가 135°일 때 고정날개에 작용하는 힘은 얼마인가?

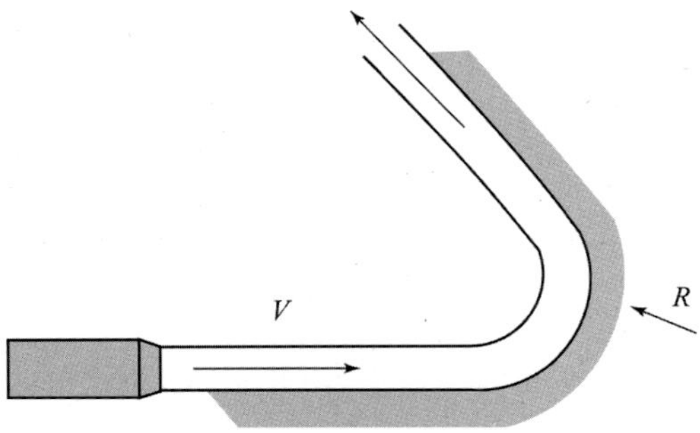

풀이

식 (4-10), (4-11)을 이용하면

$$\begin{aligned} R_x &= Q\rho V(1-\cos\theta) \\ &= 0.05\times 10^3 \times 40(1-\cos 135) \\ &= 3.414\text{N} \end{aligned}$$

$$\begin{aligned} R_y &= Q\rho V\sin\theta \\ &= 0.05\times 10^3 \times 40\times \sin 135 \\ &= 1.414\text{kN} \end{aligned}$$

$$R = \sqrt{{R_x}^2 + {R_y}^2} = \sqrt{3.414^2 \times 1.414^2} = 3.695\text{kN}$$

이다.

예제 4-8

그림과 같은 날개에 유량 $0.02m^3/s$의 물분류가 10m/s의 속도로 충돌하고 있다. 회전축 A에 걸리는 모멘트를 구하여라.

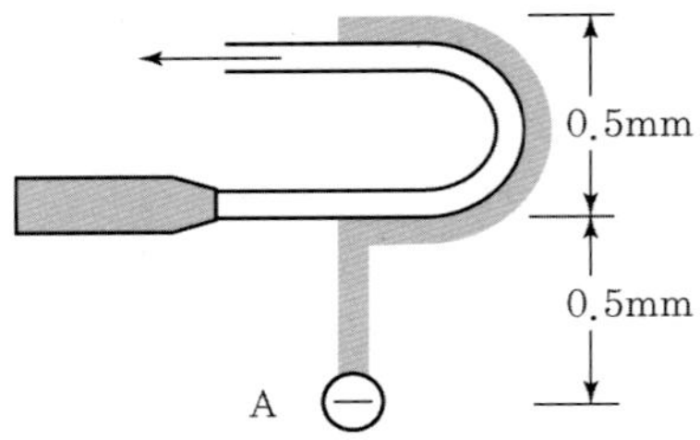

풀이

A에 걸리는 모멘트는 x 방향의 힘 Rx에 의해서 형성되므로

$$R_x = Q\rho V(1-\cos\theta)$$
$$= 0.02 \times 10^3 \times 10(1-\cos 180)$$
$$= 0.4\text{kN}$$
$$M = R_x \times \gamma$$
$$= 0.4 \times 0.75$$
$$= 0.3\text{kJ}$$

이다.

(3) 움직이는 날개에 작용하는 분류

터빈이나 펌프는 움직이는 날개에 부딪치는 분류에 운동량의 변화를 주어 동력의 교환이 이루어지도록 한 기계장치의 한 예이다. 앞서의 고정날개에 작용하는 분류가 미치는 힘의 관계를 참고하여 움직이는 날개에 작용하는 분류의 힘을 구해보자.

[그림 4-6]과 같이 날개의 입 · 출구가 θ의 각도를 이루고 있고 날개가 분류와 같은 방향으로 u 속도로 움직이는 단일날개에 대하여 고려해 보자. 날개가 분류와 같은 방향으로 움직이므로 날개에 입사되는 분류의 날개에 대한 상대속도는 $V-u$로 볼 수 있으며, 날

개에 입사되는 유량도 날개에 입사되는 분류의 상대속도가 $V-u$이고 분류의 단면적이 A이므로 유량은 $A(V-u)$로 볼 수 있다. 따라서 날개에 작용하는 힘은 다음과 같다.

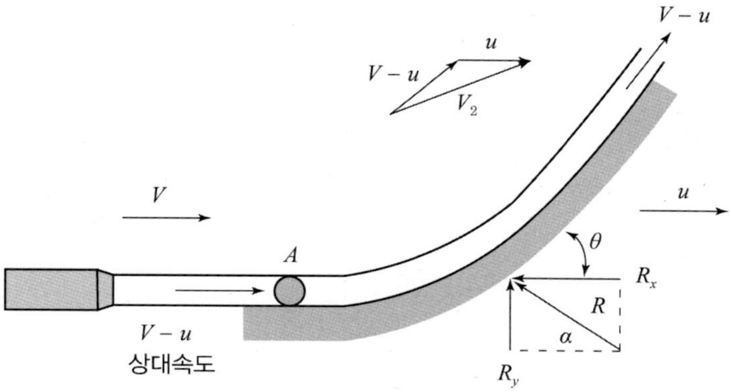

[그림 4-6] 움직이는 날개에 작용하는 분류

날개에 작용하는 x 방향의 분력을 R_x라 하면

$$R_x = Q_r\, \rho\, V_r (1-\cos\theta)$$
$$= \rho A (V-u)^2 (1-\cos\theta) \qquad (4\text{-}13)$$

이며, y 방향의 분력 R_y는

$$R_y = Q_r\, \rho\, V_r \sin\theta$$
$$= \rho A (V-u)^2 \sin\theta \qquad (4\text{-}14)$$

이며, 날개가 분류로부터 얻는 동력 P는 날개에 미치는 날개의 이동방향의 힘 R_x와 날개의 이동속도 u에 의해서 다음과 같이 구한다.

$$P = R_x \times u \qquad (4\text{-}15)$$

식 (4-13), (4-14)는 날개가 한 개 뿐인 경우로 터빈과 같이 여러 개의 날개가 있는, 즉 연속날개의 경우 터빈에 입사되는 유량은

$$Q_r = A\,V \tag{4-16}$$

이므로 연속날개가 받는 힘은 식 (4-13), (4-14)의 Q_r을 식 (4-16)으로 대입하여 얻을 수 있다.

예제 4-9

직경 5cm의 물분류가 그림과 같이 20m/s 속도로 분류와 같은 방향으로 움직이는 날개에 부딪치고 있다. 날개에 작용하는 힘을 구하여라. 단, 분류의 속도는 50m/s, 날개의 각도는 150° 이다. 또, 날개에서 얻을 수 있는 동력은 얼마인가?

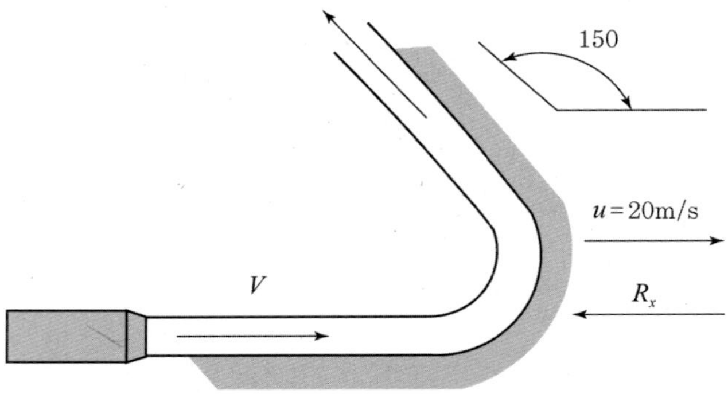

풀이

날개에 대한 분류의 상대속도

$$V-u=(50-20)=30\text{m/s}$$

이므로 날개에 부딪치는 유량은

$$Q=A(V-u)=\frac{\pi}{4}0.05^2\times 30=0.059\text{m}^3/\text{s}$$

x 방향으로 날개가 받는 힘은

$$\begin{aligned}R_x &= Q\rho(V-u)(1-\cos\theta)\\ &=0.059\times 10^3\times 30\times(1-\cos 150)\\ &=3.303\text{kN}\end{aligned}$$

날개에서 얻을 수 있는 동력은

$$P = R_x u$$
$$= 3.303 \times 20$$
$$= 66.06\text{kW}$$

이다.

예제 4-10

그림과 같은 펠턴 수차에서 물분류가 날개에 충돌하고 있다. 분류의 유량이 $0.5\text{m}^3/\text{s}$, 직경이 20cm, 날개각이 150°이며, 날개의 이동속도가 12m/s일 때 터빈에서 얻을 수 있는 동력은 얼마인가?

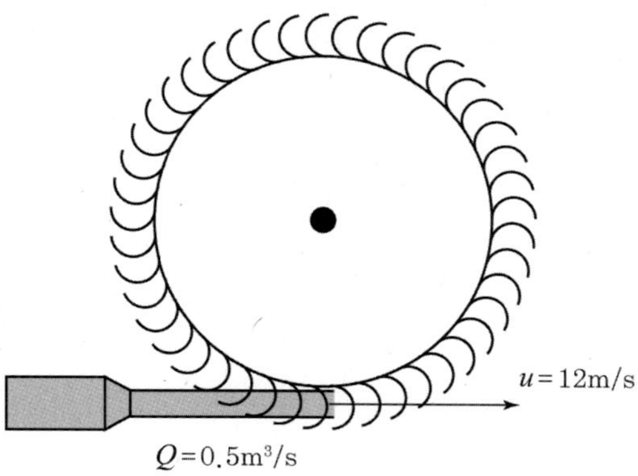

풀이

분류의 속도는

$$V = \frac{Q}{A} = \frac{4 \times 0.5}{\pi \times 0.2^2} = 15.9\text{m/s}$$

날개에 작용하는 수평방향의 힘은

$$R_x = Q\rho(V - u)(1 - \cos\theta)$$

이고 연속날개이므로 날개에 대한 유량은 $Q = 0.5\text{m}^3/\text{s}$이므로 동력은

$$
\begin{aligned}
P &= R_x \times u \\
&= Q\rho(V-u)(1-\cos\theta)u \\
&= 0.5 \times 10^3(15.9-12)(1-\cos 150) \times 12 \\
&= 43.691\,\mathrm{kW}
\end{aligned}
$$

이다.

4.2.3 개수로의 구조물이 받는 힘

유동하는 물에 의하여 개수로에서의 위어(weir/보, 둑)나 수문에 미치는 힘은 운동량 방정식을 이용하여 해답을 얻기도 한다. [그림 4-7]과 같은 개수로의 수문을 예로 들자. 단면 1, 2에 의해서 경계지어진 검사체적을 정의하고 1, 2의 수심을 그림에서와 같이 y_1, y_2라 하면 단위 폭당 유량 q는 연속방정식에 의해서 다음과 같다.

$$q = y_1 V_1 = y_2 V_2 \tag{4-17}$$

수문에 작용하는 힘을 구하기 위하여 운동량방정식을 여기에 대입하면

$$F_1 - F_2 - F = q\rho(V_2 - V_1) \tag{4-18}$$

여기서 F, F_1, F_2는 단위 폭당 힘으로 F는 수문에 작용하는 힘이며, F_1, F_2는

$$F_1 = \frac{1}{2}\gamma {y_1}^2,\; F_2 = \frac{1}{2}\gamma {y_2}^2 \tag{4-19}$$

이다.

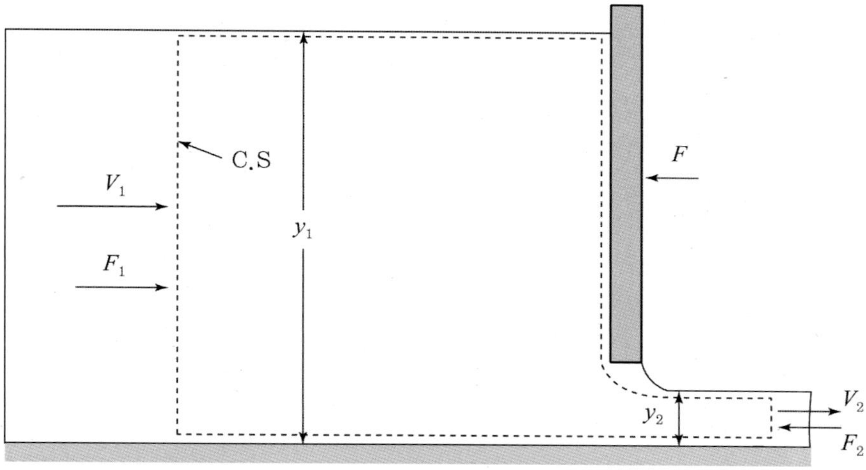

[그림 4-7] 수문에 작용하는 힘

예제 4-11

[그림 4-7]과 같은 개수로에 물이 흐르고 있다. $y_1 = 6$m, $y_2 = 0.4$m, $V_1 = 0.6$m/s이고 수문 폭이 2m이면 수문을 유지하는 데 필요한 힘은 얼마인가?

풀이

수문에 작용하는 힘은

$$F = F_1 - F_2 - Q\rho(V_2 - V_1)$$
$$= \gamma\,({y_1}^2 - {y_2}^2) - 7.2\times 10^3(9 - 0.6)$$
$$= 9800(6^2 - 0.4^2) - 7.2\times 10^3(9 - 0.6)$$
$$= 290.752\,\text{kN}$$

이므로 수문을 유지하는 데 필요한 힘도 이와 같다.

4.2.4 프로펠러의 응용

선박이나 비행기의 프로펠러의 추진원리는 운동량방정식을 이용하여 이해할 수 있다. [그림 4-8]과 같은 프로펠러에 대하여 생각해 보자. 정지한 유체에 대하여 프로펠러의 몸체, 즉 배나, 비행기가 V_1이라는 속도로 움직일 때, 역으로 프로펠러가 고정되어 있다고 가정하면 프로펠러에 대하여 유체가 V_1이라는 일정한 속도로 유입된다고 볼 수 있다. 이렇게 유입된 유체는 프로펠러에 의해서 에너지를 부여받아 V_2라는 속도로 프로펠러를 떠난다. 프로펠러에 유입되기 직전의 상태를 3, 프로펠러를 빠져 나온 직후의 상태를 4라 하고 프로펠러의 단면적을 A라 하면 프로펠러에 의한 추진력 F는 운동량방정식에 의해서 $p_1 = p_2 = p_{\rm atm}$이므로

$$F = A V_3 \rho (V_2 - V_1) \tag{4-20}$$

이다. 또, 프로펠러 자체에 운동량방정식을 적용하면

$$F + p_3 A - p_4 A = Q \rho (V_4 - V_3)$$

이지만 $V_3 = V_4$이므로 위 식은 다음과 같이 된다.

$$F + p_3 A - p_4 A = 0$$

$$F = A(p_4 - p_3) \tag{4-21}$$

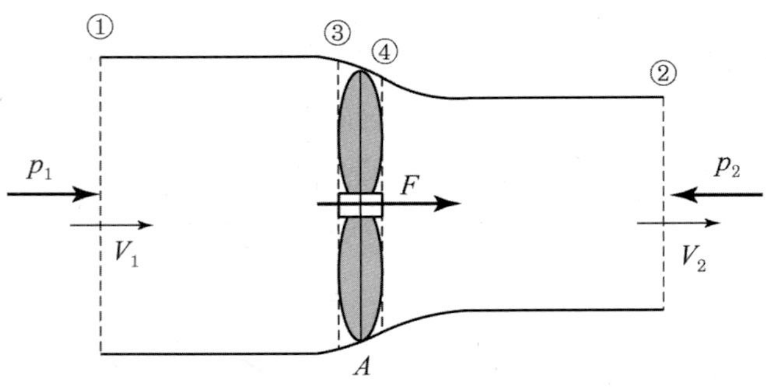

[그림 4-8] 프로펠러

프로펠러를 흐르는 유체의 점성의 영향은 매우 적으므로 1, 3 단면과 4, 2 단면에 Bernoulli 방정식을 각각 적용하면 다음과 같다.

$$\frac{{V_1}^2 - {V_3}^2}{2g} + \frac{p_1 - p_3}{\gamma} = 0$$

$$\frac{{V_4}^2 - {V_2}^2}{2g} + \frac{p_4 - p_2}{\gamma} = 0 \qquad (4\text{-}22)$$

여기서 $V_3 = V_4, p_1 = p_2$이므로 다음 식을 얻을 수 있다.

$$({V_2}^2 - {V_1}^2)\frac{\rho}{2} = p_4 - p_3 \qquad (4\text{-}23)$$

식 (4-21)을 식 (4-20)에 대입하고 여기에 식 (4-23)을 대입하면 프로펠러를 지나는 유체의 속도를 얻을 수 있다.

$$V_3 = \frac{V_1 + V_2}{2} \qquad (4\text{-}24)$$

여기서 프로펠러를 지나는 유체의 속도는 프로펠러 입구와 출구 속도의 평균속도임을 알 수 있다. 이 물체를 추진하기 위해 프로펠러에 공급되는 동력은 프로펠러 입구와 출구의 유체의 운동에너지의 차와 같으므로

$$P_i = \frac{1}{2}m({V_2}^2 - {V_1}^2) \qquad (4\text{-}25)$$

이며 프로펠러에서 실제 추진하는 데 이용되는 동력은

$$\begin{aligned} P_o &= F \times V_1 \\ &= m V_1 (V_2 - V_1) \end{aligned} \qquad (4\text{-}26)$$

위 두 식에서 $m = \rho A V_3$이며 프로펠러의 이론효율은 식 (4-25), (4-26)에 의해서

$$\eta_p = \frac{P_o}{P_i} = \frac{V_1}{V_3} \tag{4-27}$$

이다. 풍차는 프로펠러와는 반대로 바람으로부터 에너지를 얻어내는 장치로서 풍차를 지난 유체의 속도는 감소하고 단면적도 하류로 감에 따라 넓어진다.

예제 4-12

7m/s 속도로 항해하는 배의 프로펠러 후류의 속도가 9m/s일 때 배의 추진력과 추진동력을 구하여라. 단, 프로펠러의 직경은 1m이다.

풀이

프로펠러에 유입되는 물의 속도는

$$V_1 = 7\text{m/s}$$

프로펠러 출구 속도는

$$V_4 = 7 + 9 = 16\text{m/s}$$

이며, 유량은

$$Q = \frac{\pi}{4} \times 1^2 \frac{16}{2} = 6.28\text{m}^3/\text{s}$$

이다. 배의 추진력과 동력은 다음과 같다.

$$\begin{aligned} F_{th} &= Q\rho(V_4 - V_1) \\ &= 6.28 \times 10^3 (16 - 7) \\ &= 56.52\text{kN} \end{aligned}$$

$$\begin{aligned} L &= F_{th} \times u \\ &= 56.52 \times 7 \\ &= 395.64\text{kW} \end{aligned}$$

예제 4-13

정지한 공기 속을 500km/h의 속도로 나는 비행기가 있다. 프로펠러 반경이 1m이고 공기의 유량이 600m^3/s일 때 비행기 추진력과 이론효율을 구하여라. 단, 공기의 $\gamma = 13\text{kN/m}^3$이다.

풀이

$$V_1 = \frac{500 \times 10^3}{60 \times 60} = 138.9\text{m/s}$$

평균속도는

$$V = \frac{Q}{A} = \frac{600}{\pi \times 1^2} = 191.1\text{m/s}$$

효율은

$$\eta_{th} = \frac{V_1}{V} = \frac{138.9}{191.1} = 0.727$$

$V = \dfrac{V_1 + V_2}{2}$ 를 이용하면

$$\begin{aligned} V_2 &= 2V - V_1 \\ &= 2 \times 191.1 - 138.9 \\ &= 243.3\text{m/s} \end{aligned}$$

추진력은

$$\begin{aligned} F_{th} &= Q\rho(V_2 - V_1) \\ &= 600 \times \frac{13 \times 10^3}{9.8}(243.3 - 138.9) \\ &= 83094\text{kN} \end{aligned}$$

이다.

4.2.5 분사추진

제트비행기는 제트엔진의 앞부분에서 흡입한 공기를 압축기에서 압축하고, 이것을 연소실에서 연료와 함께 연소시켜 고온 · 고압의 연소가스를 얻어 일부는 압축기를 구동하는 터빈을 돌리는 데 이용하고 나머지는 노즐로 분사하여 추진력을 얻는다.

[그림 4-9]와 같은 제트 비행기에서 비행기의 속도가 V_1이면 상대적으로 비행기의 압축기에 유입되는 공기의 속도를 V_1으로 볼 수 있으며, 노즐에서 분사되는 속도를 V_2라 하면 비행기의 추진력 F는 다음과 같이 운동량방정식을 이용하여 얻어진다.

$$F = Q\rho(V_2 - V_1) + Q_f \rho_f V_2 \tag{4-28}$$

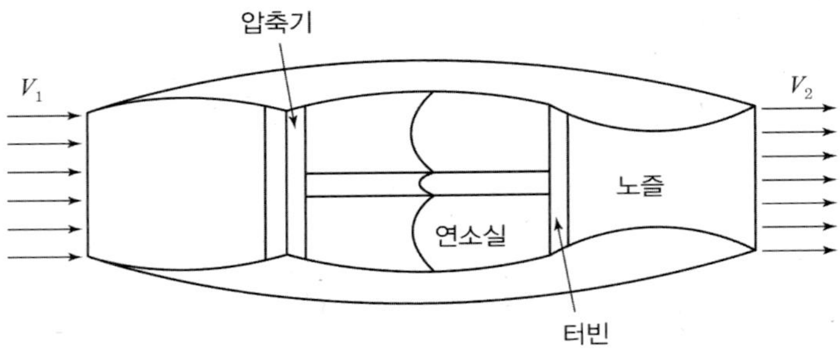

[그림 4-9] 제트추진

여기서 $Q_f \rho_f$는 연소실에 분사되는 연료의 질량이고 연료는 정지상태에서 연소되어 노즐로 분사되므로 연료의 초기속도는 0으로 본다. 만약 연료의 질량을 무시한다면 식 (4-28)의 $Q_f \rho_f$항을 생략하여 적용하면 추진력을 얻을 수 있다. 이와 같은 비행기의 추진 동력은

$$P = F \times V_1 \tag{4-29}$$

이며, 로켓의 추진과 같이 추진체에 저장된 연료를 연소시켜 이것을 분사추진하는 물체의 추진력 역시 운동량방정식을 이용하여 추진력을 얻을 수 있다. 이 때에는 운동량

변화를 일으키는 물질, 즉 연료의 초기속도를 0으로 보아 적용하므로 로켓에서 분사되는 분류의 속도를 V라 하면 추진력은

$$F = Q\rho V \tag{4-30}$$

이다.

예제 4-14

그림과 같은 탱크차에 깊이 3m로 물이 채워져 있고 측면벽에 직경 20mm의 노즐이 부착되어 있다. 탱크가 받는 추진력을 구하여라.

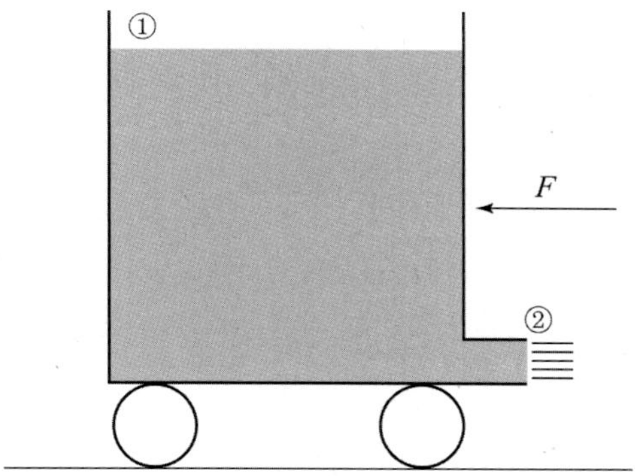

풀이

식 (4-28)에서 연료의 항을 제거하면 추진력 F는

$$\begin{aligned} F &= Q\rho(V_2 - V_1) \\ &= Q\rho V_2 \\ &= A\rho V_2^{\,2} = A\rho(\sqrt{2gh})^2 = 2\gamma h A \\ &= 2 \times 9800 \times 3 \times \frac{\pi}{4} 0.2^2 = 1.85\,\mathrm{kN} \end{aligned}$$

이다.

예제 4-15

시속 800km/h로 비행하는 제트기가 350m/s의 속도로 배기 가스를 제트기 노즐에 배출한다. 흡입공기량이 250N/s이면 비행기의 추진력은 얼마나 되는가? 단, 연료량은 무시한다.

풀이

$$V_1 = \frac{800 \times 10^3}{3600} = 222.2\text{m/s}$$

비행기의 추진력은

$$F = Q\rho(V_2 - V_1)$$
$$= \frac{250}{9.8}(350 - 222.2) = 3620.2\text{N}$$

이다.

예제 4-16

연소가스를 4.9N/min 1200m/s 속도로 배출하는 로켓의 추진력은 얼마인가?

풀이

로켓의 추진력 F는

$$F = Q\rho V$$
$$= \frac{4.9}{60 \times 9.8} \times 1200 = 10\text{N}$$

이다.

4.3 각운동량의 원리

고정날개에 작용하는 분류에 의해서는 동력교환이 일어나지 않는다. 이런 관점에서 회전 유체기계의 이론은 분류와 움직이는 날개 사이의 운동량 변화에 기초를 두고 있다. 힘과 변위가 있어야만 동력이 발생하게 되므로 비록 날개가 움직이더라도 운동량 변화에 의한 힘의 교환이 없다면 동력은 발생되지 않는다. 이것은 멈춰서 있는 터빈이나 물레방아에 분류가 분사된다 할지라도 동력을 얻지 못하며 분류의 속도와 같은 속도로 회전하고 있는 터빈에서 역시 동력을 얻지 못하는 것과 같다.

회전 유체기계에의 운동량방정식의 적용은, 분류가 접촉하는 회전날개의 회전력은 회전중심으로부터의 거리에 따라 다르므로 미소 운동량변화에 의한 접선방향의 힘에 각각의 반경을 곱하여 회전력을 계산하는 방법으로 적용한다.

[그림 4-10]과 같이 중심축에 대한 질량 m의 모멘트 T를 생각해 보자. 질량 m인 물체에 힘 F가 가해져 원주속도 v로 운동한다면 F의 분력 F_x, F_y는 다음과 같다.

$$F_x = m\frac{d^2x}{dt^2},\ F_y = m\frac{d^2y}{dt^2} \quad ①$$

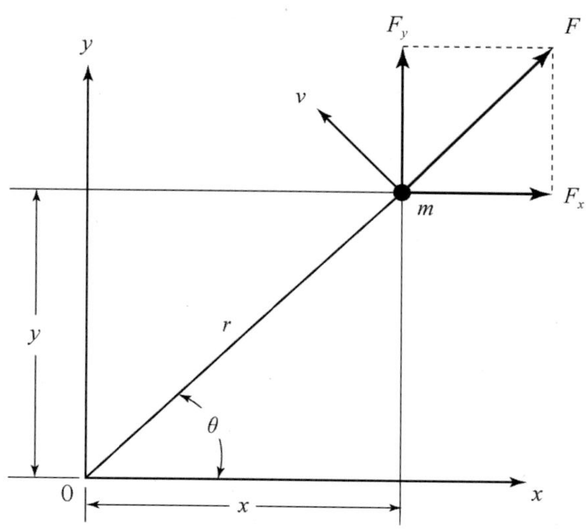

[그림 4-10] 각운동량

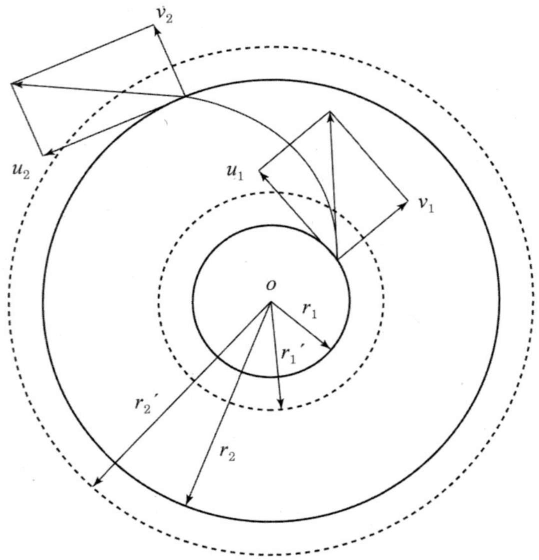

[그림 4-11] 각운동량

따라서 중심축에 대한 모멘트는

$$\begin{aligned} T &= xF_x - yF_y \\ &= m\left(x\frac{d^2y}{d^2t} - y\frac{d^2x}{d^{2t}}\right) \\ &= m\frac{d}{dt}\left(x\frac{dy}{dt} - y\frac{dx}{dt}\right) \end{aligned} \qquad ②$$

이므로, 그림에서 $x = r\cos\theta$, $y = r\sin\theta$를 ② 식에 대입하여 정리하면

$$\begin{aligned} T &= m\frac{d}{dt}\left(r^2\frac{d\theta}{dt}\right) \\ &= m\frac{d}{dt}(rv) \end{aligned} \qquad (4\text{-}31)$$

또는

$$T = \frac{d}{dt}(mrv) \qquad (4\text{-}32)$$

식이 성립한다. 이 식을 각운동량(角運動量) 정리라 하며 이 식을 [그림 4-11]과 같은 정상류 선회류(旋回流)에 대하여 적용하여 보자. 임의의 시간에 반경 r_1, r_2 위치에 있던 유체가 dt 시간 후에 r_1', r_2'의 위치로 이동하였다면 이 시간 동안의 운동량변화량은

$$d(mrv) = (2\pi r_2 v_2 dt \rho_2) u_2 r_2 - (2\pi r_1 v_1 dt \rho_1) u_1 r_1 \quad ③$$

이고, 여기서 v_1, v_2와 u_1, u_2는 반경 r_1, r_2에서의 반경방향과 원주방향의 속도이고 ρ_1, ρ_2 역시 이 점에서의 밀도이다.

여기서 연속방정식을 이용하여

$$2\pi r_2 v_2 \rho_2 = 2\pi r_1 v_1 \rho_1 = Q\rho \quad ④$$

로 할 수 있으므로 식 (4-32)은 다음과 같이 정리된다.

$$T = Q\rho(u_2 r_2 - u_1 r_1) \quad (4\text{-}33)$$

이 식은 유동하면서 운동량이 증가하는 경우로서 원심 펌프 등에 적용이 가능하며 반동 터빈과 같이 유동하면서 운동량이 감소하는 경우는 다음과 같다.

$$T = Q\rho(u_1 r_1 - u_2 r_2) \quad (4\text{-}34)$$

그리고 펌프에 필요한 동력은

$$\begin{aligned} P &= T\omega \\ &= \gamma Q H_p \end{aligned} \quad (4\text{-}35)$$

이므로 펌프의 수두는 다음과 같다.

$$H_p = \frac{\omega}{g}(u_2 r_2 - u_1 r_1) \quad (4\text{-}36)$$

예제 4-17

그림과 같은 스프링클러에서 물이 품어져 나오고 있다. 노즐의 직경이 10mm일 때 여기에 걸리는 토크와 회전속도를 구하여라.

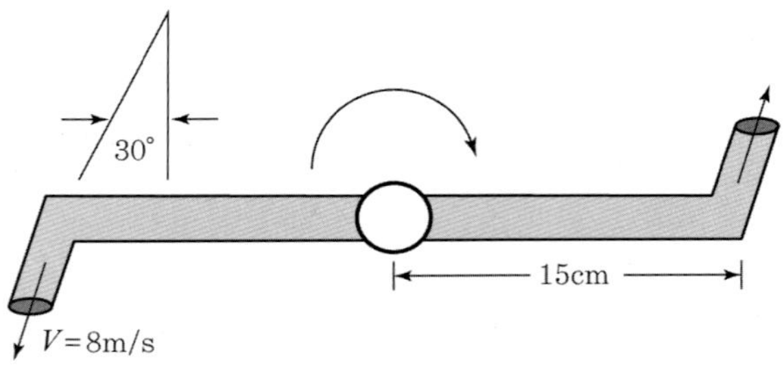

풀이

스프링클러의 회전 토크를 T라 하면 회전팔이 2개이므로

$$u_2 = V\cos 30$$

$$\begin{aligned} T &= Q\rho(u_2 r_2 - u_1 r_1)\times 2 \\ &= 2Q\rho u_2 r_2 \\ &= 2Q\rho r V\cos 30 \\ &= 2\times\frac{\pi}{4}0.01^2\times 8\times 10^3\times\frac{0.3}{2}\cos 30 \\ &= 1.303\mathrm{J} \end{aligned}$$

$$\begin{aligned} u &= r\omega \\ &= V\cos\theta \end{aligned}$$

$$\omega = \frac{V\cos\theta}{r} = \frac{8\cos 30}{0.15} = 46.2\mathrm{rad/s}$$

회전속도는 441rpm이다.

4.4 운동에너지, 운동량 수정계수

우리는 3장에서 언급한 바와 같이 관내의 흐름을 1차원 유동으로 가정하여 관 단면에서의 속도가 어느 점에서나 같다고 하여 문제를 해결하였다. 즉, 유체의 유량 뿐만 아니라 유체의 운동량이나 운동에너지를 구하는 데 평균속도를 이용하였다. 운동에너지나 운동량을 구할 때 평균속도를 제곱 또는 세제곱하여 계산하게 되면 실제 미소부분에서의 속도를 제곱 또는 세제곱하는 값과는 차이가 난다. 따라서 평균속도에 의한 운동에너지와 운동량을 실제값으로 보정해주는 계수를 운동에너지, 운동량 수정계수라 한다. [그림 4-12]와 같이 관 단면의 임의의 점에서 유속을 u, 단면적을 dA라 하면 전체 단면을 통과하는 유체의 실제 운동에너지 E_k는 다음과 같이 얻어진다.

$$E_k = \frac{1}{2}\int_A u^2 dm = \frac{1}{2}\int_A \rho u^3 dA \tag{4-37}$$

평균속도에 의한 운동에너지를 E_K라 하면

$$E_K = \frac{1}{2}\rho A V^2 \tag{4-38}$$

이며 $E_k \neq E_K$이므로 운동에너지 수정계수를 α라 하면 다음과 같이 정의한다.

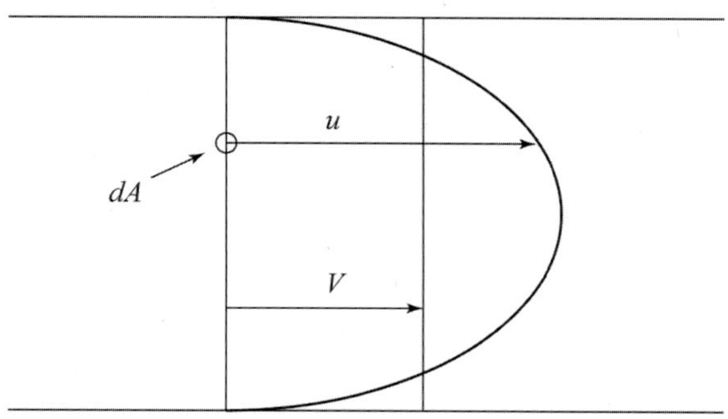

[그림 4-12] 평균속도와 실제속도 분포

$$\alpha = \frac{E_k}{E_K} = \frac{1}{A}\int_A \left(\frac{u^3}{V^3}\right) dA \tag{4-39}$$

운동에너지 수정계수를 이용하여 Bernoulli 방정식을 정리하면 다음과 같다.

$$\frac{p_1}{\gamma} + \alpha_1 \frac{V_1^2}{2g} + z_1 = \frac{p_2}{\gamma} + \alpha_2 \frac{V_2^2}{2g} + z_2 \tag{4-40}$$

관내의 흐름이 층류일 경우 운동에너지 수정계수는 $\alpha = 2.0$이며, 난류일 경우, 즉 속도분포가 어느 지점에서나 균일한 경우는 $\alpha \fallingdotseq 1.05$이므로 일반적으로 이와 가까운 속도분포이면 $\alpha = 1$을 이용한다.

같은 방법으로 관 단면에서의 실제 운동량에 대한 평균속도에 의한 운동량의 보정계수를 운동량 수정계수 β라 하면 이것은 다음과 같이 정의한다.

$$\beta = \frac{1}{A}\int_A \left(\frac{u^2}{V^2}\right) dA \tag{4-41}$$

운동에너지 수정계수도 층류인 경우는 보통 $\beta = \frac{3}{4}$이며, 난류로 속도분포가 균일하면 $\beta \fallingdotseq 1.05$ 정도의 값으로 특별한 경우가 아니면 $\beta = 1.0$의 값을 취한다.

Exercise

1. 직경 200mm인 수평원관에 물이 흐르고 있다. 입구에서 압력이 90kPa이고 출구에서 압력이 50kPa이면 두 단면 사이의 관벽면이 받는 마찰력은 얼마인가?

2. 직경 300mm인 수평원관에 물이 흐르고 있다. 관 길이 50m에서 압력강하가 500mmHg이면 벽면에서의 전단응력은 얼마인가?

3. 직경 300mm인 수평원관에 비중 0.9인 기름이 흐르고 있다. 관 길이 50m에서 손실수두가 3m이면 전단응력은 얼마인가?

4. 그림과 같은 노즐에 비중 0.9인 기름이 분출되고 있다. 단면 ①에서 압력이 7bar이면 노즐에 작용하는 힘은 얼마인가?

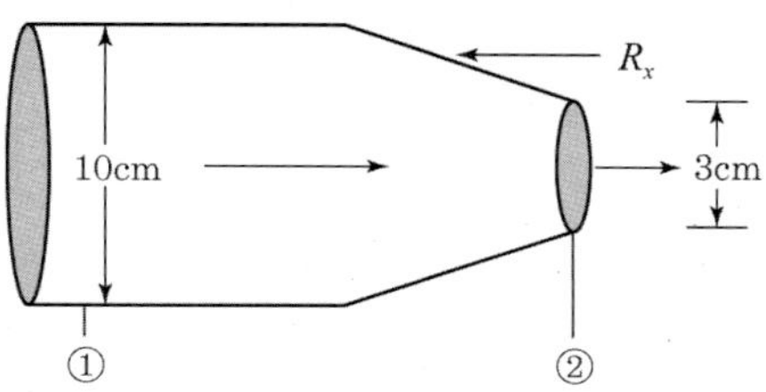

5. 그림과 같은 오리피스 판에 작용하는 힘을 구하여라. 단, 관의 직경은 30cm이며 오리피스 판의 직경은 15cm이고 관에 흐르는 물의 압력은 450kPa이다.

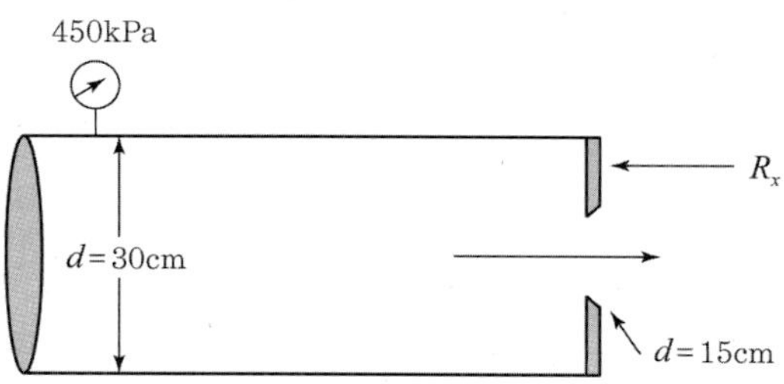

6. 그림에서 $d_1 = 300\text{mm}$, $d_2 = 200\text{mm}$, $p_1 = 200\text{kPa}$, $p_2 = 80\text{kPa}$이다. 단면 ①, ② 사이에 물이 흐르고 무게와 손실을 무시할 때 곡관에 미치는 힘의 크기를 구하여라.

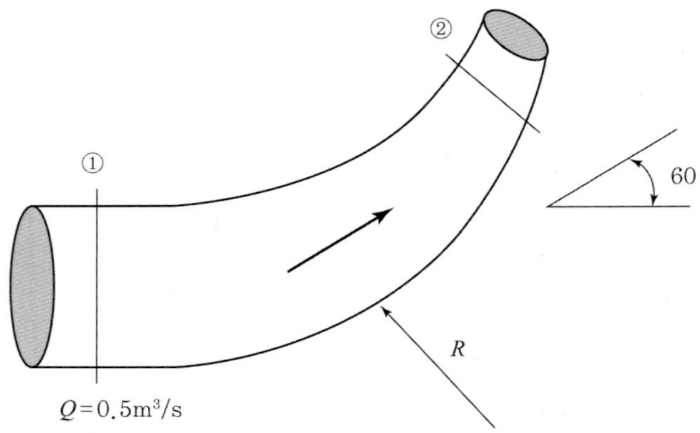

7. 그림과 같은 수평원관이 180° 구부러져 물이 흐르고 있다. 직경이 20mm이고 유량이 $0.05\text{m}^3/\text{s}$라면 프랜지를 고정하고 있는 4개의 볼트 중 1개의 볼트에 걸리는 힘을 구하여라.

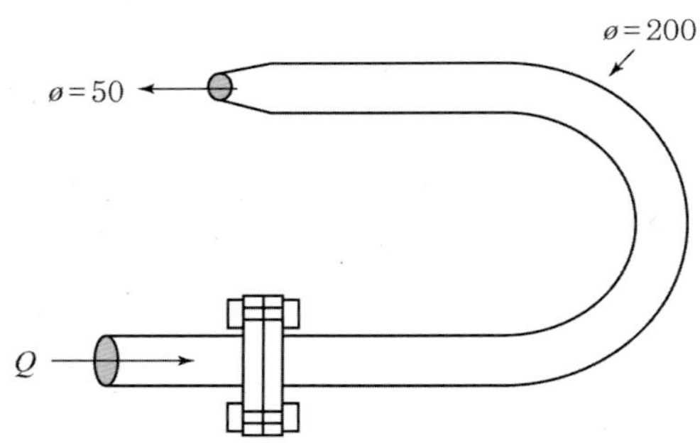

8. 직경 0.25mm인 포탄모형의 물체가 6m/s 속도로 물이 흐르는, 직경 0.3m인 관 끝을 막고 있다. 이 물체가 현재 위치를 유지하는 데 필요한 힘을 구하여라.

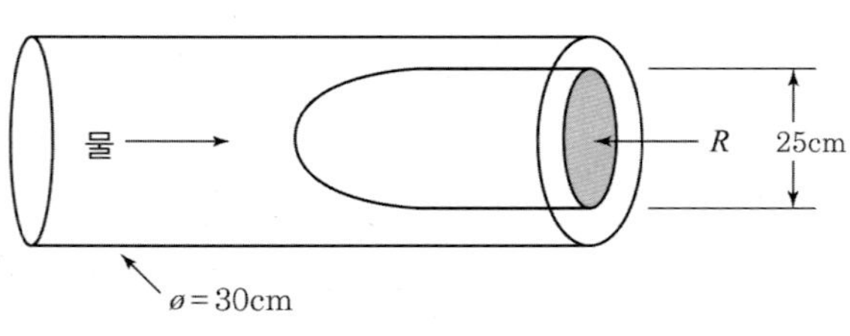

9. 물분류가 60°의 각도로 평판에 충돌할 때 유량이 50l/min, 유속 12m/s이면 평판이 받는 힘은 얼마인가?

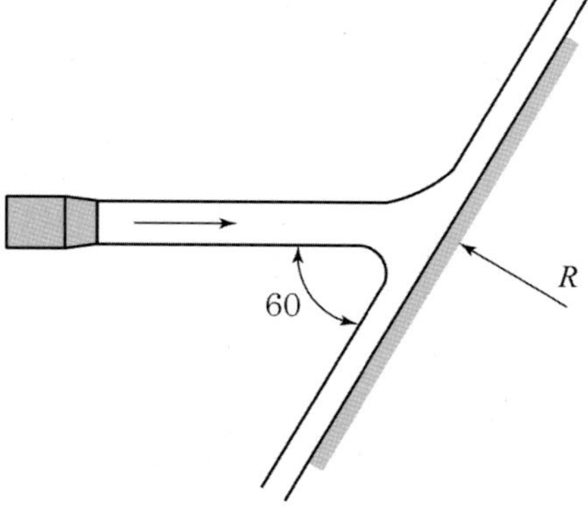

10. 수평으로 10m/s 속도로 움직이는 수직평판에 직경 200mm의 노즐에서 물이 25m/s 속도로 평판에 수직으로 부딪치고 있다. 분류가 평판에 미치는 힘을 구하여라.

11. 그림과 같은 고정날개에 물이 충돌하고 있다. 제트의 유량이 0.04m^3/s이고 속도가 20m/s이다. 날개의 각도가 120°이면 날개에 작용하는 힘은 얼마인가?

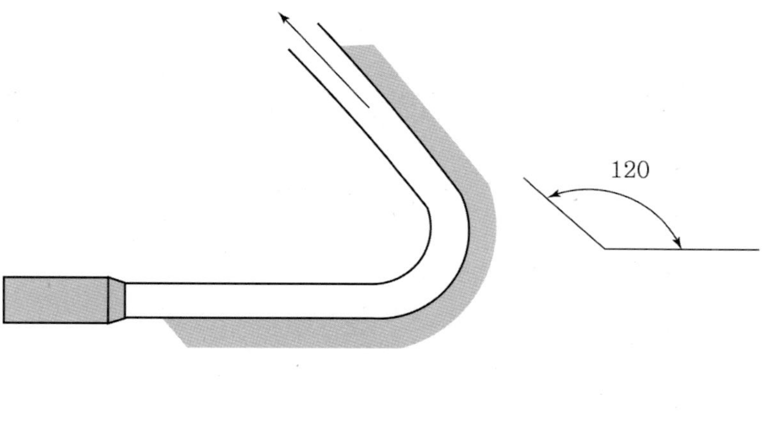

12. 10m/s의 속도로 물분류와 같은 방향으로 움직이는 평판에 수직으로 $0.628\mathrm{m}^3/\mathrm{s}$의 유량이 충돌한다. 분류의 직경이 20mm이면 평판에 작용하는 힘은 얼마인가?

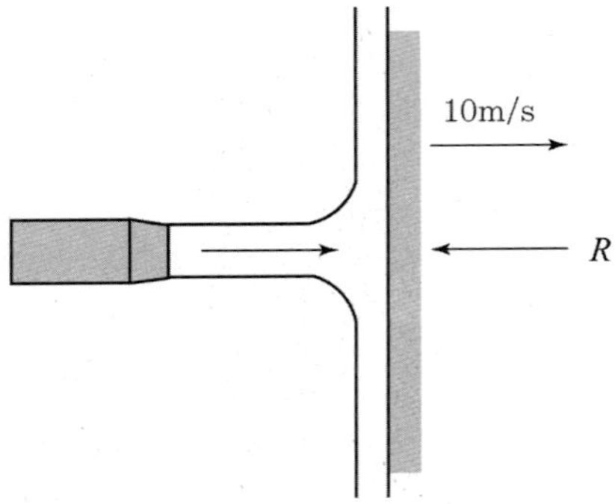

13. 움직이는 날개에 직경 50m의 물분류를 분출시켜 분류와 같은 방향으로 1600N의 힘을 작용시켰더니 날개는 분류방향으로 25m/s 속도로 이동하였다. 날개에서 얻어지는 동력은 얼마인가?

14. 물이 5m 깊이로 채워져 있는 탱크 하단에 직경 10cm의 노즐이 설치되어 있다. 탱크가 받는 추력을 구하여라.

15. 150m/s 속도로 나는 제트기가 50kg/s의 공기를 흡입하여 250m/s의 속도로 분사시켜 추진력을 얻는다. 연료를 무시한다면 추진력은 얼마나 되는가?

16. 36km/h의 속도로 달리는 보트가 직경 500mm의 프로펠러를 통하여 $5.0\mathrm{m}^3/\mathrm{s}$의 물을 분사한다. 보트의 추진력은 얼마나 되는가?

17. 로켓이 150kg/s의 연소가스를 1500m/s의 속도로 분출한다. 로켓의 추진력을 구하여라.

CHAPTER 05

관 속의 흐름

5.1 Re 수(Reynolds number)

이 장에서는 점성이 있는 비압축성유체가 관 속에서와 같이 밀폐공간 내에서 흐르는 경우에 대하여 공부하기로 한다. 점성은 실제유체가 가지고 있는 성질 중에서 흐름에 가장 큰 영향을 미치는 성질로 공학자들이 가장 많이 접하게 되는 문제 중에 하나이다. 비압축성 점성유체를 취급하는 데는 두 개의 분야로 분리하여 취급하는 것이 바람직하다. 그 중 한 분야는 자동차 주위, 비행기 날개 주위, 로케트 주위의 유동과 같이 다른 유동경계, 예를 들어 지구 표면에서의 유동과 같은 흐름이 이 물체들로부터 비교적 멀리 떨어져 있는 외부영역에서의 유동(external flow)이며 다른 한 분야는 경계로 둘러싸인 밀폐공간에서의 유동으로 내부유동(internal flow)이다. 파이프 내에서의 유동, 덕트(duct), 노즐(nozzle)에서의 유동이 그 예이다. 이 장에서는 주로 관 내에서 흐르는 내부유동에 관하여 취급하였으며 다음 장에서 외부영역에서의 유동에 관하여 취급하였다.

내부유동의 가장 보편적인 것은 원관 내의 유동이다. 원관유동은 가깝게는 우리 몸의 혈관에서부터 가정의 상수도, 자동차의 연료 파이프, 컴퓨터의 잉크제트 프린터의 잉크 파이프에 이르기까지 가장 널리 이용되고 있다.

우리는 유동 내에서 점성의 영향을 이용하여 다음의 Re 수를 유도하였다.

$$\mathrm{Re} = \frac{\rho V D}{\mu} = \frac{VD}{\nu} \tag{5-1}$$

Re 수는 관성력에 대한 점성력의 비율로 이 값이 커지면 관내에서 상대적으로 관성력이 커짐을 의미하는 것으로 Reynolds는 이 값으로서 층류와 난류의 구별을 시도하였다. [그림 5-1]은 Reynolds가 층류와 난류를 구분하기 위하여 사용한 실험장치이다.

[그림 5-1]은 물을 넣고 염료를 분사하여, 유리관 속에 흐르는 물의 속도를 밸브를 이용하여 조절하며 이에 따른 흐름의 상태를 관찰하도록 만든 실험장치이다. 파이프 입구의 염료는 물과 같은 비중으로 물속에 자중으로 분사되도록 만들었다. 밸브를 아주 약간 열어서 물을 흘리면 유리관 속의 염료는 그림 (a)와 같이 실처럼 흐른다. 유체입자가 자신의 층을 유지하면서 혼합되지 않고 흐른다. 밸브를 점점 더 열어주면 염료는 그림 (b)처

럼 흔들리기 시작한다. 유체가 잘 정돈된 상태로부터 불안정한 상태로 천이되기 시작한다. 여기서 계속 밸브를 열어주면 염료의 흔들림은 더욱 심해져 관의 후미에 가서는 염료가 완전히 혼합된다. 이것이 (c)의 상태이다. 이상과 같은 흐름상태의 변화를 (a)는 층류라 하며 (c)는 난류 (b)는 층류에서 난류로 천이하는 천이영역이라 한다.

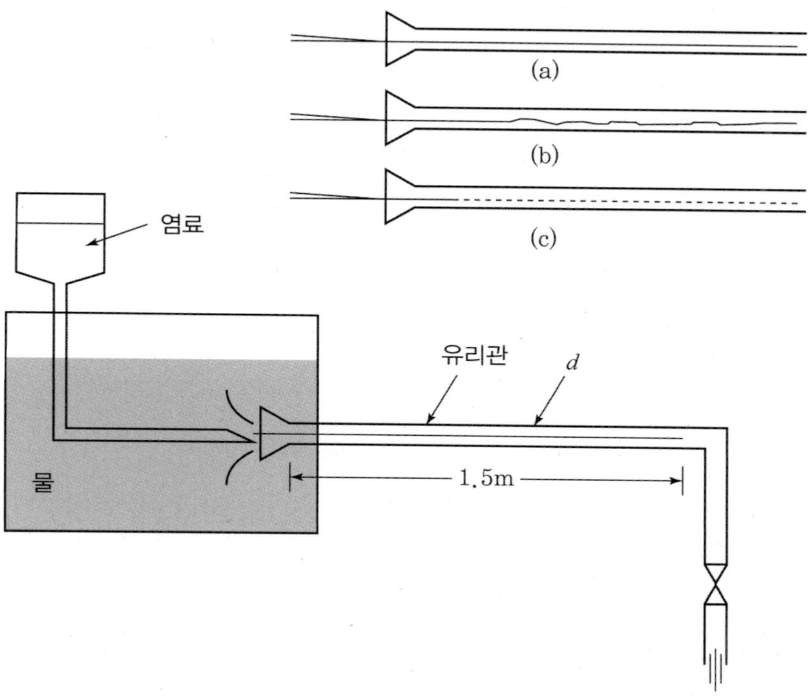

[그림 5-1] Reynolds 실험장치

Reynolds는 이상의 실험을 통하여 층류에서 난류로의 천이가 Re 수에 관계가 있음을 찾아내었다. 식 (5-1)에서 유체의 성질이 동일하고 관의 직경 D가 일정하므로 Re 수는 유속에 따라서 증가함을 알 수 있다. 즉, 층류에서는 Re 수가 작으며, 층류에서 난류로 변화하면 Re 수가 증가하고 이 때의 Re 수가 작으며, 층류에서 난류로 변화하면 Re 수가 증가하고 이 때의 Re 수를 상임계 Re 수라 하며, 난류의 상태에서 유속을 줄여주면 층류로 변화한다. 이 때의 Re 수를 하임계 Re 수라 한다. 임계 Re 수의 범위는 실험조건과 학자에 따라서 약간씩 차이는 있으나 일반적으로 2100~4000으로 알려져 있다. 즉, Re 수가 2100미만이면 층류이고 2100에서 4000까지는 천이영역이며 4000 이상은 난류이다.

식 (5-1)의 Re 수는 원형관의 경우 특성길이를 관의 직경 D로 하여 계산하지만 평판 사이의 흐름에서는 판 사이의 간격 h로 하여 계산하고 하임계 Re 수는 1500이다. 또, 공의 경우는 직경 D로 계산하고 하임계 Re 수는 1로 알려져 있다.

예제 5-1

지름 2cm인 원형관에 $\nu = 1.78 \times 10^{-6}\text{m}^2/\text{s}$인 유체가 평균속도 1.5m/s로 흐른다. 이 흐름의 Re 수를 구하여라.

풀이

Re 수는 식 (5-1)에 의하면 다음과 같다.

$$\text{Re} = \frac{VD}{\nu} = \frac{1.5 \times 0.02}{1.78 \times 10^{-6}} = 16854$$

예제 5-2

물($\nu = 0.0131\text{cm}^2/\text{s}$)이 직경 25mm의 원관 속을 흐른다. 층류로 흐를 수 있는 최대속도를 구하여라.

풀이

층류로 흐를 수 있는 하임계 Re 수를 2100이라 하면

$$2100 = \frac{VD}{\nu}$$

$$V = \frac{2100\nu}{D} = \frac{2100 \times 0.0131 \times 10^{-4}}{0.025} = 0.11\text{m/s}$$

이다.

예제 5-3

비중 0.8이고 점성계수가 5×10^{-2}N · s/m^{2}인 기름이 직경 20cm의 관 속을 0.8m/s 속도로 흐른다. 흐름의 상태는 층류인가, 난류인가?

풀이

Re 수를 구하여 흐름의 상태를 판별하자.

$$\mathrm{Re} = \frac{\rho VD}{\mu} = \frac{0.8 \times 10^3 \times 0.8 \times 0.2}{5 \times 10^{-2}} = 2560$$

$2100 < \mathrm{Re} < 4000$이므로 흐름의 상태는 천이영역이다.

5.2 원관 속의 층류흐름

여기서는 원관 속에서 흐르는 완전히 발달된 층류의 유동에 관하여 고려하여 보자. 관 속에서의 유동을 2차원 유동으로 보고, 유체의 미소입자를 취하여 그 입자에 Newton의 운동법칙을 적용하여 입자의 속도분포, 유량 등의 값을 구하여 보자.

[그림 5-2]에서 관의 반경 R인 관 속에 잘 발달된 층류가 정상상태로, 즉 등속도로 흐를 때 관의 중심에서 반경 방향을 r, 길이 방향을 x라 하고 관 중심에서 길이 dx, 반경 r인 미소체적을 취하여 여기에 작용하는 힘을 고려하여 운동량방정식 또는 Newton의 운동법칙을 적용하여 보자. 등속도로 흐르므로 운동량방정식에서 x 방향의 속도변화는 없다. 따라서 힘의 합은 영이 되어야 하며 가속도도 없다. 즉, 등속도운동을 한다. 이것을 식으로 나타내면

$$p\pi r^2 - (p + dp)\pi r^2 - \tau 2\pi r\, dx = 0 \tag{5-2}$$

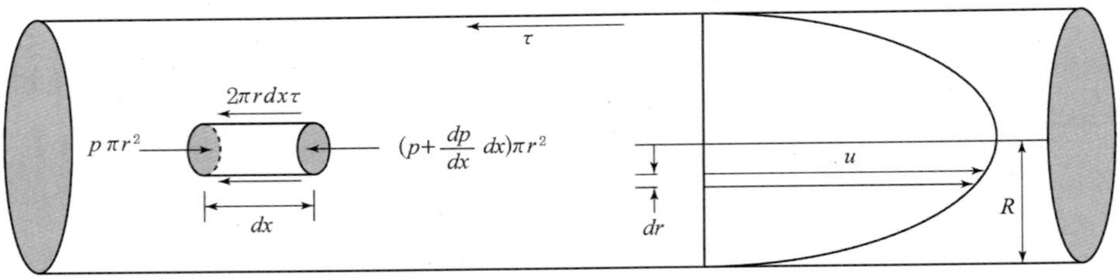

[그림 5-2] 원관 속의 층류 유동

여기서 τ는 전단응력으로 입자 주위 벽면에서의 마찰력은 $\tau 2\pi r dx$이다. 위식에서 전단응력을 구하면

$$\tau = -\frac{r}{2}\frac{dp}{dx} \tag{5-3}$$

Newton의 점성법칙인 식 (1-34)을 이용하여 식 (5-3)을 정리하면

$$-\mu\frac{du}{dr} = -\frac{r}{2}\frac{dp}{dx} \tag{5-4}$$

식 (5-4)에서 전단응력을 '−'로 한 것은 속도변화량 du가 음의 값이기 때문이다. 식 (5-4)을 적분하여 관 속에서의 속도분포를 구하면

$$u(r) = \frac{r^2}{4\mu}\frac{dp}{dx} + C \tag{5-5}$$

여기서 C는 적분상수로서 벽면에서 속도가 0이라는 경계조건, 즉 $r = R$에서 $u = 0$를 대입하여 얻을 수 있다.

$$u(r) = \frac{1}{4\mu}\frac{dp}{dx}(r^2 - R^2) \tag{5-6}$$

이 식에서 우리는 원관 속에서 속도분포는 포물선형임을 알 수 있으며 이 식을 Poiseuille 유동이라고도 한다. 원관 속에서 최대속도는 관 중심에서 $r = 0$일 때로 다음과 같다.

$$u_{\max} = -\frac{R^2}{4\mu}\frac{dp}{dx} \tag{5-7}$$

식 (5-6)을 이용하여 유량을 구하여 보자. 관 중심에서 r 위치에서의 단면적 dA는 [그림 5-3]과 같이 $dA = 2\pi r\,dr$이므로 미소부분의 유량 dQ는 다음과 같다.

$$dQ = 2\pi r\,dr\,u \tag{5-8}$$

관단면 전체에 흐르는 유량은 식 (5-6)을 식 (5-8)에 대입하여 전체 면적에 대하여 적분하면 얻어진다.

$$\begin{aligned} Q &= \int_0^R 2\pi r u\,dr \\ &= \frac{\pi}{2\mu}\frac{dp}{dx}\int_0^R (r^2 - R^2)\,r\,dr \\ &= -\frac{\pi R^4}{8\mu}\frac{dp}{dx} \end{aligned} \tag{5-9}$$

관의 길이 L에서 발생하는 압력강하를 Δp라 하면 압력강하는 항상 음의 값이므로

$$-\frac{dp}{dx} = \frac{\Delta p}{L} \tag{5-10}$$

이라 하면 식 (5-9)로

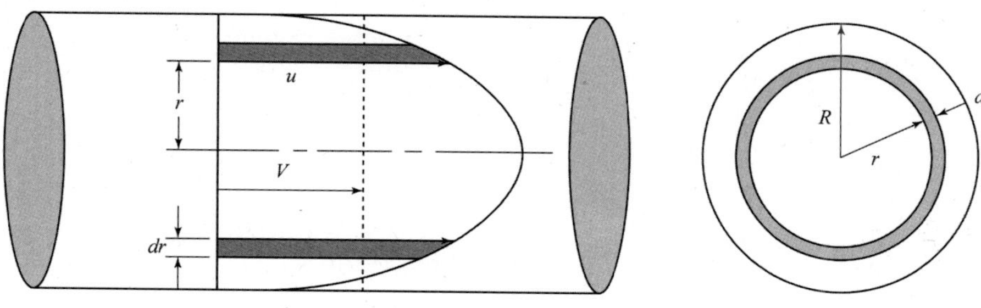

[그림 5-3] 원관 속의 층류유동

$$Q = \frac{\pi R^4 \Delta p}{8\mu L} = \frac{\pi D^4 \Delta p}{128\mu L} \tag{5-11}$$

로 층류에서 이 식을 이용하면 압력강하로서 유량을 얻을 수 있다. 이 식은 또 Hagen-Poiseuille 공식이라 하기도 한다. 원관의 평균속도를 V, 단면적을 A라 하면 유량은 식 (5-9)에서와 같으므로

$$Q = AV = -\frac{\pi R^4}{8\mu}\frac{dp}{dx} \tag{5-12}$$

이다. 이 식을 이용하여 평균속도를 구하면

$$V = -\frac{R^2}{8\mu}\frac{dp}{dx} \tag{5-13}$$

이다. 식 (5-7)과 식 (5-13)에서 평균속도와 최고속도 사이에는 다음의 관계가 있음을 알 수 있다.

$$u_{\max} = 2V \tag{5-14}$$

즉, 관 중심에서의 최대속도는 평균속도의 2배가 된다.

예제 5-4

반경 10cm인 원관 속에 층류가 흐르고 있다. 관 길이 1m당 압력손실이 20 N/m^{2}이었다면 관 중심에서 유체흐름의 속도를 구하라. 또, 평균속도는 얼마나 되는가? 단, 유체의 점성계수는 $\mu = 0.02$ N · s/m^{2}이다.

풀이

원관의 경우 유체의 속도분포는 식 (5-6)을 이용하여 표현되므로

$$u(r) = -\frac{1}{4\mu}\frac{dp}{dx}(r^2 - R^2)$$

에서

$$\frac{dp}{dx} = -20\frac{N/m^2}{m} = -20N/m$$

이고 $r = 0$에서 유속이 최대이므로

$$u(0) = \frac{1}{4 \times 0.02} \times (-20) \times (0^2 - 0.1^2) = 2.5m/s$$

최대속도는 $u_{\max} = 2.5\text{m/s}$이고, 층류의 경우 평균속도와 최대속도와의 관계는

$$V = \frac{1}{2} u_{\max}$$

$$= \frac{1}{2} \times 2.5 = 1.25\text{m/s}$$

평균속도는 1.25m/s이다.

예제 5-5

직경 50cm의 수평원관에 유체가 흐를 때 관 길이 40m에서 80kPa의 압력강하가 발생하였다. 관 벽에서의 전단응력을 구하여라.

풀이

그림에서 관 길이 L의 양측에 작용하는 힘의 평형관계를 고려하면

$$pA - (p - \Delta p)A - \tau A_o = 0$$

여기서 A는 관 단면적이며 A_o는 관 길이 L에서의 관 둘레 표면적이다.

$$\tau = \frac{\Delta p A}{A_o} = \frac{\frac{\pi}{4} D^2 \Delta p}{\pi D L}$$

$$= \frac{\frac{\pi}{4} \times 0.5^2 \times 80 \times 10^3}{\pi \times 0.5 \times 40} = 250\text{N/m}^2$$

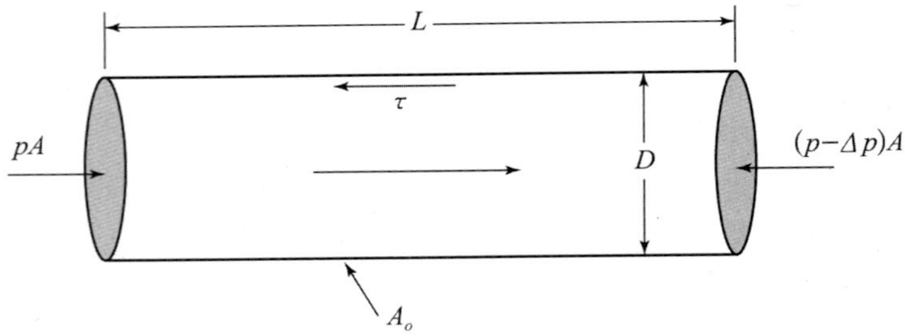

예제 5-6

길이 500m, 직경 60mm인 원관을 이용하여 $3 \times 10^{-3} m^3/s$의 유량을 수송하고자 할 때 펌프의 압력은 최소 얼마로 해야 하는가? 단, 기름의 비중은 0.9이고 점성계수는 0.6poise이다.

풀이

먼저 흐름의 상태를 판별하기 위해서 Re 수를 구하자.

$$V = \frac{Q}{A} = \frac{0.003}{\frac{\pi}{4} \times 0.06^2} = 1.06\,\text{m/s}$$

$$\mu = 0.6 \times 10^{-1}\,\text{Pa} \cdot \text{s}$$

$$Re = \frac{\rho V D}{\mu} = \frac{0.9 \times 10^3 \times 1.06 \times 0.06}{0.6 \times 10^{-1}} = 954$$

Re = 954의 흐름은 층류이므로 식 (5-11)을 적용하여 압력강하를 구하자.

$$\Delta p = \frac{128 \mu L Q}{\pi D^4}$$

$$= \frac{128 \times 0.6 \times 10^{-1} \times 500 \times 3 \times 10^{-3}}{\pi \times 0.06^4}$$

$$= 283\ \text{kPa}$$

5.3 평판 사이의 층류흐름

폭과 길이가 무한히 긴 평판 사이에 비압축성 점성유체가 완전히 발달된 층류상태로 흐르는 경우를 고려해 보자. 이러한 예는 고압의 유압 실린더에서 피스톤과 실린더 벽 사이의 유체누설을 들 수 있다. [그림 5-4]와 같이 두 평판은 $2H$만큼 떨어져 있고 유체는 등속도운동을 하고 있다. 유체의 유동을 해석하기 위하여 평판 사이의 유체 중에서 단위 폭당의 미소체적을 취하여 여기에 앞에서와 같이 운동량방정식을 적용시켜 보자.

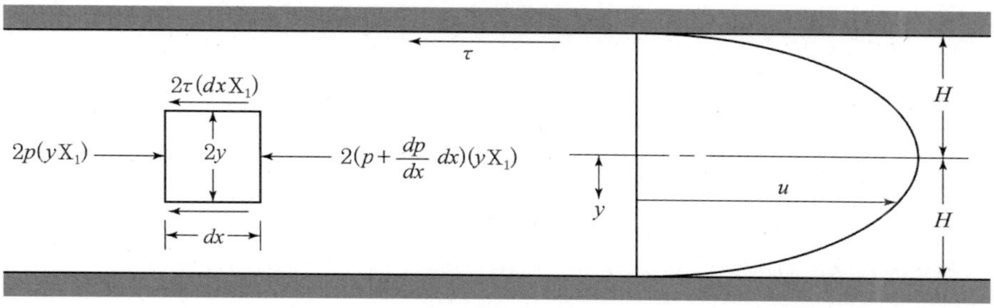

[그림 5-4] 평행 평판 사이의 층류운동

x 방향으로의 속도변화가 없으므로 운동량방정식에서 단위 폭당 유체입자에 작용하는 힘의 합은 0이다.

$$2py - (p + dp)2y - 2\tau dx = 0 \tag{5-15}$$

여기서 전단력을 구하면

$$\tau = -\frac{dp}{dx}y \tag{5-16}$$

이며 Newton의 점성법칙

$$\tau = -\mu\frac{du}{dy} \tag{5-17}$$

에서 속도구배 $\dfrac{du}{dy}$는 음의 값으로 길이방향 x와는 무관하다. 식 (5-16), (5-17)에서

$$\frac{du}{dy} = \frac{y}{\mu}\frac{dp}{dx} \tag{5-18}$$

식 (5-18)을 y에 대해서 적분하면

$$u(y) = \frac{y^2}{2\mu}\frac{dp}{dx} + C \tag{5-19}$$

으로 여기서 C는 적분상수로 $y = H$에서 $u = 0$, 즉 평판 벽면에서의 속도는 0이므로 이 경계조건을 식 (5-19)에 대입하면

$$C = -\frac{H^2}{2\mu}\frac{dp}{dx} \tag{5-20}$$

으로 평판 사이의 속도분포는 다음과 같다.

$$u(y) = \frac{1}{2\mu}\frac{dp}{dx}(y^2 - H^2) \tag{5-21}$$

속도분포는 포물선을 이루며 최대속도는 평판의 중심 $y = 0$에서 이므로 최대속도 $u_{\max}$는

$$u_{\max} = -\frac{H^2}{2\mu}\frac{dp}{dx} \tag{5-22}$$

와 같다.

평판의 단위 면적당 유량을 Q라 하면 유량은

$$\begin{aligned} Q &= \int_{-H}^{+H} u\,dy \\ &= \frac{1}{2\mu}\frac{dp}{dx}\int_{-H}^{+H}(y^2 - H^2)\,dy \\ &= -\frac{2H^3}{3\mu}\frac{dp}{dx} \end{aligned} \tag{5-23}$$

또, 단위 면적당 유량을 평균속도 V를 이용하여 구하면

$$Q = 2HV \tag{5-24}$$

식 (5-23), (5-24)를 이용하여 평균속도를 구하면

$$V = -\frac{H^2}{3\mu}\frac{dp}{dx} \tag{5-25}$$

로 평균속도는 최대속도의 $\frac{2}{3}$와 같다. 식 (5-23)에서 관의 길이 L에서 발생하는 압력강하를 Δp라 하면 유량 Q는

$$Q = \frac{2H^3\Delta p}{3\mu L} \tag{5-26}$$

로 이 식을 이용하여 압력강하도 얻을 수 있다.

예제 5-7

평행한 무한 평판 사이를 흐르는 층류의 평균속도가 1.2m/s이다. 이 흐름의 최대속도를 구하여라.

풀이

식 (5-22), (5-25)에서 $V = \frac{2}{3}u_{\max}$ 이므로

$$u_{\max} = \frac{3}{2}V = 1.8\text{m/s}$$

이다.

예제 5-8

온도 20℃의 물($v = 1.0 \times 10^{-6} m^2/s$)이 평행한 평판 사이에서 흐른다. 평판 간격이 1.5cm이고 평판의 폭이 1m 그리고 흐름의 Re 수는 1500이다. 이 흐름의 평균유속과 평판길이 3m에서 일어나는 압력강하를 구하여라.

풀이

Re 수는 흐름의 평균속도에 의해서 구해지므로 이것을 이용하여 평균속도를 얻자.

$$\mathrm{Re} = \frac{Vh}{v} \;(h\text{는 평판 간격})$$

$$V = \frac{\mathrm{Re}\, v}{h} = \frac{1500 \times 10^{-6}}{0.015} = 0.1\,\mathrm{m/s}$$

식 (5-25)을 이용하여 압력강하를 구하여 보자.

$$\Delta p = \frac{3\mu VL}{H^2}$$

이고, 여기서 $h = 2H$이므로

$$\Delta p = \frac{3 \times 1.0 \times 10^{-6} \times 10^3 \times 0.1 \times 3}{\left(\frac{0.015}{2}\right)^2} = 16\,\mathrm{Pa}$$

이다.

5.4 관 내의 난류유동

5.4.1 난류의 전단응력

우리가 사용하는 대부분의 관 속에서의 유동은 난류로서, 관 속에서 흐르는 난류에 관한 문제는 우리에게 가장 흥미있는 문제 중의 하나이다. 난류는 층류와는 달리 흐름의 상태가 복잡하여 속도분포나 손실 등은 대부분 실험을 통해서 구한다.

난류의 유속 x, y, z의 3방향 성분 u, v, w 모두는 0이 아니다. 속도를 시간의 함수로 측정한다면 각 방향의 성분은 [그림 5-5]와 비슷하게 된다. 여기서 x 방향의 순간속도를 u라 하면 순간속도는 임의의 시간 T 동안의 평균속도 $\overline{u}$와 변동속도 u'의 합과 같다. 이것은 y, z 방향에 대해서도 마찬가지이다.

$$u = \overline{u} + u', \quad v = \overline{v} + v', \quad w = \overline{w} + w' \tag{5-27}$$

여기서

$$\overline{u} = \frac{1}{T}\int_0^T u\, dt \tag{5-28}$$

이며 각 방향의 변동속도의 평균값은

$$\overline{u}' = \frac{1}{T}\int_0^T u' dt = 0$$

$$\overline{v}' = \frac{1}{T}\int_0^T v' dt = 0 = 0$$

$$\overline{w}' = \frac{1}{T}\int_0^T w' dt \tag{5-29}$$

이다. 원관 속에서의 완전히 발달된 난류의 경우, 관의 방향을 x 방향이라 하면 관 내의 속도성분은 $\overline{u}$만 존재하고 y, z 방향 성분은 [그림 5-5]에서 보는 바와 같이 $\overline{v} = \overline{w} = 0$이다.

[그림 5-6]과 같은 난류가 흐르는 수평 원관을 고려해 보자. 유체입자들은 난류이므로 불규칙하게 운동한다. 임의의 순간에 유체입자가 y 방향의 변동속도 v'로 dA을 통하여 이동한다고 하자. 즉, 그 유체입자는 속도변동으로 이웃 층으로 밀려 올라간다. 그렇게 되면 아래층 유체의 x 방향 속도성분은 반대로 u'만큼 감소하게 될 것이다. 유체입자의 속도 변화가 일어나는 것은 유체입자에 어떤 힘이 작용하는 것으로 볼 수 있으므로 이 유체

입자에 운동량방정식을 적용시킨다면, 질량이동량은 $\rho v' dA$ 이고 x 방향의 속도는 u' 만큼 감소하므로 dA 면적을 통하여 유체입자를 이동시키는 x 방향의 힘은 다음과 같다.

$$dF = -\rho v' dA u' \tag{5-30}$$

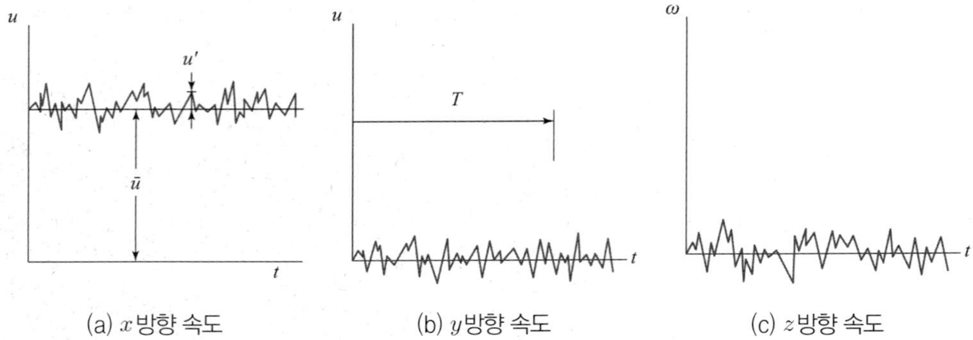

[그림 5-5] 난류의 속도분포

따라서 난류의 전단응력은

$$\tau_t = \frac{dF}{dA} = -\rho u' v' \tag{5-31}$$

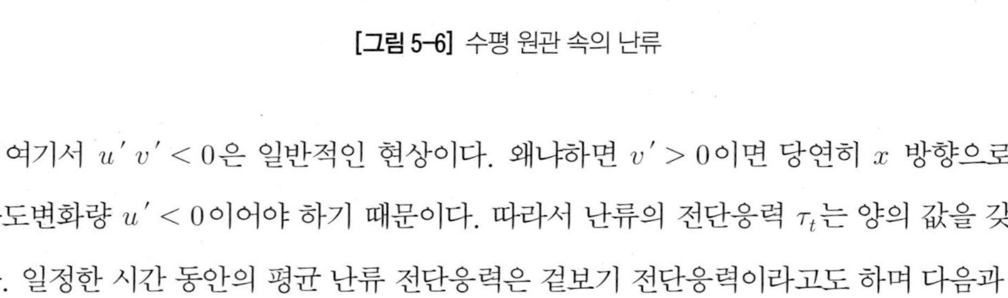

[그림 5-6] 수평 원관 속의 난류

여기서 $u' v' < 0$은 일반적인 현상이다. 왜냐하면 $v' > 0$이면 당연히 x 방향으로의 속도변화량 $u' < 0$이어야 하기 때문이다. 따라서 난류의 전단응력 τ_t는 양의 값을 갖는다. 일정한 시간 동안의 평균 난류 전단응력은 겉보기 전단응력이라고도 하며 다음과 같

이 표현한다.

$$\overline{\tau_t} = -\rho\overline{u'v'} \tag{5-32}$$

또, 겉보기 전단응력은 Osborne Reynolds에 의해서 처음 소개되었으므로 Reynolds 응력이라고도 한다. 임의 위치를 흐르는 유체의 전체 전단응력은 유체의 점성에 의한 전단응력과 위에서 소개한 난류의 유체층 사이의 운동량 교환에 의하여 발생하는 난류 전단응력의 합이다.

$$\begin{aligned}\tau &= \overline{\tau_u} + \overline{\tau_t} \\ &= \mu\frac{d\overline{u}}{dy} - \rho\overline{u'v'}\end{aligned} \tag{5-33}$$

[그림 5-6]의 미소입체에 작용하는 힘의 관계를 고려해 보자. x 방향으로 작용하는 힘의 합은 0이므로

$$F_x = p\pi r^2 - (p+dp)\pi r^2 - \tau 2\pi r\,dx = 0 \tag{5-34}$$

이다. 이것을 정리하면 다음과 같은 전단응력과 압력구배와의 관계를 얻을 수 있다.

$$\tau = -\frac{r}{2}\frac{dp}{dx} \tag{5-35}$$

난류에서의 전단응력 분포도 층류에서와 마찬가지로 선형이며 벽면에서의 속도변화량은 0이므로 난류 전단응력도 벽면으로 가면 0으로 되고 관 중심에서의 전체응력은 0이다. 식 (5-35)과 식 (5-33)을 이용하면 난류유동에서의 압력구배와 속도와의 관계가 얻어진다.

$$\frac{r}{2}\frac{dp}{dx} = -\mu\frac{d\overline{u}}{dy} + \rho\overline{u'v'} \tag{5-36}$$

난류 전단응력을 Newton의 점성법칙과 같이 속도구배를 이용하여 표시한다면

$$\overline{\tau_t} = \varepsilon \frac{d\overline{u}}{dy} = \rho \overline{u'v'} \tag{5-37}$$

로 쓸 수 있다. 여기서 ε은 와점성계수라 하며 식 (5-33)은 다음과 같다.

$$\tau = (\mu + \varepsilon)\frac{d\overline{u}}{dy} \tag{5-38}$$

예제 5-9

직경 50cm인 원관 속을 물이 난류상태로 흐른다. 물의 유동단면에서의 속도분포가 $u = 10 + 0.5y^2$ m/s이고, 벽면에서 0.1m 떨어진 곳에서의 전단응력이 60 kPa일 때, 이 지점에서의 와점성계수를 계산하여라. 단, 여기서 y는 벽면에서의 수직거리이다.

풀이

와점성계수는 식 (5-37)을 이용하면

$\varepsilon \dfrac{du}{dy} = \tau$ 이므로

$$\varepsilon = \tau \left.\frac{dy}{du}\right)_{y=0.1}$$

주어진 속도분포식을 미분하면

$\dfrac{du}{dy} = y$ 이므로

$$\left.\frac{dy}{du}\right)_{y-0.1} = 0.1$$

$$\varepsilon = 60 \times 10^3 \times \frac{1}{0.1} = 6\ \frac{\text{N} \cdot \text{s}}{\text{m}^2}$$

이다.

5.4.2 속도분포

관 내에서 흐르는 유체의 평균속도는 벽면의 조도 e에 큰 영향을 받는다. [그림 5-7]은 유리표면과 같이 매끄러운 면에 비하여 매우 거친관을 나타낸 것이다.

앞에서 논의한 난류 전단응력 $(-\rho\,\overline{u'v'})$은 점성저층(viscous wall layer) δ 내에서 벽에 가까워지면 무시할 수 있을 정도로 작다. 만일 점성저층 δ가 충분히 크다면 점성저층이 관의 조도를 감싸버려 흐름에 조도의 영향이 거의 나타나지 않아 매끄러운 관처럼 유체가 흐른다. 그와 같은 상태를 수력학적 매끄러운 관(hydraulically smooth)이라 한다. 만일 점성저층이 상대적으로 작아 벽면의 거친 상태가 점성저층 밖으로 튀어나온다면 이 관은 거친관이라고 할 수 있다. 일반적으로 관의 거칠기는 상대조도 $\dfrac{e}{D}$와 Re 수를 이용하여 결정하며 이에 대한 것은 다음 장에서 논의할 것이다.

난류 전단응력을 결정하는 $\overline{u'v'}$는 해석적으로 풀 수 없으므로 난류에서의 속도분포를 얻기 위해서는 식 (5-36)을 푸는 대신에 경험적으로 구하여 이용한다. 이 장에서는 난류의 속도를 구하는 데 일반적으로 이용되는 두 개의 경험식을 소개한다.

속도분포를 경험식을 이용하여 표현하는 데는 두 개의 영역으로 나누어 한다. 하나는 벽에 근접한 영역(wall region)이고 다른 하나는 외곽영역(outer region)이다. 벽에 근접한 영역에서의 속도분포는 벽면에서의 마찰응력을 τ_o라고 하고, $u^*=\sqrt{\tau_o/\rho}$를 전단속도(마찰속도), v/u^*를 점성길이(viscous length)라 정의하면, 매끄러운 원관의 벽에 근접한 영역에서의 무차원 속도분포는 다음과 같다.

$$\frac{u}{u^*}=\frac{u^*y}{v}\ (\text{점성저층})\ 0\le\frac{u^*y}{v}\le 5 \tag{5-39}$$

$$\frac{u}{u^*}=2.44\,\text{In}\frac{u^*y}{v}+4.9(\text{난류영역})\ 30<\frac{u^*y}{v},\ \frac{y}{R}<0.15 \tag{5-40}$$

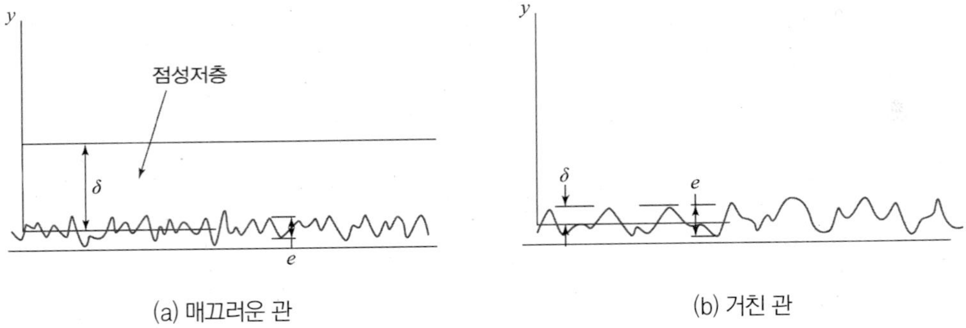

[그림 5-7] 관 내의 속도형상

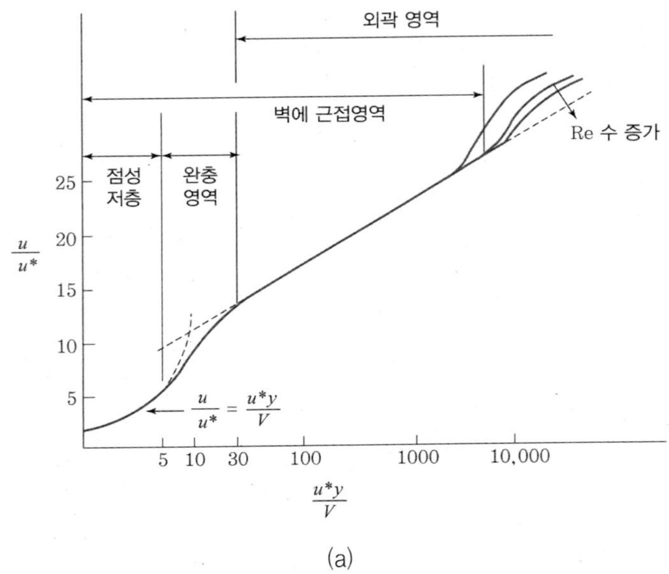

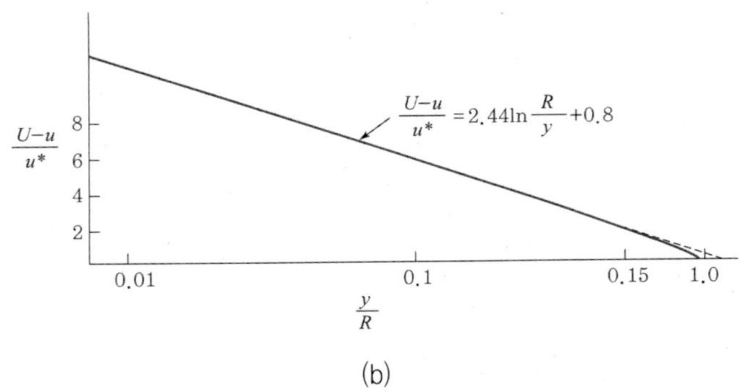

[그림 5-8] 매끄러운 파이프에서 난류 유동

식 (5-39), (5-40) 사이의 $5 < u^* y/v < 30$ 구역은 완충영역(buffer zone)으로 실험적인 값이 [그림 5-8]에 표시된 것처럼 잘 맞지 않는다.

거친 관에서는 난류가 벽의 거친 곳으로부터 시작되므로 벽에 근접한 영역이라 해서 뚜렷한 변화가 없고 단지 대수 형상의 속도분포가 얻어진다. 벽면의 조도를 e라 하면 거친 관에서의 무차원 속도분포는

$$\frac{u}{u^*} = 2.44 \ln \frac{y}{e} + 8.5 \tag{5-41}$$

여기서 상수 8.5, 2.44는 실험치와 매우 잘 맞음을 알 수 있다.

[그림 5-8(b)]에 표시된 바와 같이 관 중심에서의 최대속도를 U라 하면 외곽영역에서의 매끄러운 관과 거친 관에서의 $\dfrac{U-u}{u^*}$는

$$\frac{U-u}{u^*} = 2.44 \ln \frac{R}{y} + 0.8, \quad \frac{y}{R} \le 0.15 \tag{5-42}$$

이며 [그림 5-8(a)]에 표시된 바와 같이 외곽영역과 관벽 근처 영역은 서로 겹치므로 이 영역에서 두 방정식을 혼합하여 최대속도와의 비를 다음과 같이 얻게 된다. 먼저 매끄러운 관에서는

$$\frac{U}{u^*} = 2.44 \ln \frac{u^* R}{v} + 5.7 \tag{5-43}$$

거친 관에서는

$$\frac{U}{u^*} = 2.44 \ln \frac{R}{e} + 8.5 \tag{5-44}$$

와 같다.

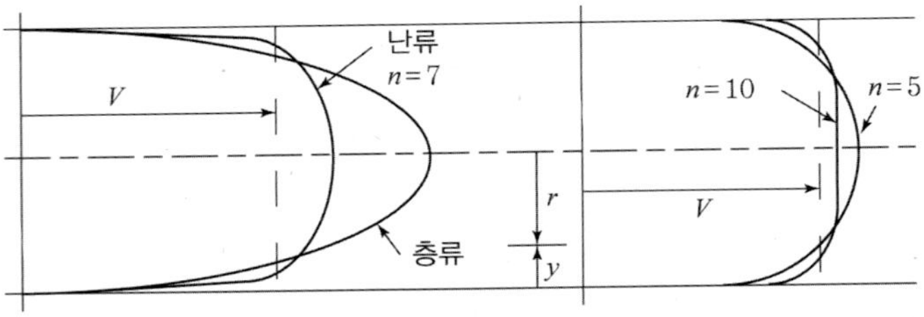

[그림 5-9] n값에 따른 속도 분포

〈표 5-1〉 Re 수와 n

Re	4×10^3	10^5	10^6	2×10^6 이상
n	6	7	9	10

관 속의 난류속도를 나타내는 방법은 위에서 소개한 대수적인 표현 외에도 지수형태의 속도분포가 있다.

$$\frac{u}{U} = \left(\frac{y}{R}\right)^{\frac{1}{n}} \tag{5-45}$$

여기서 y는 관 벽으로부터 측정된 거리이며 n은 5에서부터 10까지의 정수이다. 식 (5-45)를 이용하여 평균속도를 구하면

$$V = \frac{\displaystyle\int_0^R 2\pi r\,dr}{\pi R^2}$$

$$= \frac{2n^2}{(n+1)(2n+1)} U \tag{5-46}$$

[그림 5-9]는 난류의 속도분포를 층류와 비교한 것이다. 상수 n값은 RE 수와 관벽의 상대조도 $\frac{e}{D}$에 영향을 받는다. 매끄러운 관에서 Re 수와 n과의 관계가 〈표 5-1〉에 주어졌다.

층류의 경우 평균속도는 최대속도의 1/2이었으나 난류의 속도분포는 층류에 비하여 평탄하고 Re 수가 커갈수록 그 영향이 커진다.

예제 5-10

밀도가 $\rho=$ 950kg/m^{3}인 유체가 원관 속을 흐른다. 벽면에서의 전단응력이 $\tau_o=$ 160 kPa이면 전단속도는 얼마인가?

풀이

전단속도는

$$u^*=\sqrt{\frac{\tau_o}{\rho}}$$ 이므로

$$u^*=\sqrt{\frac{160\times10^3}{950}}=13.0\text{m/s}$$

이다.

예제 5-11

직경 120mm의 원관 속을 물이 난류상태로 흐른다. 속도분포가 관류의 7승근 법칙에 따른다고 하면 관 중심에서 최대속도가 8m/s일 때 관 벽면에서 30mm되는 지점에서의 유속을 구하여라.

풀이

식 (5-45)를 이용하면

$$\frac{u}{U}=\left(\frac{y}{R}\right)^{\frac{1}{7}}$$

$$u=U\left(\frac{y}{R}\right)^{\frac{1}{7}}$$

$$=8\left(\frac{0.03}{0.06}\right)^{\frac{1}{7}}=7.2\text{m/s}$$

이다.

Exercise

1. 다음과 같은 유동에서 Re 수를 구하고 층류인지 난류인지 판별하여라.

   ① 반경 200mm인 원관에 매초 $0.01\text{m}^3/\text{s}$의 물($\mu = 1.145 \times 10^{-2}$ poise)이 흐른다.

   ② 밑변과 높이가 200mm인 정사각형 수로에 유량 $0.01\text{m}^3/\text{s}$의 물($\mu = 1.145 \times 10^{-2}$ poise)이 흐른다.

   ③ 비중 0.95, 점성계수 $\mu = 8.9 \times 10^{-2} \dfrac{\text{N} \cdot \text{s}}{\text{m}^2}$의 유체가 직경 150mm인 원관 속을 0.3m/s인 속도로 흐른다.

2. 직경 30mm인 원관에 $v = 1.2 \times 10^{-6}\text{m}^2/\text{s}$의 물이 흐른다. 층류로 흐를 수 있는 최대속도를 구하여라.

3. 동점성계수 $v = 1.2 \times 10^{-6}\text{m}^2/\text{s}$의 물이 0.2m/s 속도로 흐른다. 이것이 층류로 흐를 수 있는 최소 관 직경을 구하여라.

4. 직경 10cm인 원관에 비중 0.95의 기름이 흐른다. 기름의 점성계수가 $\mu = 0.5\text{N} \cdot \text{s/m}^2$이면 난류가 되는 최소의 속도는 얼마나 되는가?

5. 직경 1m의 관에 건조 공기가 흐른다. 공기의 압력이 1.013bar이고 온도가 80℃이면 공기가 층류로 흐를 수 있는 질량유량을 구하여라.

6. 직경 50cm인 수평 원관에 유체가 흐른다. 관 길이 30m에 50kPa의 압력강하가 발생하였다. 관 벽면에서 전단응력을 구하여라.

7. 직경 12cm의 원관에 비중 $S = 0.9$, 점성계수 $\mu = 1.7\text{N} \cdot \text{s/m}^2$인 기름이 7m/s 속도로 흐른다. 관 길이 10m에서의 압력강하를 구하여라.

8. 직경 100mm인 원관으로 점성계수 $\mu = 1.7 \times 10^{-3}\text{N} \cdot \text{s/m}^2$인 물이 흐른다. 길이 100m에서 압력강하가 1kPa이면 관에 흐르는 물의 유량은 얼마나 되는가?

9. 직경 10cm인 원관에 비중 0.85인 유체가 $0.01\text{m}^3/\text{s}$의 유량으로 흐른다. 유체의 동점성계수가 $v = 1.0 \times 10^{-4}\text{m}^2/\text{s}$일 때 관 중심에서의 유속은 얼마나 되는가?

10. 다음 그림에서 경사진 관 속을 흐르는 유체의 유동방향을 구하여라. 관의 직경은 균일하며 유체의 비중량은 9000N/m^3, 점성계수는 $\mu = 0.2$poise이다.

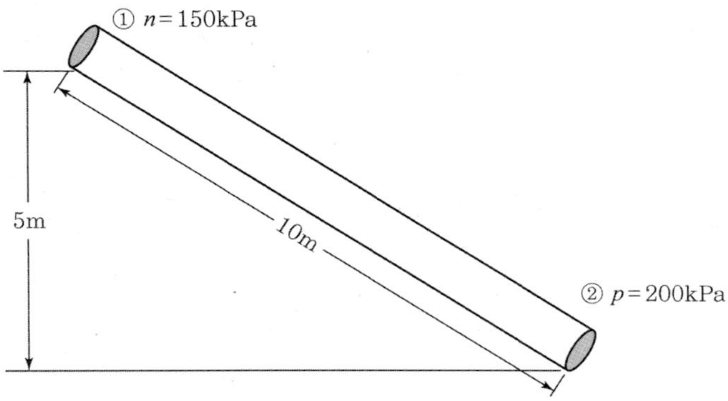

11. 길이 100m의 거리를 직경 10cm의 관으로 비중 0.9인 기름을 수송하려한다. 100m의 거리에서 압력강하가 50kPa 만큼 발생한다면 $150l$/min의 유량을 수송하는 데 드는 펌프동력은 얼마나 필요한가?

12. 폭이 무한히 넓은 2개의 평판이 틈 1cm로 서로 평행하게 놓여 있다. 두 평판 사이에 $v = 1.0 \times 10^{-6}\text{m}^2/\text{s}$의 물이 평균속도 $V = 3\text{m/s}$로 흐른다면 두 평판 사이에서 발생하는 단위 길이당 압력강하 $\left(\dfrac{dp}{dx}\right)$와 전단응력을 구하여라.

13. 원관 속의 흐름 상태가 층류이다. 점성계수 1.2poise인 유체가 직경 200mm의 수평한 관을 이용하여 수송된다면 관 길이 100m 일 때 펌프에 필요한 동력을 계산하여라. 단, 관 길이 1m당 압력강하는 3kPa이다.

CHAPTER 06

관로의 손실

6.1 관로의 마찰손실

우리가 사용하는 일반적인 유체는 모두 점성을 가지고 있다. 점성은 유체 상호간은 물론 유체와 고체가 접하는 벽면에서도 전단력을 유발시키며 전단력은 유동에너지의 손실을 가져온다. 따라서 유체의 점성은 유체의 유동에서 손실을 유발하는 근본 성질로 볼 수 있으며 유동해석에서 점성은 중요한 의미를 갖게 된다.

이 장에서는 관 속을 흐르는 유체의 마찰손실은 물론 밸브와 엘보 등 부차적인 부분에서 발생하는 손실에 관해서도 살펴보기로 한다.

6.1.1 원관의 마찰 손실과 Darcy-Weisbach 방정식

점성이 있는 유체가 관이나 수로를 흐를 때는 유체 내의 마찰뿐만이 아니라 유체와 벽면 사이에 마찰로 인하여 에너지 손실이 발생한다.

원관 속에 점성유체가 흐르게 되면 Bernoulli 방정식은 식 (3-36)에 표시한 바와 같이 하류 방향에 손실수두 h_L을 추가하여야 한다. 유체가 1에서 2 방향으로 흐르면 Bernoulli 방정식은

$$\frac{p_1}{\gamma}+\frac{{V_1}^2}{2g}+z_1=\frac{p_2}{\gamma}+\frac{{V_2}^2}{2g}+z_2+h_L \tag{6-1}$$

으로 되며, 만일 관의 직경이 균일하다면 두 점에서의 속도 $V_1=V_2$로 같고, 또 관이 수평면에 놓여있다면 $z_1=z_2$이므로 손실수두는 다음과 같다.

$$h_L=\frac{p_1-p_2}{\gamma}=\frac{\Delta p}{\gamma} \tag{6-2}$$

즉, 수평하게 설치된 균일 직경 관의 경우 손실수두는 압력강하로 나타남을 알 수 있다. 압력강하는 유체가 흐르는 관의 상태와 유체의 성질에 좌우한다고 볼 수 있다. 즉,

압력강하가 관의 직경, 관의 길이, 관의 조도, 유체의 밀도와 점성 및 속도와 관계있다고 볼 수 있다. 이것을 5장의 차원해석을 이용하기 위해 함수관계로 표현한다면

$$\Delta p = f(V, D, \rho, \mu, L, e) \tag{6-3}$$

으로 이 식의 차원해석 결과는 다음과 같다.

$$\frac{\Delta p}{\rho V^2} = F\left(\frac{\mu}{\rho VD}, \frac{L}{D}, \frac{e}{D}\right) \tag{6-4}$$

으로 여기서 $\frac{\rho VD}{\mu}$=Re이고 $\frac{e}{D}$는 상대조도라고 하며, 실험적으로 압력강하는 관의 길이에는 비례하고 직경에는 반비례하므로 식 (6-4)은 다음과 같이 쓸 수 있다.

$$\Delta p = \lambda \frac{L}{D} \frac{\rho V^2}{2} \tag{6-5}$$

여기서 λ는 관 마찰계수(friction factor)로

$$\lambda = \phi\left(\mathrm{Re}, \frac{e}{D}\right) \tag{6-6}$$

Re 수와 상대조도의 함수이며 식 (6-5)의 $\rho V^2/2$은 동압을 의미한다. 식 (6-5)를 식 (6-2)를 이용하여 손실수두로 표현하면

$$h_L = \lambda \frac{L}{D} \frac{V^2}{2g} \tag{6-7}$$

로, 이 식을 Darcy-Weisbach 방정식이라 하며 원관에서의 마찰손실을 구하는데 중요하게 이용되는 식이다. λ를 관 마찰계수 또는 Darcy 마찰계수라고 한다.

식(6-6)의 마찰계수와 레이놀즈수 및 상대조도의 관계를 구하는 것은 쉽지 않고 많은 실험결과를 이용한다. 〈그림 6-1〉은 관 마찰계수 λ와 Re수, 상대조도 $\frac{e}{D}$에 대한 함수

관

계를 나타낸 것으로 Moody 선도라 불려진다(Moody 선도는 1944년 발표되었다). 이 선도의 마찰계수는 실험적으로 결정한 값이다. Moody 선도는 유체역학 분야에서 아주 유명하고 유용한 그림 중의 하나다. 〈그림 6-2〉는 공업용 관에 대한 상대 조도를 나타내었다.

Moody 선도로부터 다음과 같은 특징을 알 수 있다. 작은 레이놀즈수의 층류유동에서는 관 마찰계수 $\lambda = 64/Re$ 이고, λ는 상대조도와는 무관하다. 매우 큰 레이놀즈수에서는 관 마찰계수 $\lambda = \phi(\frac{e}{D})$로 λ는 레이놀즈수와 무관하다. 중간 정도의 레이놀즈수에 대해서는 관 마찰계수가 레이놀즈수와 상대조도의 영향을 모두 받는다. 즉 $\lambda = \phi(Re, \frac{e}{D})$이다. 특히, 관의 조도 $e = 0$인 수력학적으로 매끄러운 관에서도 마찰계수는 0 이 아니다. 이것은 아무리 관벽이 매끄러워도 수두손실은 항상 존재한다는 것을 의미한다.

주어진 조건에서 수두손실을 구하는 과정은 다음과 같다. 먼저 레이놀즈수 Re를 계산하고, 관의 표면거칠기 e를 구하여 상대조도 $\frac{e}{D}$를 계산한다. 그러면, 관 마찰계수 λ는 주어진 Re와 $\frac{e}{D}$의 값으로써 Moody 선도에서 읽을 수 있다. 관 마찰계수 λ가 구해지면 Darcy 방정식을 사용하여 손실수두 h_L을 계산한다. 그러나 평균속도 V가 주어지지 않은 경우에는 손실수두가 V의 함수이므로 마찰계수를 적절한 값으로 가정하고 주어진 조건을 만족하는가를 확인하는 과정을 반복하여 문제를 해결한다. 마찰계수 λ의 값을 정확하게 알지 못하는 경우 일반적으로 $\lambda = 0.03$의 값을 많이 사용한다.

Moody 선도는 관 마찰에 관한 문제를 해결하는데 유용하지만 눈금을 읽기가 어려운 면도 있다. 이에 따라 Moody는 엔지니어가 사용하기에 적합한 다음 관계식을 제시하였다.

$$\lambda = 0.0055\left[1 + \left(20000\frac{e}{D} + \frac{10^6}{Re}\right)^{\frac{1}{3}}\right]$$

예제 6-1

탱크로부터 물을 길이 300m, 직경 900mm인 콘크리트 수평 원관을 통하여 이송시키고 있다. 유량이 $1.25m^3/s$이면 관로에서의 손실수두는 얼마나 되는가? 단, 물의 $v = 1.31 \times 10^{-6} m^2/s$이다.

풀이

관로를 흐르는 물의 평균속도는

$$V = \frac{Q}{A} = \frac{4 \times 1.25}{\pi \times 0.9^2} = 1.96 \mathrm{m/s}$$

[그림 6-2]에서 콘크리트 관의 조도는 $e = 0.3$~3이므로 $e = 1.7$mm로 가정하여 상대조도와 Re 수를 구하면

$$\frac{e}{D} = \frac{1.7}{900} = 0.0019$$

$$\mathrm{Re} = \frac{VD}{v} = \frac{1.9 \times 0.9}{1.31 \times 10^{-6}} = 1.35 \times 10^6$$

이므로 난류이다. [그림 6-1]의 Moody 선도에서 관 마찰계수 λ를 구하면 $\lambda = 0.023$ 정도이므로 손실수두를 구하면

$$h_L = \lambda \frac{L}{D} \frac{V^2}{2g} = 0.023 \times \frac{300}{0.9} \times \frac{1.9^2}{2 \times 9.8} = 1.5 \mathrm{m}$$

이다.

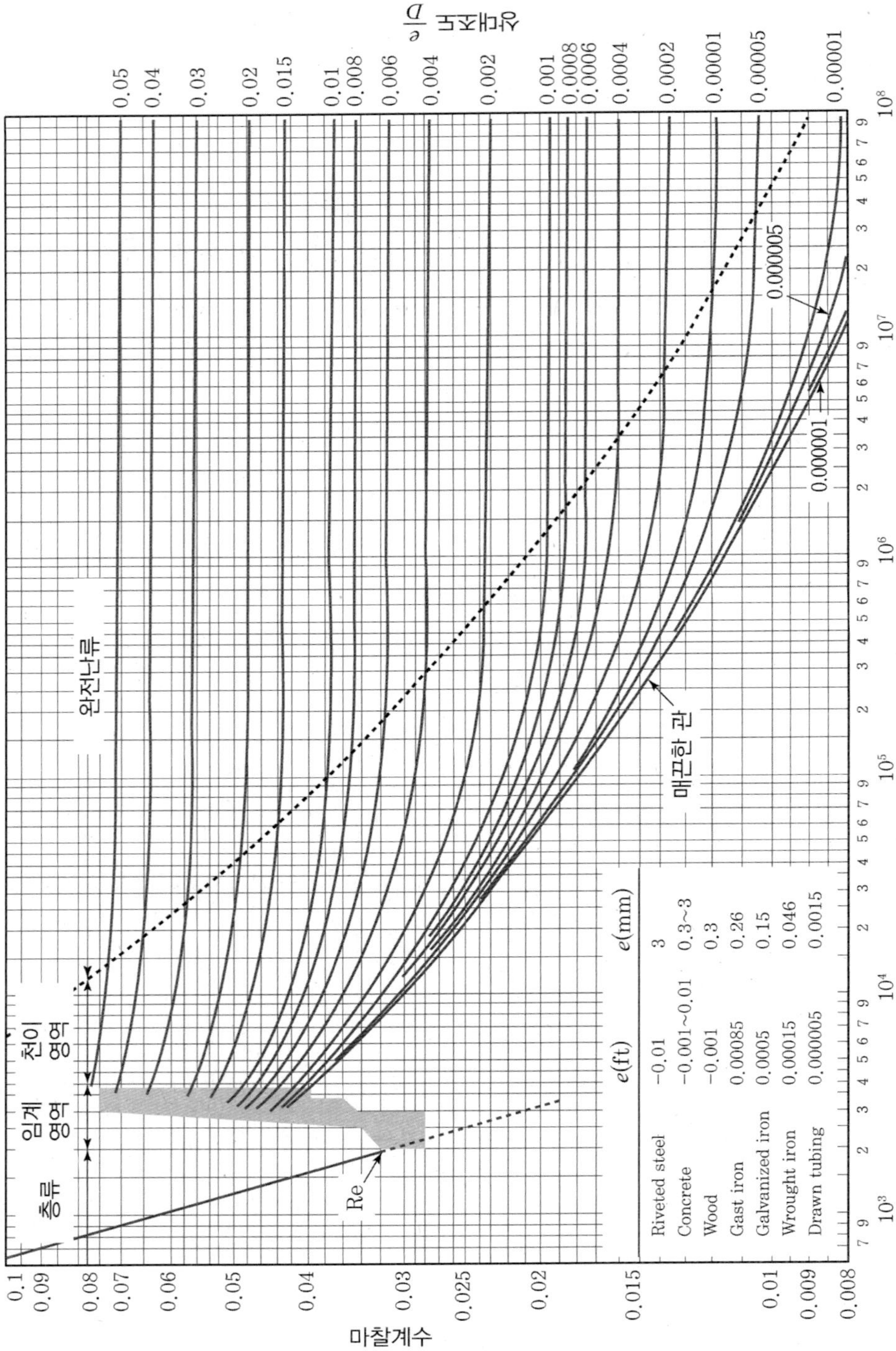

[그림 6-1] Moody 선도

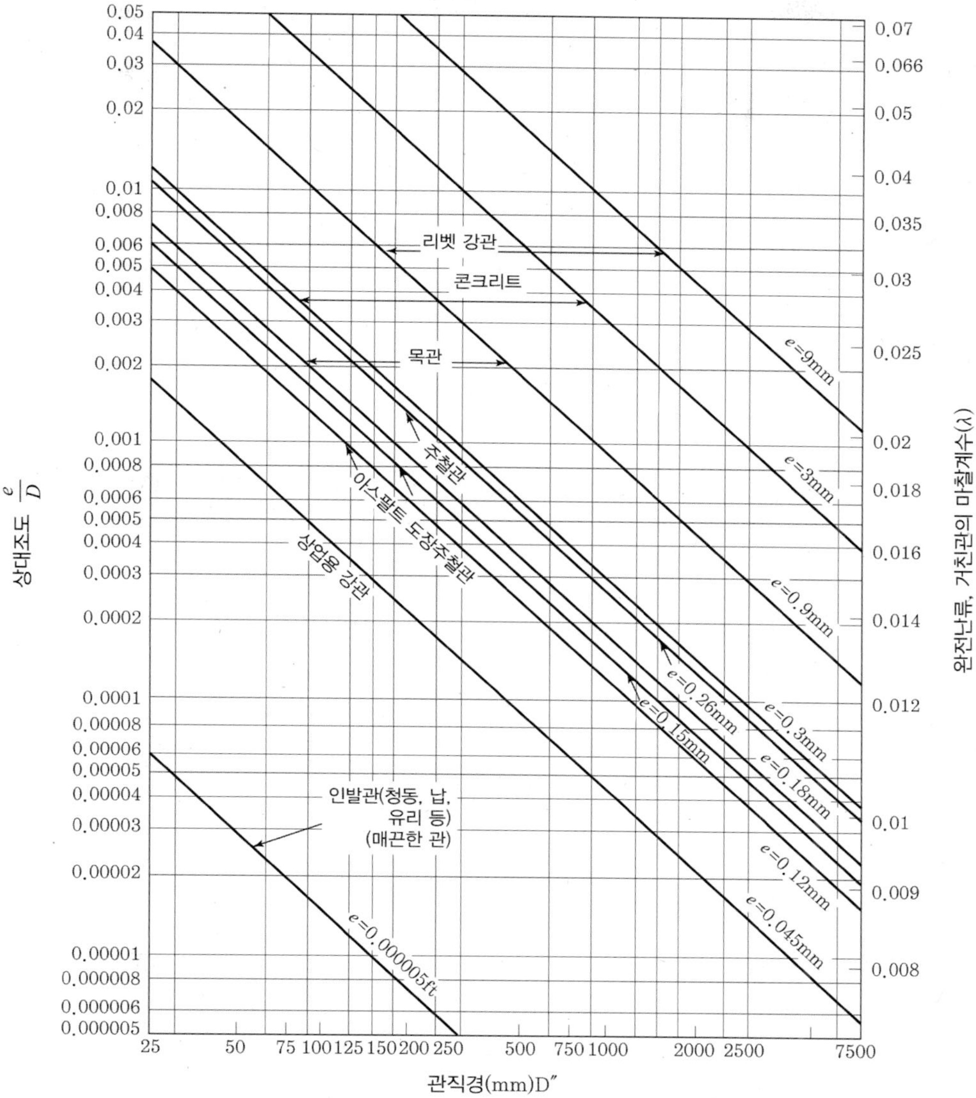

[그림 6-2] 공업용 관의 상대조도

예제 6-2

직경 50mm의 원관 속에서 물이 평균속도 7m/s로 흐른다. 관 마찰계수가 0.002이면 관 길이 20m에서 발생하는 압력강하를 구하여라.

풀이

식 (6-5)를 이용하여 압력강하를 구하면

$$\Delta p = \lambda \frac{L}{D} \frac{\rho V^2}{2}$$

$$= 0.002 \times \frac{20}{0.05} \times \frac{10^3 \times 7^2}{2}$$

$= 19.6\text{kPa}$이다.

6.1.2 층류유동에서의 마찰손실

관 마찰계수는 식 (6-6)에 기술되어 있는 바와 같이 Re 수와 상대조도 $\frac{e}{D}$의 함수로, 원관 속에 층류가 흐를 경우는 앞에서 구한 Hagen-Poiseuille의 공식을 이용하여 관마찰계수를 얻을 수 있다. Hagen-Poiseuille 공식에서 압력강하를 구하면

$$\Delta p = \frac{128 \mu L Q}{\pi D^4} \tag{6-8}$$

여기서 $Q = AV$이고 $h_L = \frac{\Delta p}{\gamma}$이므로 식 (6-8)은

$$h_1 = 64 \frac{L}{D} \frac{\mu}{\rho V D} \frac{V^2}{2g}$$

$$= \frac{64}{\text{Re}} \frac{L}{D} \frac{V^2}{2g} \tag{6-9}$$

로 식 (6-7)과 식 (6-9)에서 층류원관에서의 관 마찰계수는

$$\lambda = \frac{64}{Re} \tag{6-10}$$

로 Re 수만 알면 구할 수 있다. 이것은 [그림 6-1]의 Moody 선도 상에서도 왼쪽에 직선으로 Re 수만의 함수로 주어져 있다. 즉, 층류에서의 관 마찰계수는 상대조도에는 영향을 받지 않고 Re 수의 영향만을 받고 있음을 의미한다.

예제 6-3

기름($v = 1.0 \times 10^{-4} m^2/s$)이 평균속도 1m/s로 직경 20cm인 관 속을 흐른다. 관 길이 50m에서 일어나는 손실수두를 구하여라.

풀이

손실수두를 구하기 위해서 먼저 Re 수를 구하자.

$$Re = \frac{VD}{v} = \frac{1 \times 0.2}{1 \times 10^{-4}} = 2000$$

Re 수가 2000이므로 층류로 간주하여 관 마찰계수가 Re 수만의 함수로 보아

$$\lambda = \frac{64}{Re} = \frac{64}{2000} = 0.032$$

$$h_L = \lambda \frac{L}{D} \frac{V^2}{2g}$$

$$= 0.032 \times \frac{50}{0.2} \times \frac{1^2}{2 \times 9.8}$$

$$= 0.41 m$$

이다.

예제 6-4

직경 20cm 원관으로 수평거리 1000m 떨어진 곳으로 물을 이송시키려 한다. 유량 $Q=0.2\text{m}^3/\text{s}$을 이송시키려면 펌프의 압력은 최소 얼마나 되어야 하는가? 단, 관 마찰계수는 0.03이다.

풀이

평균속도를 먼저 구하자.

$$V=\frac{Q}{A}=\frac{0.2}{\frac{\pi}{4}\times 0.2^2}=6.4\text{m/s}$$

$$\begin{aligned}\Delta p &=\lambda\frac{L}{D}\frac{\rho V^2}{2}\\ &=0.03\times\frac{1000}{0.2}\times\frac{10^3\times 6.4^2}{2}\\ &=3040\text{kPa}\end{aligned}$$

6.1.3 난류유동에서의 관 마찰계수

난류 유동에서는 층류에서처럼 해석적 풀이로 마찰계수를 얻을 수 없고 이것을 계산하는 데 중요한 자료는 대부분 실험에 의하여 얻고 있다. 그것도 1933년 이전의 실험 데이터보다는 그 후에 발표된 데이터들이 매우 유용하게 이용되고 있다.

[그림 6-3]은 Nikuradses가 모래를 써서 원관에 인공적으로 조도를 부여하여 실험한 결과이다. 그는 모래알의 크기 e와 관의 직경 D를 변화시켜가며 상대조도 $\frac{e}{D}$와 Re 수 그리고 관 마찰계수의 관계를 조사하였다. 이 그림에서도 층류의 경우는 관 마찰계수가 상대조도와는 무관한 Re 수만의 함수이고 난류에서는 상대조도 Re 수에 관계가 있음을 알 수 있다. 더욱 Re 수가 증가하면 관 마찰계수는 층류에서와는 반대로 Re 수와는 무관한 상대조도만의 함수가 됨을 보여준다.

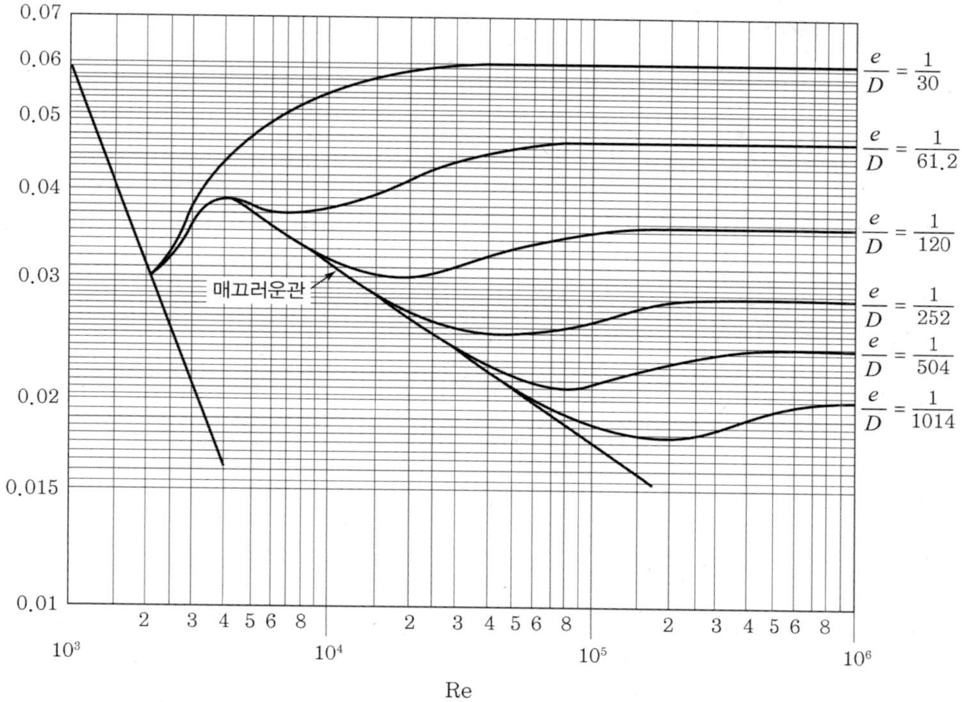

[그림 6-3] Nikuradses 실험

[그림 6-1]의 Moody 선도는 1944년 실험에 의해서 얻어진 자료를 발표한 것으로 실용 상품관에 대한 선도이다. [그림 6-1, 6-3]에서 인공적으로 조도를 부여한 관과 상용관과의 차이는 있지만 실질적으로 두 실험결과는 매우 비슷함을 보여주고 있다. 층류영역에서는 관 마찰계수가 Re 수만의 함수이고 천이영역에서는 마찰계수가 갑자기 커졌다가 Re 수가 증가함에 따라 Re 수의 영향은 감소하고 상대조도만의 영향을 받음을 알 수 있다.

식 (5-45)의 난류에서의 지수 n은 관 마찰계수와 관계 있음이 실험적으로 밝혀졌다.

$$n = \frac{1}{\sqrt{\lambda}} \tag{6-11}$$

이 식은 $\lambda < 0.1$의 범위에서 매끄러운 관과 거친 관 모두에 적용된다.

관 마찰계수의 수식화는 여러 사람에 의해서 시도되었다. Blasius는 처음으로 관 마찰계수를 Re 수에 연관시켜 매끈한 관에서의 난류에 관한 실험 결과를 수식화하였다.

$$\lambda = \frac{0.3164}{\mathrm{Re}^{\frac{1}{4}}} \quad (3000 < \mathrm{Re} < 1.5 \times 10^5) \tag{6-12}$$

난류의 관 마찰계수의 계산에 널리 이용되는 식은 Colebrook에 의해서 발표된 다음 실험식이 있다.

$$\frac{1}{\sqrt{\lambda}} = -2.0\log\left(\frac{e}{3.7D} + \frac{5.74}{\mathrm{Re}\sqrt{\lambda}}\right) \tag{6-13}$$

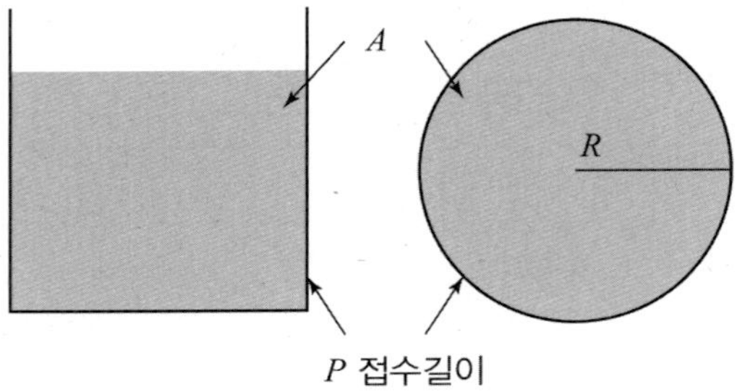

[그림 6-4] 수력반경

원관의 관 마찰손실은 식 (6-7)에 의해서 얻을 수 있다. 그러나 원관을 제외한 일반관로에서의 마찰손실은 다음과 같이 수력반경(hydraulic radius) R_h를 정의하여 식 (6-7)을 이용하여 구할 수 있다. 관의 직경을 D라 하고, [그림 6-4]에 표시한 바와같이 유체와 관이 접촉하는 길이를 접수길이라 하며, 이것을 P라고 정의하고 관에 흐르는 유체의 단면적을 A라 하면 수력반경은 다음과 같다.

$$R_h = \frac{A}{P} \tag{6-14}$$

원관의 경우 $A = \pi R^2$이고 $P = 2\pi R$이므로 수력반경은

$$R_h = \frac{R}{2} = \frac{D}{4} \tag{6-15}$$

이므로 식 (6-7)은 다음과 같이 바꿔 쓸 수 있다.

$$h_L = \lambda \frac{L}{4R_h} \frac{V^2}{2g} \tag{6-16}$$

이 식을 이용하여 원관이 아닌 관에 대한 손실수두를 얻을 수 있다. 또, 원관이 아닌 관로의 Re는

$$\mathrm{Re} = \frac{4VR_h}{v} \tag{6-17}$$

이고 상대조도는 $\frac{e}{4R_h}$ 이다.

잘 발달된 난류흐름의 문제의 유형은 〈표 6-1〉과 같이 3가지 유형으로 나눌 수 있다.

〈표 6-1〉 유동의 문제

구분	주어지는 값	구해야할 값
1	$Q,\ D,\ e,\ v$	h_L
2	$D,\ e,\ v,\ h_L$	Q
3	$Q,\ e,\ v,\ h_L$	D

1번 영역의 문제는 단순하여 반복계산 등이 필요없고 Moody 선도를 이용하여 쉽게 해결할 수 있다. 2, 3번 영역의 문제는 공학적인 설계에서 자주 마주치는 문제로서 Moody 선도를 이용하면 반복법을 써서 문제를 해결해야 한다. 2번의 경우는 유량을 모르기 때문에 Re 수를 계산할 수 없다. 따라서 먼저 마찰계수를 가정하여 가정된 유속을 구하고 이것을 이용하여 Re 수를 계산하고 여기서 얻은 Re 수로 Moody 선도를 이용하여 마찰계수를 구하여 다시 유속을 계산하여 앞에서 계산한 값과 차이가 한계값 이하가 될 때까지 반복계산하여 얻는다. 일반적으로 마찰계수는 Re 수에 영향을 적게 받기 때문에 2회 정도의 반복계산으로 쉽게 답을 얻을 수 있다. 3번 문제의 경우는 관의 직경을 모르기 때문에 Re 수와 상대조도를 얻을 수 없다. 따라서 반복계산을 해야 해를 얻을 수 있

다. 먼저 관의 직경을 가정하고 이것으로서 Re 수와 상대조도를 계산하며 Moody 선도를 이용하여 마찰계수를 구한다. 여기서 얻어진 마찰계수로 손실수두를 계산하고 이것을 주어진 손실수두와 비교하여 직경을 다시 가정하여 손실수두가 주어진 값과 같을 때까지 반복하여 계산한다.

예제 6-5

직경 10cm의 관 속에 물($v = 1.0 \times 10^{-6}\text{m}^2/\text{s}$)이 1m/s의 속도로 흐른다. 관 길이 50m 사이에서 일어나는 손실수두를 구하여라.

풀이

먼저 Re 수를 구하자.

$$Re = \frac{VD}{v} = \frac{1 \times 0.1}{1.0 \times 10^{-6}} = 10^5$$

이 흐름은 난류이고 $3000 < Re < 1.5 \times 10^5$을 만족하므로 Blasius의 식 (6-12)를 이용할 수 있다.

$$\lambda = \frac{0.3164}{Re^{\frac{1}{4}}} = \frac{0.3164}{(10^5)^{\frac{1}{4}}} = 0.018$$

$$h_L = \lambda \frac{L}{D} \frac{V^2}{2g}$$

$$= 0.018 \times \frac{50}{0.1} \times \frac{1^2}{2 \times 9.8}$$

$$= 0.46\text{m}$$

예제 6-6

직경 20cm의 매끄러운 관에 동점성계수 $v = 0.658 \times 10^{-6}\text{m}^2/\text{s}$의 물이 유량 $Q = 0.02\text{m}^3/\text{s}$으로 관 길이 100m에 흐른다. 관에서 일어나는 손실수두를 구하라.

풀이

관에서의 평균속도는

$$V=\frac{Q}{A}=\frac{4\times0.02}{\pi\times0.2^2}=0.64\text{m/s}$$

Re 수는

$$\text{Re}=\frac{\text{VD}}{v}=\frac{0.64\times0.2}{0.658\times10^{-6}}=1.95\times10^5$$

Moody 선도에서 Re 수에 따른 매끈한 관의 관마찰계수 λ를 읽으면 $\lambda=0.0155$이므로 손실수두는 다음과 같다.

$$h_L=0.0155\times\frac{100}{0.2}\times\frac{0.64^2}{2\times9.8}=0.162\text{m}$$

예제 6-7

주철관을 이용하여 유량 $0.3\text{m}^3/\text{s}$의 기름을 이송하려 한다. 기름의 동점성계수가 $0.6\times10^{-5}\text{m}^2/\text{s}$이고 관 길이 500m에서 8m의 손실수두가 발생하면 관의 직경은 얼마나 되는가?

풀이

Darcy 방정식을 이용하자.

$$h_L=\lambda\frac{L}{D}\frac{V^2}{2g}$$

$$=\lambda\frac{L}{D}\frac{Q^2}{2g\left(\frac{\pi D^2}{4}\right)^2}$$

$$D^5=\frac{8LQ^2\lambda}{h_L g\pi^2}=\frac{8\times500\times0.3^2}{8\times9.8\times\pi^2}\lambda=0.466\lambda$$

$VD^2=\frac{4Q}{\pi}$이므로

$$\text{Re}=\frac{VD}{v}=\frac{4Q}{\pi v}\frac{1}{D}$$

$$=\frac{4\times0.3}{\pi\times0.6\times10^{-5}\times D}$$

$$=\frac{6.37\times10^4}{D}$$

주철관의 조도는 [그림 6-2]에서 $e=0.26$m이다.

여기서 $\lambda=0.02$로 가정하면

$D=0.393$m

$\mathrm{Re}=162305$

$\frac{e}{D}=0.00066$

이므로 Moody 선도를 읽으면 $\lambda=0.018$을 얻는다.

다시 $\lambda=0.018$로 가정하여 직경과 Re 수, 상대조도를 구하면

$D=0.384$

$\mathrm{Re}=165733$

$\frac{e}{D}=0.0068$

이 값으로 Moody 선도에서 마찰계수를 읽으면

$\lambda=0.018$

로 가정한 값과 같다. 따라서 관 직경은

$D=0.384$m

이다.

6.2 관로의 부차적 손실

이 절에서는 관 내에서 흐르는 완전히 발달된 유동의 손실에 관해서 공부한다. 유체가 흐르는 관로에는 관 단면적의 확대와 축소, 관로 상에 설치된 밸브, 엘보 등 여러 가지 유체의 흐름에 영향을 미치는 요소들이 존재하고 있다. 이것들이 유체의 흐름에 미치는 영향으로 와류가 발생하기도 하고 마찰이 증대되기도 하며 경계층의 박리현상을 유발시키

기도 하며 이것들은 흐름에 손실로서 나타난다. 이와 같은 손실을 부차손실(minor losses)라 한다. 관로에 설치된 여러 가지 부품들에 의해서 손실이 발생하면 유체의 흐름은 바뀌고 속도도 변화하게 된다. 만약 관의 단면적이 급격히 확대된다면 확대되는 부분에서 와류가 발생하여 손실이 커진다.

$$h_L = K\frac{V^2}{2g} \tag{6-18}$$

관로의 부차손실은 식 (6-18)과 같이 표현한다. 여기서 K는 부차손실계수(loss coefficient)로 관에 부착된 여러 가지 요소들에 대하여 실험적으로 구하여 사용한다. 일반적으로 부차손실계수 K는 Re 수의 증가에 따라 감소한다고 여기지만 근본적으로는 관로 단면의 기하학적 형상에 좌우한다.

식 (6-18)을 관의 손실을 나타내는 Darcy 방정식을 이용하여 표현한다면 다음과 같다.

$$\lambda = \frac{L_e}{D}\frac{V^2}{2g} = K\frac{V^2}{2g}$$

$$L_e = \frac{KD}{\lambda} \tag{6-19}$$

여기서 L_e는 등가길이(equivalent length)라 하며 관로상의 밸브, 관 단면적의 변화 등 여러 가지 요소에 의하여 발생하는 손실을 동일 관의 길이로 환산하여 실제 길이에 그 길이를 더하여 줌으로서 관로의 손실을 해석할 수 있다.

관로의 부차적 손실에 대한 실험자료는 대단히 많다. 하지만 그 값들은 실험자에 따라서 크게 차이가 난다. 동일한 유동형태에서도 자료에 따라 차이가 많다. 이 책에서는 그 중에서 일반적으로 통용되는 것들을 주로 하여 소개하였다.

예제 6-8

어떤 관로에 부착된 밸브의 부차손실계수 $K=0.42$이다. 이것을 직경 20cm, 관 마찰계수 $\lambda=0.03$인 관의 길이로 환산한다면 관 길이 몇 m에 해당하는가?

풀이

식 (6-19)를 이용하면 등가 길이를 얻을 수 있다.

$$L_e = \frac{KD}{\lambda}$$

$$= \frac{0.2 \times 0.42}{0.03}$$

$$= 2.8\text{m}$$

6.2.1 관입구에서의 손실

비교적 크기가 큰 탱크에서 관으로 유체가 흘러 들어갈 때에는 관 단면적이 급격히 축소되는 경우로 부차적인 손실을 유발시킨다. 관 입구가 [그림 6-5]와 같이 매끄러운 나팔형일 경우에 대해서 생각해보자. 관 속을 흘러 들어온 유체는 점성의 영향으로 입구에서는 그림과 같은 속도분포를 갖지만 일정 길이를 지나면 유체의 속도분포는 정상적인 원관 속의 속도분포로 발달한다. 이 때의 흐름을 발달된 흐름이라 하며 입구에서 유체의 속도분포가 정상적인 상태로 돌아올 때까지의 길이, 즉 그림에서 길이 L을 입구(入口) 길이라 한다. 입구길이는 관의 기하학적 형태, 입구의 모양과 Re 수에 영향을 받는다.

층류의 경우 입구길이는

$$\frac{L}{D} = 0.065\text{Re} \tag{6-20}$$

로 여기서 Re 수는 관의 직경과 평균속도에 의해서 계산한다. 층류의 임계 Re 수를 2300 이라 하면 식 (6-20)은 다음과 같은 정도이다.

$$L = 0.065\text{Re}D \leq (0.065)(2300)D = 149.5D$$

입구길이는 관 직경의 100배 이상이다. 난류운동의 경우에는 유체층간의 심한 혼합현상이 일어나 입구길이가 짧아진다. 실험에 의하면 난류의 경우 입구길이는 관 직경의 25~40배 정도가 된다. 즉, 난류의 경우 입구길이는

$$L = (25 \sim 40)D \tag{6-21}$$

이다.

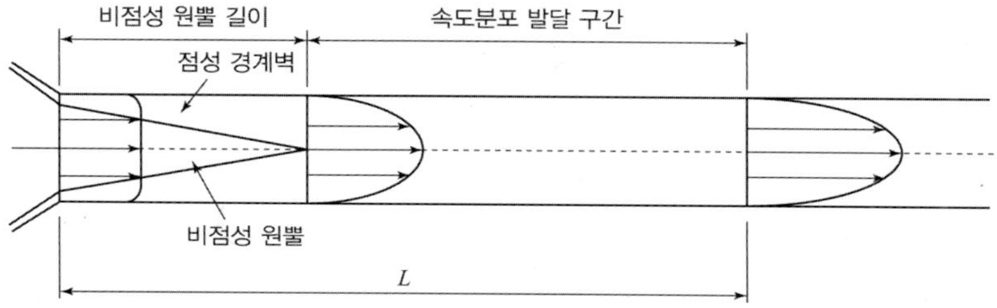

[그림 6-5] 관 입구에서의 손실

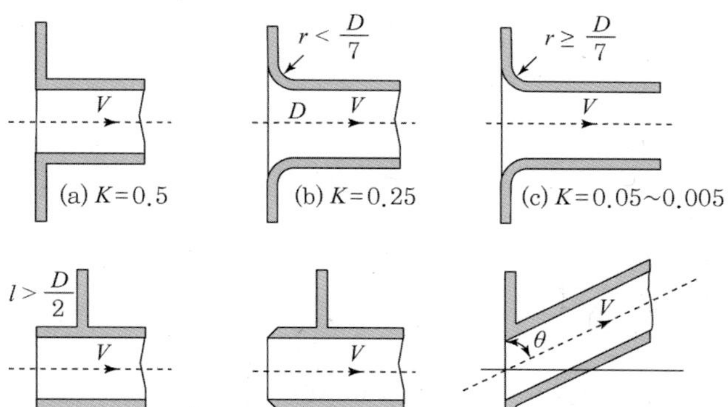

[그림 6-6] 관 입구형상과 손실계수

관 입구는 설계형태에 따라 상당한 크기의 손실을 일으킨다. [그림 6-6]은 입구형상에 따른 손실수두를 표시한 것이다.

그림에서 (c)의 경우는 직경과 관 접속부의 반경 r에 따라서 〈표 6-2〉와 같이 달라진다.

예제 6-9

동점성계수 $1.6 \times 10^{-5}m^2/s$의 공기가 직경 100mm의 매끈한 관 속을 0.25m/s로 흐른다. 이 관이 큰 탱크에 연결되어 있다면 관 입구길이는 얼마나 되는가?

풀이

관 입구길이는 Re 수에 영향을 받으므로

$$Re = \frac{VD}{v} = \frac{0.25 \times 0.1}{1.6 \times 10^{-5}} = 1562$$

$Re = 1562 < 2100$이므로 층류이다. 층류의 경우 관 입구길이 L은 식 (6-20)에서

$$L = 0.065 Re D$$
$$= 0.065 \times 1562 \times 0.1$$
$$= 10.15\text{m}$$이다.

〈표 6-2〉 입구 손실계수

r/D	0.02	0.06	0.15 이상
K	0.28	0.15	0.04

예제 6-10

위 [예제 6-9]에서 탱크에 연결된 관의 연결부위가 반경 2mm의 라운드를 주어 연결되었다면 이 관의 연결부위에서 발생하는 손실수두는 얼마나 되는가? 또, 이것을 관 길이로 환산하면 관 길이 몇 m에서 발생하는 손실과 같은가?

풀이

〈표 6-2〉에서 $r/D = 0.02$이므로 손실계수 $K = 0.28$이다.

따라서 손실수두는 다음과 같다.

$$h_L = K\frac{V^2}{2g} = 0.28\frac{0.25^2}{2 \times 9.8} = 8.9 \times 10^{-4}\text{m}$$

관 마찰계수는 이 흐름이 층류이므로

$$\lambda = \frac{64}{\mathrm{Re}} = \frac{64}{1562} = 0.041$$

등가길이 L_e는 다음과 같다.

$$K\frac{V^2}{2g} = \lambda\frac{L_e}{D}\frac{V^2}{2g}$$

$$L_e = \frac{KD}{\lambda} = \frac{0.28\times 0.1}{0.041} = 0.68\mathrm{m}$$

6.2.2 돌연 확대관의 손실

[그림 6-7]에서와 같이 관의 단면적이 갑자기 A_1에서 A_2로 확대되면 단면적이 확대되는 곳에서부터 유속이 감소하면서 그림에서와 같이 와류가 발생한다. 이 와류는 직관경의 50배 이상까지 진행되며 그때가 되어야 유동현상이 정상으로 돌아온다. 와류는 유체의 흐름에너지를 소비하여 형성되는 것으로 유체유동의 손실을 유발한다. 관 단면적이 변화하면서 유속도 달라지므로 여기에 운동량방정식을 적용하여 손실수두를 얻을 수 있다.

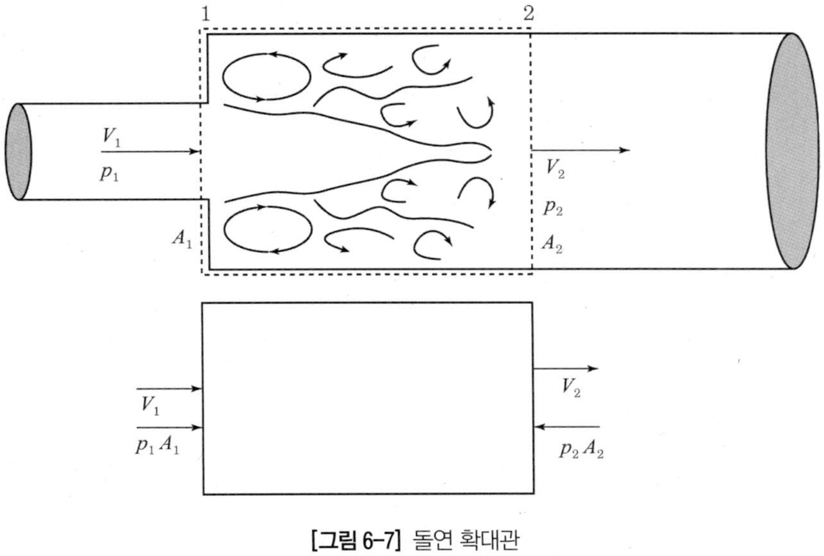

[그림 6-7] 돌연 확대관

관 벽면에서의 마찰력은 와류에 의해서 형성되는 전단응력에 비하여 작기 때문에 마찰력을 생략하고 운동량방정식을 그림에서와 같이 입구 측을 1, 출구 측을 2로 하여 적용하면

$$p_1 A_2 - p_2 A_2 = Q\rho(V_2 - V_1)$$

이므로

$$\frac{p_1 - p_2}{\gamma} = \frac{Q}{A_2 g}(V_2 - V_1) \tag{6-22}$$

이고, 단면이 확대되는 곳에서의 손실수두를 h_L이라 하면 1, 2 사이의 Bernoulli 방정식은 다음과 같다.

$$\frac{p_1}{\gamma} + \frac{{V_1}^2}{2g} = \frac{p_2}{\gamma} + \frac{{V_2}^2}{2g} + h_L$$

마찬가지로 이 식도

$$\frac{p_1 - p_2}{\gamma} = \frac{{V_2}^2 - {V_1}^2}{2g} + h_L \tag{6-23}$$

이므로 $Q = A_2 V_2$를 이용하여 식 (6-22)과 식 (6-23)에서 손실수두를 구하면

$$h_L = \frac{(V_1 - V_2)^2}{2g} \tag{6-24}$$

와 같다. 식 (6-24)을 식 (6-18)의 형태로 쓰면

$$\begin{aligned} K\frac{{V_1}^2}{2g} &= \frac{(V_1 - V_2)^2}{2g} \\ &= \left(1 - \frac{A_1}{A_2}\right)^2 \frac{{V_1}^2}{2g} \end{aligned} \tag{6-25}$$

이므로 손실계수 K는

$$K = \left(1 - \frac{A_1}{A_2}\right)^2 \tag{6-26}$$

이다. 윗 식에서 $A_1 \ll A_2$, A_2에 비하여 A_1이 매우 작은 경우, 예를 들면 관에서 탱크로 유입되는 경우 관과 탱크의 연결부위, 즉 돌연 확대부분에서의 손실계수 $K=1$이다.

한편, 윗 식 (6-26)에서 급확대되는 정도가 클수록 K는 1에 접근해 가며, $A_1/A_2 = 0$이면 $K=1$이다. 즉, 유한한 크기의 관에서 아주 큰 저장조 탱크로 유입되는 경우($A_1 \ll A_2$, A_2에 비하여 A_1이 매우 작은 경우, $A_2 \approx \infty$), 예를 들면 관에서 탱크로 유입되는 경우 관과 탱크의 연결부위에서의 돌연 확대부의 손실계수 $K=1$이 된다. 이 것은 식(6-24)로부터 직관적으로 이해 할 수 있다. 왜냐하면, 연속방정식에서 아주 큰 저장조측의 출구 유속 $V_2 = 0$이 되어 운동에너지를 모두 잃어버리게 되므로 손실수두는

$$h_L = \frac{V_1^2}{2g}$$

이 된다. 이 때 유동하는 유체가 갖는 운동에너지는 모두 마찰에 의한 열에너지로 전환된다.

예제 6-11

내경 150mm의 원관과 400mm의 원관이 직접 연결되어 있다. 작은 관 쪽에서 큰 관 쪽으로 매초 300l의 물이 흐른다. 연결부의 손실수두를 구하여라.

풀이

식 (6-25)을 이용하여 손실수두를 구하자.

$$h_L = \left(1 - \frac{A_1}{A_2}\right)^2 \frac{V^2}{2g}$$

$$\frac{A_1}{A_2}=\left(\frac{d_1}{d_2}\right)^2=\left(\frac{150}{400}\right)^2=0.14$$

$$V_1=\frac{Q}{A}=\frac{4\times 0.3}{\pi(0.15)^2}=17\text{m/s}$$

$$h_L=(1-0.14)^2\times\frac{17^2}{2\times 9.8}=10.9m$$

예제 6-12

그림과 같은 큰 탱크에 직경 10cm의 관이 연결되어 유량 $Q=0.01\text{m}^3/\text{s}$로 펌프를 통하여 수송하고 있다. 관의 손실계수 $\lambda=0.03$ 이라면 펌프 출구에서 탱크까지 관을 흐르는 물이 일으키는 손실은 얼마나 되는가?

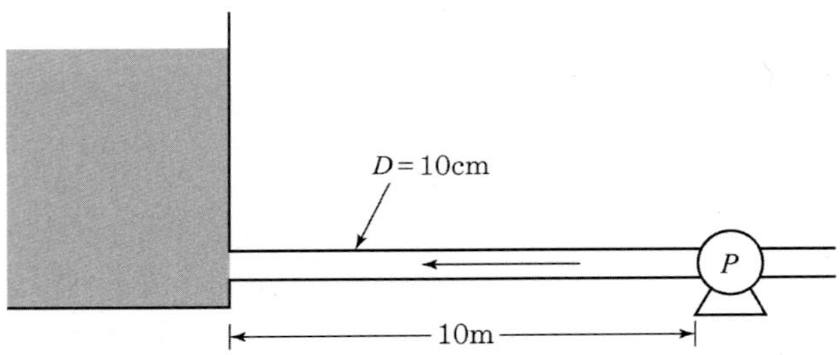

풀이

그림에서 탱크입구는 돌연 확대관으로 볼 수 있으므로 손실계수 $K=1$이다.

$$V=\frac{Q}{A}=\frac{0.01}{\frac{\pi}{4}\times 0.1^2}=1.27m/s$$

$$h_L=K\frac{V^2}{2g}+\lambda\frac{L}{D}\frac{V^2}{2g}$$

$$=\frac{V^2}{2g}(K+\lambda\frac{L}{D})$$

$$=\frac{1.27^2}{2\times 9.8}\left(1+0.03\times\frac{10}{0.1}\right)$$

$$=0.33\text{m}$$

6.2.3 돌연 축소관에서의 손실

관의 단면적이 갑자기 축소되면 급격히 축소되는 부분에서 [그림 6-8]에서와 같이 흐름은 더욱 축소되어 와류가 형성된다. 돌연 축소부의 뒤에서 축맥(vena contracta)이 형성되며 이로 인해 축맥(축소된 유동 단면적 A_c)의 전후에서 유체가 가속되고 재팽창하는 모습을 볼 수 있다.

단면적이 큰 관의 단면적 A_1의 상태에서 단면적이 A_2로 갑자기 좁아지면 유체의 단면적은 오히려 A_c로 A_2보다 더욱 좁아졌다가 다시 A_2로 돌아온다. 단면적이 A_c로 좁아진 곳에서의 유속을 V_c라 하면 손실은 단면적이 A_1에서 A_c로 갑자기 좁아지는 곳에서보다 A_c에서 A_2로 넓어지는 곳에서 일어난다. 즉, A_1에서 A_c로 단면적이 좁아지는 곳에서의 약간의 와류가 발생할 뿐이지만 A_c에서 A_2로 넓어지는 곳에서는 흐름이 불안정하여 많은 손실을 유발시킨다. 따라서 여기서의 손실수두는 A_c의 축소된 단면적에서 A_2로 확대되는 부분에서 발생하는 손실이 전체 손실을 차지한다고 볼 수 있으므로 돌연 확대되는 관의 손실을 계산하는 방법을 이용하여 얻을 수 있다. A_c와 A_2에 식 (6-25)를 적용하면 손실수두 h_L은 다음과 같다.

$$h_L = \left(1 - \frac{A_c}{A_2}\right)^2 \frac{V_c^{\,2}}{2g} \qquad (6\text{-}27)$$

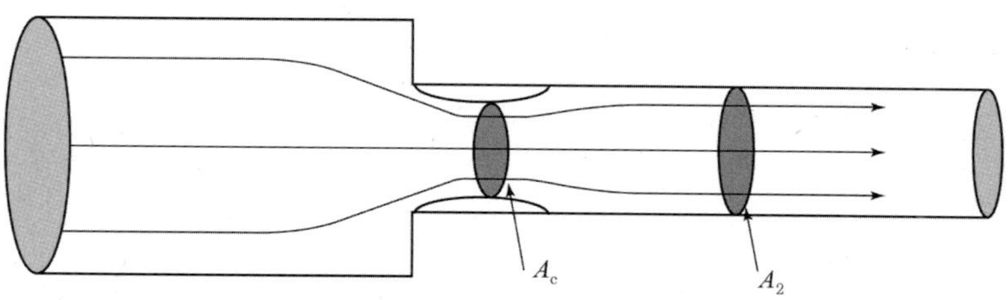

[그림 6-8] 돌연 축소관

이 식에서 $\dfrac{A_c}{A_2} = C_c$로 놓고 또 연속방정식에서 $V_c = \dfrac{V_2}{C_c}$이므로 손실 수두는

$$h_L = \left(1 - \frac{1}{C_c}\right)^2 \frac{{V_2}^2}{2g}$$

$$= K\frac{{V_2}^2}{2g} \tag{6-28}$$

이고 V_2는 축소관에서의 평균유속이다. 여기에서 C_c를 수축계수라 정의하며 돌연축소관의 손실계수 K는 다음 식(6-29)으로 나타낸다.

$$K = \left(1 - \frac{1}{C_c}\right)^2 \tag{6-29}$$

〈표 6-3〉 돌연 축소관의 손실계수와 수축계수

A_2/A_1	0	1	2	3	4	5	6	7	8	9	10
C_c	0.617	0.624	0.632	0.643	0.659	0.681	0.712	0.755	0.813	0.892	1.00
K	0.50	0.46	0.41	0.36	0.30	0.24	0.18	0.12	0.06	0.02	0

돌연 축소관의 손실계수 K는 면적비 $\dfrac{A_2}{A_1}$의 함수이다. 실험적으로 측정한 K의 값들은 $\dfrac{A_2}{A_1} = 0$ 일 때 K=0.5 로부터 $\dfrac{A_2}{A_1} = 1$ 일 때 $K = 0$ 으로 변화하는 경향은 모두 일치한다. 그러나 크기에 있어서는 약간의 차이가 있는데, 〈표 6-3〉에 Weisbach가 물이 흐르는 경우에 대해 실험을 통해 얻은 실험결과로, $\dfrac{A_2}{A_1}$비에 따른 수축계수와 손실계수의 값을 나타내었다. 이 때 관의 연결부위는 날카로운 모서리가 직각으로 연결된 경우이다.

〈표 6-3〉에서 아주 큰 저장조($A_1 \approx \infty$)로부터 직각 모서리의 관 입구를 갖는 경우는 $\dfrac{A_2}{A_1} = 0$ 인 극한적인 경우다. 이 때 난류유동에 대한 손실계수 K는 0.5에 가깝다. 예를 들면, $A_1 \gg A_2$되는 경우로 큰 탱크에서 정지상태로 있던 유체가 작은 관으로 흘러나가는 때는 $\dfrac{A_2}{A_1} = 0$이므로 그 때의 $K = 0.5$이다.

예제 6-13

반경 400mm의 관과 250mm의 두 개의 관이 직접 연결되어 직경이 큰 관에서 작은 관으로 물이 매초 300l씩 수송된다. 연결부위 손실수두를 구하여라.

풀이

$$h_L = \left(1 - \frac{1}{C_c}\right)^2 \frac{{V_2}^2}{2g}$$

$$\frac{A_2}{A_1} = \left(\frac{250}{400}\right)^2 = 0.391$$

이 값에서의 수축계수 C_c를 〈표 6-3〉에 의해 구하면

$$C_c = 0.658$$

$$V_2 = \frac{Q}{A} = 1.53\text{m/s}$$

$$h_L = (1 - \frac{1}{0.658})^2 \times \frac{1.53^2}{2 \times 9.8} = 0.032m$$

이다.

예제 6-14

그림에서 관 마찰계수 $\lambda = 0.03$이면 전체 손실수두는 얼마나 되는가? 단, 유속 $V = 2\text{m/s}$이다.

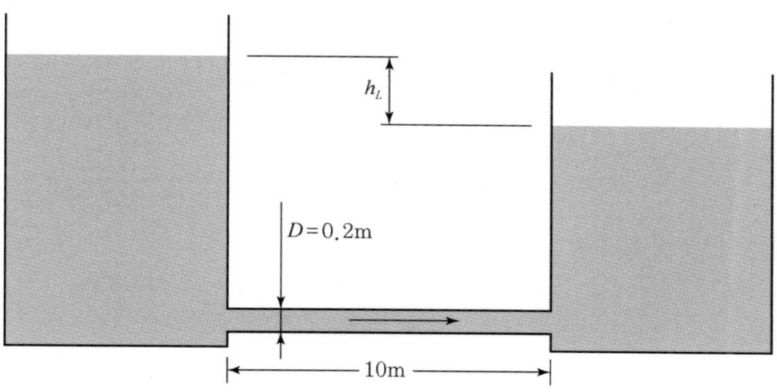

풀이

관 입구에서는 돌연 축소관으로, 큰 저장탱크에서 작은 관으로의 연결시 부차 손실계수 $K=0.5$이고 관 출구는 돌연 확대관으로 큰 탱크에 연결된 경우로 이 때의 $K=1.0$이다.

$$h_L = \left(0.5+\lambda\frac{L}{D}+1\right)\frac{V^2}{2g}$$
$$= \left(0.5+0.03\frac{10}{0.2}+1\right)\frac{2^2}{2\times 9.8}$$
$$= 0.612\text{m}$$

6.2.4 점차 확대관에서의 손실

관의 단면적이 점차 확대되는 관의 손실은 확대되는 부분의 형상에 달려있다. 관 단면적이 점진적으로 확대될 때의 손실수두는 다음과 같이 나타낸다.

$$h_L = K\frac{(V_1 - V_2)^2}{2g}$$

〈그림 6-5〉는 Gibson이 실시한 원추 확대부의 손실계수에 대한 하나의 실험결과를 나타낸 것이다. 점차 확대관에서의 손실계수를 원추각도에 따라 측정한 결과이다. 그림과 같이 손실계수 K는 주로 원추각에 의존하지만 면적비에도 영향을 받는다. 이 결과에 의하면 원추각 $\theta=7^\circ$ 부근에서 손실계수가 최소가 되고 원추각 $\theta=62^\circ$ 부근에서 최대가 되며 이 때의 손실은 돌연 확대관에서 일어나는 손실보다 더 큰 손실이 발생할 것으로 여겨진다. 그림에서 보는 바와 같이 손실계수는 주로 원추각에 영향을 받는다. 그러나 여기에는 유체가 흐르는 원추관의 단면적에도 영향이 있다. 또한, $\theta=62^\circ$ 가까이의 원추 확대관보다는 돌연 확대관을 사용하는 것이 좋다. 왜냐하면 돌연확대관의 손실계수 $K=1$이 원추의 점차 확대관의 값보다 더 작기 때문이다.

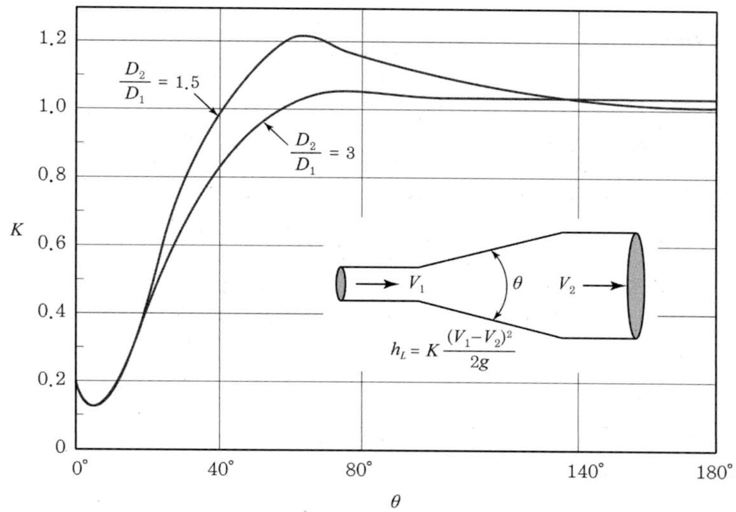

[그림 6-9] 점차 확대관의 손실계수

6.2.5 곡관 및 엘보에서의 손실

관로에 부착된 엘보와 곡관은 유체흐름의 방향을 바꾸는 역할을 한다. 이 과정에서 관속을 흐르는 유체는 관성에 의하여 관의 안쪽 벽면에서 박리현상이 일어나거나 2차 흐름이 발생하여 와류와 함께 손실을 증가시키게 된다.

곡관에서의 r/D와 중심각 θ에 따른 손실계수가 〈표 6-4〉에 표시되어있다.

〈표 6-4〉 곡관의 손실계수

관의 상태	θ \ r/D	1	2	4	6	10
매끈한 벽면	15°	0.03	0.03	0.03	0.03	0.3
	22.5°	0.045	0.015	0.045	0.045	0.045
	45°	0.14	0.09	0.08	0.08	0.07
	60°	0.19	0.12	0.095	0.085	0.07
	90°	0.21	0.135	0.10	0.085	0.0105
거친 벽면	90°	0.51	0.30	0.23	0.18	0.20

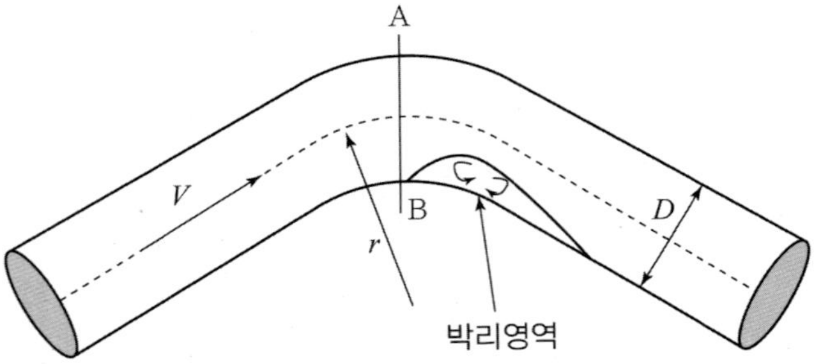

[그림 6-10] 곡관 속의 흐름

엘보는 [그림 6-10]에서 곡률반경 $r=0$일 때로 수평면에 대한 관의 경사각도 a와 손실계수와의 관계가 〈표 6-5〉에 표시되어 있다. [그림 6-11(c)]는 엘보 내에 안내날개가 설치된 것으로 안내날개 때문에 굽어진 곳에서의 와류와 난동이 감소하므로 손실계수가 작아진다.

〈표 6-5〉 엘보의 손실계수

a	5°	10°	15°	22.5°	30°	45°	60°	90°
매끈한 벽	0.016	0.034	0.042	0.066	0.130	0.236	0.471	1.129
거 친 벽	0.024	0.262	0.262	0.154	0.165	0.320	0.684	1.265

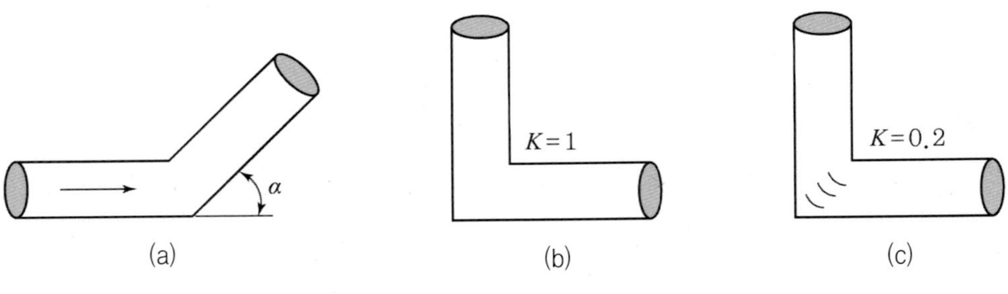

[그림 6-11] 엘보

예제 6-15

직경 35mm의 매끈한 원형 관에 45°의 엘보가 연결되어 있다. 유량 25l/min의 물이 흐른다. 엘보에서 발생하는 손실수두를 구하여라.

풀이

관 속의 평균유속은

$$V=\frac{Q}{A}=\frac{4Q}{\pi D^2}=\frac{4\times 0.025}{\pi\times 0.035^2\times 60}=0.43\text{m/s}$$

$h_L=K\dfrac{V^2}{2g}$ 이므로 표에서 손실계수를 구하면 $K=0.236$

$$h_L=0.236\times\frac{0.43^2}{2\times 9.8}=2.2\times 10^{-3}\text{m}$$

이다.

6.2.6 밸브의 손실계수

관 속을 흐르는 유체의 양 등을 조절하기 위해서 밸브를 사용하며 관로에서의 밸브의 설치는 그 크기가 크든지 작든지 간에 손실을 유발한다. 밸브의 손실은 밸브의 개도, 밸브의 크기, 연결방법에 따라 그 값이 폭넓게 변화하며 지금까지 살펴본 여러 가지의 손실에 비하여 훨씬 크다.

실제 시중에 사용되고 있는 밸브의 종류는 수없이 많고 그들 나름대로 손실을 줄이기 위하여 꾸준히 노력하여 왔다. 따라서 밸브의 손실계수는 획일적인 방법으로 계산할 수 없을 뿐만 아니라 같은 밸브에 대해서도 실험하는 사람에 따라서 다양한 손실계수를 제안하고 있다.

예제 6-16

그림과 같이 저수지의 수면차가 9m일 때 관을 흐르는 유량은 얼마나 되는가? 단, 밸브의 손실계수는 7.5이며 관은 신품 주철관이다. 물의 동점성계수 $v = 1.139 \times 10^{-6}$ m²/s이다.

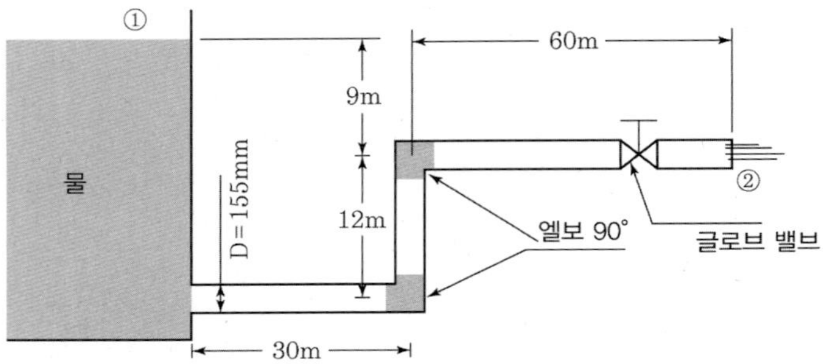

풀이

저수지 표면과 관 출구에 Bernoulli 방정식을 적용하면

$$H = \left(1 + K_1 + \lambda\frac{L}{D} + 2K_2 + K_3\right)\frac{V^2}{2g}$$

여기서 K_1은 저수지에서 관으로 연결되는 입구 손실계수로 0.5이며, K_2는 각도 90° 엘보에서의 손실계수, K_3는 글로브 밸브에서의 손실계수이며, λ는 관 길이에서의 관 마찰계수이다. 관 전체길이는 102m이며, 엘보의 손실계수는 〈표 6-5〉에서 1.129이며, 관 마찰계수 $\lambda = 0.03$으로 가정하자. 두 지점의 차이가 $H = 9$m이므로 위 식은 다음과 같다.

$$9 = \left(1 + 0.5 + \lambda\frac{102}{0.155} + 2 \times 1.129 + 7.5\right)\frac{V^2}{2 \times 9.8}$$

$$= (11.3 + 659\lambda)\frac{V^2}{2 \times 9.8}$$

$\lambda = 0.03$으로 가정하면 이것으로부터 $V = 2.38$m/s를 얻는다. 신품 주철관의 절대조도는 $e =$ 0.3mm이고 상대조도 $\frac{e}{D} = \frac{0.3}{155} = 0.0019$이므로 Re 수는

$$Re = \frac{VD}{v} = \frac{2.38 \times 0.155}{1.139 \times 10^{-6}} = 3.23 \times 10^5$$

Moody 선도에서 관마찰계수를 다시 읽으면 $\lambda = 0.024$를 얻는다.

$$9=(11.3+659\times 0.024)\frac{V^2}{2\times 9.8}$$

이므로, $V=2.6\text{m/s}$를 얻는다. 이 때의 $\text{Re}=3.54\times 10^5$이 된다.

$$Q=AV=\frac{\pi}{4}\times 0.155^2\times 2.6=0.049\text{m}^3/\text{s}$$

6.3 복합관로에서의 유동

파이프나 덕트 내의 유동은 우리 산업사회에서 자주 접하는 현상이다. 시민에게 상수도를 공급하고 공장에서 화학물질을 운반하기 위하여 엔지니어들은 비교적 대단위의 파이핑 시스템을 설계할 뿐만 아니라 냉난방 시스템이나 자동차의 제어 시스템과 같은 비교적 크기가 작은 관로의 설계도 수없이 취급하고 있다. 이러한 관로의 유동은 정상류는 물론 비정상류도 있을 것이며 압축성유체뿐만 아니라 비압축성유체도 흐르고 있을 것이다. 관의 재료는 탄성체는 물론 비탄성체 등 그 종류가 다양할 것이다. 이 장에서는 관 속에 비압축성유체가 정상유동 할 때를 기본으로 취급하였다. 만일 관로가 비교적 단순하다면 문제해결은 탁상용 계산기로도 가능할 것이지만 복잡한 경우는 컴퓨터를 이용하여 해결을 해야 할 것이다. 또, 문제해결을 쉽게 하기 위해서는 그 양이 비교적 적은 값은 무시될 수도 있다.

6.3.1 직렬관로

관로 상의 정상유동에 관한 문제는 Bernoulli 방정식이나 연속방정식 등을 적용하여 해결할 수 있으며 그리고 여기서는 에너지선(E.L.)과 수력구배선(H.G.L.) 등도 이용된다. 이 선들은 방정식들을 이용하여 해결하기 어려운 문제를 해결할 수 있게 해 줄 뿐만 아니라 관 속을 흐르는 유체의 압력, 속도, 위치에너지의 변화를 시각적으로 알 수 있게 해준다.

크기가 서로 다른 두 개 이상의 관이 한 줄로 연결된 것을 직렬관로라 한다. [그림 6-12]는 두 개의 저수지를 관로로 연결한 경우이다. 두 저수지의 수면차이를 H라 하면 두 저수지를 연결하는 관로의 손실은 수면차와 같다. 즉,

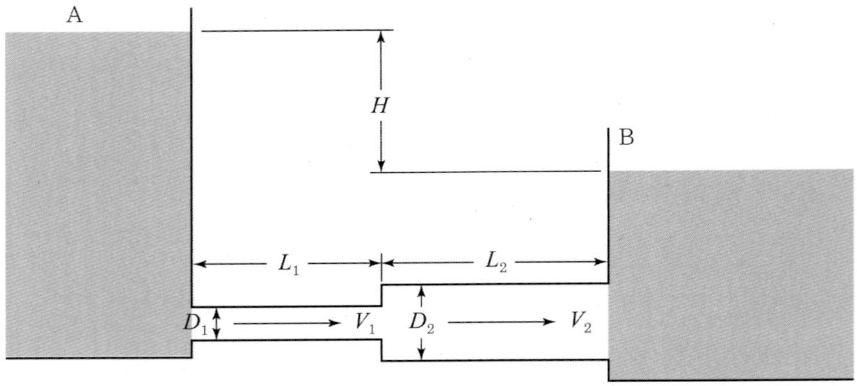

[그림 6-12] 직열관로

$$h_{Le} + \lambda_1 \frac{L_1}{D_1} \frac{{V_1}^2}{2g} + h_{Lk} + \lambda_2 \frac{L_2}{D_2} \frac{{V_2}^2}{2g} + h_{Lo} = H \tag{6-30}$$

으로 여기서 h_{Le}는 관 입구에서의 손실을 의미하는 것으로

$$h_{Le} = K \frac{{V_1}^2}{2g} \tag{6-31}$$

이며 여기서 손실계수 $K_e = 0.5$이다. 또, 식 (6-30)에서 h_{Lk}는 돌연 확대부분에서의 손실수두로

$$h_{Lk} = \left(1 - \frac{A_1}{A_2}\right)^2 \frac{{V_1}^2}{2g} \tag{6-32}$$

이며, 식 (6-30)에서 h_{Lo}는 관에서 탱크로 연결되는 부분에서의 손실수두로

$$h_{Lo} = K_o \frac{{V_2}^2}{2g}$$

$$= K_o\left(\frac{A_1}{A_2}\right)\frac{{V_1}^2}{2g} \tag{6-33}$$

손실계수 $K_o = 1$이다. 따라서 식 (6-30)은 다음과 같이 쓸 수 있다.

$$H = \frac{{V_1}^2}{2g}\left\{0.5 + \lambda_1\frac{L_1}{D_1} + \left(1 - \frac{A_1}{A_2}\right)^2 + \lambda_2\frac{L_2}{D_2}\left(\frac{A_1}{A_2}\right)^2 + \left(\frac{A_1}{A_2}\right)^2\right\} \tag{6-34}$$

여기서 관마찰계수 λ_1, λ_2를 알고 있다면 주어진 수면차를 이용하여 유체의 속도 V_1은 물론 유량 Q를 구할 수 있다. 그와는 반대로 유량이 주어졌다면 이것을 이용하여 저수지의 높이차 H를 구할 수 있다.

관마찰계수 λ_1, λ_2가 주어지지 않았다면 관 마찰계수 λ_1, λ_2를 가정하여 유속 V_1을 구한다. 이것으로서 얻은 Re 수와 상대조도를 이용하여 Moody 선도에서 관 마찰계수를 구하여 이것을 앞에서 가정한 λ_1, λ_2와 비교, 반복 계산하여 유량을 얻을 수 있다.

식 (6-34)에서 $\frac{L}{D}$값이 부차손실계수에 비하여 상대적으로 큰 값을 갖는다면 계산을 단순화하기 위하여 부차적 손실을 무시하고 계산하기도 한다.

예제 6-17

그림과 같은 직렬관로에서 직경이 200mm, 관의 길이가 500m 이고 관의 조도는 $e = 0.2$mm이다. 물의 동점성계수 $v = 1.15 \times 10^{-6}$m^2/s라면 유량은 얼마나 되는가?(단, 유동은 난류이다.)

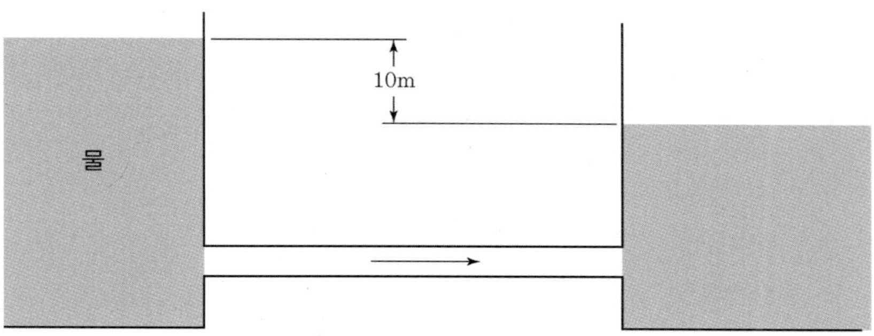

풀이

관의 상대조도는

$$\frac{e}{D}=\frac{0.2}{200}=0.001$$

이므로 Moody 선도에서 $\lambda=0.02$이다.

전체 손실수두 h_L은

$$h_L=(0.5+\lambda\frac{L}{D}+1)\frac{V^2}{2g}$$

이다. 여기서 손실수두는 $h_L=10\text{m}$이므로

$$V=\sqrt{\frac{2\times 9.8\times 10}{0.5+0.02\times\dfrac{500}{0.2}+1}}=3.8\text{m/s}$$

$$\begin{aligned}Q&=AV\\&=\frac{\pi}{4}(0.2)^2\times 3.8=0.12\ \text{m}^3/\text{s}\end{aligned}$$

이다.

6.3.2 병렬관로

관로설계에서 복잡한 관로 중의 하나는 관로의 한 점에서 여러 개의 관로로 분지되었다가 다시 한 점에서 만나는 병렬관로의 문제이다. 병열관로에서는 문제해결을 간편하게 하기 위하여 관로의 부차적 손실과 속도수두 등을 무시하고 [그림 6-13]과 같이 에너지선과 수력구배선을 같다고 그림처럼 표시하여 나타낸다.

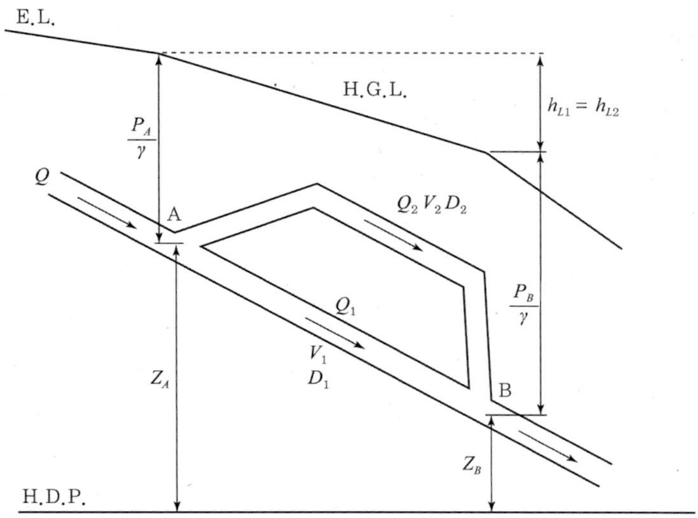

[그림 6-13] 병열관로

그림과 같이 병렬관로를 이용하면 전기회로에서 전류가 증가하는 것과 마찬가지로 유량이 증가한다. 즉, 분지점에서의 유량은 두 분지관의 유량의 합과 같다. 또, 두 분지관의 손실은 같게 된다. 만약 그렇지 않을 경우 두 접합점 사이에 두 개의 에너지선이 존재하게 되므로 분명히 잘못된 생각임을 알 수 있다. 이것을 식으로 표현하면 다음과 같다.

$$h_{L1} = h_{L2}$$
$$Q = Q_1 + Q_2 \tag{6-35}$$

식 (6-35)에서 손실수두를 관마찰에 의한 손실만을 고려한다면

$$\lambda \frac{L_1}{D_1} \frac{{V_1}^2}{2g} = \lambda_2 \frac{L_2}{D_2} \frac{{V_2}^2}{2g} \tag{6-36}$$

이고, 이것을 유량에 대하여 표시하면

$$\frac{8\,\lambda_1\, L_1}{\pi^2 {D_1}^5} {Q_1}^2 = \frac{8\,\lambda_2\, L_2}{\pi^2 {D_2}^5} {Q_2}^2 \tag{6-37}$$

여기서 식 (6-37)의 각항의 계수를 a^2, b^2이라 하면 방정식은 다음과 같이 된다.

$$aQ_1 = bQ_2 \tag{6-38}$$

따라서 관의 직경, 길이 등 관의 자료가 주어지고 총유량을 안다면 식 (6-35)와 식 (6-38)을 연립으로 하여 연립방정식의 해를 구함으로서 Q_1, Q_2를 구할 수 있다. 이 원리를 응용하여 병렬관로를 사용함으로서 얻을 수 있는 유량의 증가를 예측할 수 있다.

예제 6-18

그림과 같은 병렬관로에서 관 마찰계수는 0.03으로 어디서나 같다. 총 유량이 $Q=0.04\text{m}^3/\text{s}$이면 Q_1, Q_2는 얼마인가?

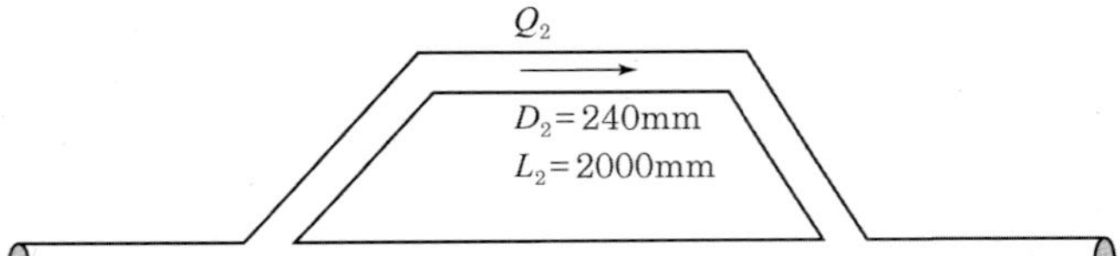

풀이

병렬관의 손실수두는 같으므로

$$0.03\times\frac{1200}{0.2}\times\frac{V_1^{\,2}}{2g}=0.03\times\frac{2000}{0.24}\times\frac{V_2^{\,2}}{2g}$$

$$V_2=0.6\sqrt{2}\,V_1$$

$$Q_2=\left(\frac{0.24}{0.2}\right)^2\times 0.6\sqrt{2}\,Q_1 \qquad ①$$

$$Q_1+Q_2=0.04 \qquad ②$$

①, ② 식을 연립하여 풀면

$$Q_1=0.018\text{m}^3/\text{s}$$

$$Q_2=0.022\text{m}^3/\text{s}$$

이다.

6.3.3 분지관

[그림 6-14]와 같이 여러 개의 탱크를 한 점으로 연결한 분지관에 대하여 고려하여 보자. 이 경우의 각 관로의 유량은 다음과 같이 구할 수 있다.

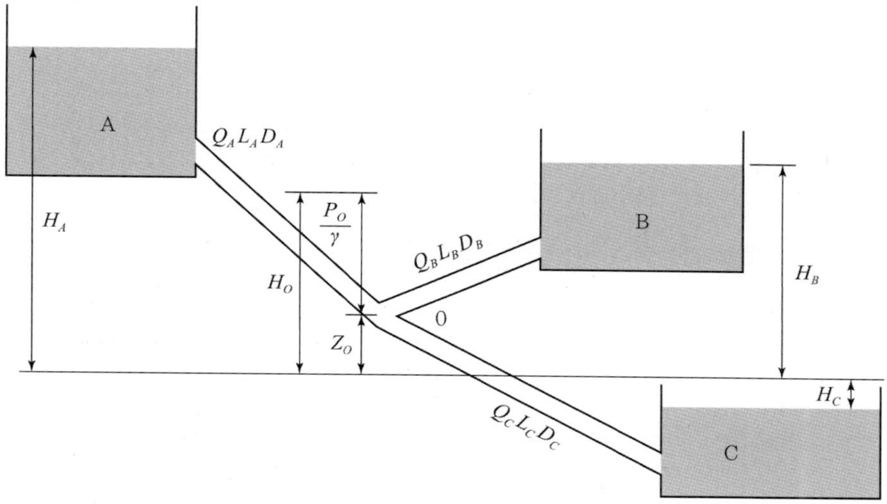

[그림 6-14] 분지관

A, B 탱크의 물이 O 점에서 합류하여 C 탱크로 유입되는 경우로 생각하자. 기준면에서 물 탱크의 높이를 각각 H_A, H_B, H_C라 하면 O 점의 에너지선의 높이는 H_O로 표현된다. 각각의 관 직경을 D_A, D_B, D_C라 하고 O 점에서부터 각 탱크까지의 관의 길이를 L_A, L_B, L_C 그리고 O 점에서 각 탱크에 연결된 관의 마찰손실만을 고려하여 각각을 h_{LA}, h_{LB}, h_{LC}라 하면 다음과 같은 방정식이 성립된다.

$$h_{LA} = H_A - H_O = \lambda_A \frac{L_A}{D_A} \frac{{V_A}^2}{2g}$$

$$h_{LB} = |H_B - H_O| = \lambda_B \frac{L_B}{D_B} \frac{{V_B}^2}{2g} \tag{6-39}$$

$$h_{LC} = H_O - H_C = \lambda_C \frac{L_C}{D_C} \frac{{V_C}^3}{2g}$$

각 관로의 속도를 구하기 위해서 먼저 O 점의 H_O를 가정하여 속도를 계산하고 이 속도로 유량관계식

$$Q_A \pm Q_B = Q_C \tag{6-40}$$

이 만족하도록 시행착오법을 써서 적당한 값을 구한다.

식 (6-40)에서 '+' 또는 '−'의 결정은 H_O의 가정에 따라서 결정되는 유동방향에 의해서 해야 한다.

예제 6-19

그림과 같이 저수지 A, B에서 분지관을 통하여 저수지 C로 이송된다. 여기서 $L_1 = 1000$m, $L_2 = 800$m, $L_3 = 600$m이고 관 직경이 $D_1 = 300$mm, $D_2 = 250$mm, $D_3 = 400$mm라 하고 $H_1 = 30$m, $H_2 = 12$m이면 Q_1, Q_2, Q_3는 얼마나 되는가? 단, 관 마찰계수 $\lambda_1 = 0.02$, $\lambda_2 = 0.03$, $\lambda_3 = 0.024$이다.

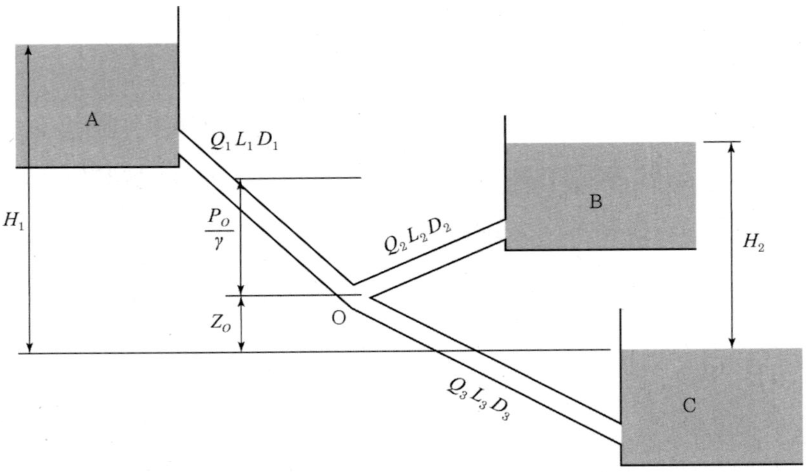

풀이

O 점을 기준으로 하여 O 점에서의 수두를

$$Z_o = \frac{P_o}{\gamma} = 10\text{m}$$

로 가정하면 A 탱크에 대해서는

$$H_1 - \left(Z_o + \frac{p_o}{\gamma}\right) = \lambda_1 \frac{L_1}{D_1} \frac{{V_1}^2}{2g}$$

이므로

$$20 = 0.02 \times \frac{100}{0.3} \times \frac{{V_1}^2}{2 \times 9.8}$$

에서

$$V_1 = 2.4 \text{ m/s}, \quad Q = 0.171 \text{ m}^3/\text{s}$$

$$H_2 - \left(Z_o + \frac{p_o}{\gamma}\right) = \lambda_2 \frac{L_2}{D_2} \frac{{V_2}^2}{2g}$$

$$2 = 0.03 \times \frac{800}{0.25} \times \frac{{V_2}^2}{2 \times 9.8}$$

$$V_2 = 0.64 \text{ m/s}, \quad Q_2 = 0.031 \text{ m}^3/\text{s}$$

같은 방법으로 $H_3 = 0$이므로

$$10 = 0.024 \times \frac{500}{0.4} \times \frac{{V_3}^2}{2 \times 9.8}$$

$$V_3 = 2.33 \text{ m/s}, \quad Q_3 = 0.293 \text{ m}^3/\text{s}$$

위에서 얻어진 결과는 $Q_1 + Q_2 < Q_3$이므로 가정을 좀 작게 하여 반복계산하면 될 수 있음을 알 수 있다.

$Z_o + \frac{p_o}{\gamma} = 6$ m로 가정하여 위와 같이 반복계산하면

$$Q_1 = 0.188 \text{ m}^3/\text{s}, \quad Q_2 = 0.054 \text{ m}^3/\text{s}, \quad Q_3 = 0.277 \text{ m}^3/\text{s}$$

이 결과는 $Q_1 + Q_2 > Q_3$이므로

$Z_o + \frac{p_o}{\gamma} = 6.6$ m로 가정하면

$$V_1 = 2.62 \text{ m/s}, \quad Q_1 = 0.185 \text{ m}^3/\text{s}$$

$V_2 = 1.05$ m/s, $Q_2 = 0.052$ m^3/s, $V_3 = 1.90$ m/s, $Q_3 = 0.238$ m^3/s

이 결과는

$$Q_1 + Q_2 \fallingdotseq Q_3$$

이므로 위와 같이 가정하여 계산하면 된다는 것을 알 수 있다.

6.3.4 관로망

생산공장의 배관 구조나 현대 도시의 상하수도 등은 매우 복잡한 구조로 되어 있으며 이와 같이 그물처럼 복잡하게 구성된 배관을 관로망이라 한다. 관로망은 이렇게 복잡하기 때문에 이에 대한 해석도 복잡하여 수치계산을 반복하여 근사해를 얻을 수밖에 없다. 다행히 최근에는 컴퓨터를 쉽게 이용할 수 있으므로 간단히 해답을 얻을 수 있다. 관로망의 해석을 쉽게 하기 위해서 여기서는 간단한 병렬관에 대한 해석을 소개하기로 한다.

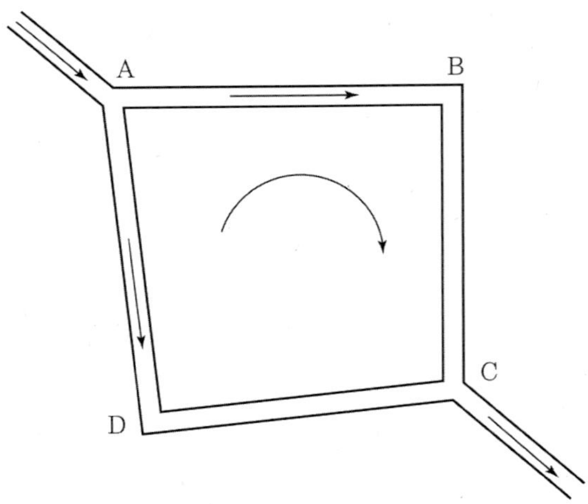

[그림 6-15] 관로망

[그림 6-15]와 같은 단순 관로망에서 A와 C 사이의 손실수두는 앞에서 기술한 바와 같이 B를 거치든지 D를 거치든지 같다. 즉,

$$h_{L(ABC)} = h_{L(ADC)}$$

또는

$$h_{L(ABC)} + h_{L(CDA)} = 0$$
$$\Sigma h_L = 0 \tag{6-41}$$

이 식은 그림에서와 같이 하나의 폐회로를 고려할 때 시계방향으로의 손실수두를 '+', 반시계방향으로의 손실은 '−'로 하여 그 합은 항상 0이 되어야 한다.

관로망의 각 관이 충분히 길고 관마찰이 커서 부차적인 손실을 무시할 수 있을 경우, 관의 손실수두는 다음과 같다.

$$h_L = \lambda \frac{L}{D} \frac{V^2}{2g} = KQ^2 \tag{6-42}$$

여기서 $\dfrac{K = 8\lambda L}{\pi^2 g D^5}$이다. 위 식에서 손실수두는 유량의 제곱에 비례하고 Q만의 함수이므로 이 관계를 이용하여 유량을 얻을 수 있다. 지금 실제유량 Q를 구하기 위하여 실제 유량에 가까운 Q_*이라는 유량을 가정하자. 가정된 유량에서의 손실수두는 h_{L^*}이 될 것이며 이들의 관계는 식 (6-41)을 이용하여 다음과 같은 식으로 표현된다.

$$\Sigma h_L = \Sigma h_{L^*} + \Sigma \Delta h_L = 0$$
$$Q = Q_* + \Delta Q \tag{6-43}$$

여기서 식 (6-42)을 이용하여 ΔQ^2항의 값이 작아 0에 가깝다고 무시하면

$$KQ^2 = K(Q_* + \Delta Q)^2 \fallingdotseq KQ_*{}^2 + 2KQ_* \Delta Q \tag{6-44}$$

으로 식 (6-43)은

$$\Sigma h_{L^*} + 2\Sigma KQ_* \Delta Q = 0 \tag{6-45}$$

로 되며 여기서 ΔQ를 구하면

$$\Delta Q = \frac{\Sigma h_{L*}}{2\Sigma K Q_*} \tag{6-46}$$

로, 이 식을 이용하여 처음에 가정한 Q_*로 이에 대한 편차 ΔQ를 얻고 이에 의해서 새로운 유량이 가정되어 $\Delta Q = 0$이 될 때까지 반복 계산하면 실제유량 Q를 얻을 수 있다. 이와 같은 방법을 Hardy-Cross 근사해법이라 한다.

예제 6-20

그림과 같은 관로망에서 관의 $\lambda = 0.025$이다. 관로망의 Q_1, Q_2, Q_3를 구하여라

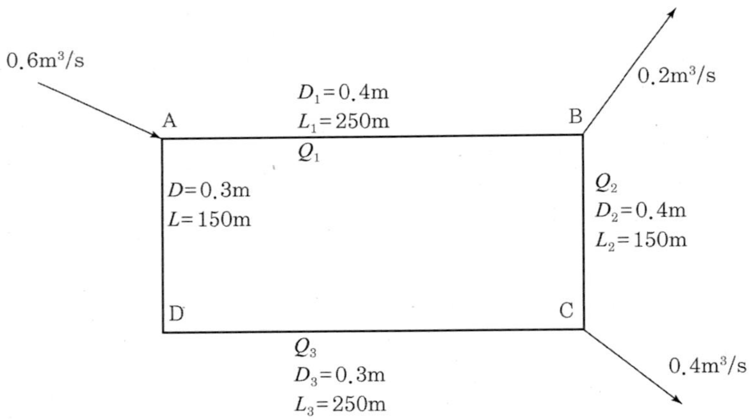

풀이

식 (6-42)을 이용하여 손실수두를 표현하여 보자.

$$h_L = \lambda \frac{L}{D} \frac{V^2}{2g} = \lambda \frac{L}{D} \left(\frac{4Q}{\pi D^2} \right)^2 = KQ^2$$

여기서 상수 K는

$$K = \lambda \frac{L}{D} \frac{1}{2g} \frac{16}{\pi^2 D^4}$$

이므로 각 관로망에서의 값은

$$K_1 = 0.025 \times \frac{16}{2 \times 9.8\pi^2} \times \frac{250}{{D_1}^5} = 50$$

$$K_1 = 0.025 \times \frac{16}{2 \times 9.8\pi^2} \times \frac{250}{{D_2}^5} = 30$$

$$K_1 = 0.025 \times \frac{16}{2 \times 9.8\pi^2} \times \frac{250}{{D_3}^5} = 381$$

이고, 또

$$Q_1 + Q_3 = 0.6 \qquad ①$$

$$Q_1 - Q_2 = 0.2 \qquad ②$$

이며, $h_{ABCDA} = 0$이므로

$$50Q_1^2 + 30Q_2^2 - 381(0.6 - Q_{1)} = 0 \qquad ③$$

①, ②, ③ 식에서

$$301Q_1^2 - 445Q_1 + 127 = 0$$

이 방정식을 풀어 해를 구하면, $Q_1 = 1.09$ 또는 0.39의 두 가지 해 중에서 1.09는 불가능하므로

$$Q_1 = 0.39,\ Q_2 = 0.19,\ Q_3 = 0.21$$

이다.

Exercise

1. 직경 10cm의 매끈한 관에 물이 흐르고 있다. 유량이 $0.1 \times 10^{-3} m^3/s$이고 동점성계수는 $v = 0.66 \times 10^{-6} m^2/s$이면 길이가 100m인 관에서의 손실수두를 구하여라.

2. 직경 15cm의 주철관에 $0.1 m^3/s$의 유체가 흐른다. 관 길이 200m에서의 손실수두를 구하여라. 단, 이 유체의 동점성계수는 $v = 0.7 \times 10^{-5} m^2/s$이다.

3. 직경 20cm, 길이 500m의 원관 속에 물이 매초 50l의 비율로 흐른다. 관 마찰계수가 0.02이면 손실수두는 얼마나 되는가?

4. 그림과 같은 직경 60mm의 수평 원관에 240kg/min의 물이 흐른다. 두 지점 10m 사이에 시차 액주계를 설치하여 측정한 결과 그 압력차가 113mmHg이었다. 물의 동점성계수 $v = 1.15 \times 10^{-6} m^2/s$이면 관 마찰계수와 Re 수는 얼마나 되는가?

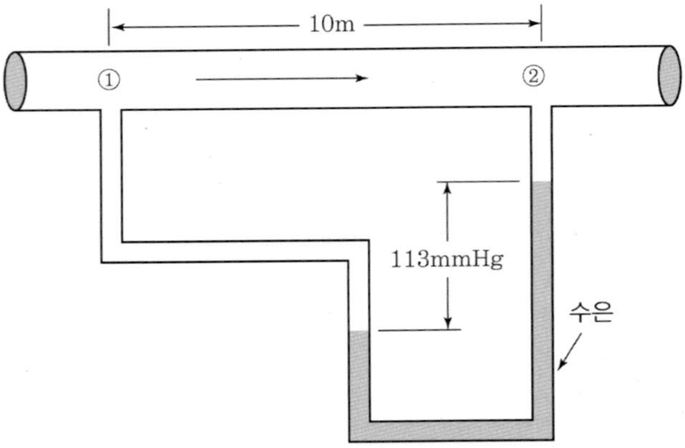

5. 유량 $Q = 0.2 m^3/s$의 물이 직경 250mm의 원관 속을 흐른다. 길이 400m에 걸쳐 800kW의 손실이 발생한다면 손실수두는 얼마인가? 또, 관마찰계수 λ는 얼마나 되는가?

6. 비중 0.9인 유체가 직경 75mm의 관에서 6 m/s의 속도로 흐르다 직경 150mm의 관으로 연결되어 흐른다. 연결부위에서 손실수두를 구하여라.

7. 동점성계수 $\upsilon = 5.0 \times 10^{-4}\text{m}^2/\text{s}$인 기름이 0.3 m/s의 속도로 직경 5cm인 관 속을 흐른다. 이 관의 50m 길이에서 발생하는 손실수두는 얼마나 되는가?

8. 비중 0.75, 점성계수 $\mu = 0.42$poise인 기름이 직경 100mm 원관 속을 10 l/s로 흐른다. 관 길이 100m에 대한 압력강하를 구하여라.

9. 직경 10cm의 원관 속을 물이 흐른다. 관 벽면에서의 전단응력이 100 kPa이었다. 이 관의 마찰속도를 구하여라.

10. 송풍용 덕트의 크기가 60×50cm 직사각형 단면이다. 이것을 이용하여 $\upsilon = 0.16 \times 10^{-4}\text{m}^2/\text{s}$의 공기를 매초 $5\text{m}^3/\text{s}$ 송출시키면 Re 수는 얼마인가? 또, 이 덕트의 관 마찰계수가 $\lambda = 0.013$이면 덕트 길이 50 m에 대한 손실수두를 구하여라.

11. 직경 120mm 원관 속을 1m/s 속도로 흐르는 물이 갑자기 축소되어 30mm 관으로 흐른다. 직경 120mm 관에서의 압력이 250 kPa 이면 관 마찰을 무시할 때 축소관에서 압력은 얼마나 되는가?

12. 다음 그림과 같은 관 입구에서의 손실수두와 손실계수를 구하여라. 단, 관의 직경은 25mm, 길이는 1.511m, 유량은 $0.0015\text{m}^3/\text{s}$이고 관의 상태는 매끄러운 관이다. 또, 물의 $\upsilon = 1.006 \times 10^{-6}\text{m}^2/\text{s}$이다.

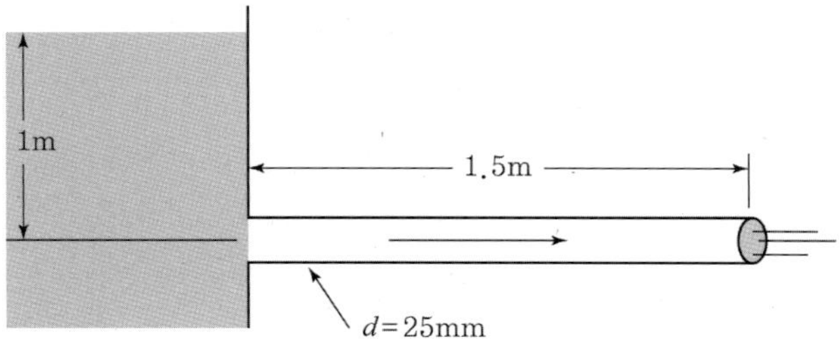

13. 다음 그림에서 물이 관 길이 5m, 직경 20mm 그리고 유량 0.1256m^3/s로 흐른다. 관 마찰계수 $\lambda = 0.019$이면 관입구 측의 손실계수 K는 얼마인가?

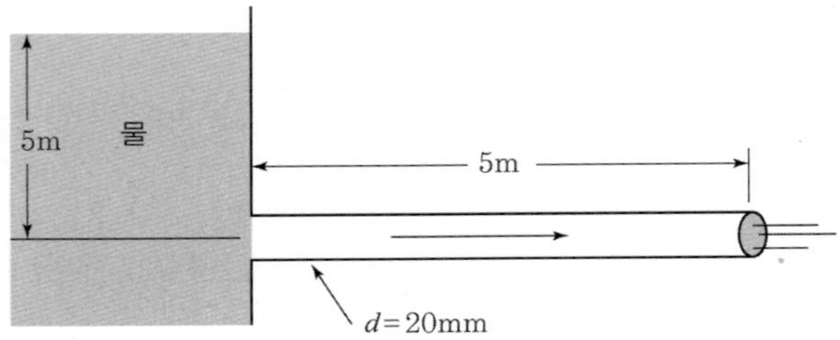

14. 다음 그림과 같이 터빈이 설치되어 물로부터 터빈에서 $E_T = 35$ J/N의 에너지를 얻고 있다. 관에 흐르는 물의 유량은 얼마나 되는가? 단, 관 직경은 모두 0.5 m이고 길이는 500 m이며 관 마찰계수 $\lambda = 0.02$이다.

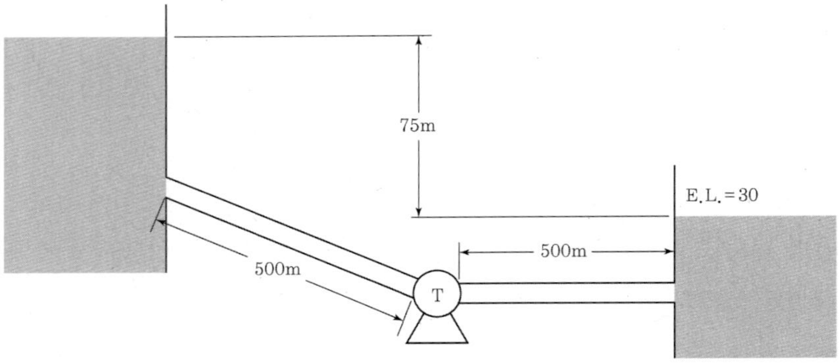

15. 그림에서 전체유량이 0.4m^3/s일 때 각 관로의 유량 Q_1, Q_2를 구하여라. 단, 두 관 모두 관 마찰계수는 0.02이다.

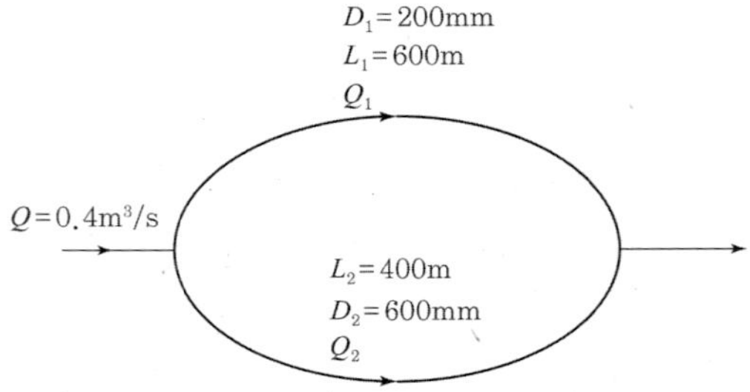

16. 그림과 같은 관에 물이 흐른다. 관에 설치된 액주계에 수은이 들어있을 때 수은의 높이 H를 구하여라. 단, 관 마찰계수 $\lambda = 0.02$, 돌연 확대부의 손실계수 $K = 1$이다.

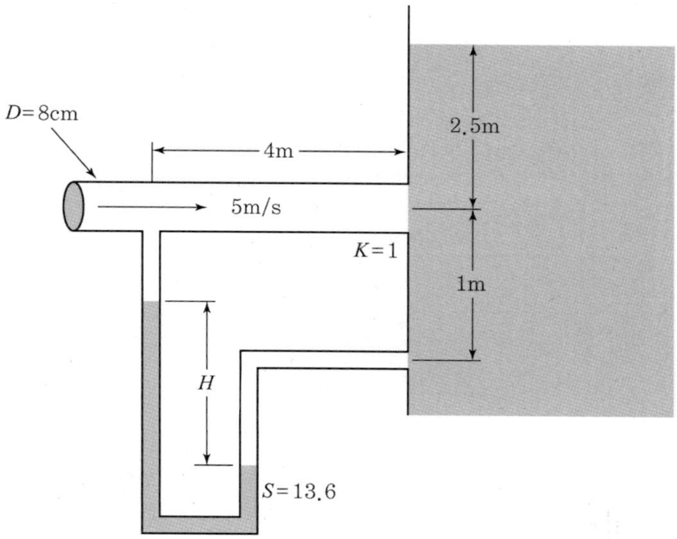

17. 그림과 같은 직경 10cm의 관에 물이 흐른다. 압력계의 눈금이 4.9bar를 가리키고 관 끝의 노즐직경이 200mm이라면 노즐에서의 유속은 얼마인가? 단, 관 마찰계수 $\lambda = 0.03$이다.

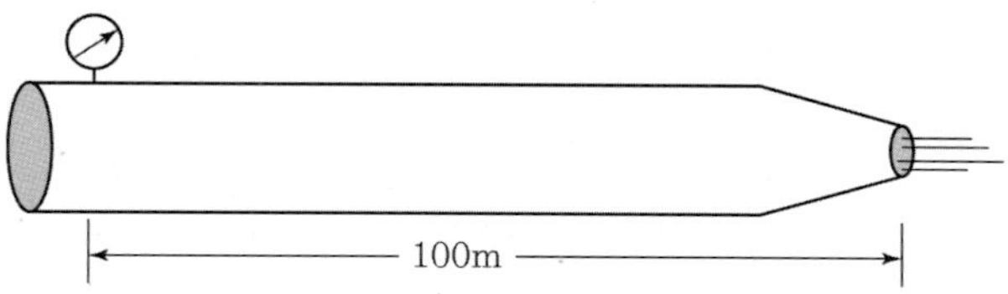

18. 그림과 같이 두 개의 탱크가 펌프로 연결되어 있다. 펌프가 없을 때 관로 속에 유량 $0.12 m^3/s$의 물이 흐른다. 같은 유량을 펌프에 의해서 낮은 곳에서 높은 탱크로 퍼 올린다면 펌프의 동력은 얼마나 필요한가?

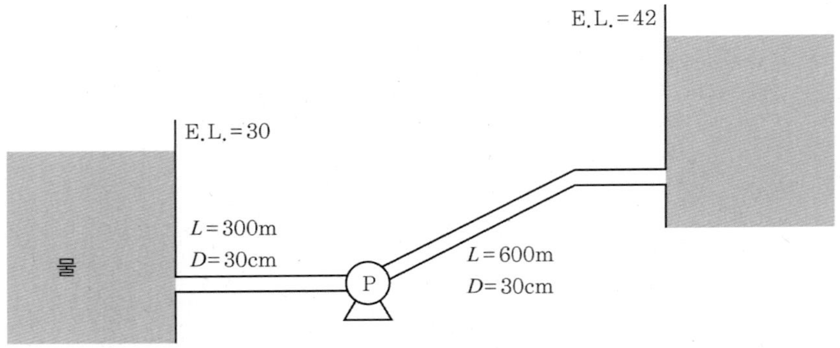

19. 그림과 같은 관로에서 모든 관의 마찰계수는 0.02로 동일하다. 각 관로의 유량을 구하여라.

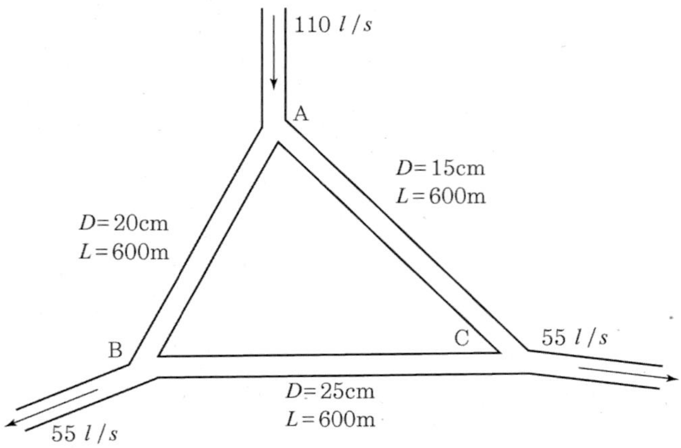

20. 부차손실계수 $K=5$인 밸브를 관 마찰계수가 $\lambda=0.025$이고 직경이 2cm인 관으로 환산된다면 관의 상당길이는 얼마인가?

CHAPTER 07

차원해석과 상사법칙

7.1 차원해석과 상사법칙

실제유체의 유동에 관한 문제를 미분방정식이나 적분방정식을 푸는 해석적인 방법으로 해답을 얻을 수 있는 경우는 극히 제한되어 있다. 따라서 수많은 실제문제의 해석에는 실험적인 방법을 이용한 관계식에 의존하여 왔다. 때때로 실험적인 연구는 많은 시간과 비용을 필요로 하기도 하지만 분명한 것은 최소의 실험으로부터 최대의 정보를 얻는 것이다. 이와 같은 일을 해내는 기술적인 방법을 차원해석이라 한다. 차원해석은 방정식의 모든 항이 동일한 차원을 가져야 한다는 차원의 동차성을 기초로 하였다. 우리가 잘 알고 있는 식 중에서 예를 들어 Bernoulli 방정식은 길이라는 차원을 갖는 항들로서 이루어진 식으로 다음과 같다.

$$\frac{p_1}{\gamma}+\frac{{V_1}^2}{2g}+z_1=\frac{p_2}{\gamma}+\frac{{V_2}^2}{2g}+z_2 \tag{7-1}$$

식 (7-1)의 좌변과 우변을 z_1, z_2로써 인수분해하면 다음과 같다.

$$\frac{p_1}{\gamma z_1}+\frac{{V_1}^2}{2g z_1}+1=\left(\frac{p_2}{\gamma z_2}+\frac{{V_2}^2}{2g z_2}+1\right)\frac{z_2}{z_1} \tag{7-2}$$

식 (7-2)의 각항은 무차원수로서 이루어졌다. 즉, 차원해석의 기본은 이와 같이 각 변수를 무차원화하여 해석하는 것이다. 우리가 실험하고자 하는 변수가 압력과 속도, 높이라는 세 개의 변수라고 하자. 각각의 실험변수에 대하여 변량을 n, m, k개씩 취하여 실험한다면 실험횟수는 $m\times n\times k$번을 해야 하며 실험의 정확성을 기하기 위하여 한 가지 변수에 대하여 q번의 실험을 한다면 총 실험횟수는 $m\times n\times k\times q$회가 되며, 실험변수와 변량이 많아진다면 실험횟수는 급격히 많아지게 되어 실험에 드는 비용과 시간도 엄청날 뿐만 아니라 실험자료의 정리도 쉽지 않다. 따라서 이러한 문제점을 해결하기 위해 먼저 실험하고자 하는 문제에 관여하는 물리량을 찾아내고 이것들이 서로 관계하는 무차원수를 찾아내어 그들 관계를 규명하면 실험해야할 변수의 수를 줄일 수 있다. 이것이 바로 차원해석이다.

항공기 주변의 공기의 흐름이나 댐, 위어 또는 선박 주위의 유체의 거동을 해석하기 위한 실험은 거대한 시설과 비용을 필요로 하므로 실험에서는 실제의 원형을 축소한 모형을 이용하여 실험을 실시함으로서 실제원형을 이용하여 실험하는 것보다 비용을 절감하고 또 원형에 비하여 모형의 취급이 용이하므로 다양한 변수에 대해서 실험이 가능하다.

우리 주변에는 거대한 기계가 있는 반면에 아주 작은 기계도 사용되고 있다. 예를 들어 터빈에 사용되는 터빈 날개(turbin blade) 주위의 기체의 거동 또는 혈관 내에서 흐르는 혈액의 유동상태 그 밖에도 작은 컨트롤 밸브를 통해 흐르는 유체의 유동이나 작은 물방울 주위의 유동 등을 해석하기 위한 실험에서는 보다 정확한 실험결과를 얻기 위하여 앞서와는 반대로 원형보다 큰 모형을 이용하여 실험을 실시한다.

상사법칙은 모형을 관찰하여 원형의 상태를 파악하는 것으로 이 과정에서 차원해석을 이용한다. 즉, 상사법칙은 차원해석에서 얻어진 무차원수를 이용하여 원형과 모형의 상태를 나타낸다.

차원해석과 상사법칙을 이해하는 데는 두 가지 방법이 있다. 하나는 차원의 동차성을 이용한 Buckingham π 정리이고 다른 하나는 우리가 조사하는 현상에 대한 방정식이나 경계조건에서 무차원수를 이끌어내는 것이다.

7.2 차원해석

7.2.1 차원해석의 원리

유체의 유동에 관한 연구는 그것이 해석적이든 실험적이든 수없이 많은 흐름에 관한 형상변수를 포함하고 있다. 따라서 시간과 비용을 절약하기 위하여 가능한 변수의 조합에 관심을 기울이고 있다. 이와 같은 예로 [그림 7-1]의 경우를 고려해 보자. 그림에서 두 점 사이의 압력강하는 관내의 유체의 평균속도 V, 유체의 밀도 ρ, 유체의 점성 μ, 관의 직경 D와 관 내에 임의로 설치한 장애물의 틈새 h에 영향을 받는다는 것을 예상할 수 있다. 이것은 식으로 다음과 같이 쓸 수 있다.

$$\Delta p = f(V, \rho, \mu, D, h) \tag{7-3}$$

이 식은 양변의 차원은 같아야 한다는 차원의 동차성을 이용하여 무한급수로 표현할 수 있다.

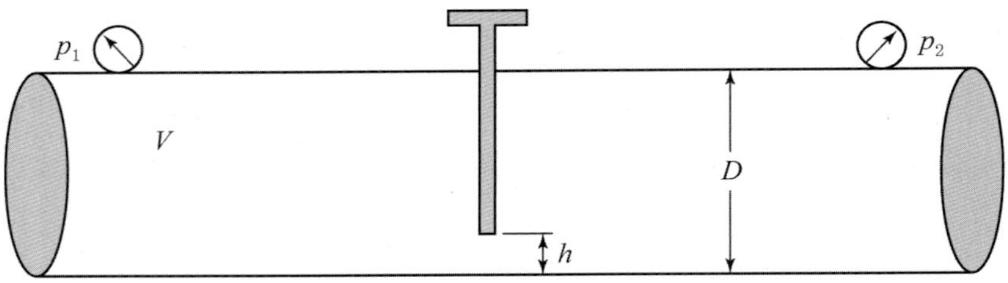

[그림 7-1] 관속의 장애물

$$\begin{aligned}\Delta p &= K_1 \cdot V^{a_1} \cdot \rho^{b_1} \cdot \mu^{c_1} \cdot D^{d_1} \cdot h^{e_1} + \\ &= K_2 \cdot V^{a_2} \cdot \rho^{b_2} \cdot \mu^{c_2} \cdot D^{d_2} \cdot h^{e_2} + \\ &= K_3 \cdot V^{a_3} \cdot \rho^{b_3} \cdot \mu^{c_3} \cdot D^{d_3} \cdot h^{e_3} +\end{aligned} \tag{7-4}$$

여기서 K_i는 무차원의 계수이고 a_i, b_i, ……는 급수전개에 필요한 지수이다. 식 (7-4)의 우변과 좌변의 차원은 같아야하므로 문제해결을 쉽게 하기 위하여 식 (7-4)의 일반항을 고려하여 차원식으로 표시하면 다음과 같이 쓸 수 있다.

$$\left(\frac{M}{LT^2}\right) = \left(\frac{L}{T}\right)^a \cdot \left(\frac{M}{L^3}\right)^b \cdot \left(\frac{M}{LT}\right)^c \cdot (L)^d \cdot (L)^e \tag{7-5}$$

식 (7-5)에 지수법칙을 적용하면

$$(M)(L)^{-1}(T)^{-2} = (M)^{b+c}(L)^{a-3b-c+d+e}(T)^{-a-c} \tag{7-6}$$

이며 등식이 성립하려면 다음과 같은 연립방정식을 만족해야 한다.

$$\begin{aligned} & b+c=1 \\ & a-3b-c+d+e=-1 \\ & -a-c=-2 \end{aligned} \tag{7-7}$$

이 방정식은 미지수가 5개 방정식이 3개이므로 c, e를 독립변수로 보고 나머지 변수를 이것들의 함수로 표시하면

$$\begin{aligned} & b=1-c \\ & a=2-c \\ & d=-c-e \end{aligned} \tag{7-8}$$

와 같다. 즉, 식 (7-8)의 결과를 이용하면 식 (7-4)의 우변의 일반항은 다음과 같다.

$$K\left(\frac{\rho VD}{\mu}\right)^{-c} \cdot \left(\frac{h}{D}\right)^{e} \cdot (\rho V^2) \tag{7-9}$$

따라서 압력강하 Δp는 다음과 같이 된다.

$$\begin{aligned} \Delta p = & K_1\left(\frac{\rho VD}{\mu}\right)^{-c_1} \cdot \left(\frac{h}{D}\right)^{e_1} \cdot (\rho V^2)+ \\ & K_2\left(\frac{\rho VD}{\mu}\right)^{-c_2} \cdot \left(\frac{h}{D}\right)^{e_2} \cdot (\rho V^2)+ \end{aligned} \tag{7-10}$$

식 (7-10)은 다음과 같이 정리할 수 있다.

$$\frac{\Delta p}{\rho V^2}=F\left(\frac{\rho VD}{\mu} \cdot \frac{h}{D}\right) \tag{7-11}$$

식 (7-11)의 각 항은 무차원수로서, 앞에서의 식 (7-2)의 Bernoulli 방정식을 무차원수로 표현한 것과 같이 식 (7-3)도 무차원수를 이용한 식 (7-11)으로 표시되었다.

이번에는 [그림 7-1]의 압력강하의 문제를 실험을 통하여 해결하여보자. 먼저 식 (7-3)의 압력강하에 관계하는 여러 가지 변수 중에서 속도를 제외한 나머지 변수는 고정하고 유체의 평균속도와 압력강하의 관계를 조사한다. 즉, 관의 직경을 변화시켜가며 속도에 따른 압력강하를 조사하고 다음번에는 장애물의 틈새 높이를 변화시켜가며 속도에 따른 압력강하를 조사하였으며, 그 결과는 [그림 7-2]의 (a), (b)를 얻을 수 있었다고 하자. 또, 이번에는 실험유체를 변화시켜 밀도와 점성계수를 변화시켜가며 앞서와 같은 실험결과를 얻을 수 있을 것이다.

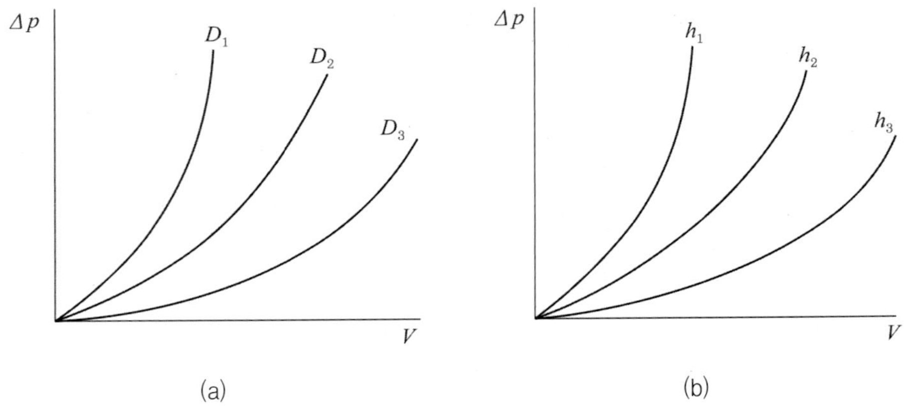

[그림 7-2] 장애물 틈새와 압력강하

이번에는 h/D의 값을 일정한 값($h/D = 0.1$)으로 고정시킨 상태에서 $\dfrac{\rho VD}{\mu}$에 따른 압력강하의 양을 측정하는 실험을 실시할 수 있을 것이다. 그에 대한 결과가 [그림 7-3]에 도시되어 있는 바와 같으며 계속하여 $\dfrac{h}{D} = 0.5$ 등의 값에 대하여 반복하여 실험하여 전체적인 실험결과를 [그림 7-3]에 도시하였다. 즉, 식 (7-11)에 유도된 무차원수를 이용하여 실험을 실시하게 되면 파이프나 밸브, 유체 등이 한 종류만 있어도 충분한 실험을 할 수 있다는 것을 알 수 있다.

식 (7-3)처럼 어떤 문제에 관한 변수를 찾을 때 그것을 찾기가 쉬운 경우가 있는가 하면 때로는 어떤 변수들이 관여하고 있는지를 쉽게 알 수 없는 경우도 많다. 이 변수들을 찾는 데는 정확한 물리적인 지식이 요구된다.

관 내의 거칠기에 따른 압력강하에 영향을 미치는 변수로서 밀도와 점성이 중요한 변수이지만 관의 압력과 압축성 등은 중요한 변수가 아닐 것이라고 생각하는 것이 차원해석을 실행하는 첫 번째 단계라는 것을 알 수 있다.

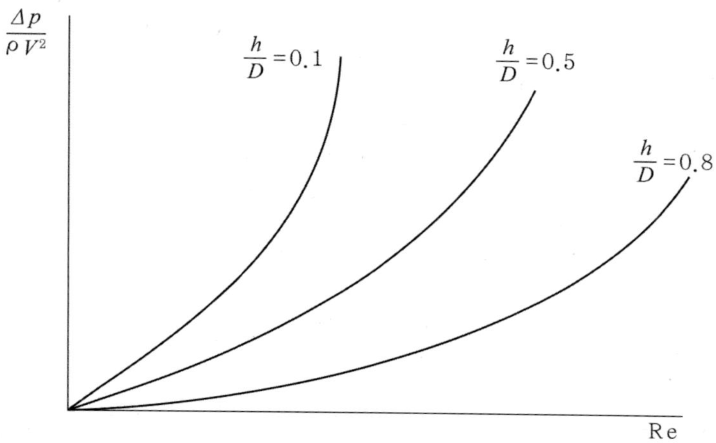

[그림 7-3] Re 수와 압력강하

예제 7-1

모세관 내에서 액체의 상승높이 Δh는 모세관의 직경 D, 액체의 표면장력 σ, 비중량 γ의 영향을 받는다. Δh를 D, σ, γ의 함수로 표현하여라.

풀이

Δh를 주어진 D, σ, γ의 함수로 표현하면

$$\Delta h = f(D, \sigma, \gamma)$$

$$\Delta h = k D^a \sigma^b \gamma^c$$

위 식의 각 항에 차원을 대입하면

$$[L] = [L]^a\,[MT^{-2}]^b\,[ML^{-2}T^{-2}]^c$$

$$L = L^{a-2c} M^{b+c} T^{-2b-2c}$$

$$a = 1 + 2C$$
$$b = -C$$

이므로

$$\Delta h = kD^{1+2C}\sigma^{-C}\gamma^{C}$$
$$= K\left(\frac{D^2\gamma}{\sigma}\right)^{C} D$$

이며 따라서

$$\frac{\Delta h}{D} = f\left(\frac{\sigma}{\gamma D^2}\right)$$

이다.

예제 7-2

펌프의 동력 P는 비중량 γ, 유량 Q, 펌프의 양정 H_p의 함수이다. 차원해석에 의해서 동력 P를 구하여라.

풀이

동력을 비중량, 유량, 펌프 양정의 함수로 표현하면

$$P = f(\gamma, Q, H_p)$$
$$P = k\gamma^{a} Q^{b} H_p^{\ c}$$
$$ML^2T^{-3} = [ML^{-2}T^{-2}]^a\,[L^3T^{-1}]^b\,[L]^c$$
$$a = 1,\ b = 1,\ c = 1$$

따라서 동력은 다음과 같다.

$$P = k\gamma QH_p$$

7.2.2 Buckingham π 정리

어떤 물리현상에서 독립변수를 x_1이라 하고 물리현상에 관여하는 종속변수(물리량, 속도, 밀도, 점성계수 등)들을 x_2, x_3, x_4, ⋯, x_n이라 하면 독립변수 x_1은 다음과 같이 쓸 수 있다.

$$x_1 = f(x_2, x_3, x_4, \ldots, x_n)$$

$$f(x_1, x_2, x_3, x_4, \ldots\ldots, x_n) \tag{7-12}$$

여기서 n은 물리량의 총 수이다. 방정식 (7-3)을 예로 든다면 Δp는 독립변수이고 V, ρ, μ, D 그리고 h는 종속변수이다. Buckingham π 정리는 다음과 같다. "물리현상에 관한 변수들의 기본차원 수를 m개라 하면 무차원수 π는 $(n-m)$개다" 식 (7-3)에서 기본차원의 수는 식 (7-6)에서 M, L, T 3개이고, 변수의 수는 독립변수와 종속변수를 합하여 6개이다. 따라서 Buckingham π 정리에 의한 무차원수의 개수는 6 − 3 = 3으로 3개이다. 이것은 식 (7-11)의 $\dfrac{\Delta p}{\rho V^2}$, $\dfrac{\rho VD}{\mu}$, $\dfrac{h}{D}$로 3개의 무차원수이다. 즉, Buckingham π 정리의 무차원수군 π는 다음과 같이 표현된다.

$$\pi_1 = F(\pi_2, \pi_3, \pi_4, \ldots\ldots, \pi_{n-m})$$

$$F(\pi_1, \pi_2, \pi_3, \pi_4, \ldots\ldots, \pi_{n-m}) \tag{7-13}$$

여기서 π_1은 독립변수를 포함한 무차원수로, 식 (7-11)에서는 $\dfrac{\Delta p}{\rho V^2}$이며 나머지 π변수들은 종속변수들만을 포함한 무차원수로서 식 (7-11)에서는 $\dfrac{\rho VD}{\mu}$, $\dfrac{h}{D}$이다.

차원해석을 의도대로 하기 위해서는 물리량들의 차원에 대하여 면밀히 조사하여야만 한다. 예를 들어 압력강하를 $\Delta p = f(V, L, D)$의 식으로 하여 차원해석을 실시한다면 이것은 잘못된 식이다. 왜냐하면 압력에는 힘의 차원이 포함되어 있지만 V, L, D에는 힘의 차원이 포함되어 있지 않기 때문이다.

π 정리를 적용하여 차원해석을 실시하는 과정을 요약하면 다음과 같다.

1. 식 (7-12)과 같이 독립변수에 대한 $(n-1)$개의 종속변수들의 함수식을 쓴다.
2. 반복변수 m개를 변수 중에서 선정한다. 그 반복변수에는 기본차원이 모두 포함되어야 하며 차원은 동일하지만 차수만 다른 2개의 반복변수를 택해서는 안 된다. 식 (7-8)에서 a, b, d, 즉 $\left(\frac{L}{T}\right)$, $\left(\frac{M}{L^3}\right)$, (L)이다.
3. 반복변수와 나머지 변수를 이용하여 무차원수 π를 찾는다.
4. $(n-m)$개의 무차원수 π를 함수식으로 표현한다. 식 (7-11)이 그 예이다.

위의 세 번째 단계는 다음에 제시하는 예에서와 같이 단순한 수학적인 풀이과정을 이용하여 비교적 쉽게 실행할 수 있다.

수학적인 풀이과정의 예로서, 무차원수 π가 표면장력 σ, 속도 V, 밀도 ρ, 그리고 길이 L의 조합으로 이루어졌다면 여기서 변수의 수는 $n=4$이고 표면장력, 속도, 밀도, 길이의 기본차원은 3개이므로 $m=3$으로 무차원수 π의 수는 1개이다. 이것은 다음과 같이 쓸 수 있다.

$$\pi = \frac{L}{\sigma^a V^b \rho^c} \tag{7-14}$$

여기서 $m=3$이므로 반복변수도 σ, V, ρ 3개를 택하였다. 우리가 해야할 일은 a, b, c를 찾아내어 무차원수를 구하는 일이다. 식 (7-14)를 차원의 항으로 쓰면

$$M^0 L^0 T^0 = \left(\frac{M}{T^2}\right)^{-a}\left(\frac{L}{T}\right)^{-b}\left(\frac{M}{L^3}\right)^{-c} L \tag{7-15}$$

이며 각 차원의 지수들에 지수법칙을 적용하면

$$\begin{aligned} M &: 0 = -a-c \\ L &: 0 = -b+3c+1 \\ T &: 0 = 2a+b \end{aligned} \tag{7-16}$$

와 같으며, 위 3개의 방정식은 미지수가 3개이므로 풀 수 있다.

$$a = 1, b = -2, c = -1 \tag{7-17}$$

따라서 무차원수 π는

$$\pi = \frac{\rho L V^2}{\sigma} \tag{7-18}$$

이다. 만일 무차원수가 여러 개이면 식 (7-14)의 무차원수는 $\pi_1, \pi_2, \cdots\cdots$로 표시하고 이때 분모는 반복변수가 되며 각 무차원수의 분자는 반복변수로 선정되지 않은 변수들로 이루어진다. 식 (7-18)은 무차원수가 얻어졌으므로 다음과 같이 함수로 표현된다.

$$F\left(\frac{\rho L V^2}{\sigma}\right) = 0 \tag{7-19}$$

예제 7-3

유체의 유동을 해석하는 데 차원해석을 이용하려 한다. 유동에 관계되는 물리량은 6개이고 기본차원이 M, L, T이면 무차원수 π는 몇 개인가?

풀이

여기서 물리량 $n = 6$이고 기본차원 $m = 3$개이므로 Buckingham π 정리에 의해서 무차원수 π의 수는

$$n - m = 6 - 3 = 3$$

3개이다.

예제 7-4

수평원관을 통하여 층류로 흐르는 유체의 유량 Q는 관의 단위 길이당 압력강하 $\Delta p/L$, 직경 D, 그리고 점성계수 μ에 관계된다. 차원해석에 의해 관류에 관계되는 무차원수를 구하고 유량 Q의 식을 유도하여라.

풀이

관계물리량 $n=$ 4개이고 기본차원은 M, L, T 3개이다. 따라서 무차원수는 1개이다.

$$f(Q, \frac{\Delta p}{L}, D, \mu)=0$$

$$Q=[L^3T^{-1}]$$

$$\frac{\Delta p}{L}=[ML^{-2}T^{-2}]$$

$$D=[L]$$

$$\mu=[ML^{-1}T^{-1}]$$

반복변수를 Q, $\frac{\Delta p}{L}$, D로 하여 무차원수 π를 표현하면

$$\pi=\frac{\mu}{Q^a\left(\frac{\Delta p}{L}\right)^b D^c}$$

$$ML^{-1}T^{-1}=[L^3T^{-1}]^a[ML^{-2}T^{-2}]^b[L]^c$$
$$=L^{3a-2b+c}M^bT^{-a-2b}$$

$$a=-1, b=1, c=4$$

따라서 무차원수는

$$\mu=\frac{Q\mu}{\left(\frac{\Delta p}{L}\right)D^4}$$

이므로

$$Q=k\frac{D^4\Delta p}{\mu L}$$

이다. 이것은 다음 6장에서 소개될 Hagen-Poiseuille식과 같은 형태로서 이 식에 의하면

$$k = \frac{\pi}{128}$$

이다.

예제 7-5

원관 속에 흐르는 유체의 단위 길이당 손실수두 $\frac{h}{l}$는 관의 직경 D, 길이 l, 속도 V, 밀도 ρ, 점성계수 μ 그리고 중력가속도 g의 영향을 받는다.
차원해석을 이용하여 관 속을 흐르는 유체의 손실수두에 관한 식을 구하여라.

풀이

각 물리량과 차원을 정리하면

변수	기호	차원	변수	기호	차원
손실수두	$\frac{h}{l}$	없음	속 도	V	LT^{-1}
			밀 도	ρ	ML^{-3}
관 직경	D	L	중력가속도	g	LT^{-2}
관 길이	l	L	점성계수	μ	$ML^{-1}T^{-1}$

이 표에서 보면 물리량은 6개, 기본차원은 3개이므로 무차원수는

$$n - m = 6 - 3 = 3(\text{개})$$

이다.

여기서 $\frac{h}{l}$는 무차원이므로 나머지 2개의 무차원수를 구하기 위하여 V, D, ρ를 반복변수로 표현하면

$$\begin{aligned}\pi_1 &= \frac{\mu}{V^{a_1} D^{b_1} \rho^{c_1}} \\ &= MLT^{-1}[LT^{-1}]^{-a_1}[L]^{-b_1}[ML^{-3}]^{-c_1} \\ &= M^{1-c_1} L^{1-a_1-b_1+3c_1} T^{-1+a_1}\end{aligned}$$

$$a_1 = 1,\ b_1 = 1,\ c_1 = 1$$

$$\pi_1 = \frac{\mu}{VD\rho}$$

$$\pi_2 = \frac{g}{V^{a_2} D^{b_2} \rho^{c_2}}$$

$$= [LT^{-2}][LT^{-1}]^{-a_2}[L]^{-b_2}[ML^{-3}]^{-c_2}$$

$$= M^{-c_2} L^{-a_2-b_2+3c_2} T^{-2+a_2}$$

$$a_2 = 2,\ b_2 = -1,\ c_2 = 0$$

$$\pi_2 = \frac{gD}{V^2}$$

위에서 구한 Π_1, Π_2에 의한 무차원수 관계는

$$f\left(\frac{VD\rho}{\mu}, \frac{V^2}{gD}, \frac{h}{l}\right) = 0$$

$$f\left(\mathrm{Re}, \mathrm{Fr}, \frac{h}{l}\right) = 0$$

로 표시되므로 손실수두는

$$\frac{h}{l} = f(\mathrm{Re}, \mathrm{Fr})$$

$$= f(\mathrm{Re}) \frac{l}{D} \frac{V^2}{2g}$$

로 식 (6-7)의 Darcy-Weisbach 식으로 표현된다.

예제 7-6

직경 D인 구(球)가 점성유체 속을 매우 느리게 운동할 때 구가 받는 항력 F는 직경 D, 구의 속도 V, 점성계수 μ에 영향을 받는다. 차원해석에 의해서 항력의 식을 유도하여라.

풀이

각각의 변수의 차원은

$$F = [MLT^{-2}]$$

$D = [L]$

$V = [LT^{-1}]$

$\mu = [ML^{-1}T^{-1}]$

물리량이 4개이고 기본차원이 3개이므로 무차원수는 1개이다.

$$\pi = \frac{\mu DV}{F}$$

즉, $F = k\mu VD$로 표현되며 Stokes에 의하면 $k = 3\pi$이다.

$$F = 3\pi\mu VD$$

이며 이 식을 Stokes의 항력식이라 한다.

7.2.3 중요한 무차원수

Newton의 관성력은 유체역학의 문제에서 중요하게 취급되고 있다. Newton의 운동 제 2법칙 $F = ma$로부터 질량 m은 밀도 ρ와 체적의 곱으로 체적은 L^3의 차원을 가지고 있기 때문에 질량은 $m \propto \rho L^3$으로 표시할 수 있다. 가속도 a는

$$a = \frac{dV}{dt} = V\frac{dV}{ds} \tag{7-20}$$

이므로 정성적으로 가속도는 $a \propto \dfrac{V^2}{L}$로 쓸 수 있으므로 관성력 F는

$$F \propto \rho V^2 L^2 \tag{7-21}$$

이다. 이것을 이용하여 식 (7-11)의 좌변을 어떤 값들의 비율로 만들어진 무차원수 인가를 알기 위해 변형하면 다음과 같다.

$$\frac{\Delta p}{\rho V^2} = \frac{\Delta p L^2}{\rho L^2 V^2} = \frac{\text{압력의 힘}}{\text{관성력}} \tag{7-22}$$

식 (7-22)의 역은 압력의 힘에 대한 관성력의 비율로 이 비율은 유체역학의 문제에 자주 등장하는 무차원수로서 유체역학의 해석적인 연구에 공이 많은, 유체운동에 압력의 역할을 실증해낸 Leonhard Euler의 이름을 붙여 Euler 수(Euler number)로 명명하였다. 또, 식 (7-11)의 우변에서 $\rho VD/\mu$는 위와 같은 방법으로 다음과 같이 표시된다.

$$\frac{\rho VD}{\mu} = \frac{\rho V^2 L^2}{\mu VL} \tag{7-23}$$

이 식에서 분모는 점성력 $(F = \tau A = \mu \frac{du}{dy} A)$을 나타내고 분자는 관성력을 의미하며 Re 수(Reynolds number)라 한다. 영국의 공학자인 Osborne Reynolds는 관 내 유체의 층류와 난류유동의 연구에서 유동을 판별하는 기준으로 Re 수를 제안하였다. 여기서 D는 유동장의 기하학적 크기를 나타내는 값으로 원형관의 경우는 직경 D로서 그 값을 표현하였다.

유체유동에 관여하는 힘은 위에서 예를 든 관성력, 점성력, 압력에 의한 힘 외에도 식 (7-19)의 표면장력 그리고 중력 등이 존재한다. 공학에서는 이와 같은 힘들의 비율로서 만들어진 무차원수들을 공학자의 이름을 붙여 부르고 있다. 여기서는 유체역학에서 기본적으로 자주 사용되는 몇 개의 무차원수의 정의를 공부하기로 하자. 앞에서 관성력을 $F \propto \rho V^2 L^2$로 표시한 것과 같이 다른 힘들도

- 압력의 힘 $= \Delta p A \propto \Delta p L^2$
- 점성력 $= \tau A = \mu \frac{du}{dy} A \propto \mu VL$
- 중력 $= mg \propto \rho L^3 g$
- 표면장력 $= \sigma L$
- 탄성력 $= EA \propto \rho \frac{dp}{d\rho} L^2 = \rho L^2 c^2$

로 표시되므로 이것들을 이용하여 다음과 같은 무차원수 등을 정의하였다.

- Reynolds number, Re $= \dfrac{\rho VD}{\mu} = \dfrac{\text{관성력}}{\text{점성력}}$
- Euler number, Eu $= \dfrac{\rho V^2}{\Delta p} = \dfrac{\text{관성력}}{\text{압력의 힘}}$
- Froude number, Fr $= \dfrac{V}{\sqrt{Lg}} = \dfrac{\text{관성력}}{\text{중력}}$ (7-24)
- Weber number, We $= \dfrac{V^2 \rho L}{\sigma} = \dfrac{\text{관성력}}{\text{표면장력}}$
- Mach number, M $= \dfrac{V}{c} = \dfrac{\text{관성력}}{\text{압축력}} = \dfrac{\text{속도}}{\text{음속}}$

위 식에서 보는 바와 같이 관성력은 유체유동에 중요한 힘으로 거의 모든 무차원수에 관계하고 있음을 알게 된다. 위에 정의한 무차원수는 어떻게 사용되는가? 관 속에서 유체의 유동이나 비행체 주위의 유동 등과 같이 점성력을 중요시하는 유동이라면 거기에서는 Re 수가 중요한 무차원수가 되며, 댐에서와 같이 중력이 중요시 되는 경우는 Fr 수가 중요한 무차원수가 된다. 이러한 무차원수의 이용방법은 다음에 소개하는 상사법칙에서 자세히 공부하자.

7.3 상사법칙

만일 선박을 제작하기 위하여 그에 관한 실험을 실제 선박을 이용하여 실시한다면 실험결과에 대한 신뢰도는 높겠지만 경제적, 시간적인 비용은 엄청나서 실험을 실행하기는 매우 어려울 것이다. 이와 같은 실제 원형(prototype)을 이용하여 실험하기가 어려울 때는 원형을 대신할 수 있는 모형을 이용하여 실험을 실시한다. 이 때 모형과 원형 사이에는 실험결과를 신뢰할 수 있는 어떤 법칙이 성립해야 한다. 이 법칙을 상사법칙 또는 상사율(similitude)이라 한다. 상사법칙은 다음에 열거하는 기하학적 상사, 역학적 상사,

운동학적 상사를 나타내는 법칙이다.

첫 번째로 모형을 이용하여 실시하는 실험에서, 유동장 내 임의의 점에서의 모형 주위의 유선의 형상은 그 크기와는 관계없이 원형 주위의 유선형상과 같아야 한다. 이와 같은 조건을 만족시키기 위해서는 원형과 모형사이에는 두 물체의 형상이 같음을 의미하는 기하학적인 상사가 이루어져야 한다. 즉, 원형과 모형사이의 닮음비가 어느 곳에서나 일정해야 한다. 원형의 임의의 길이를 L_p, 모형의 대응점 길이를 L_m, 각각의 대응점에서의 직경을 D_p, D_m 이라 하면

$$\frac{L_m}{L_p} = \frac{D_m}{D_p} = C \tag{7-25}$$

로 C는 닮음비이다.

두 번째로 실험에서 모형을 움직이기 위해서는 여러 가지 힘이 작용한다. 이 때 모형에 작용하는 힘은 [그림 7-4]에서와 같이 전체 유동장에 걸쳐 원형과 모형, 두 물체의 대응점에서의 질량비에 따라서 동일한 비율의 힘이 작용해야 한다. 이것을 역학적 상사라 한다.

만약 원형에 압력의 힘 F_p, 관성력 F_I, 점성력 F_μ, 그리고 중력 F_g이 작용한다면 원형과 모형의 대응점에서는 다음의 관계가 성립해야 한다.

$$\frac{(F_I)_m}{(F_I)_p} = \frac{(F_p)_m}{(F_p)_p} = \frac{(F_\mu)_m}{(F_\mu)_p} = \frac{(F_g)_m}{(F_g)_p} = C \tag{7-26}$$

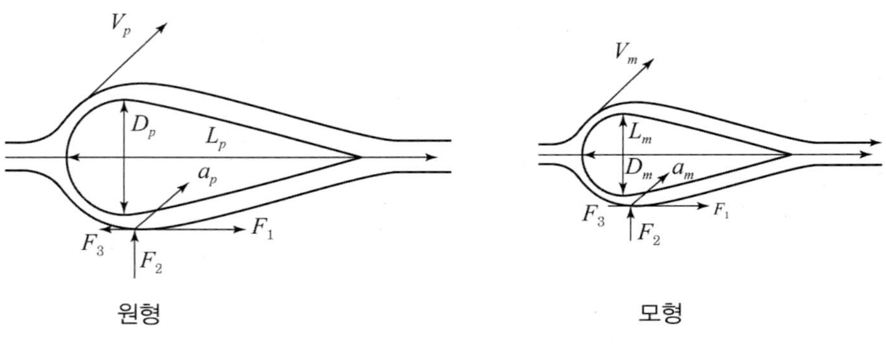

[그림 7-4] 원형과 모형

위 식은 다음과 같이 정리할 수 있다.

$$\left(\frac{F_I}{F_p}\right)_m = \left(\frac{F_I}{F_p}\right)_p$$
$$\left(\frac{F_I}{F_\mu}\right)_m = \left(\frac{F_I}{F_\mu}\right)_p \tag{7-27}$$
$$\left(\frac{F_I}{F_g}\right)_m = \left(\frac{F_I}{F_g}\right)_p$$

식 (7-27)을 식 (7-24)의 무차원수를 이용하여 표현하면

$$\mathrm{Eu_m} = \mathrm{Eu_p}, \quad \mathrm{Re_m} = \mathrm{Re_p}, \quad \mathrm{Fr_m} = \mathrm{Fr_p} \tag{7-28}$$

로 원형과 모형의 무차원수가 같아야 한다. 즉, 역학적 상사란 유동에 관여하는 무차원수가 같음을 의미한다고 볼 수 있다. 위의 예로든 힘 이외에도 압축력이나 표면장력이 작용한다면 식 (7-28)에 M 수나 We 수가 추가되어야 한다.

세 번째로 모형실험에서 고려해야할 상사법칙으로는 운동학적 상사를 고려할 수 있다. 원형과 모형에서의 관성의 비율은

$$\frac{(F_I)_m}{(F_I)_p} = \frac{m_m\,a_m}{m_p\,a_p} = C \tag{7-29}$$

로 대응점에서의 질량에 따라서 가속도의 비도 일정한 값을 갖게 됨을 알 수 있다. [그림 7-5]는 원형과 모형에서 대응점에서의 가속도 관계이다.

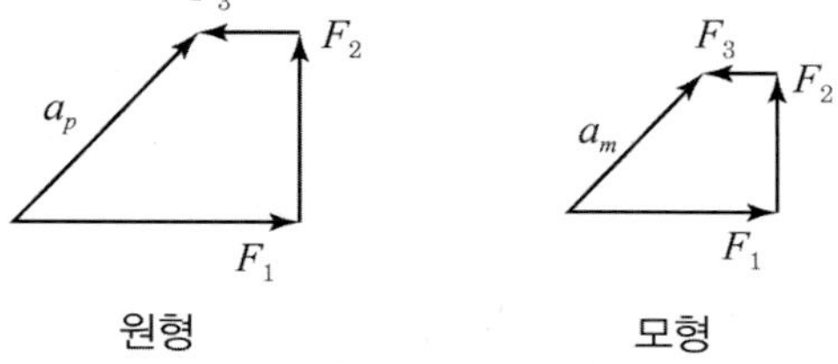

[그림 7-5] 원형과 모형의 힘과 가속도

가속도의 비를 식으로 쓰면

$$\frac{a_m}{a_p} = \frac{V_m{}^2/L_m}{V_p{}^2/L_p} = C \tag{7-30}$$

로 식 (7-25)의 기하학적 상사에서 원형과 모형사이에는 대응하는 점에서 $\frac{L_m}{L_p} = C$이므로 두 물체의 대응하는 점에서의 속도비는

$$\frac{V_m}{V_p} = C \tag{7-31}$$

로 일정한 값을 가져야 한다. 이것을 운동학적 상사라 말한다. 모형실험을 통하여 원형물체에서 요구하는 동력을 구하기 위해서 원형과 모형사이의 동력비는, 동력이 힘 곱하기 속도이므로 다음과 같이 쓸 수 있다.

$$\frac{P_m}{P_p} = \frac{(F_I)_m V_m}{(F_I)_p V_p} = \frac{\rho_m V_m{}^2 L_m{}^2 V_m}{\rho_p V_p{}^2 L_p{}^2 V_p} \tag{7-32}$$

따라서 원형과 모형사이의 질량비, 속도비, 길이의 비가 결정되면 동력비를 얻을 수 있다.

7.3.1 단일유체의 흐름

자유표면이 없거나 두 종류 유체의 접촉이 없는 흐름에서는 중력은 유체의 유동패턴에 영향을 미지치 않는다. 즉, 중력이 변한다 해도 유동현상이 바뀌지 않는다. 이와 같은 흐름의 예로는 관 내의 유체의 유동, 바다 속의 잠수함, 건물 주위와 자동차와 비행기 주위의 공기의 흐름 등을 들 수 있으며 실험은 주로 풍동을 이용하여 실시한다.

이 경우 두 가지 서로 다른 유체의 경계면에서 작용하는 표면장력은 존재하지 않는다. 비압축성유체라 하면 유동에 가장 큰 영향을 미치는 힘은 점성으로 볼 수 있으며 그 외

에도 유동에 영향을 미치는 힘은 압력에 의한 힘, 관성에 의한 힘이 있다. 따라서 원형과 모형 사이에는 상사법칙에 의하여 세 가지 힘의 비율이 같아야 한다. 이 세 가지 힘의 비율을 이용하여 식 (7-28)과 같은 무차원수를 구하면 Eu 수와 Re 수를 식 (7-13)의 형태로 쓴다면

$$\mathrm{Eu} = F(\mathrm{Re}) \tag{7-33}$$

와 같다. 따라서 원형과 모형사이에는 Re 수가 같아야 한다.

$$\frac{(\mathrm{Re})_m}{(\mathrm{Re})_p} = \frac{\dfrac{\rho_m V_m L_m}{\mu_m}}{\dfrac{\rho_p V_p L_p}{\mu_p}} = \frac{V_m L_m v_p}{V_p L_p V_m} = 1 \tag{7-34}$$

실험유체가 원형에서와 동일한 유체이면 $v_p = v_m$ 으로

$$\frac{V_m}{V_p} = \frac{L_p}{L_m} \tag{7-35}$$

이고, 모형의 크기가 원형에 비하여 작다면 $\dfrac{L_m}{L_p} < 1$이므로 원형과 모형의 속도비는 $\dfrac{V_m}{V_p} > 1$이 되어야 한다. 즉, 모형의 속도가 원형보다 커져 실험의 어려움을 겪는 경우가 있다. 이 때 문제 해결 방법으로 동점성계수가 작은 유체를 이용하여 실험을 하거나 압력을 가하여 밀도를 높여 실험을 하기도 하고 오히려 모형의 크기를 크게 하여 실험을 하기도 한다.

단일유체의 유동이라고 할지라도 M > 0.3일 때는 압축성의 영향을 무시할 수 없기 때문에 M 수를 중요시하여야 한다.

7.3.2 자유표면을 갖는 흐름

댐, 위어, 개수로의 흐름 그리고 물위에 떠있는 물체의 경우는 공기와 물이 접촉하는 경계면, 즉 자유표면을 가지고 있다. 자유표면에서는 유체유동에 따라 파도가 발생하고 이 파도에 의하여 물체에는 조파저항이 작용한다. 중력은 파도에 수직으로 작용하여 파도를 감쇄시키므로 자유표면을 갖는 흐름에서는 중력과 관성력이 중요한 힘이며 파도에 의해서 자유표면은 출렁이므로 표면장력은 중요한 고려 대상이 아니다. 따라서 자유표면을 갖는 흐름에서는 Fr 수가 중요한 무차원수로 원형과 모형의 Fr 수가 같아야 한다.

$$\frac{(\mathrm{Fr})_m}{(\mathrm{Fr})_p} = \frac{V_m\sqrt{g_p L_p}}{V_p\sqrt{g_m L_m}} = 1 \tag{7-36}$$

중력가속도가 $g_m = g_p$이라면

$$\left(\frac{V_m}{V_p}\right)^2 = \frac{L_m}{L_p} \tag{7-37}$$

의 관계를 얻는다.

7.3.3 선박에서의 상사법칙

선박이 물위에서 항해하게 되면 선수와 선미에서는 파도에 의한 조파저항, 측면에서는 물과의 마찰에 의한 마찰저항을 받게 된다. 단지 조파저항만을 고려한다면 앞서의 자유표면을 갖는 경우로 간주하여 Fr 수만을 고려하면 되지만 그렇지 않는 경우는 중력과 점성력을 고려하여 Fr 수와 Re 수가 중요한 무차원수로 된다. 따라서 원형과 모형 사이에는 Fr 수와 Re 수가 같아야 하며 위 식 (7-35), (7-37)을 동시에 만족시켜야 한다. 그러나 식 (7-35)와 (7-37)은 서로 상반된 식으로 단순한 방법으로는 두 식을 동시에 만족시킬 수 없다.

이와 같이 점성력이 영향을 미치는 자유표면을 갖는 모형실험에서는 Fr 수를 같게 하여 거기에 점성의 영향을 포함시키는 방법을 이용한다. 즉, 모형실험에서 선박에 미치는 전항력을 측정한 후에 점성에 의한 항력을 해석적인 방법으로 계산하여 그 값을 전항력에서 빼어주면 나머지는 조파저항이 된다. 모형에서 얻어진 조파저항으로서 상사법칙을 이용하여 원형의 조파저항을 계산하고 여기에 점성에 의한 저항을 더하여 원형의 전저항을 얻게 된다.

7.3.4 압축성유동

M > 0.3인 유체의 흐름에서는 유체의 압축성이 유동에 큰 영향을 미친다. 따라서 이 경우에는 M 수가 중요한 무차원수로 원형과 모형사이에는 M 수가 같아야 한다.

$$\frac{\mathrm{M}_m}{\mathrm{M}_p} = 1 \quad \text{또는} \quad \frac{V_m}{V_p} = \frac{c_m}{c_p} \tag{7-38}$$

풍동을 이용하여 모형실험을 원형에서와 같이 공기를 이용하여 하는 경우 음속 $c_m = c_p$이므로 모형에서의 속도도 원형과 같아야 한다. 그러나 음속이 같지 않을 때는 속도도 달라지게 된다.

예제 7-7

모형 잠수함의 저항시험을 해수를 사용하여 실시하려 한다. 모형 잠수함의 속도를 10m/s로 하여 실형 잠수함의 속도가 2m/s일 때의 저항을 구하려 한다. 실형과 모형의 길이의 비는 얼마로 해야 하는가?

풀이

잠수함의 상사는 Re 수가 같아야 하므로

$$(\mathrm{Re})_m = (\mathrm{Re})_p$$

$$\left(\frac{VL}{v}\right)_m = \left(\frac{VL}{v}\right)_p$$

이고 여기서

$$v_m = v_p$$

이므로

$$\frac{L_m}{L_p} = \frac{V_p}{V_m} = \frac{2}{10} = \frac{1}{5}$$

원형과 모형의 닮음비는 5 : 1이다.

예제 7-8

직경 150mm의 관에 물($v =$ 1.006 × $10^{-6}$$m^2$/s)이 4m/s로 흐른다. 직경 75mm인 파이프에 암모니아($v =$ 0.34 × $10^{-6}$$m^2$/s, $\gamma =$ 5.8kN/m^3)가 흐르는 상태의 역학적 상사를 이루기 위해서는 암모니아의 속도를 얼마로 해야 하는가?

풀이

역학정 상사를 이루기 위해서는 Re 수가 같아야 한다.

$$\left(\frac{VD}{v}\right)_m = \left(\frac{VD}{v}\right)_a$$

$$V_a = \left(\frac{VD}{v}\right)_w \left(\frac{V}{D}\right)_a = V_w \left(\frac{v_a}{v_w}\right)\left(\frac{D_w}{D_a}\right)$$

$$= 4\left(\frac{0.34 \times 10^{-6}}{1.006 \times 10^{-6}}\right)\left(\frac{0.15}{0.075}\right)$$

$$= 2.7\text{m/s}$$

Exercise

1. 다음 물리량의 차원을 구하여라.

① 힘
② 점성계수
③ 일
④ 일률(동력)
⑤ 표면장력

2. 만약 유체의 속도 V가 길이 l, 유체의 밀도 ρ, 점성계수 μ에 영향을 받는다면 Re 수의 차원이 무차원수임을 증명하라.

3. 어떤 유동문제에 10개의 변수가 관계되고 있다. 여기에 포함된 기본차원을 M, L, T라 하면 Buckingham π 정리를 이용하여 차원해석을 한다면 반복변수의 수는 몇 개이며, 또 무차원수는 몇 개인가?

4. 속도 V인 유동 속에 놓인 물체가 받는 항력 F_D는 유체의 밀도 ρ, 유속 V, 점도 μ와 물체의 길이 l 및 물체의 기준면적 A의 함수이다. 차원해석에 의하여 관계식을 구하여라.

5. 관 속에 흐르는 유체의 관 길이 l에서의 압력강하 Δp는 다음과 같다. 이 식에서 λ가 상수이면 좌 · 우항의 차원이 같음을 증명하여라.

$$\Delta p = \lambda \frac{l}{D} \frac{\rho V^2}{2}$$

여기서 D는 관의 직경, ρ는 유체의 밀도이다.

6. 다음 물리량을 관계지어 무차원수를 만들어라.

① Δp, ρ, V

② ρ, g, V, F

7. 유체에 잠긴 물체에 작용하는 부력 F는 유체의 비중량 γ, 유체에 잠긴 물체의 배제체적 V에 영향을 받는다. 부력의 관계식을 차원해석에 의해서 구하여라.

8. 잠수함의 모형실험을 실시하기 위하여 해수를 넣은 탱크에서 모형의 길이를 실물의 $\frac{1}{10}$로 만들어 실험한다면 속도의 비는 얼마로 해야 되는가?

9. 길이 1m인 물체가 물속에서 5m/s의 속도를 갖게 만들려 한다. 모형실험을 동점성계수가 물의 10배인 기체 속에서 50m 길이의 모형으로 실시한다면 속도는 얼마로 해야 하는가?

10. 전체 길이 100m인 배가 10m/s 속도로 진행하는 것을 길이 2m의 모형배를 만들어 해수에서 실험하려 한다. 모형배의 속도는 얼마로 해야 하는가?

11. 단면이 직사각형인 배수로가 있다. 실형의 $\frac{1}{30}$인 모형의 폭이 30cm이고 실형의 높이가 12m이면 모형의 높이는 얼마인가?

12. 직경 200mm의 파이프에 물($\nu = 1.006 \times 10^{-6}\text{m}^2/\text{s}$)이 5m/s로 흐른다. 직경이 100mm인 파이프에 암모니아($\nu = 0.34 \times 10^{-6}\text{m}^2/\text{s}$, $\gamma = 5.5\text{kN/m}^3$)가 흐르는 상태는? 또한, 역학적 상사를 이루기 위해서는 암모니아의 속도를 얼마로 해야 하는가?

13. 배가 운항할 때 선수와 선미에서 파도가 일어나고 이것으로 저항이 증가된다. 파도에 의해서 발생하는 저항, 즉 조파저항 F_D는 유체의 밀도 ρ, 선체의 배수체적 Q, 배의 속도 V 및 중력가속도 g에 영향을 받는다. 조파저항의 관계식을 구하여라.

14. 물위를 5m/s 속도로 진행하는 길이 4m의 모형선에 작용하는 조파저항은 70N이다. 길이 70m인 실물의 배가 이것과 상사한 조파저항의 상태로 진행하게 하려면 실물의 속도는 얼마가 되어야 하는가?

15. 개수로에서 유량을 측정하기 위하여 위어를 설치하였다. 이 때 유량이 600m^3/s이다. 이것을 1 : 15의 모형 개수로를 만들어서 실험을 실시할 때 모형에서의 유량은 얼마로 해야 하는가?

CHAPTER 08

양력과 항력

8.1 외부유동

무한히 넓은 유체 속에 잠겨 있는 물체 주위의 유동을 외부유동(external flow)이라 한다. 오늘날 외부유동에 관한 문제는 대부분 공기 역학에 관한 문제로부터 시작되었다고 볼 수 있지만 현대 공학자들이 관심을 두고 있는 문제는 터빈 날개와 심해저 파이프라인 주위의 유체의 유동, 자동차, 고층건물, 체육관, 교량, 대형 굴뚝 주위 등의 공기 흐름에 관한 문제이다.

외부유동에서 비록 단순한 모형이라고 할지라도 물체표면에서의 압력분포나 유동장을 결정하는 것은 쉬운 일이 아니다. 이와 같은 문제를 논의하기 위하여 다음과 같은 경우를 생각해보자. Re < 5와 같이 매우 느린흐름과, Re > 1000와 같이 빠른흐름에서 Re 수가 낮은 흐름을 Stokes 유동이라 하며 물방울 주위의 유동, 좁은 공간이 윤활 등을 예로 들 수 있으나 공학적인 문제에서는 별로 취급하지 않고 있다. 이 책에서는 이 분야에 대해서는 취급하지 않았으며 Re 수가 높은 경우에 대해서 주로 취급하였다.

Re 수가 높은 유동은 다음의 세 영역으로 분류할 수 있다. 첫째, 자동차, 헬리콥터, 잠수함, 저속 비행기 주위의 유동과 같이 압축성을 무시할 수 있는 흐름, 둘째, 선박이나 다리의 교각과 같이 자유표면을 포함하고 있는 흐름, 셋째, 고속 비행기, 미사일, 탄환 주위의 흐름과 같이 압축성을 무시할 수 없는 흐름으로 나눌 수 있다. 이 책에서는 위의 세 가지 유동 중에서 첫 번째에 해당하는 비압축성 점성유체 속에서의 유동에 관하여 주로 취급하였다.

[그림 8-1]은 비압축성유체 속에서의 유동으로 물체 둘레의 유동은 유체의 점성으로 인하여 속도가 변화하는 경계층이 형성된다. 그림에서 균일한 속도 U로 흘러오던 유체의 속도는 P점에서 0으로 된다. 즉, P점은 정체점(stagnation point)이 된다. 이 점을 지나 물체표면을 따라 흘러가는 유체의 속도는 점성의 영향으로 원래의 속도보다 작은 값을 갖게 된다. 이 영역을 경계층(boundary layer)이라 한다. 경계층은 물체의 위아래 부분에 형성되고 이것은 층류경계층, 난류경계층으로 구분되며 층류경계층에서 난류경계층으로 바뀌는 지점을 천이점이라 한다. 그림에서 경계층 등의 표현은 이해를 돕기 위하

여 실제보다 과장되게 그렸다. 난류경계층은 급격히 성장하며 하류로 감에 따라 압력구배가 역으로 바뀌면서 경계층이 물체표면에서 이탈하는 박리현상이 발생한다. 이 점이 박리점 S이다.

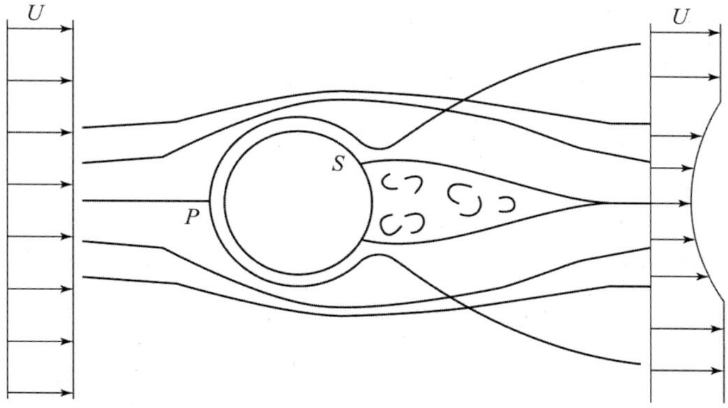

[그림 8-1] 경계층의 박리

8.2 경계층

[그림 8-2]와 같이 균일한 속도로, 비교적 높은 Re 수의 상태로 유동하는 점성유체 속에 선단이 날카로운 매우 긴 무한 평판을 놓아두면 유체의 점성영향이 나타나는 영역과 그렇지 않은 영역으로 구분된다. 물체표면에 가까운 부분에서는 유체의 점성영향이 뚜렷이 나타나는 유체속도는 물체표면에서 가까운 부분에서는 급격히 변화하여 속도구배가 크게 된다. 즉, 점성에 의하여 큰 전단응력이 작용하는 영역, 점성력이 지배하는 영역이 형성된다. 그러나 물체 주위로부터 멀리 떨어짐에 따라 점성영향은 감소하여 어느 지점을 벗어나게 되면 점성영향은 무시할 수 있게 된다. 이와 같이 점성영향이 뚜렷한 구역을 경계층이라 하며 Prandtl에 의해서 처음 소개되었다. 경계층의 개념은 이론 유체역학과 실험 유체역학 사이의 결여된 부분을 연결시켜 주었다. 더욱이 불가능하게 여겨졌던 점성유체의 유동문제를 Navier-Stokes 방정식$\left(\rho\frac{D\overrightarrow{V}}{Dt}=-\nabla\rho+\overrightarrow{\rho g}+\mu\nabla^2\overrightarrow{V}\right)$을 적용하여 풀 수 있게 하였다.

경계층은 층류경계층과 난류경계층으로 구분된다. 층류경계층은 평판의 선단에서부터 형성되어 하류로 감에 따라 난류경계층으로 발달하며 층류경계층에서 난류경계층으로 변환되는데 이 영역을 천이영역이라 한다.

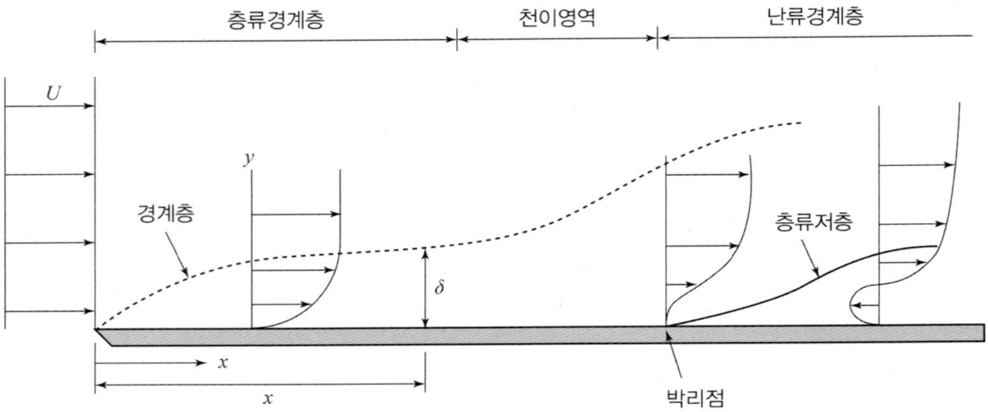

[그림 8-2] 경계층

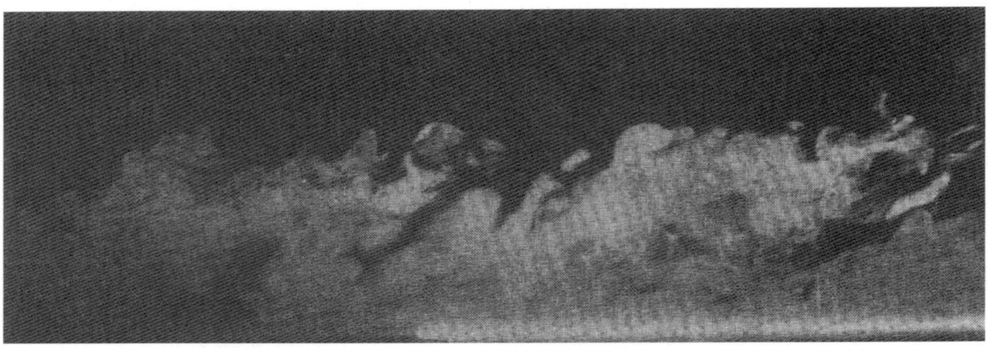

[그림 8-3] 난류경계층의 유동현상

관 속에서 흐르는 유체의 유동에서와 마찬가지로 층류 및 난류경계층은 Re 수에 의해서 구분한다. 평판에서의 Re 수는 관에서의 직경 대신에 평판의 선단으로부터의 길이 x 로서 다음과 같이 구한다.

$$Re_x = \frac{U_x}{v} \tag{8-1}$$

경계층의 임계 Re 수는 평판의 형상 및 조도 등에 따라 차이가 있지만 일반적으로 $\mathrm{Re}_{xc}=5\times10^5$로 알려져 있다. [그림 8-2]의 경계층의 두께는 이해를 돕기 위하여 실제 두께보다 과장하여 표현하였다.

예제 8-1

Re 수가 관성력과 점성력의 비(比) 임을 밝혀라.

풀이

길이를 L이라 하면, 면적은 L^2 체적은 L^3으로 표현되므로

$$관성력 = ma = \rho L^3\left(\frac{L}{T^2}\right) = \rho L^2\left(\frac{L}{T}\right)^2 = \rho L^2 V^2$$

$$점성력 = \mu\frac{du}{dy}A = \mu\left(\frac{V}{L}\right)L^2 = \mu L V$$

이므로

$$\frac{관성력}{점성력} = \frac{\rho L^2 V^2}{\mu VL} = \frac{\rho LV}{\mu} = \mathrm{Re}$$

예제 8-2

폭 5m, 길이 30m의 매끄러운 판이 물 속에 정지하고 있다. 이 평판을 물속에서 3.2m/s로 잡아끈다면 층류경계층에서 난류경계층으로 바뀌는 점은 평판 선단으로부터 얼마의 거리에서인가? 단, 물의 동점성계수는 $1.011\times10^{-6}\mathrm{m^2/s}$이다.

풀이

층류경계층에서 난류경계층으로 천이가 일어나는 점을 평판 선단으로부터 x라 하면 임계 Re 수 5×10^5에 의해서

$$\mathrm{Re} = \frac{Ux}{v} = 5\times10^5$$

$$x = \frac{5\times10^5\times v}{U} = \frac{5\times10^5\times1.011\times10^{-6}}{3.2}$$

$$= 0.158\mathrm{m}$$

이다.

8.2.1 경계층의 두께

경계층은 점성력의 영향이 뚜렷한 영역으로 경계층의 두께 δ[교란두께(disturbance thickness)라고도 함]는 일반적으로 자유흐름 속도의 99%까지의 평판으로부터의 거리를 의미한다. 경계층 부근에서의 속도분포는 변화가 매우 완만하게 변화하여 자유흐름에 도달하기 때문에 경계층의 두께를 측정하는 일은 쉬운 일이 아니다.

Prandtl이 주장한 경계층의 운동방정식을 층류와 난류경계층에 대하여 해를 구하면 경계층의 두께를 예측할 수 있다. 층류경계층에 대하여 Blasius는 1908년 이 방정식의 해를 구하여 평판에서의 경계층의 두께를 선단으로부터의 거리의 함수로서 다음과 같이 제시하였다.

$$\frac{\delta}{x} = \frac{5.48}{\sqrt{\mathrm{Re}_x}} \tag{8-2}$$

여기서 x는 평판선단으로부터의 거리이며 δ는 x 위치에서의 경계층의 두께를 나타낸다. 난류경계층에 대하여는

$$\frac{\delta}{x} = \frac{0.382}{{\mathrm{Re}_x}^{1/5}} \tag{8-3}$$

으로 이 결과는 실험 결과와 매우 잘 일치하고 있다.

경계층의 두께를 나타내는 방법에는 위에 소개한 Prandtl의 이론적인 방법 외에도 다음의 몇 가지 방법이 있다.

예제 8-3

평판 상의 유체흐름에서 층류경계층의 두께는 평판선단으로부터의 거리 x와 어떤 관계인가?

풀이

식 (8-2)에서

$$\frac{\delta}{x}=\frac{5.48}{\sqrt{\mathrm{Re}_x}}$$

이므로

$$\delta=\frac{5.48_x}{\sqrt{\frac{U_x}{v}}}=\frac{5.48\sqrt{x}}{\sqrt{\frac{U}{v}}}=\frac{5.48_x{}^{1/2}}{\left(\frac{U}{v}\right)^{1/2}}$$

경계층의 두께는 평판선단으로부터 거리의 제곱근에 비례한다.

즉, $\delta \propto x^{1/2}$이다.

예제 8-4

위 〈예제 8-3〉에서와 같은 방법으로 난류경계층의 두께와 평판선단으로부터의 거리 x의 관계를 구하여라.

풀이

식 (8-3)에서

$$\frac{\delta}{x}=\frac{0.382}{\mathrm{Re}_x{}^{1/5}}$$

이므로

$$\delta=\frac{0.382_x}{\left(\frac{Ux}{v}\right)^{1/5}}=\frac{0.382_x{}^{4/5}}{\left(\frac{U}{v}\right)^{1/5}}$$

즉, $\delta \propto x^{4/5}$이다.

예제 8-5

동점성계수 15.7 × $10^{-6}$$m^2$/s인 유체가 평판 위를 2m/s 속도로 흐른다. 평판선단에서 20cm 되는 곳의 $\mathrm{Re}\,x$와 경계층의 두께를 구하여라.

풀이

먼저 $\mathrm{Re}\,x$ 수를 구하면

$$\mathrm{Re}_x = \frac{U_x}{v} = \frac{2\times 0.2}{15.7\times 10^{-6}} = 25478$$

$\mathrm{Re}_x = 25478 < 5\times 10^5$임으로 층류경계층이다.

따라서 경계층의 두께는 식 (8-2)에 의해서

$$\delta = \frac{5.48\,x}{\sqrt{\mathrm{Re}_x}} = \frac{5.48\times 0.2}{\sqrt{25478}} = 6.87\times 10^{-3}\mathrm{m}$$

이다.

(1) 배재두께

경계층 내에서 유체의 점성은 유체흐름을 방해하는 역할을 한다. 평판표면에 가까운 부분을 통과하여 흐르는 유체의 유량은 경계층 밖을 통과하는 유체의 유량보다 적다. [그림 8-4]에서 경계층 때문에 감소된 유량 ΔQ은 단위 폭당 평판면적에 대하여 다음과 같다.

$$\Delta Q = \int_0^{\delta} (U - u)dy \tag{8-4}$$

유체의 점성이 없다면 평판표면에서 ΔQ의 유량은 그림에서와 같이 δ^*의 두께로 흐르게 될 것이다. 이 때의 두께 δ^*를 배제두께(displacement thickness)라 한다. 즉, δ^*의 두께를 갖는 유체가 점성 때문에 평판표면으로부터 밀려나는 거리를 의미하는 것으로 경계층으로부터 배제되어야 할 거리이다. 배제되는 단위 폭당 평판표면에 대한 유량

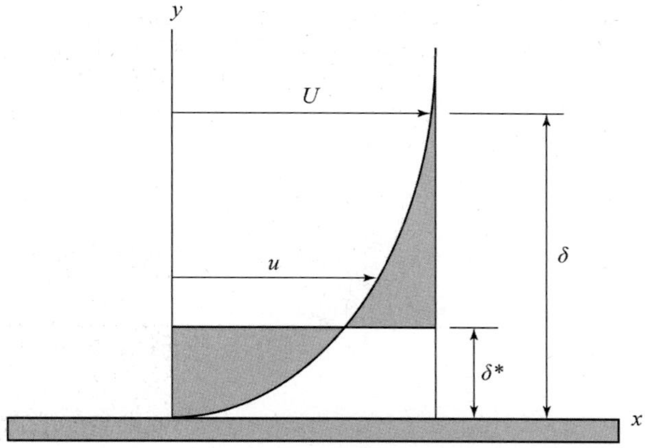

[그림 8-4] 경계층의 배제두께

ΔQ는 비압축성유체일 경우 $\Delta Q = U\delta^*$ 이므로

$$U\delta^* = \int_0^\delta (U-u)dy \tag{8-5}$$

이고 배제두께는

$$\delta^* = \int_0^\delta \left(1-\frac{u}{U}\right)dy \tag{8-6}$$

이다.

(2) 운동량두께

경계층 내에서 점성의 영향 때문에 유체의 속도가 감소하면 이것은 비점성유체에 비교하여 운동량이 감소하게 된다. 경계층 내에서 단위 폭당 평판면적에 대하여 감소한 운동량은

$$\int_0^\delta \rho u(U-u)dy \tag{8-7}$$

이다. 이것을 비점성유체의 운동량으로 표현하여 그 두께를 θ(운동량두께, momentum thickness)라 하면

$$\rho U^2\theta = \int_0^\delta \rho u(U-u)dy$$

이고 비압축성유체라면 운동량두께 θ는 다음과 같다.

$$\theta = \int_0^\delta \frac{u}{U}\left(1-\frac{u}{U}\right)dy \tag{8-8}$$

위에서 정의한 배제두께와 운동량두께는 경계층의 두께 δ에 비하여 실험자료로부터 구하기가 쉬우므로 경계층을 명시하는 데 많이 사용되고 있다.

8.2.2 경계층의 박리

실린더와 같이 표면이 무딘 물체 주위의 유체 흐름을 살펴보면 [그림 8-6]과 같이 두 가지 형태로 볼 수 있다. (a)의 경우는 이상유체의 유동에서나 또는 실제유체 속에서 매우 느린 속도로 운동하는 경우로 유동의 상류와 하류가 같은 유선형태를 이루면서 유동하는 경우이고 (b)는 비교적 빠른 속도로 운동하는 경우로, 유체와 접촉하고 있는 물체의 표면으로부터 유선이 분리되는 현상을 볼 수 있다. (b)와 같은 이 물체 표면으로부터 경계층이 분리되는 현상을 경계층의 박리라 한다.

균일한 흐름 속에 놓인 실린더 표면의 속도분포를 확대하여 표시하면 [그림 8-7]과 같다. 이 그림에서 좌표축은 실린더의 전방, 즉 정체점 A를 원점으로 하여 실린더 표면을 따라 하류 측으로 x축을 잡고 이것과 직각으로 y축을 잡았다. 실린더에서 충분히 떨어진 균일한 흐름의 속도를 U로 표시하고 경계층 밖의 정상적인 유체의 속도를 U^*로 표시하였다. 정체점 A로부터 임의의 점의 중심각을 θ라 하면 Re 수가 충분히 큰 흐름에서는 경계층의 두께는 매우 얇으므로 경계층 밖의 속도 $U^* = 2U\sin\theta$로 주어진다. 유체

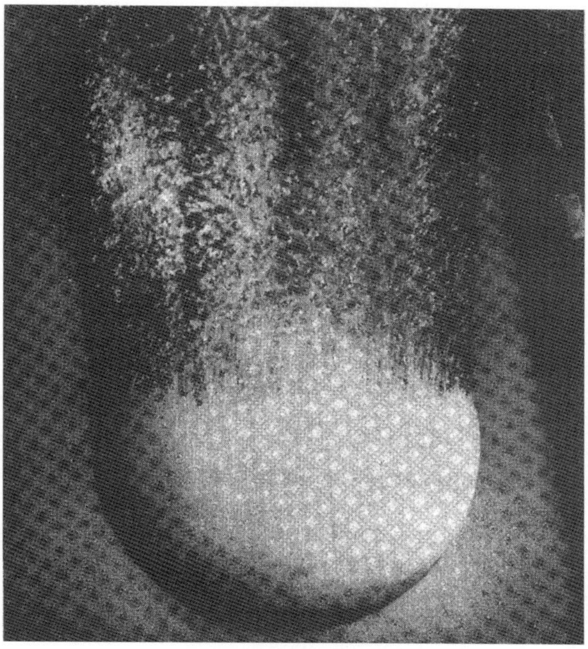

[그림 8-5] 경계층의 박리현상

[그림 8-6] 물체 주위의 흐름

의 속도를 이용하여 Bernoulli 방정식에서 압력구배 $\frac{dp}{dx}$를 구하면, A 점에서부터 B 점을 거쳐 S 점까지의 압력구배는 $\frac{dp}{dx} < 0$로 유체의 유동이 A에서 B를 거쳐 S로 이어짐을 알 수 있다. 즉, 이 구간에서의 속도구배는 $\frac{dU}{dx} > 0$으로 유체흐름이 A, B, S로 이어짐을 의미한다. S 점을 지나면 압력구배 $\frac{dp}{dx} < 0$로 바뀌면서 유체흐름의 방향도 C에서 S 방향으로 바뀌게 된다. S 점을 지나면 유체의 압력이 높아져 점성 때문에 속도가 느린 실린더 표면 경계층 내의 유체는 하류의 압력을 이기지 못하고 거꾸로 흐르지만 뒤에서 계속 오는 다른 유체입자와 충돌하여 표면으로부터 떨어져 흐르게 된다. 바로 이 S점을 박리점이라 한다.

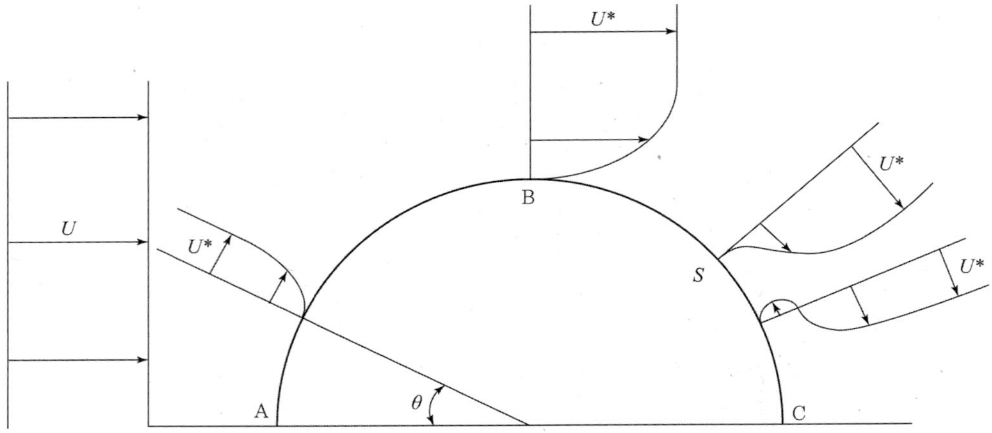

[그림 8-7] 경계층 박리

8.3 물체에 작용하는 힘

유체의 유동장 내에 물체를 둔다든지 그와는 반대로 정지한 유체 속에 물체가 움직일 경우, 물체는 주위의 유체로부터 힘을 받게 된다. 이 힘은 유체의 점성에 의해서 받는 마찰력과 압력에 의한 힘으로서 이루어진다. [그림 8-8]과 같이 유체의 흐름 속에 날개를 놓아두면 날개 윗면의 유체의 속도는 아래 면의 속도보다 빨라져 Bernoulli 방정식으로부터 윗부분의 압력이 아래 면의 압력보다 낮아지게 됨을 알 수 있다. 두 압력차에 의해서 압력에 의한 힘이 형성되며 유체가 가지고 있는 점성은 물체표면과 마찰하여 마찰력을 형성한다.

[그림 8-8]에서 날개가 받는 힘을 F라 하고 이것을 수직분력과 수평분력으로 분리하면, 수평분력 F_D는 유동방향으로의 날개의 진행을 방해하는 힘으로 항력(Drag)이라 하고, 수직분력 F_L은 날개를 수직방향으로 밀어올리는 힘으로 양력(Lift)이라 한다.

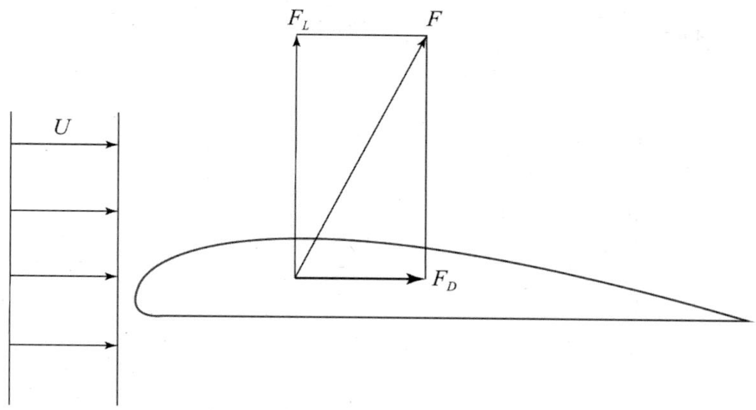

[그림 8-8] 물체에 작용하는 힘

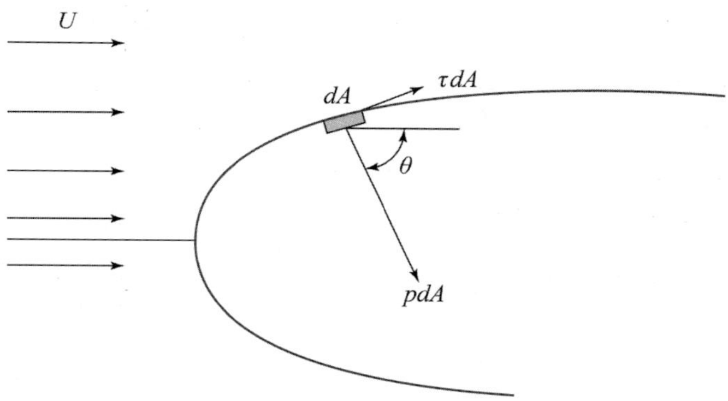

[그림 8-9] 물체에 미치는 힘

날개의 일부분을 확대하여 여기에 작용하는 힘을 고려하자. [그림 8-9]에서 날개 미소 면적 dA에 작용하는 압력을 p, 단위 면적당의 마찰력을 τ라 하면 압력에 의한 힘 pdA는 면에 대하여 수직으로 작용하고 표면에 접선방향으로는 마찰력 τdA가 존재한다. 이 두 힘에 의해서 항력 F_D를 구하면 다음과 같다.

$$F_D = \int_A pdA\cos\theta + \int_A \tau dA\sin\theta \tag{8-9}$$

여기서 $\int_A pdA\cos\theta$를 압력항력, $\int_A \tau dA\sin\theta$를 마찰항력이라고도 한다. 식 (8-9)

와 같은 방법으로 양력은

$$F_L = -\int_A p dA \sin\theta + \int_A \tau dA \cos\theta \tag{8-10}$$

이다.

8.3.1 항력

물체에 작용하는 항력은 위에서 언급한 바와 같이 마찰항력과 압력항력으로 구분하여 다음과 같이 표현할 수 있다.

$$F_D = D_f + D_p \tag{8-11}$$

여기서 D_f, D_p는 각각 마찰항력과 압력항력으로 이 두 항력의 크기는 물체의 형상과 유동양상에 따라 다르다. 유체의 유동방향에 평행하게 높인 평판의 경우는 항력의 대부분을 마찰항력이 차지하지만 평판이 흐름에 수직하게 놓은 경우는 압력항력이 대부분을 차지한다. 일반적으로 계산에 의하여 항력의 크기를 구하기가 쉽지 않기 때문에 항력의 크기는 실험에 의하여 구하게 된다. 〈표 8-1〉은 유체유동 속에 놓인 여러 가지 물체에 따른 마찰항력과 압력항력의 비율을 나타낸다.

유체흐름의 속도가 U인 유체 속에 놓인 물체에 작용하는 항력을 F_D라 하면 차원해석의 방법을 이용하여 무차원수인 항력계수 C_D를 다음과 같이 정의할 수 있다.

$$C_D = \frac{F_D}{1/2\,\rho U^2 A} \tag{8-12}$$

여기서 ρ는 유체의 밀도를 의미하고 A는 기준면적으로 흐름에 직각방향으로 투영한 물체의 단면적을 의미한다.

우리는 5장의 차원해석을 통하여, 점성이 지배하는 유동장에서 유체의 흐름에 영향을 미치는 주요 변수는 Re 수와 물체표면의 거칠기임을 알고 있다. 유체가 물체에 작용하는 항력의 크기도 물체의 형상, 표면의 조도와 Re 수에 영향을 받는다. [그림 8-10]은 Re 수에 따른 원주에서의 항력계수이다.

〈표 8-1〉 형상에 따른 항력

형상	압력항력 D_p%	마찰항력 D_f%
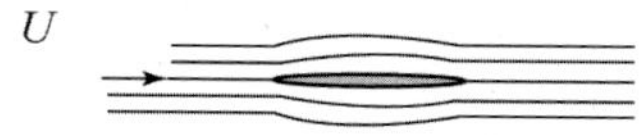	0	100
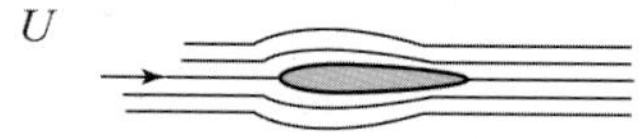	≈10	≈90
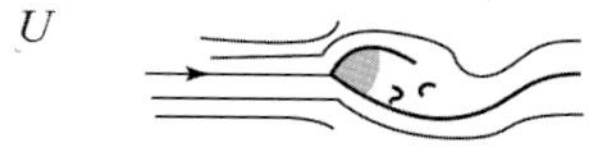	≈90	≈10
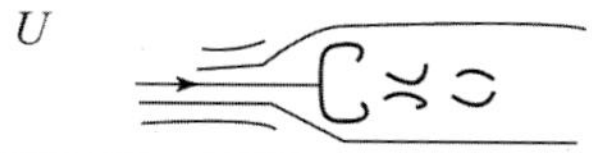	100	0

Stokes는 무한히 넓은 유동장을 갖는 점성계수 μ인 유체 속을 직경 D인 매끄러운 구가 Re < 1인 상태로 운동한다면 이 구에 작용하는 항력은 다음과 같다고 주장하였다.

$$F_D = 3\pi\mu UD \tag{8-13}$$

이 식을 식 (8-12)에 대입하여 항력계수 C_D를 구하면 다음과 같다.

$$C_D = \frac{24}{\mathrm{Re}} \qquad \mathrm{Re} < 1 \tag{8-14}$$

위의 Re < 1 경우는 구의 표면에서 경계층의 박리가 일어나지 않지만 Re ≃ 10에서부터 구의 뒷면(흐름의 하류)에서 박리가 일어나기 시작하여 Re ≃ 1000 될 때까지 박리현상이 일어나는 구의 표면적은 증가한다. 이와 같이 박리현상이 일어나는 표면적이 증가하면 그와는 반대로 항력계수는 감소한다. 또, 구가 받는 항력의 95%는 압력항력이 차지하고 나머지 5%만이 전단력에 의한 마찰항력이 차지한다. [그림 8-7]에 표시된 바와 같

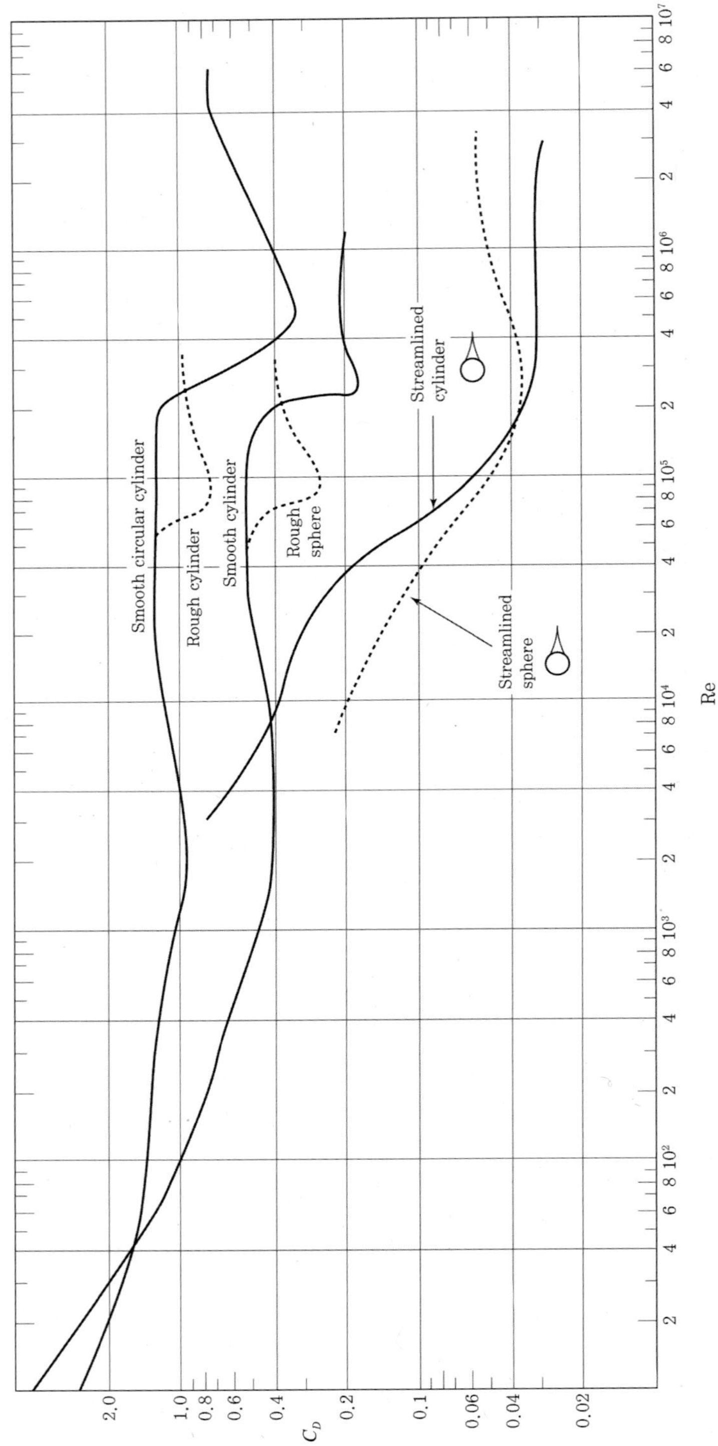
Smooth circular cylinder
Rough cylinder
Smooth cylinder
Rough sphere
Streamlined cylinder
Streamlined sphere
C_D
Re
2.0
1.0
0.8
0.6
0.4
0.2
0.1
0.06
0.04
0.02
2
4
6
8
10^2
10^3
10^4
10^5
10^6
10^7

[그림 8-10] 항력계수

이 Re 수가 증가하게 되면 하류로부터 압력구배가 음에서 양으로 바뀌면서 구표면을 흐르는 유체의 마찰력을 이겨내어 박리가 일어나게 한다. 박리가 일어나면 그 부분에서의 유동방향은 원래 흐름방향과는 반대가 되므로 구표면의 마찰력은 감소하고 하류 측의 압력구배가 양으로 됨으로서 상류와의 압력항력이 증가한다.

[그림 8-10]은 Re 수에 따른 구와 원통에서의 항력계수이며 〈표 8-2〉는 여러 가지 형상을 한 물체의 Re 수에 따른 항력계수이다.

〈표 8-2〉 여러 가지 물체의 항력계수

물체	L/W	Re	C_D
사각 실린더 →□W	∝	$> 10^4$	2.0
사각 평판 →│W	∝	$> 10^3$	2.0
	20	$> 10^3$	1.5
	5	$> 10^3$	1.2
	1	$> 10^3$	1.1
자동차			
1920	–	$> 10^5$	0.9
Modern	–	$> 10^5$	0.35
밴	–	$> 10^5$	0.42
원통 실린더 L →□W=D	0	$> 10^3$	1.10
	4	$> 10^3$	0.90
	7	$> 10^3$	1.0
등변 삼각기둥 →◁	2.0	$> 10^4$	2.0
→▷	1	$> 10^4$	1.4
원뿔 ↘ →◁ ↗		$> 10^4$	0.5
낙하산		$> 10^4$	1.2

예제 8-6

직경 1m, 길이 3m의 원 기둥이 30m/s 속도로 흐르는 공기 속에 세워져있다. 기둥의 항력계수가 $C_D=0.5$이다. 기둥이 받는 항력을 구하여라. 단, 공기의 비중량은 12N/m^{3}이다.

풀이

식 (8-12)에서

$$F_D = C_D\frac{\rho U^2 A}{2} = C_D\frac{\gamma U^2 A}{2g}$$

$$= 0.5\times\frac{12\times 30^2\times 1\times 3}{2\times 9.8} = 826.5\text{N}$$

이다.

예제 8-7

날개폭 10m, 날개길이 1.8m인 비행기 날개가 110m/s 속도로 날고 있다. 날개의 항력계수가 $C_D=0.07$이면 항력은 얼마인가? 단, 공기의 비중량은 $\gamma=11.8$N/m^{3}이다.

풀이

날개의 항력 F_D는

$$F_D = C_D A\frac{\rho U^2}{2}$$

$$= 0.07\times 10\times 1.8\times\frac{11.8\times 110^2}{2\times 9.8}$$

$$= 9178.7\text{N}$$

이다.

예제 8-8

지름 5mm, 비중 7.8인 강철구를 점성계수 1.96, 비중 1.26인 글리세린이 들어있는 용기 속에서 낙하시킬 때 자유낙하속도를 구하여라.

풀이

Stokes 법칙에 의해서 구해진 항력과 부력의 크기가 구의 무게와 같을 때 구의 자유낙하 종속도가 되므로

$$\frac{1}{6}\pi d^3\gamma + 3\pi\mu dU = \frac{1}{6}\pi d^3\gamma_s$$

$$U = \frac{\frac{\pi}{6}d^3(\gamma - \gamma_s)}{3\pi\mu d}$$

$$= \frac{0.005^2 \times (7.8 - 1.26) \times 9800}{18 \times 1.96}$$

$$= 0.045\,\text{m/s}$$

이다.

예제 8-9

직경 10mm인 구가 점성계수 $0.15 \times 10^{-4}\text{m}^2/\text{s}$ 공기 속을 40m/s의 속도로 날고 있다. 공기의 비중량이 112 N/m^3이면 구가 받는 항력은 얼마나 되는가? 또, 손실동력을 구하여라.

풀이

Re 수를 구하면

$$\text{Re} = \frac{Ud}{v}$$

$$= \frac{40 \times 0.01}{0.15 \times 10^{-4}} = 2.67 \times 10^4$$

[그림 8-10]에 의해서 $\text{Re} = 2.67 \times 10^4$일 때 $C_D = 0.51$로 구하여지므로

$$F_D = C_D A \frac{\rho U^2}{2}$$

$$= 0.51 \times \frac{\pi}{4} \times 0.01^2 \times \frac{12 \times 40^2}{2 \times 9.8}$$

$$= 0.039\text{N}$$

손실동력은 항력×속도로 구해진다.

$$P = F_D U$$

$$= 0.039 \times 40 = 1.56\text{W}$$

8.3.2 날개의 양력

물체에 작용하는 항력과 양력의 크기는 〈표 8-1〉에 표시된 바와 같이 물체의 형상에 영향을 받아 그 크기가 달라진다. 즉, 어떤 형상의 물체에서는 양력이 발생하지 않는 경우도 있다. 또, 원통과 같이 무딘 물체 주위에서는 압력구배가 역으로 바뀌면서 하류 쪽으로부터 박리가 일어난다. 일반적으로 비행기 날개는 양력이 크게 발생할 수 있고 [그림 8-11]에서 보는 것처럼 작은 영각(angle of attack)에서 날개 주위에서 경계층의 박리가 일어나지 않는 유선형의 형상으로 만든다. 따라서 비행기 날개는 양력은 크게 발생하고 항력은 매우 작아 원래의 목적을 달성한다.

날개표면의 경계층은 매우 얇기 때문에 날개 주위의 유동장에서 그것을 무시해 버리며 날개표면의 압력이 경계층에 미치는 영향도 미미하다. 따라서 날개의 양력은 날개가 비점성유체 속에서 운동하는 것으로 가정하여 얻은 날개 상하면의 압력차로 계산하여도 큰 차가 없다.

날개는 큰 양력을 얻기 위하여 그 넓이가 넓어야만 한다. [그림 8-11]에서 날개의 양력을 형성하는 기준면적은 익현장(chord) c와 날개길이 L의 곱이다. 날개에서의 항력과 양력계수의 정의는 다음과 같다.

$$C_D = \frac{F_D}{1/2\,\rho\, U^2 L c}, \qquad C_L = \frac{F_L}{1/2\rho\, U^2 L c} \tag{8-15}$$

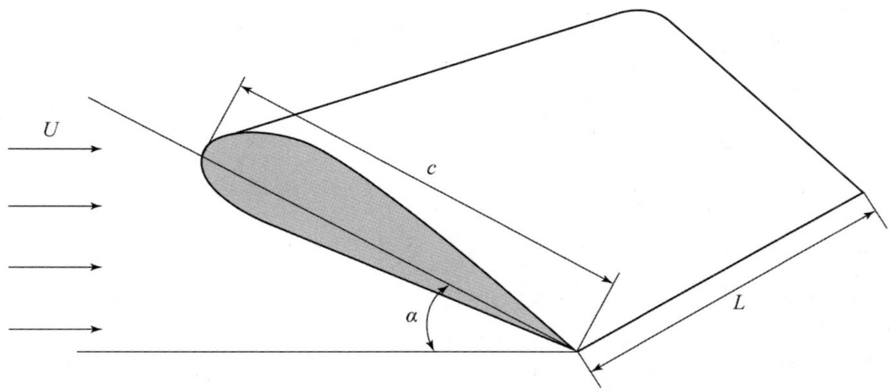

[그림 8-11] 날개의 양력

[그림 8-12]는 전형적인 비행기 날개에서의 영각에 따른 양력계수와 항력계수이다. 그림에서 보면 영각이 작은 범위에서는 양력계수는 영각에 비례하여 증가하지만 최대점을 지나게 되면 양력계수는 급격히 감소한다. 즉, 최대점을 지나게 되면 비행기는 불안정해지며 속도를 잃게 된다. 이것을 실속(stall)이라 한다. 이것은 영각이 커지면 날개후면에서 실제유체의 경우는 점성 때문에 와류 또는 경계층의 박리가 발생하여 양력을 감소시키기 때문이다. 이상유체의 경우는 점성이 없으므로 와류나 경계층의 박리가 일어나지

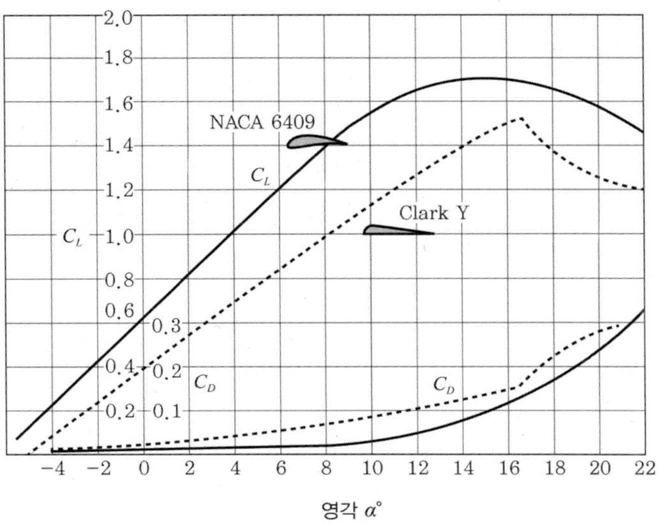

[그림 8-12] 영각과 양력, 항력

않지만 비교적 영각이 작은 범위에서는 실제유체에서와 유사하게 영각에 비례하여 양력계수는 증가한다.

비행기가 상대적으로 낮은 속도로 이륙하기 위해서는 그림에서 보는 바와 같이 높은 양력계수가 요구된다. 그러나 양력계수가 작은 경우에 충분히 큰 양력을 얻기 위해서는 식 (8-15)에서 보는 바와 같이 익현장과 길이의 곱이 커야만 한다. 이런 방법이 날개설계에 실제 이용되고 있다. 즉, 비행기 날개 후부에 보조날개(flap)를 두고 있으며 보조날개를 이용하여 익현장을 가감시키고 영각을 변화시켜 이착륙시에 양력과 항력을 변화시킨다.

예제 8-10

길이 2m, 폭 1.5m인 평판 날개가 20m/s의 속도로 공기 속을 수평면과 15°의 각도를 이루며 날고 있다. 이 날개의 항력계수가 0.15이고 양력계수가 0.75이면 날개에 작용하는 합력은 얼마나 되는가? 단, 공기의 밀도는 1.2kg/m³이다.

풀이

항력과 양력을 각각 F_D, F_L이라 하면

$$F_D = C_D A \frac{\rho U^2}{2}$$

$$= 0.15 \times 2 \times 1.5 \times \frac{1.2 \times 20^2}{2} = 108\text{N}$$

$$F_L = C_L A \frac{\rho U^2}{2}$$

$$= 0.75 \times 2 \times 1.5 \times \frac{1.2 \times 20^2}{2} = 540\text{N}$$

합력을 R이라 하면

$$R = \sqrt{{F_D}^2 + {C_L}^2}$$

$$= \sqrt{108^2 + 540^2} = 550.7\text{N}$$

이다.

예제 8-11

익형의 폭이 12m, 익현장이 2.1m의 날개의 비행기가 150m/s 속도로 날고 있다. 영각이 1.3°, 양력계수가 0.45, 항력계수가 0.065이면 공기의 밀도가 1.2kg/m^{3}에서 양력을 구하여라. 또, 비행기의 비행에 필요한 동력을 구하여라.

풀이

항력과 양력을 각각 F_D, F_L이라 하면

$$F_D = C_D A \frac{\rho U^2}{2}$$

$$= 0.065 \times 12 \times 2.1 \times \frac{1.2 \times 150^2}{2} = 15.5\text{kN}$$

$$F_L = C_L A \frac{\rho U^2}{2}$$

$$= 0.45 \times 12 \times 2.1 \times \frac{1.2 \times 150^2}{2} = 153.1\text{N}$$

양력은 153.1kN이며 비행에 필요한 동력 P는 항력에 의해서 계산되므로

$$P = F_D U$$

$$= 15.5 \times 150 = 2{,}325\text{kW}$$

이다.

Exercise

1. 점성계수 $\mu = 8.02 \times 10^{-4}$kg/m · s, 밀도 $\rho = 10^3$kg/m^3, 속도 $U = 3$m/s로 흐르는 물속에 흐름과 평행하게 평판이 놓여 있다. 평판선단 40cm 지점에서의 Re 수를 구하여라.

2. 길이 3m의 평판이 풍속 7.5m/s의 공기흐름 속에 평행하게 놓여 있다. 평판선단으로부터 20cm되는 지점의 경계층의 두께를 구하여라. 단, 공기의 점성계수 $\mu = 0.17 \times 10^{-4}$kg/m · s이고 밀도는 $\rho = 1.22$kg/m^{3}이다.

3. 동점성계수 $v = 0.141$st인 공기 속을 직경 0.5cm인 구가 0.2cm/s 속도로 움직인다면 구의 항력계수 C_D는 얼마나 되겠는가?

4. 위 3번 문제에서 공기의 밀도가 $\rho = 1.2$kg/m^{3}이라면 구의 항력은 얼마나 되는가?

5. 공기가 매끈한 평판 위를 8m/s 속도로 흐르고 있다. 공기의 동점성계수 $v = 3.0 \times 10^{-5}$m^2/s이다. 층류경계층에서 난류경계층으로 천이하는 지점은 평판선단으로부터 얼마의 거리에서인가?

6. 동점성계수 15.46×10^{-6}m^2/s인 공기가 평판상단을 30m/s 속도로 흐른다. 선단으로부터 1m되는 지점에서의 경계층의 두께를 구하여라.

7. 길이 2m, 폭 1m인 평판이 15m/s 속도로 기류와 수직방향으로 움직이고 있다. 항력계수는 0.98이고 기류의 비중량이 11.8N/m^{3}이면 평판이 받는 항력은 얼마인가? 또, 이 평판을 움직이는 데 필요한 동력은 얼마나 필요한가?

8. 직경 1m, 높이 5m의 굴뚝이 4m/s로 바람이 부는 속에 서 있다. 굴뚝의 항력계수가 0.75이면 굴뚝이 받는 항력은 얼마나 되는가? 단, 공기의 비중은 1.2×10^{-3}이다.

9. 사람의 몸통을 원동형이라 가정하여 가슴둘레가 1.26m인 사람이 15m/s 속도로 바람이 부는 속에 서 있다. 이 사람의 항력계수가 0.85이면 사람이 받는 항력은 얼마나 될까? 단, 공기의 밀도는 1.2kg/m^3이다.

10. 투영면적 7.2m^2이고, 속도가 시속 80km인 화물자동차의 전체 저항력은 2.1kN이다. 이 저항력 중에서 25%는 마찰저항이고 나머지는 바람에 의한 항력이다. 공기의 비중량이 11.8N/m^3이면 항력계수 C_D는 얼마인가?

11. 익현장 1.5m인 날개가 20m/s의 속도로 공기 속을 움직인다. 양력계수 0.27이고 공기의 비중량이 11.8N/m^3이면 이 날개가 단위 폭당 받는 양력은 얼마나 되는가?

12. 지름이 5mm이고 비중이 7.8인 강구를 점성계수 1.96Pa · s인 글리세린을 채운 용기 속에 자유낙하시킬 때 강구의 종속은 얼마나 될까? 단, 글리세린의 비중은 1.3이다.

13. 다음 그림과 같이 길이 2m, 폭 3m인 평판이 수평면과 15°로 기울어진 상태에서 공기 속을 15m/s 속도로 움직인다. 공기의 비중량 11.8N/m^3, $C_D = 0.16$, $C_L = 0.75$이면 평판에 작용하는 힘의 합과 또 평판을 움직이는 데 필요한 동력은 얼마나 되는가?

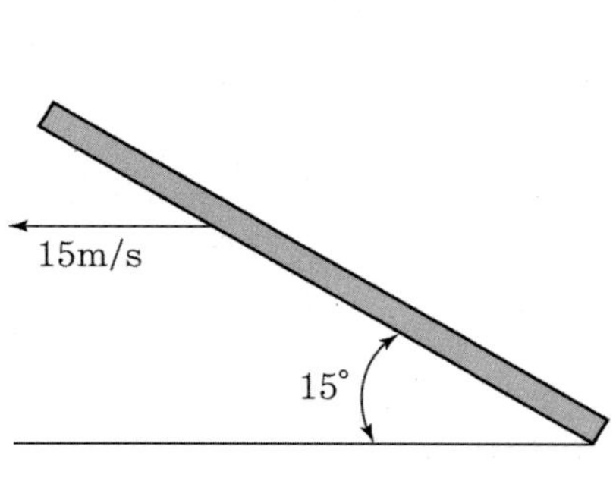

14. 익폭 10m, 익현장 1.5m인 날개를 갖는 비행기가 120m/s의 속도로 날고 있다. 날개의 영각이 1°, 양력계수는 0.35이다. 비행기의 양력을 구하여라. 단, 공기의 밀도는 1.2kg/m^{3}이다.

15. 지름 5m의 낙하산을 타고 몸무게 60N의 사람이 낙하한다. 이 사람의 종속도를 구하여라. 낙하산의 항력계수는 1.0이고 공기의 비중량은 11.8N/m^{3}이다.

CHAPTER 09

개수로의 유동

9.1 개수로의 유동

하천에서의 유체의 유동 등과 같이 유체의 한 면이 대기와 접하여 흐르는 수로, 즉 자유표면(free surface)을 갖는 수로를 개수로라 한다. 자유표면을 갖는 흐름은 지상에서 흔하게 볼 수 있는 현상으로 바다의 파도, 강물의 흐름에서부터 빗물의 흐름까지 그 예는 수없이 많다.

개수로 흐름에서는 대기와 유체가 접하는 자유표면에 의해서 유동의 특성이 주어진다. 자유표면에서 유체표면의 압력은 대부분의 구역에서 대기압과 같고 수력구배선과 유체의 자유표면은 동일하게 된다. 개수로에 관한 공학적인 문제는 대부분 물을 운반시키는 문제이지만 물이 아닌 유체에 이 장에서 논의한 것을 적용시켜도 별다른 문제는 없을 것이다.

개수로는 단면이나 깊이가 변화가 많고 불규칙적이어서 개수로의 위치에 따라서 유동 형상도 변하게 된다. 개수로의 흐름은 엄격하게 본다면 3차원으로 볼 수 있지만 다행히도 여러 가지의 조건을 간략화하면 1차원으로 가정하여 취급하여도 그 오차는 크지 않다. 이 장에서는 개수로의 유동을 쉽게 해석하기 위하여 관에서의 유동과 같이 1차원 흐름으로 단순화하여 문제를 해석하였다. 따라서 개수로에서의 속도는 평균속도를 사용한다.

개수로의 흐름은 정상류와 비정상류 그리고 등류(uniform)와 부등류(nonuniform) 등으로 구분하고 이것들을 조합하여 유동특성을 부여한다. 정상류에서는 앞에서 배운 관 흐름에서의 정의와 같이 평균속도 V와 깊이 y가 시간에 대하여 독립적인데 반하여 비정상류에서는 시간이 독립변수로 취급된다. 또 등류는 흐름의 방향이나 위치에 관계없이 속도와 깊이가 일정한 흐름인데 반하여 부등류는 흐름의 위치와 방향에 따라서 속도와 깊이가 변화하는 유동을 말한다. 이 책에서는 정상류, 등류에 관하여 주로 취급하여 개수로의 흐름에 대하여 처음 대하는 학생들의 이해를 쉽게 하였다.

9.1.1 Fr 수

두 개의 높이가 서로 다른 저수지가 수로에 의해서 연결되어 있다면 수로에 흐르는 물의 속도 등은 두 저수지의 높이차, 즉 중력에 기인한다. 이와 같이 개수로 유동에서 고려되는 기본적인 힘은 중력이다. 중력의 영향을 나타내는 무차원수는 5장에서 정의한 바와 같이 Fr 수(Froude Number)로 다음과 같이 중력에 대한 관성력의 비로 표현된다.

$$Fr = \frac{V}{\sqrt{gL}} \tag{9-1}$$

이 식에서 V는 개수로 단면에서의 평균속도를 나타내고 L은 특성 길이로서 예를 들어 사각형 개수로의 경우 L의 흐름의 깊이 y가 될 수도 있다.

개수로의 문제에서는 Fr 수는 문제해석에 중요한 역할을 한다. 예를 들어 Fr > 1인 유동의 경우는 상대적으로 흐름의 깊이가 얕은 데 비하여 유동속도는 빠르며 Fr < 1인 경우는 상대적으로 깊이가 깊은 데 비하여 흐름의 속도는 느리다. 빠르게 흐르는 폭포 등을 제외한 강물 등 대부분의 흐름은 Fr 수가 1보다 작으며 개수로를 설계할 때에는 Fr 수를 1보다 크게 할 것인지 작게 할 것인지 등을 고려하여 설계한다.

예제 9-1

폭이 2m, 깊이 2.5m 사각형 개수로에 3.4m/s 속도로 물이 흐른다. 이 수로에서의 Fr 수를 구하여라.

풀이

Fr 수는 식 (9-1)에 의해서

$$\mathrm{Fr} = \frac{V}{\sqrt{gL}}$$

$$= \frac{3.4}{\sqrt{9.8 \times 2.5}} = 0.69$$

이다.

예제 9-2

폭이 3 m인 수로에서 물이 Fr=1.0 , 유속 2 m/s로 흐르려면 흐름의 깊이는 얼마로 하여야 하는가?

풀이

식 (9-1)에서

$$\mathrm{Fr} = \frac{V}{\sqrt{gL}}$$

$$L = \frac{(Fr\ V)^2}{g} = \frac{(1.0 \times 2)^2}{9.8} = 0.41\,m$$

이다.

9.1.2 개수로의 에너지 방정식

[그림 9-1]과 같은 정상류 등류(steady uniform flow)는 앞에서 설명한 바와 같이 수로를 따라서 흐름의 깊이와 경사가 일정한 흐름을 말한다. 이때 흐름의 자유표면은 개수로

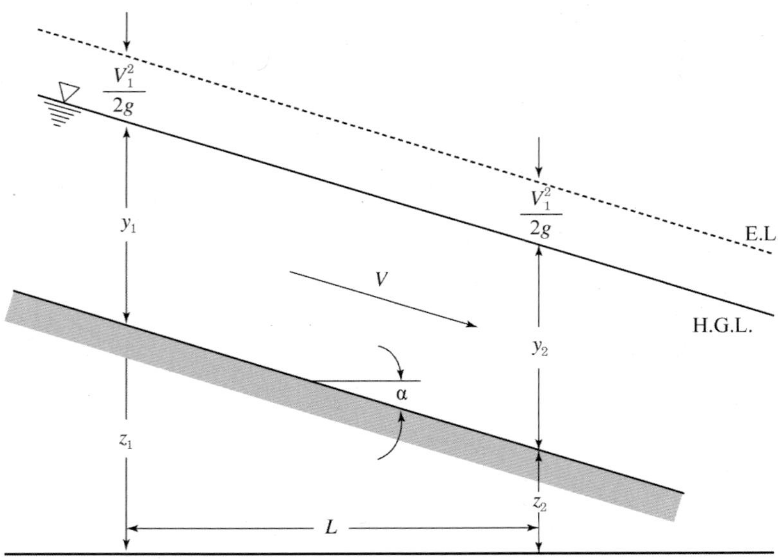

[그림 9-1] 정상류 등류유동

의 바닥면과 평행하며 임의의 단면에서 유량은 항상 일정하다. 단면모형도 등류로 흐르는 동안 같아야 하며 속도의 변화가 없어야 하므로 가속력도 없다. 즉, 유체에 작용하는 중력에 의한 가속도는 마찰손실의 크기와 같다.

[그림 9-1]의 개수로에 Bernoulli 방정식을 적용하면 다음과 같다.

$$\frac{{V_1}^2}{2g} + \frac{p_1}{\gamma} + z_1 = \frac{{V_2}^2}{2g} + \frac{p_2}{\gamma} + z_2 + h_L$$

$$\frac{{V_1}^2}{2g} + y_1 + z_1 = \frac{{V_2}^2}{2g} + y_2 + z_2 + h_L \tag{9-2}$$

여기서 수로의 경사각을 α라 하면 수로의 기울기 S는 $S = \tan\alpha$이고 손실수두 $h_L = L\sin\alpha$이다. 등류의 경우 $V_1 = V_2$, $p_1 = p_2$이므로 손실수두 $h_L = z_1 - z_2$로 두 점의 위치에너지의 차이가 되며 수력구배선은 자유표면과 일치하고 에너지선은 자유표면과 평행하다.

$$z_1 - z_2 = L\sin\alpha \tag{9-3}$$

9.1.3 Chezy-Manning 공식

개수로 등류에서의 유동방정식을 구하기 위하여 [그림 9-2]와 같은 직사각형 단면을 갖는 수로에 대하여 고려하여 보자. 등류이므로 위에서 말한 바와 같이 흐름의 속도는 일정하다. 따라서 중력에 의한 가속력은 마찰손실과 같으므로 다음의 식이 성립한다.

$$\tau PL = \gamma LA\sin\alpha \tag{9-4}$$

여기서 τ는 벽면의 전단응력, P는 접수 길이, L은 수로의 길이이며, γ는 비중량 그리고 A는 수로의 단면적이다. 앞에서 정의한 바와 같이 수력반경(hydraulic radius)은

$$R_h = \frac{A}{P} \tag{9-5}$$

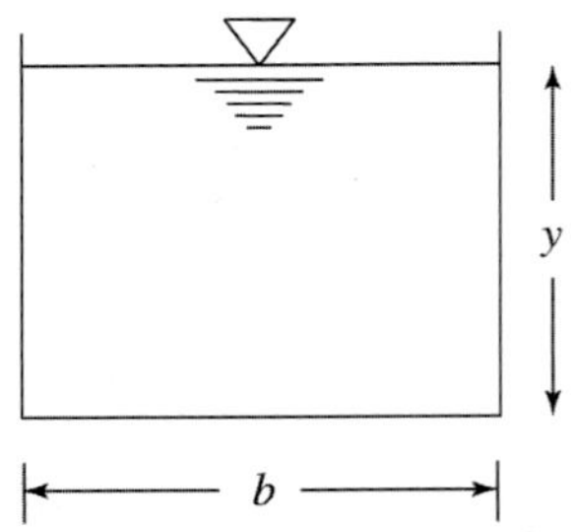

[그림 9-2] 개수로의 단면

이므로 식 (9-4)은 다음과 같이 쓸 수 있다.

$$\tau = \gamma R_h \sin\alpha \qquad (9\text{-}6)$$

수로의 경사각도 α가 작을 경우 $\sin\alpha \fallingdotseq \tan\alpha = S$이므로

$$\tau = \gamma R_h S \qquad (9\text{-}7)$$

앞에서 논의한 바와 같이 전단응력은 속도수두의 함수로 표시될 수 있으므로 전단응력은 마찰계수 λ와 동압에 의하여

$$\tau = \lambda \frac{\rho V^2}{2g} \qquad (9\text{-}8)$$

로 표현하면 식 (9-7), (9-8)에 의하여 $C = \frac{2g}{\lambda}$로 놓으면 평균속도 V는 다음과 같다.

$$V = C\sqrt{R_h S} \qquad (9\text{-}9)$$

여기서 C는 Chezy 상수로 실험적으로 결정되는 상수이다. 개수로의 흐름을 완전한 난류로 여기므로 이 상수는 Re 수의 영향보다는 단면의 상대조도, 단면의 형상 등에 의하여 결정되는 값으로 Manning은 실험에 의하여 다음과 같이 정하였다.

$$C = \frac{c_1}{n} R_h^{\frac{1}{6}} \tag{9-10}$$

이 식에서 c_1은 SI 단위의 경우 $c_1 = 1$이고 영국단위에서는 $C_1 = 1.49$이며 n은 Manning에 의하여 〈표 9-1〉에 여러 가지 수로에 대하여 주어져 있다.

식 (9-10)을 이용하여 유량을 구하면

$$Q = \frac{c_1}{n} A R_h^{\frac{2}{3}} S^{\frac{1}{2}} \tag{9-11}$$

〈표 9-1〉 Manning의 n값

벽면의 재료	Manning의 n
매끄러운 목재	0.012
거치른 목재	0.013
매끄러운 콘크리트	0.012
거치른 콘크리트	0.014
하수관	0.013
벽돌수로	0.016
주철, 단조강	0.015
콘크리트 파이프	0.015
리벳 강관	0.017
흙	0.022
주름진 홈통	0.025
갑석	0.03
돌과 잡초가 있는 흙	0.035
산계곡	0.05

이 식을 Chezy-Manning 방정식이라 한다. 이 공식은 일반적으로 개수로의 문제에 광범위하게 적용되지만 매끄러운 수로 보다는 거친 수로에 적용하는 것이 바람직하다.

예제 9-3

사각형 단면의 수로의 폭이 2m, 깊이가 5m이다. 이 수로에 물이 수로 깊이의 60% 깊이로 흐르면 수력반경 R_h은 얼마인가?

풀이

물의 깊이의 60%만 차서 흐르므로 실제흐름의 깊이는

$$5 \times 0.6 = 3\text{ m}$$

이다. 접수길이는 8 m이고 흐름의 단면적은 6 m^2이다.

수력반경은 다음과 같이 구하여진다.

$$R_h = \frac{A}{P} = \frac{6}{8} = 0.75\text{m}$$

예제 9-4

Chezy 상수가 $54\text{m}^{\frac{1}{2}}/\text{s}$인 사각형 수로의 폭이 2m, 깊이가 1m이고 경사도가 0.0016이면 수로의 유량은 얼마나 되는가?

풀이

수력반경을 구하면

$$R_h = \frac{A}{P} = \frac{2}{2+2\times 1} = 0.5\text{m}$$

식 (9-9)를 이용하여 유량을 구하면

$$Q = CA\sqrt{R_h S} = 54 \times 2\sqrt{0.5 \times 0.0016} = 3.05\text{m}^3/\text{s}$$

이다.

예제 9-5

원형의 매끄러운 콘크리트 수로를 통하여 물을 수송하려 한다. 관의 직경이 3m이고 길이가 200m, 수로 양단의 높이 차이가 4m일 때 유속과 유량을 구하여라. 단, 원관 수로에 물은 반이 차서 등류로 흐른다.

풀이

원관의 반 깊이로 물이 흐르므로 유로 단면적과 접수길이는

$$A = \frac{\pi d^2}{8} = \frac{\pi \times 3^2}{8} = 3.53\text{m}^2$$

$$P = \frac{\pi d}{2} = \frac{\pi \times 3}{2} = 4.71\text{m}$$

$$R_h = \frac{A}{P} = \frac{3.53}{4.71} = 0.75\text{m}$$

기울기 S는 관 길이 200m에서 높이 차가 4m이므로

$$S = \frac{4}{200} = 0.02$$

또, 〈표 9-1〉에서 매끄러운 콘크리트관의 n값은 0.012이므로 유속은 식 (9-9), (9-10)을 이용하여 다음과 같이 얻을 수 있다.

$$\begin{aligned} V &= \frac{1}{n} R_h^{\frac{2}{3}} S^{\frac{1}{2}} \\ &= \frac{1}{0.012}(0.75)^{\frac{2}{3}}(0.02)^{\frac{1}{2}} \\ &= 9.73\text{m/s} \end{aligned}$$

$$Q = AV = 3.53 \times 9.73 = 34.35\text{m}^3/\text{s}$$

예제 9-6

사각형 단면의 콘크리트 수로에 유량 $0.1\text{m}^3/\text{s}$의 물이 등류상태로 흐른다. 수로의 경사도가 0.001이고 만능지수 $n=0.011$이다. 수심이 수로 폭의 반이라면 수로의 폭과 깊이 그리고 유속은 얼마나 되는가?

풀이

수로의 형태는 [그림 9-1]과 같의 수로 폭을 b라면 깊이는 $\frac{b}{2}$로 표현되므로

$$A=\frac{b^2}{2},\quad P=0.5b+0.05b+b=2b$$

$$R_h=\frac{A}{P}=\frac{b}{4}$$

$$V=\frac{Q}{A}=\frac{0.1}{0.5b^2}=\frac{1}{5b^2}$$

이므로 Manning의 식을 이것에 적용하면 유속은 다음과 같다.

$$V=\frac{1}{n}R_h^{\frac{2}{3}}S^{\frac{1}{2}}=\frac{1}{5b^2}$$

여기에 위 문제에서 주어진 경사도와 Manning 값을 대입하면

$$\frac{1}{0.011}\times\left(\frac{b}{4}\right)^{\frac{2}{3}}\times(0.001)^{\frac{1}{2}}=\frac{1}{5b^2}$$

$$b=0.52\text{m}$$

이므로 흐름의 깊이는 0.26m이고 유속은

$$V=\frac{1}{5b^2}=\frac{1}{5\times(0.52)^2}=0.74\text{m/s}$$

이다.

9.2 경제적인 수로

등류가 흐르는 개수로를 설계하는데 있어 Manning의 n 값과 경사도 등이 정해져 있는 경우 가능하면 많은 양의 유체를 유동시키는 것에 주목하여 설계하게 된다. 수로 단면의 기하학적 형상이 정해져 있는 경우 최적단면의 선택은 수로에서의 유동저항을 최소화하는 데 기준을 두어야 한다. 즉, 식 (9-11)에서 수력반경 R_h가 최대일 때이다.

식 (9-11)에서 Q, n, S는 주어진 값이므로 이것을 상수로 놓고 수력반경 $R_h = \dfrac{A}{P}$를 이용하면 단면적 A는 접수길이 P의 함수가 된다.

$$A = CP^{\frac{2}{5}} \tag{9-12}$$

여기서 C는 주어진 조건들에 의해서 결정되는 상수이다. 이 식에서 단면적 A가 최소가 되려면 접수길이 P가 최소가 되어야 함을 알 수 있다. 수로는 일반적으로 직사각형 수로와 사다리꼴 수로가 가장 보편적이므로 이 두 가지 경우에 대하여 살펴보자.

9.2.1 직사각형 단면수로

[그림 9-2]에서 수로의 단면적은 $A = by$이고 접수길이 $P = b + 2y$이므로 식 (9-12)는

$$A = (P - 2y)y = CP^{\frac{2}{5}} \tag{9-13}$$

이므로 접수길이 P를 최소로 하는 수로의 깊이 y를 구하기 위하여 y에 대하여 미분하면

$$\left(\frac{dP}{dy} - 2\right)y + P - 2y = \frac{2}{5}CP^{-\frac{3}{5}}\frac{dP}{dy} \tag{9-14}$$

위 식에서 $\dfrac{dP}{dy} = 0$으로 놓으면

$$P = 4y, \quad b = 2y \tag{9-15}$$

로 직사각형 수로에서 경제적인 수로는 수로의 폭이 깊이의 2배가 될 때이다.

예제 9-7

매끄러운 콘크리트 수로($n = 0.011$) 사각형 단면의 수로가 경사도는 0.0001이다. 흐름의 단면적이 $10m^2$일 때 이 수로에 등류의 상태로 흐르는 물의 유량을 구하여라. 또한, 경제수로를 만든다면 수로의 폭과 깊이는 얼마가 되어야 하는가?

풀이

유량을 구하기 위해서는 먼저 수로의 치수를 결정하여야 한다. 직사각형 수로의 경제적인 단면은 깊이(y)가 폭(b)의 1/2이므로

$$A = y \times b = \frac{b^2}{2}$$

$$b = 4.47\text{m}, \quad y = 2.24\text{m}$$

수력반경은

$$R_h = \frac{A}{P} = \frac{A}{2b} = \frac{10}{8.94} = 1.12\text{m}$$

유량은 식 (9-11)을 이용하여 다음과 같이 얻어진다.

$$\begin{aligned} Q &= \frac{A}{n} R_h^{\frac{2}{3}} S^{\frac{1}{2}} \\ &= \frac{10}{0.011} \times (1.12)^{\frac{2}{3}} \times 0.0001^{\frac{1}{2}} \\ &= 9.8\text{m}^3/\text{s} \end{aligned}$$

예제 9-8

$n=0.012$인 경제적인 직사각형 수로를 만들려고 한다. 평균유속 1.5m/s, 유량 10m³/s의 물을 수송하려면 수로의 형상과 기울기는 얼마로 하여야 하는가?

풀이

유속과 유량을 이용하여 단면적을 구할 수 있다.

$$A=\frac{Q}{V}=\frac{10}{1.5}=6.67\text{m}^2$$

경제적인 사각형 단면은 깊이가 폭의 1/2이므로 깊이를 y라 하면

$$A=2y^2=6.67$$

$$y=1.83\text{m}$$

수력반경은

$$R_h=\frac{A}{P}=\frac{6.67}{1.83+(2\times1.83)}=1.21\text{m}$$

$$V=\frac{1}{n}R_h^{\frac{2}{3}}S^{\frac{1}{2}}$$

에서 기울기 S를 구하면

$$S=n^2V^2R_h^{-\frac{4}{3}}$$

$$=(0.012)^2\times(1.5)^2\times(1.21)^{-\frac{4}{3}}$$

$$=0.00042$$

깊이 1.83m 경사도 0.00042인 수로가 적합하다.

9.2.2 사다리꼴 단면수로

[그림 9-3]과 같은 사다리꼴 단면의 경제적인 수로에 대하여 살펴보자. 그림에서 수로의 단면적과 접수길이는

$$A = by + my^2$$
$$P = b + 2y\sqrt{1+m^2}$$

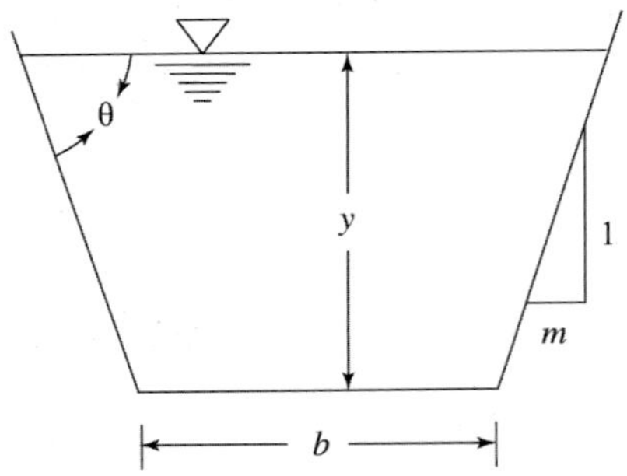

[그림 9-3] 사다리꼴 단면

이 두 식에서 b를 소거하여 A를 구하고 이것을 식 (9-12)에 대입하면

$$A = (P - 2y\sqrt{1+m^2})y + my^2 = CP^{\frac{2}{5}} \quad (9\text{-}16)$$

이다. 이 식에서 m을 상수로 보고 y에 대하여 미분한 다음 $\dfrac{\partial P}{\partial y}=0$으로 놓으면

$$P = 4y\sqrt{1+m^2} - 2my \quad (9\text{-}17)$$

이다. 이 식에서 y를 상수로 보고 m에 대해서 미분한 후에 $\dfrac{\partial P}{\partial m}=0$으로 놓으면

$$\frac{2m}{\sqrt{1+m^2}} = 1, \quad m = \frac{\sqrt{3}}{3} \quad (9\text{-}18)$$

이다. 식 (9-18)의 $m=\frac{\sqrt{3}}{3}$ 을 식 (9-17)에 대입하면

$$P=2\sqrt{3}\,y, \quad b=\frac{2\sqrt{3}}{3}y \tag{9-19}$$

로, 즉 식 (9-19)에서 $P=3b$로 경사면의 길이와 수로의 밑면의 길이가 같아야 경제적인 수로가 됨을 알 수 있다. 이와 같은 수로의 단면은 정육각형을 반으로 잘라낸 면과 같으며 [그림 9-3]에서 $\theta=60°$, $m=\frac{1}{\sqrt{3}}$ 이다.

예제 9-9

수로의 유량이 $9.0\text{m}^3/\text{s}$이고 유속이 2m/s라 할 때 경제적인 사다리꼴 단면 수로의 폭과 수심 그리고 경사도를 구하여라. 수로의 재료는 표면이 매끄러운 콘크리트 수로로 $n=0.01$이다.

풀이

유량과 유속을 이용하여 수로 단면적을 구하면

$$A=\frac{Q}{V}=\frac{9}{2}=4.2\text{m}^2$$

위 식 (9-18), (9-19) 등을 이용하여 수로 폭 b와 단면적 A와의 관계를 구하여 수로의 폭을 구할 수 있다.

$$\begin{aligned} A &= by+my^2 \\ &= \frac{\sqrt{3}}{2}b^2+\frac{\sqrt{3}}{3}\times\frac{3}{4}b^2 \\ &= \frac{3\sqrt{3}}{4}b^2 \end{aligned}$$

$$4.5=\frac{3\sqrt{3}}{4}b^2$$

수로의 폭은 $b=1.86\text{m}$이고, 깊이는 $y=\frac{\sqrt{3}}{2}\ b=1.61\text{m}$이다.

수로의 경사는 식 (9-11) 등을 이용하여 구할 수 있으므로 먼저 수력반경을 구하면

$$R_h = \frac{A}{P} = \frac{4.5}{1.86 \times 3} = 0.81$$

$$S = n^2 V^2 R_h^{-\frac{4}{3}}$$

$$= (0.011)^2 \times (2.0)^2 \times (0.81)^{-\frac{4}{3}}$$

$$= 0.00064$$

이다.

예제 9-10

$n = 0.02$인 등변 사다리꼴 개수로에서 경사면의 각도가 수평면과 45° 각도를 이루며 경사도가 0.0001일 때 유량을 구하여라. 단, 밑면의 수로 폭이 3.5m, 수심은 2m이다.

풀이

수력반경을 구하기 위하여 접수길이와 단면적을 구하면

$$P = 3.5 + (2 \times \frac{2}{\sin 45}) = 9.16\text{m}$$

$$A = (3.5 \times 2) + 2 \times 2 = 11\text{m}^2$$

$$R_h = \frac{A}{P} = \frac{11}{9.16} = 1.20\text{m}$$

유량은 식 (9-11)을 이용하여 구할 수 있다.

$$Q = \frac{A}{n} R_h^{\frac{2}{3}} S^{\frac{1}{2}}$$

$$= \frac{11}{0.02} \times (1.2)^{\frac{2}{3}} \times (0.0001)^{\frac{1}{2}}$$

$$= 6.55\text{m}^3/\text{s}$$

9.3 비에너지 E

개수로의 에너지방정식은 식 (9-2)을 수로 바닥면에 대하여 상대적으로 표현하면 편리하다. 이와같이 표현된 식을 비에너지(specific energy)라 하며 이것을 E라 하면, 다음과 같다.

$$E = y + \frac{V^2}{2g} \tag{9-20}$$

즉, 비에너지는 위치에너지 수두 y와 속도수두 $\frac{V^2}{2g}$의 합으로 이루어진다.

9.3.1 임계흐름

직사각형 단면수로의 경우 비에너지는 깊이 y의 함수로 표현될 수 있다. 전체유량을 Q라 하고 수로의 폭을 b라 하면 단위 폭당 유량 q는 다음과 같다.

$$q = \frac{Q}{b} = Vy \tag{9-21}$$

식 (9-20)에 식 (9-21)을 대입하여 비에너지를 표현하면 다음과 같다.

$$E = y + \frac{q^2}{2gy^2} \tag{9-22}$$

이 식에 의한 $E-y$관계가 [그림 9-4(a)]에 표시되어 있다. 이 그래프에서 유체가 개수로에서 흐르는 데는 최소한의 에너지가 필요함을 알 수 있다. 이 에너지를 임계에너지(critical energy)라 하고 E_c로 표기하며 이 때의 깊이를 임계깊이(critical depth) y_c로 표기한다. 만약 비에너지가 임계에너지 E_c보다 크면 흐름의 깊이는 두 가지가 존재한다. 식 (9-22)은 유량이 일정할 때 주어진 비에너지에 대한 깊이 y의 이차방정식이므로 비에너지가 임계에너지보다 크면 두 개의 근이 존재한다. 즉, 두 개의 깊이가 존재한다. 여기서 y_c보다 깊이가 깊은 흐름에서는 속도가 임계속도보다 느린 흐름으로 아임계흐름(subcritical flow ; 상류)이라 하며 깊이가 y_c보다 얕은 흐름에서는 속도가 임계속도보다 큰 초임계흐름(supercritical flow ; 사류)이라 한다.

식 (9-22)의 E를 상수로 보고 q를 변수로 본다면 다음과 같이 쓸 수 있다.

$$q = \sqrt{2gy^2(E-y)} \tag{9-23}$$

이 식은 [그림 9-4(b)]에 표시되어 있다. 이 식은 에너지가 일정한 구역에서 흐름의 상태를 파악하는 데 편리하게 사용할 수 있다.

임계깊이 y_c는 식 (9-22)을 y에 대해서 미분하고 $\frac{dE}{dy}=0$으로 하여 얻을 수 있다.

$$\frac{dE}{dy} = 1 - \frac{q^2}{gy^3} = 0 \tag{9-24}$$

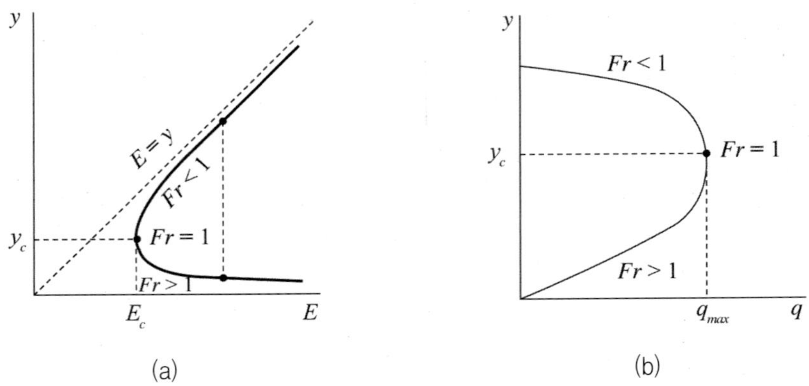

[그림 9-4] 임계흐름

위 식에서 $q = Vy$이므로 E의 최소값의 조건은 다음과 같다.

$$1 - \frac{V^2}{gy} = 1 - \text{Fr}^2 = 0 \tag{9-25}$$

직사각형 개수로에서 Fr 수는 단위 폭당 유량을 사용하여 표현하면 다음과 같다.

$$\mathrm{Fr} = \frac{V}{\sqrt{gy}} = \frac{q}{\sqrt{gy^3}} \tag{9-26}$$

식 (9-25)에서 최소에너지는 Fr 수가 1일 때 0임을 알 수 있으며 식 (9-24)를 y에 대해서 풀면 임계깊이 y_c를 얻을 수 있다.

$$y = \left(\frac{q^2}{g}\right)^{1/3} = y_c \tag{9-27}$$

이 식은 유량과 임계깊이와의 관계식이다.

[그림 9-4]에서 흐름의 깊이가 임계깊이 y_c보다 깊으면 흐름은 느려지고 이 때 Fr < 1이며 이와 같은 흐름을 아임계흐름이라 한다. 또, 흐름의 깊이가 임계깊이보다 얕아지면 흐름의 속도는 빨라지며 Fr > 1로 이 때의 흐름은 초임계흐름이라 한다.

$y = y_c$이면 Fr = 1 임계흐름

$y > y_c$이면 Fr < 1 아임계흐름 또는 상류(常流)

$y < y_c$이면 Fr > 1 초임계흐름 또는 사류(射流)

Fr = 1일 때 흐름을 임계흐름이라 하므로 이 때의 속도는 식 (9-26)에 의해서 얻어지며 이것을 임계속도라 한다. 또, 식 (9-22)의 임계 비에너지 E_c는 식 (9-27)을 이용하여 다음과 같이 임계깊이로 표현할 수 있다.

$$V_c = \sqrt{gy_c}\,, \quad E_c = \frac{3}{2}y_c \tag{9-28}$$

이 관계는 [그림 9-4]에 표시된 것과 같으며 유량 q가 증가하면 [그림 9-4(a)]는 오른쪽으로 이동한다. 식 (9-23)에서 비에너지가 일정할 때 최대유량은 [그림 9-4(b)]에 표시된 바와 같다.

예제 9-11

폭 3m, 깊이 2m의 직사각형 수로에 12m³/s 유량의 물이 흐른다. 비에너지, 임계깊이, 임계속도를 구하여라.

풀이

식 (9-20)을 이용하기 위하여 유속을 구하면

$$V=\frac{Q}{A}=\frac{12}{6}=2\text{m/s}$$

$$E=y+\frac{V^2}{2g}=2+\frac{2^2}{2\times 9.8}=2.20\text{m}$$

단위 폭당 유량은 식 (9-21)에서

$$q=Vy=2\times 2=4\text{m}^3/\text{s}\cdot\text{m}$$

임계깊이 y_c는 식 (9-27)에서

$$y_c=\left(\frac{q^2}{g}\right)^{1/3}=\left(\frac{4^2}{9.8}\right)^{1/3}=1.18\text{m}$$

또, 임계속도는 식 (9-28)에서 얻어진다.

$$V_c=\sqrt{9.8\times 1.18}=3.40\text{m/s}$$

예제 9-12

폭 3m, 깊이 2m인 개수로의 유량이 12m³/s이다. 흐름의 형태가 아임계 또는 초임계흐름인지를 결정하여라. 또, 같은 유량에서 초임계흐름이 되기 위한 깊이는 얼마인가?

풀이

유량이 12m³/s이므로 흐름의 속도는 2m/s이다.

식 (9-26)의 Fr= $\sqrt{gy}$ 를 이용하여 흐름의 형태를 판별하면

$$\text{Fr}=\frac{V}{\sqrt{gy}}$$

$$= \frac{2}{\sqrt{9.8 \times 2}} = 0.45$$

Fr = 0.45 < 1이므로 아임계흐름(상류)이다.

초임계흐름이 되기 위한 깊이는 단위 폭당 유량을 구하여 식 (9-27)로 얻어지므로

$$q = \frac{12}{3} = 4\text{m}^3/\text{s} \cdot \text{m}$$

$$y_c = \left(\frac{q^2}{g}\right)^{1/3} = \left(\frac{4^2}{9.8}\right)^{1/3} = 1.18$$

따라서 초임계흐름으로 흐르기 위한 깊이는 1.18m이다.

예제 9-13

폭이 3m인 직사각형 수로에서 비에너지 $E = 1.8$m이다. 이 수로에서의 최대유량을 구하여라.

풀이

임계깊이에서 흐르는 유량이 이 수로에서의 최대유량이 되므로 먼저 식 (9-28)을 이용하여 임계깊이를 구하면

$$y_c = \frac{2}{3}E = \frac{2}{3} \times 1.8 = 1.2\text{m}$$

$$y_c = \left(\frac{q^2}{9.8}\right)^{1//3}$$

에서

$$1.2 = \left(\frac{q^2}{9.8}\right)^{1/3}$$

$$q = 4.12\text{m}^3/\text{s} \cdot \text{m}$$

따라서 최대유량은

$$Q = bq = 3 \times 4.12 = 12.36\text{m}^3/\text{s}$$

이다.

9.4 수력도약

앞에서 논의한 바와 같이 같은 비에너지에서 유체는 두 가지의 서로 다른 깊이로 흐를 수 있다. 수력도약(hydraulic jump)은 개수로에서 유체의 깊이가 얕은 흐름에서 깊은 흐름, 즉 초임계상태의 흐름에서 아임계흐름으로 변화하는 것을 말한다. 수력도약의 전후에서는 흐름의 깊이가 증가하고 속도가 감소한다. 깊이의 변화는 사류에서 상류로 변화하는 것을 의미하고 상류의 조건에 따른 하류의 조건은 여기에 연속방정식, 운동량방정식 등을 적용하여 해석할 수 있다. 이 책에서는 계산을 간단히 하기 위하여 수력도약의 전후에서 힘은 수평방향으로만 작용하는 것으로 한다. 사각형 수로에서 수력도약 전의 속도와 깊이를 V_1, y_1이라 하고 수력도약 후의 깊이를 y_2라 하자.

[그림 9-5]에서와 같이 수력도약이 일어나는 ①, ② 면, 즉 검사체적에 운동량방정식을 적용하여 보자. 유체정압에 의한 ①, ② 단면에 작용하는 힘의 크기 F_1, F_2는

$$F_1 = \frac{\gamma {y_1}^2}{2}, \quad F_2 = \frac{\gamma {y_2}^2}{2}$$

이므로 이것을 이용하여 운동량방정식을 적용하면

$$F_1 - F_2 = \frac{\gamma}{2}({y_1}^2 - {y_2}^2) = \rho q(V_2 - V_1) \tag{9-29}$$

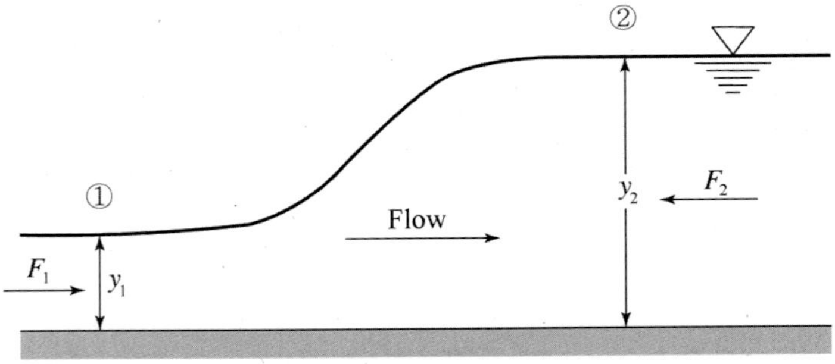

[그림 9-5] 수력도약

이다. 여기서 q는 단위 폭당 유량으로 $V=\frac{q}{y}$ 이므로

$$y_1{}^2-y_2{}^2=\frac{2q^2}{g}\left(\frac{1}{y_2}-\frac{1}{y_1}\right)$$

$$y_2{}^2+y_1y_2-\frac{2q^2}{gy_1}=0 \tag{9-30}$$

식 (9-30)을 y_2에 관한 이차방정식으로 보고 근의 공식을 적용하여 해를 구하면

$$y_2=\frac{y_1}{2}\left(-1+\sqrt{1+\frac{8q^2}{gy_1{}^3}}\right)$$

$$\frac{y_2}{y_1}=\frac{1}{2}\left(-1+\sqrt{1+\frac{8q^2}{gy_1{}^3}}\right) \tag{9-31}$$

으로 앞의 식에서 $\mathrm{Fr}=\frac{q^2}{gy_1{}^3}$ 이므로 위 식은

$$\frac{y_2}{y_1}=\frac{1}{2}(-1+\sqrt{1+8\mathrm{Fr}_1{}^2}) \tag{9-32}$$

으로 쓸 수 있다. 이 식에서 수력도약 전후의 깊이비율은 Fr 수만의 함수임을 알 수 있다. 이 식에서 수력도약이 일어나면 $\frac{y_2}{y_1}>1$ 이므로 상류의 Fr 수는 1보다 커야 한다.

수력도약은 수로의 침식을 방지하기 위하여 인공적으로 만들어지기도 한다. 수력도약이 일어나면 수력도약 후의 에너지는 전에 비하여 감소하므로 이와 같은 방법으로 방류(放流)를 하면 수로의 침식을 감소시킬 수 있다.

수력도약에 의한 손실수두는 식 (9-22)의 에너지식을 이용하여

$$h_L=E_1-E_2=\left(y_1-\frac{q^2}{2gy_1{}^2}\right)-\left(y_2-\frac{q^2}{2gy_2{}^2}\right) \tag{9-33}$$

이다. 식 (9-30)에서 $\frac{q^2}{g} = y_1 y_2 \frac{(y_1 + y_2)}{2}$ 이므로

$$h_L = \frac{(y_2 - y_1)^3}{4 y_1 y_2} \tag{9-34}$$

로 수력도약 전후의 손실수두는 수력도약 전후의 깊이에만 관계가 있다.

예제 9-14

개수로에서 수력도약이 일어났다. 수력도약 전의 깊이가 2.5m, 수력도약 후의 깊이가 8.4m라면 수력도약에 의한 손실수두는 얼마나 되는가?

풀이

수력도약에 의한 손실 수두는 식 (9-34)에 의해서 얻어진다.

$$h_L = \frac{(y_2 - y_1)^3}{4 y_1 y_2} = \frac{(8.4 - 2.5)^3}{4 \times 2.5 \times 8.4} = 2.44\text{m}$$

9.5 중력파

자유표면을 갖는 액체의 유동에서 액체표면에 발생한 단일파동의 한 방향으로의 이동속도는 연속방정식과 Bernoulli 방정식을 적용하여 간단히 구할 수 있다. [그림 9-6(a)]는 실제파동의 이동상태를 나타낸 것이며 [그림 9-6(b)]는 이해를 돕기 위하여 파동을 고정시키고 반대로 유체가 이동한다고 생각하여 표현한 그림이다.

[그림 9-6]의 ①, ② 단면을 검사체적으로 하여 여기에 연속방정식을 적용하면

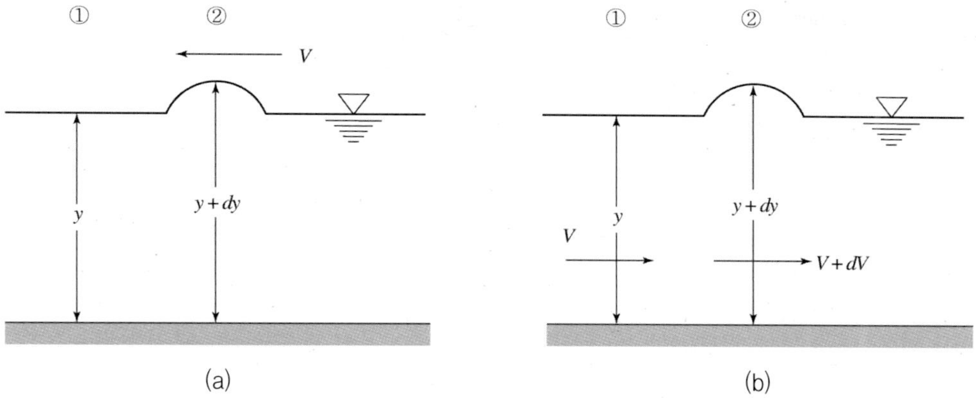

[그림 9-6] 중력파

$$Vy = (V + dV)(y + dy) \tag{9-35}$$

이며 Bernoulli 방정식을 적용하면

$$\frac{V^2}{2g} + y = \frac{V + dV^2}{2g} + (y + dy) \tag{9-36}$$

이다. 이 두 방정식을 결합하여 구한 파동의 속도 V를 파동의 전파속도라 하며 c로 쓰면

$$c = \sqrt{gy} \tag{9-37}$$

이다. 이 식을 중력파의 전파속도라 하며, 이 식에서 보아 알 수 있듯이 액체표면에서 발생한 파동의 전파속도는 중력가속도 g와 유체의 깊이 y에만 관계하므로 이 파동을 중력파(gravity wave)라고 한다. 또, 식 (9-31)에서 수력도약이 일어날 조건은 $q^2/gy_1{}^3 > 1$, 즉 $v_1 > \sqrt{gy_1}$ 이므로 상류의 속도가 중력파의 전파속도보다 빨라야만 수력도약이 일어남을 알 수 있다.

예제 9-15

깊이 3m되는 연못에 돌을 던져 물결파를 만들었다. 이 파의 전파속도를 구하여라. 또, 깊이가 10m로 깊어지면 속도는 어떻게 되는가?

풀이

중력파의 전파속도는 (9-36)식 $c=\sqrt{gy}$ 를 이용하여 얻어진다.

깊이가 3m이면

$$c=\sqrt{g\times 3}=5.42\text{m/s}$$

이고 10m이면

$$c=\sqrt{g\times 10}=9.90\text{m/s}$$

로 빨라진다.

Exercise

1. 직사각형 개수로에 깊이 3m로 그리고 5m/s 속도로 흐르는 흐름의 Fr 수를 구하여라. 또, 같은 깊이에서 Fr = 1이 되려면 흐름의 속도는 얼마나 되어야 하는가?

2. 다음과 같은 단면을 갖는 수로의 수력반경을 구하여라.

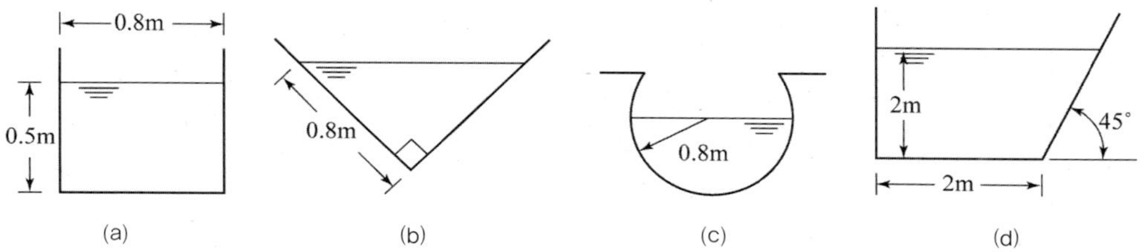

3. 위 문제 2의 그림과 같은 단면을 갖는 수로에 물이 등류상태로 흐르고 있다. 수로의 기울기 $S=0.05$라 하면 수로의 측면에 작용하는 전단응력은 각각 얼마가 되겠는가?

4. 폭 2m, 밑면의 경사가 0.001인 나무로 만든 직사각형 수로($n=0.011$)가 있다. 수심이 2.3m로 등류로 흐르면 유량은 얼마나 되는가?

5. 폭이 3m이고 수심이 2m로 단면이 직사각형인 개수로가 있다. 경사도와 유량이 각각 $S=0.0003$, $Q=12\text{m}^3/\text{s}$이었다면 수로의 n 값은 얼마나 되겠는가?

6. 직경 1m인 수로의 경사도가 1/1000이다. 이 수로에 물이 반쯤 차서 흐를 때 체지상수 $C=84.76$이라면 유량과 유속은 각각 얼마나 되는가? 단, $n=0.012$이다.

7. 수로길이 1000m에 대하여 1m의 기울기로 경사진 직경 2m의 원형단면 수로에 물이 1.5m깊이로 등류로 흐른다. $n=0.0012$이면 유량은 얼마나 되는가?

8. 관 마찰계수 0.04에 대응하는 체지상수를 계산하여라.

9. 사각형 개수로의 경사를 0.001, 유량이 $45m^3/s$로 되도록 만들려 한다. 이 수로를 경제적 단면이 되도록 만들려면 폭과 깊이는 얼마로 해야 하는가? 단, $n=0.015$이다.

10. 위 9번 문제에서 $n=0.035$이면 수로의 치수는 어떻게 되는가? 서로 비교하여라.

11. 다음 사다리꼴 개수로의 경사가 0.0001이고 $n=0.022$이다. 이 수로의 유량은 얼마나 되는가?

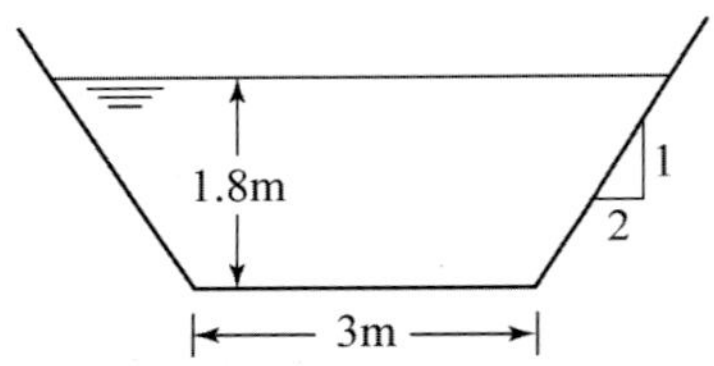

12. 직사각형 수로에 물이 흐르고 있다. 유량이 $20m^3/s$이고 수심이 1.5m이다. 이 개수로의 유동상태를 판별하여라.

13. 폭 3m, 수심 1.5m인 직사각형 개수로에 물이 $9m^3/s$로 흐른다. 비에너지를 구하여라.

14. 유량 $10m^3/s$의 물이 폭 3m인 수로에 1.5m 깊이로 흐른다. 아임계흐름인지 초임계흐름인지 판별하라.

15. 폭 2.4m의 직사각형 수로에서 비에너지 1.5m로 흐를 수 있는 최대유량은 얼마나 되는가?

16. 단면적 $8m^2$의 직사각형 수로의 기울기가 0.0015이고, $n=0.0015$이다. 이 수로에 물이 흐른다면 최적단면의 치수는 어떻게 되는가?

17. 직사각형 단면수로에서 유량 $13m^3/s$의 물이 흐른다. 수로의 폭이 3m이고 깊이가 0.6m이면 수력도약이 일어난 후의 깊이를 구하여라.

18. 수력도약이 일어나기 전 수심은 1.5m이고 수력도약 후의 깊이는 4.5m이다. 수력도약으로 인한 손실을 계산하여라.

19. 수심 3m의 저수지에서 발생한 중력파의 전파속도를 구하여라.

20. 수심 5m의 저수지와 8m 저수지에 돌을 던져 파동이 만들어지면 각각의 전파속도는 어느 쪽이 빠른가?

CHAPTER 10

압축성 유동

10.1 압축성유체의 흐름

유체가 유동 중에 서로 다른 유선 상에서 유체의 밀도가 크게 변화하는 흐름을 압축성 유동이라 한다. 일반적으로 기체는 분자간의 간격이 커서 압축성유체라고 할 수 있지만 그렇다고 해서 모든 기체의 유동이 압축성유동이라고 할 수는 없을 뿐만 아니라 압축성 유동이라고 해서 모두 다 기체의 유동에 국한된 것은 아니다. 저속에서의 유체의 유동, 예를 든다면 M 수가 0.3보다 작은 흐름은 유동 중에 밀도의 변화가 매우 적으므로 기체의 유동이라 할지라도 비압축성으로 취급한다. 이와 같은 문제가 우리가 앞에서 다루어 온 대부분의 문제로서 공학적인 문제가 대부분 이 범주에 속한다고 볼 수 있다.

비행기 주위, 제트엔진 그리고 공기압축기와 터빈 내에서의 공기의 흐름등은 유동의 전후에서 유체의 밀도가 크게 변화한다. 따라서 이러한 유동은 압축성유동으로 취급하며, 액체의 흐름이지만 수격작용과 같이 밀도변화에 의해서 일어나는 현상은 액체유동이라 할지라도 압축성유동으로 취급한다. 그 밖에도 지진에 의해서 발생하는 지표면에서의 지진파의 전달 등은 고체인 지각의 압축성에 의해서 일어나는 현상으로 볼 수 있다.

10.2 음속과 M 수

음속은 유체 속에서 작은 압력변화가 전달되어 가는 것을 말한다. 이것은 연못 속에 돌멩이를 던져 중심에서 주위로 퍼져 나가는 물결 또는 중력파를 생각하면 쉽게 이해할 수 있다. 따라서 음속은 기체 속의 한 점에서 압력변화가 일어날 때 이것이 어떻게 사방으로 퍼져나가는 가를 해석하는 것이다.

[그림 10-1(a)]와 같이 관속에 작은 압력변화, 음파가 지나간다고 고려하자. 정지상태에서 음파의 진행속도를 C라 하면 음파가 진행함에 따라 유체의 압력, 밀도, 온도 등이 Δp, $\Delta \rho$, ΔT만큼 변화하게 될 것이다. 또, 음파의 후면에서는 음파에 이끌려서 유체의 속도도 ΔV만큼 형성될 것이다. 문제해결을 용이하게 하기 위하여 음파가 정지해 있고

유체가 정상 유동하는 경우로 바꾸어 생각해 보자. 이 때 관찰자는 유체와 같이 음파의 속도로 움직인다고 보면 [그림 10-1(a)]는 [그림 10-1(b)]와 같이 표현할 수 있다. 유체의 성질들은 음파를 가로질러 변화할 것이며 하류 쪽의 유체의 속도는 $C+\Delta V$로 변할 것이다. 만약 유체의 속도가 음파의 속도보다 느릴 경우 음파는 그림의 오른쪽으로 이동하고 빠를 경우는 왼쪽으로 이동할 것이다. 그러나 유체의 속도가 음파의 속도와 같아 $V=c$이면 음파는 그림처럼 정지한 상태로 보일 것이다.

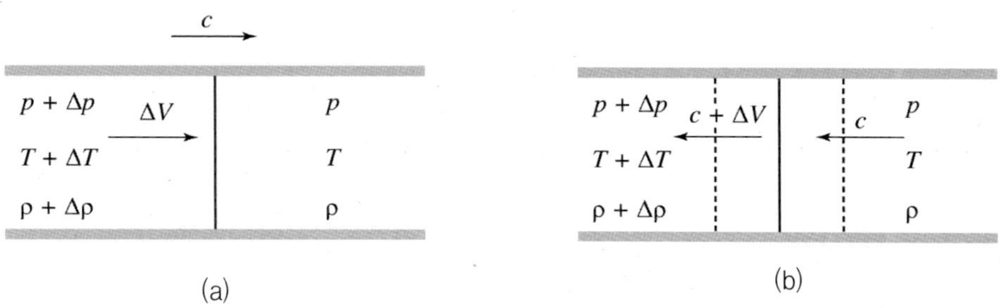

[그림 10-1] 관 내의 압축성유동

[그림 10-1(b)]의 검사체적에서 관의 단면적을 A라 하고 연속방정식을 적용하면 다음과 같은 식을 얻는다.

$$\rho A c=(\rho+\Delta\rho)A(c+\Delta V) \tag{10-1}$$

이 식을 정리하면

$$\rho\Delta V=-c\Delta\rho \tag{10-2}$$

이다. 여기서 $\Delta\rho\Delta V$ 항은 크기가 매우 작으므로 무시하였다.

같은 방법으로 여기에 운동량방정식을 적용하면 다음과 같은 식을 얻을 수 있다.

$$pA-(p+\Delta p)A=\rho Ac(c+\Delta V-c) \tag{10-3}$$

이 식도 고차항을 무시하여 정리하면 다음과 같다.

$$-\Delta p = \rho c \Delta V \tag{10-4}$$

식 (10-2)을 식 (10-4)에 대입하여 정리하면

$$c = \sqrt{\frac{\Delta p}{\Delta \rho}} \tag{10-5}$$

위 식에서 압력변화량과 밀도변화량은 매우 작으므로 이것을 다음과 같이 쓸 수 있다.

$$c = \sqrt{\frac{dp}{d\rho}} \tag{10-6}$$

이 식은 1장의 식 (1-30)과 같이 유체의 체적탄성계수를 이용하여 표현할 수도 있다. 음파의 이동으로 인한 매개물질의 온도와 압력의 변화는 무시할 수 있을 정도로 매우 작다. 그리고 파동의 속도는 매우 빠르므로 음파가 전파하는 과정을 가역 단열과정으로 취급하여도 무방하다. 다시 말하면 음파의 전달은 등 엔트로피 과정으로 취급하여 해석할 수 있다.

등 엔트로피 과정의 상태방정식은 다음과 같다.

$$\frac{p}{p^k} = C$$

양변의 미분을 취하여 정리하면

$$\frac{dp}{d\rho} = \frac{kp}{\rho} \tag{10-7}$$

이 식을 (10-6)식에 대입하면

$$c = \sqrt{\frac{kp}{\rho}} \tag{10-8}$$

이고, 여기에 이상기체의 상태방정식 $p = \rho RT$를 사용하여 표현하면

$$c = \sqrt{kRT} \tag{10-9}$$

로 이상기체 속에서의 음파의 속도는 온도만의 함수가 됨을 알 수 있다.

압축성유동을 공부하는 데 중요한 무차원수 중의 하나가 무차원 속도인 M 수(Mach number, 마하 수)이다. M 수는 다음과 같이 정의한다.

$$\mathrm{M} = \frac{V}{c} \tag{10-10}$$

만약 $\mathrm{M} > 1$이면 초음속흐름이고 $\mathrm{M} < 1$이면 아음속흐름이다.

음원이 일정한 위치에 고정되어 있고 음원으로부터 음파가 반경방향으로 음속 c의 속도로 이동한다고 하자. [그림 10-2(a)]는 음원이 고정된 상태에서 Δt, $2\Delta t$, $3\Delta t$ 시간이 지난 후의 음파의 위치이다. 이 때는 음파가 사방으로 고르게 퍼져나가므로 음파의 영향, 물체 주위의 압축파의 영향은 균일하다.

[그림 10-2(b)]는 음원이 음속보다 느린 속도로 움직일 때 Δt, $2\Delta t$, $3\Delta t$ 시간이 지난 후의 음파의 위치이다. 이 경우에는 음원의 전방에서도 후방에서 일어난 음파의 영향을 받는다. 즉, 음파는 음원보다 항상 앞서간다. 그래서 음속보다 느린 속도로 비행하는 비행기가 있다면 비행기 소리가 비행기보다 먼저 도착하여 잠시 후에 비행기가 올 것을 알 수 있게 해준다.

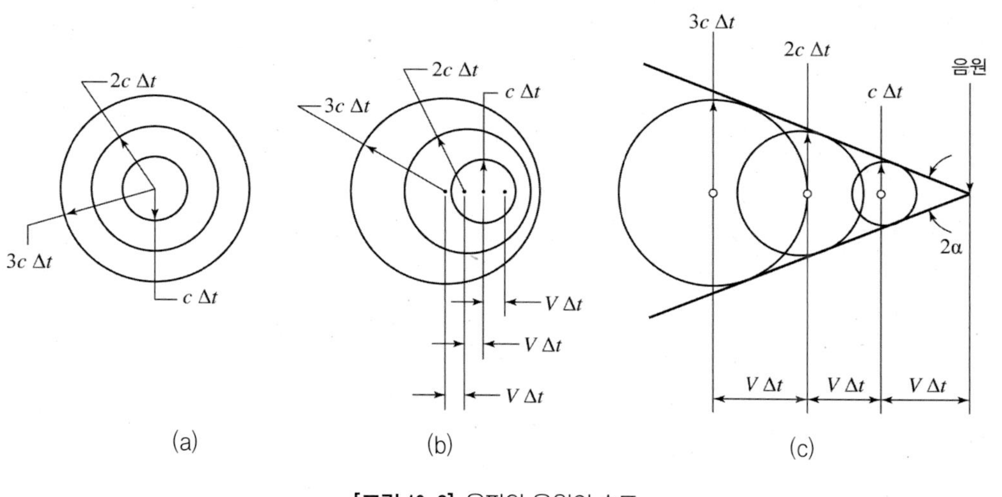

[그림 10-2] 음파와 음원의 속도

[그림 10-2(c)]는 음원이 음속보다 빠른 경우의 Δt, $2\Delta t$, $3\Delta t$ 시간이 지난 후 음파의 위치이다. 음원의 속도가 음파보다 빠르므로 음원은 후방에서 만들어진 음파의 영향을 받지 않는다. 음속보다 빠른 비행기는 비행기가 소리보다 먼저 도착하므로 비행기를 보고 나서 얼마의 시간이 지난 후에야 비행기의 소리가 들리게 된다. 즉, [그림 10-2(c)]의 원뿔 밖에서는 소리가 들리지 않는다. 이 원뿔의 각 α를 마하각이라 하며 다음과 같이 구한다.

$$\sin\alpha = \frac{c}{V} = \frac{1}{\mathrm{M}} \tag{10-11}$$

M 수가 커질수록 마하각 α는 작아진다.

이와 같은 문제는 주로 진폭이 작은 소위 마하파(Mach wave)라고 하는 음파에 국한되며 이러한 음파는 비행기 앞부분의 날카로운 끝 등에서 형성된다. 만약 앞부분이 날카롭지 않고 무디거나 할 때에는 초음속으로 비행하는 비행기는 충격파(shock wave)라 하는 진폭이 넓은 파를 만들게 된다. 이 충격파도 그림과 같은 마하 원뿔을 형성한다. 충격파에 대해서는 다음에 취급하기로 한다.

예제 10-1

물속에서 음속은 얼마나 될까? 단, 15℃ 물의 체적탄성계수 $E = 214 \times 10^7 \mathrm{N/m^2}$이다. 또, 15℃ 공기 속에서의 음속과 비교하여라.

풀이

식 (10-9)의 체적탄성계수를 이용하여 물속의 음속을 구하여 보자.

$$c = \sqrt{\frac{E}{\rho}}$$

$$= \sqrt{\frac{214 \times 10^7}{10^3}} = 1462.9 \mathrm{m/s}$$

같은 식을 이용하여 15℃ 공기 속에서의 음속을 구하면

$$c = \sqrt{kRT}$$
$$= \sqrt{1.4 \times 287 \times (273+15)} = 340.2\text{m/s}$$

물속에서의 음속이 공기 중에서보다 빠름을 알 수 있다.

10.3 에너지 방정식

Bernoulli 방정식은 일종의 비압축성, 비점성, 즉 이상유체에 관한 에너지 방정식이다. 여기에서는 [그림 10-3]과 같이 관 속을 정상상태로 흐르는 압축성유체에 대한 에너지 방정식을 유도하여 보자. 관 입구와 출구에서의 단위 질량당 유체에 대한 내부 에너지를 각각 u_1, u_2라 하고 압력을 p_1, p_2라 하면 입 · 출구에서의 단위 질량당 유체의 유동에너지는 각각 p_1v_1, p_2v_2이다.

관의 입구와 출구에서의 평균유속을 각각 V_1, V_2라 하면 입 · 출구에서의 단위 질량당 운동에너지는 각각 $\frac{{V_1}^2}{2}$, $\frac{{V_2}^2}{2}$이고 위치에너지는 gz_1, gz_2이다. 유체가 관을 흘러

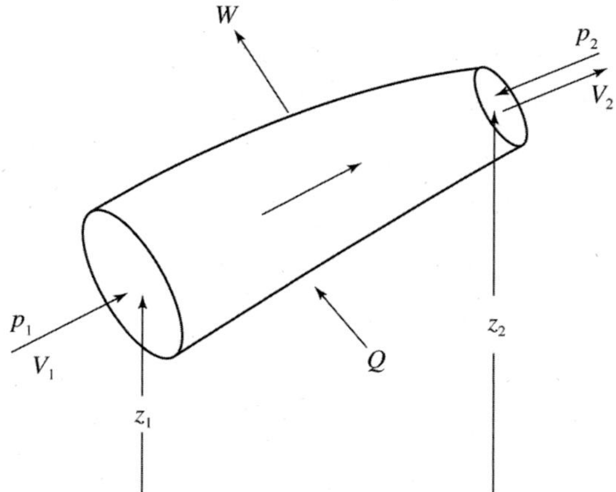

[그림 10-3] 에너지 방정식

가는 동안 외부로부터 공급받은 열량을 Q, 외부에 공급한 일을 W라 하면 검사체적에 적용한 에너지 방정식은 다음과 같다.

$$\frac{Q}{m}+\frac{{V_1}^2}{2}+gz_1+u_1+p_1v_1=\frac{W}{m}+\frac{{V_2}^2}{2}-gz_2+u_2+p_2v_2 \tag{10-12}$$

이 식에 엔트로피의 정의

$$h=u+pv$$

를 대입하고

$$dh=C_p\,dT$$

이용하여 정리하면

$$\frac{(Q-W)}{m}=\frac{1}{2}({V_2}^2-{V_1}^2)+C_p(T_2-T_1)+g(z_2-z_1) \tag{10-13}$$

이다. 이 식에서 위치에너지는 그 값의 크기가 매우 적으므로 무시하면 다음과 같은 에너지 방정식을 얻을 수 있다.

$$\frac{(Q-W)}{m}=\frac{1}{2}({V_2}^2-{V_1}^2)+C_p(T_2-T_1) \tag{10-14}$$

위 식에서 정압비열 대신에 비열비 k를 이용하여 표현하면

$$C_p=\frac{k}{k-1}R$$

에 의해서

$$\frac{(Q-W)}{m}=\frac{1}{2}({V_2}^2-{V_1}^2)+\frac{k}{k-1}R(T_2-T_1) \tag{10-15}$$

로 이 식을 압축성유체의 에너지 방정식이라 한다.

예제 10-2

정압비열 $C_o = 0.77$ kJ/kg · K이고 비열비 $k = 1.4$인 이상기체의 기체상수를 구하여라.

풀이

정압비열과 기체상수 관계를 이용하여

$$C_p = \frac{k}{k-1}R$$

$$R = \frac{k-1}{k}C_p$$

$$= \frac{1.4-1}{1.4} \times 0.77 = 0.22\text{kJ/kg} \cdot \text{K}$$

이다.

예제 10-3

1kg의 공기에 100 kJ의 열량이 공급되어 15℃, 30 m/s로 흐르던 것이 10℃, 20 m/s로 변화하였다. 이 공기가 외부에 대하여 한 일의 양을 구하여라.

풀이

식 (10-15)을 이용하여 외부 일 W를 구하면

$m = 1$kg이므로

$$\frac{(Q-W)}{m} = \frac{1}{2}(V_2^{\,2} - V_1^{\,2}) + \frac{k}{k-1}R(T_2 - T_1)$$

$$W = (-m) \times [\frac{1}{2}(V_2^{\,2} - V_1^{\,2}) + \frac{k}{k-1}R(T_2 - T_1)] + Q$$

$$= (-1) \times [\frac{1}{2}(20^2 - 30^2) + \frac{1.4}{1.4-1} \times 287 \times (283 - 288)] + 100 \times 10^3$$

$$= 105.3\text{kJ}$$

이다.

예제 10-4

탱크 속에 15℃의 공기가 들어있다. 이 공기를 단열상태로 진공탱크 속으로 분출시킬 때 얻을 수 있는 최대 이론속도를 구하여라.

풀이

단열상태에서 진공 속으로 유출시키므로 $Q=0$, $p_2=0$이므로 이상기체의 상태식에서 $p_2v_2=RT_2$이고 $RT_2=0$이다.

$$V_2=\sqrt{\frac{2k}{k-1}RT_1}$$

$$=\sqrt{\frac{2\times1.4}{1.4-1}\times287\times288}=760\text{m/s}$$

10.4 노즐에서의 단열유동

관 내를 흐르는 기체의 유동에서 관의 단면적이 변화하는 경우의 흐름에 대한 해석은 정상류, 단열유동으로 취급하여 해석하여도 실제와 큰 차이가 없다. 제트엔진 입구 디퓨저(diffuser), 터빈날개를 통하여 빠져 나오는 배기가스, 로켓 엔진의 분사노즐 등은 정상류, 단열유동으로 취급하는 좋은 예이다. [그림 10-4]와 같이 단면적이 변화하는 기체의 유로의 검사체적에 연속방정식을 적용하면 다음과 같다.

$$\rho AV=(\rho+d\rho)(A+dA)(V+dV) \tag{10-16}$$

또는 1차 미분방정식으로 표현하면

$$\frac{dV}{V}+\frac{dA}{A}+\frac{d\rho}{\rho}=0 \tag{10-17}$$

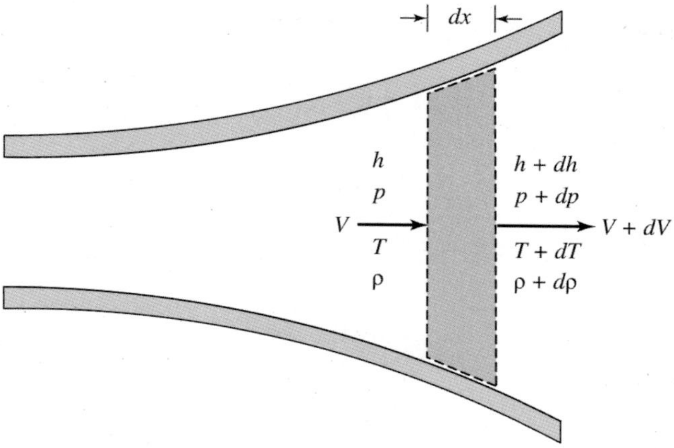

[그림 10-4] 노즐에서의 유동

식 (10-15)의 에너지 방정식은 외부에서 공급하는 열량이 없고 외부로 해주는 일도 없으므로 다음과 같이 변형된다.

$$\frac{V^2}{2}+\frac{k}{k-1}RT=const.$$

$$\frac{V^2}{2}+\frac{k}{k-1}\frac{p}{\rho}=const. \tag{10-18}$$

식 (10-18)을 검사체적에 적용하면

$$\frac{V^2}{2}+\frac{k}{k-1}\frac{p}{\rho}=\frac{(V+dV)^2}{2}+\frac{k}{k-1}\frac{p+dp}{\rho+d\rho} \tag{10-19}$$

위 식을 1차항까지 표현하면 다음과 같다.

$$VdV+\frac{k}{k-1}\frac{\rho dp-pd\rho}{\rho^2}=0 \tag{10-20}$$

단열유동이므로 식 (10-7)을 위 식에 대입하여 정리하면 다음과 같다.

$$VdV+k\frac{p}{\rho^2}d\rho=0 \tag{10-21}$$

식 (10-17)과 위 식을 이용하여 단면적에 대한 항으로 정리하면

$$\frac{dA}{A}=\frac{dV}{V}\left(\frac{\rho V^2}{k\rho}-1\right) \tag{10-22}$$

이다. 위 식을 음속을 이용하여 표시하면

$$\frac{dA}{A}=\frac{dV}{V}\left(\frac{V^2}{c^2}-1\right) \tag{10-23}$$

이며, 이 식을 M 수를 이용하여 표현하면 다음과 같은 중요한 식을 얻게 된다.

$$\frac{dA}{A}=\frac{dV}{V}(\mathrm{M}^2-1) \tag{10-24}$$

이 식은 관의 단면적의 변화와 그에 따른 속도의 변화를 보여주는 식으로 이 식을 이용하여 다음과 같은 것을 알 수 있다.

1. $dA > 0$, 즉 단면적이 넓어지고 유체의 속도가 아음속 $\mathrm{M} < 1$이면 dV는 음의 값이 된다. 즉, 유속은 감소한다.
2. 관의 단면적이 넓어지고 유체의 속도가 초음속 $\mathrm{M} > 1$이면 $dV > 0$, 즉 유속은 빨라져 초음속이 된다.
3. 관의 단면적이 좁아지고 유체의 속도가 아음속이면, 즉 $\mathrm{M} < 1$이면 $dV > 0$으로 유체의 속도는 빨라진다.
4. 관의 단면적이 좁아지고 유체의 속도가 초음속 $\mathrm{M} > 1$이면 $dV < 0$으로 유체의 속도가 감소한다.
5. $dA = 0$인 목에서는 $dV = 0$이거나 또는 $\mathrm{M} = 1$이다.

유체의 유동속도를 증가시키는 기구를 노즐(nozzle)이라 하면 앞의 2, 3의 경우는 노즐에 해당한다. 또, 유체의 속도를 감소시키는 기구를 디퓨저(diffuser)라 하며 앞의 1, 4는 여기에 해당된다. 초음속으로 유동하는 유체의 유동특성은 지금까지 취급해온 아음

속유체와는 정반대의 현상이 나타난다. 즉, 초음속유체가 흐르는 관의 단면적이 좁아지면 유속은 오히려 감소하고 단면적이 넓어지면 유체의 흐름은 더욱 빨라진다.

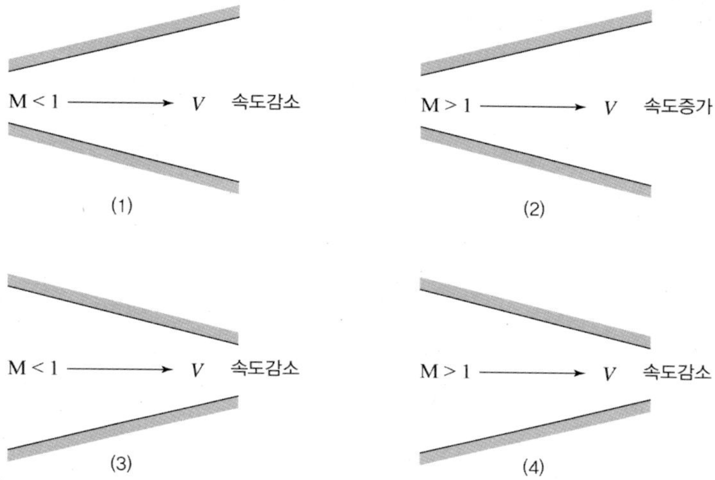

[그림 10-5] 노즐 형상과 유속

10.4.1 축소 · 확대 노즐

탱크에 부착된 단면적이 좁아지는 관에서는 초음속까지 유체의 속도가 가속되지는 않는다. 탱크에서 분출되는 유체의 속도를 초음속까지 가속시키려면 [그림 10-6]과 같이 축소 · 확대관이 연결된 노즐을 사용해야 된다. 탱크에서 분출되는 기체는 단면적이 좁아

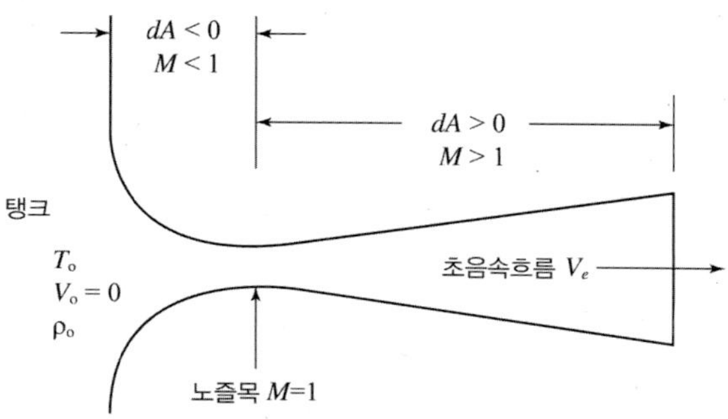

[그림 10-6] 축소 · 확대 노즐

지면서 속도가 증가하여 단면적의 변화가 바뀌는 목에서 $\mathrm{M} = 1$까지 가속되어야 하며 확대관을 지나면서 유속은 더욱 증가하여 초음속으로 흐르게 된다. 이와같은 노즐을 라발 노즐(de Laval nozzle)이라 한다.

그림과 같은 노즐에 단열상태로 유체가 흐른다고 가정하여 살펴보자. 탱크 내부에서의 온도, 압력, 밀도, 속도를 T_0, p_0, ρ_0, V_0라 하면 $V_o = 0$이다. 여기에 앞에서 유도한 에너지 방정식을 탱크 내부와 노즐의 임의의 부분에 적용하면 다음과 같다.

$$C_p\, T_0 = \frac{V^2}{2} + C_p\, T \tag{10-25}$$

위 식에 $V = \mathrm{M}\, c$, $k = C_P \,/\, C_v$, $C_p = C_v + R$, $c = \sqrt{kRT}$를 대입하여 정리하면 에너지 방정식은 다음과 같다.

$$\frac{T_0}{T} = 1 + \frac{k-1}{2}\mathrm{M}^2 \tag{10-26}$$

위 식을 단열변화의 상태식을 이용하여 압력, 밀도에 관하여 정리하면

$$\frac{p_0}{p} = \left(1 + \frac{k-1}{2}\mathrm{M}^2\right)^{k/(k-1)}$$

$$\frac{\rho_0}{\rho} = \left(1 + \frac{k-1}{2}\mathrm{M}^2\right)^{1/(k-1)} \tag{10-27}$$

유체의 흐름이 목을 지나 확대관에서 초음속으로 흐른다면 목에서의 유속은 $\mathrm{M} = 1$으로 목을 임계영억이라 한다. 임계영역에서의 유체의 성질을 '$*$'표시를 하여 표현하는 탱크 내부에서의 값에 대한 비율은 다음과 같다.

$$\frac{T^*}{T_0} = \frac{2}{k+1}$$

$$\frac{p^*}{p_0} = \left(\frac{2}{k+1}\right)^{k/(k-1)} \tag{10-28}$$

$$\frac{\rho^*}{\rho_0}=\left(\frac{2}{k+2}\right)^{1/(k-1)}$$

위 식에 $k=1.4$를 대입하여 정리하면

$$\frac{T^*}{T_0}=0.833, \qquad \frac{p^*}{p_0}=0.528, \qquad \frac{\rho^*}{\rho_0}=0.634 \tag{10-29}$$

이다.

여기서 유도한 단열유동의 관계식을 이용하여 노즐을 통하여 흐르는 유체의 유량을 구해보자. 노즐에서의 질량유량은

$$\begin{aligned}\dot{m}&=\rho A V\\ &=\frac{p}{RT}A\,\mathrm{M}\sqrt{kRT}=\frac{p}{\sqrt{T}}\sqrt{\frac{k}{R}}A\,\mathrm{M}\end{aligned} \tag{10-30}$$

식 (10-26), (10-27)을 이용하면 이 식은 다음과 같이 된다.

$$\begin{aligned}\dot{m}&=\frac{p_0\left(1+\dfrac{k-1}{2}\mathrm{M}^2\right)^{k/(1-k)}}{\sqrt{T_0}\left(1+\dfrac{k-1}{2}\mathrm{M}^2\right)^{-1/2}}\sqrt{\frac{k}{R}}A\,\mathrm{M}\\ &=p_o\sqrt{\frac{k}{RT_0}}\,\mathrm{M}A\left(1+\frac{k-1}{2}\mathrm{M}^2\right)^{(k+1)/2(1-k)}\end{aligned} \tag{10-31}$$

이 식에 목에서의 M 수 $\mathrm{M}=1$을 대입하면 목에서의 유량을 다음 식으로 얻는다.

$$\dot{m}=p_0A^*\sqrt{\frac{k}{RT_0}}\left(\frac{k+1}{2}\right)^{(k+1)/2(1-k)} \tag{10-32}$$

이 식에서 노즐에서의 유량은 탱크 내부에서의 상태와 목의 면적, 즉 임계면적 A^*에 의존한다는 것을 알 수 있다. 식 (10-31), (10-32)을 이용하면 임의의 노즐 단면적에 대한

임계면적의 비를 다음과 같이 얻게 된다.

$$\frac{A}{A^*}=\frac{1}{\mathrm{M}}\left[\frac{2+(k-1)\mathrm{M}^2}{k+1}\right]^{(k+1)/2(k-1)} \tag{10-33}$$

단열상태 노즐 유동을 노즐의 형태와 노즐 출구에서의 배압(背壓)과 유량관계 등을 고려하여 해석하여 보자. 먼저 축소 노즐에 대하여 살펴보고 다음으로 축소 · 확대 노즐에 대하여 고려한다. 축소 노즐을 [그림 10-7(a)]와 같이 노즐 출구에 탱크를 연결하고 탱크의 압력, 즉 노즐 배압을 p_r, 노즐 출구의 속도와 압력을 V_e, p_e라 하자. 노즐 입구 압력과 출구 배압이 같은 $p_r/p_0=1$의 상태에서 노즐 입구의 압력 p_0는 일정하게 유지하고 노즐의 배압 p_r이 감소하면 유량은 [그림 10-7(b)]의 좌측에서 보는 바와 같이 증가한다. 노즐의 배압 p_r이 감소하여 임계압력에 달하면 노즐 출구의 M 수는 $\mathrm{M_e}=1$이 된다. 여기서 배압을 더욱 낮추어 주어도 유량은 증가하지 않고 임계상태를 그대로 유지한다. 이와 같은 흐름을 쵸크(chock) 상태라 하며 [그림 10-7(b)]의 좌측에서 볼 수 있다. 만약 노즐목의 단면적이 임계면적이고 노즐 목에서의 M 수가 $\mathrm{M}=1$이면 노즐의 유량 $\dot{m}$은 식 (10-32)에서 보는 바와 같이 노즐 목의 단면적 A^*와 노즐 입구의 상태에만 영향을 받는다. 따라서 노즐의 배압 p_r을 임계압력보다 낮게 유지하여도 이것은 노즐 유동에 영향을 미치지 않는다.

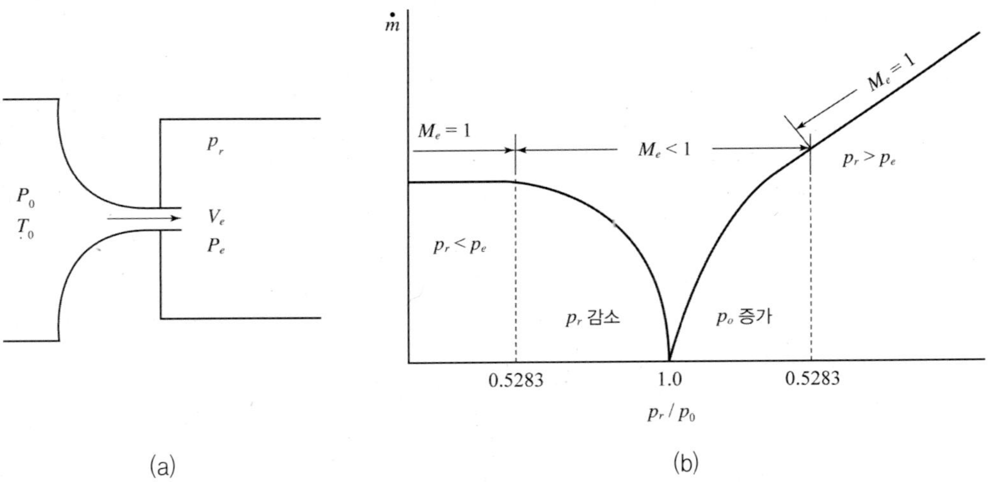

[그림 10-7] 노즐 배압과 유량

이번에는 축소 노즐의 배압 p_r을 일정하게 유지하고 노즐 입구의 압력 p_0을 증가시켜 보자. 노즐 출구의 M 수 M = 1이 되면 노즐의 유동은 임계상태가 되며 입구압력을 계속 증가시키면 식 (10-32)에서 보는 바와 같이 유량도 계속 증가한다. 이와 같은 상태는 [그림 10-7(b)]의 오른쪽에서도 확인할 수 있다. 또, 쵸크된 상태에서의 노즐 출구의 압력은 노즐의 배압보다 높게 될 것이다.

이번에는 축소 · 확대관에 대해서 고려해 보자. [그림 10-8]에서 보는 바와 같이 축소 · 확대 노즐의 끝에 노즐 배압을 조절하기 위하여 탱크를 부착하고 노즐의 배압을 변화시켜 가며 p_r/p_0 비율에 따른 노즐에서의 유동상태를 스케치하였다. 노즐의 배압과 입구압력이 같으면, 즉 $p_r/p_0 = 1$이면 그림의 A와 같이 노즐 내에서 유동이 일어나지 않으며 p_r이 약간 감소하면 그림의 B에서와 같이 아음속흐름이 형성되어 단면적이 좁은 목에서 압력이 최고가 되는, 벤투리관에서와 같은 유동이 형성된다. p_r을 점차 낮추어 주면 목에서는 M = 1의 상태까지 되지만 목을 지나면 배압의 영향 때문에 다시 아음속으로 그림의 C처럼 흐른다. 여기서 더욱 배압을 낮추어주면 목의 M = 1상테에서 목을 지나면 초음속으로 속도가 계속 증가하다가 임의 지점에서 갑자기 압력이 높아지면서 아음속의 흐름으로 변한다. 이것은 그림의 D와 같으며 이와 같은 현상을 충격파라 한다. 배압을 계속 낮추어

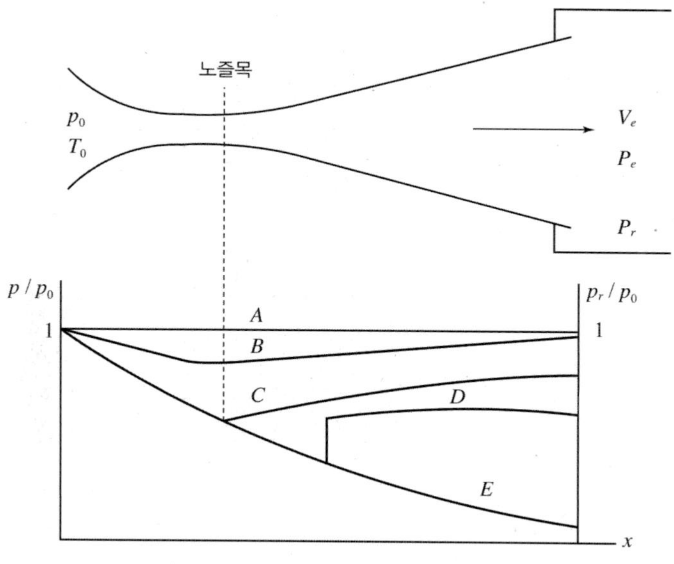

[그림 10-8] 축소 · 확대 노즐의 배압 영향

주면 충격파의 발생이 멈추고 그림 E처럼 노즐 끝까지 계속하여 속도가 증가하게 된다. 이것은 앞에서 논한 바와 같은 축소 · 확대 노즐을 사용하는 목적과 같게 된다.

예제 10-5

대기압력이 1bar, 15℃의 공기 속을 탄환이 300m/s의 속도로 날아가고 있다. 탄환의 머리부분에서의 압력과 온도를 구하여라.

풀이

먼저 음속을 구하자.

15℃ 공기 속에서의 음속은

$$\begin{aligned} e &= \sqrt{kRT} \\ &= \sqrt{1.4 \times 287 \times 288} = 340.2\text{m/s} \end{aligned}$$

따라서 M 수 M 은

$$\mathrm{M} = \frac{V}{c} = \frac{300}{340.2} = 0.882$$

탄환의 머리부분의 압력은 정체압력이므로 식 (10-27)을 이용하여 p_o를 구하면 된다.

$$\begin{aligned} p_o &= p\left(1 + \frac{k-1}{2}\mathrm{M}^2\right)^{k/(k-1)} \\ &= 1 \times \left(1 + \frac{1.4-1}{2}0.882^2\right)^{1.4/(1.4-1)} \\ &= 1.66\text{bar} \end{aligned}$$

머리부분에서의 온도 T_o는 식 (10-26)을 이용하여

$$\begin{aligned} T_o &= T\left(1 + \frac{k-1}{2}\mathrm{M}^2\right) \\ &= 288 \times \left(1 + \frac{1.4-1}{2}0.882^2\right) \\ &= 332.8\text{K} \end{aligned}$$

이다.

예제 10-6

온도 80℃의 공기가 탱크 속에서 축소 · 확대 노즐을 통하여 대기 중으로 분출한다. 목 부분에서 음속(M = 1)에 도달하였다면 목에서 공기의 온도는 얼마나 되는가?

풀이

목에서 음속에 도달하였으므로 목의 상태가 임계상태이다. 따라서 식 (10-29)을 이용하여 온도를 구하면

$$T^* = 0.833\, T_o = 0.833 \times (273 + 80) = 294.0\mathrm{K}$$

예제 10-7

20℃의 공기 속을 1,000m/s로 날고 있는 비행체의 정체온도는 얼마나 되는가?

풀이

먼저 음속을 구하자.

$$c = \sqrt{kRT} = \sqrt{1.4 \times 287 \times 293} = 343.1\mathrm{m/s}$$

M 수 M은 음속을 이용하여 구할 수 있다.

$$\mathrm{M} = \frac{V}{c} = \frac{1000}{343.1} = 2.9$$

정체온도는 식 (10-26)을 이용하여 얻을 수 있다.

$$\begin{aligned} T_o &= T\left(1 + \frac{k-1}{2}\mathrm{M}^2\right) \\ &= 29. \times \left(1 + \frac{1.4-1}{2}2.9^2\right) \\ &= 785.8\mathrm{K} \end{aligned}$$

정체온도는 512.8℃이다.

10.5 충격파

진폭이 작은 압축파의 전파를 음파라 하여 앞에서 공부하였다. 이 단원에서는 진폭이 비교적 큰 압축파의 전파에 대해서 살펴보기로 하자. 진폭이 큰 압축파는 여러 상황에서 발생한다. 예를 들면 총구를 빠져 나가는 탄환의 앞부분에서, 로켓이나 제트엔진의 노즐 출구에서, 그리고 초음속 비행기 주위를 유동하는 공기의 흐름에서 발생한다. 이와 같이 진폭이 큰 압축파가 기체를 통하여 전파되는 것을 충격파라 한다. 충격파는 유동에 대하여 수직으로 발생하는 수직충격파가 있고 일정한 각도로 경사져서 발생하는 경사충격파가 있다. [그림 10-9]는 M 수 1.53에서 구(球) 전면에서 발생하는 충격파의 사진이다. 이 장에서는 주로 관 속에서 일어나는 수직충격파에 대하여 취급하였다.

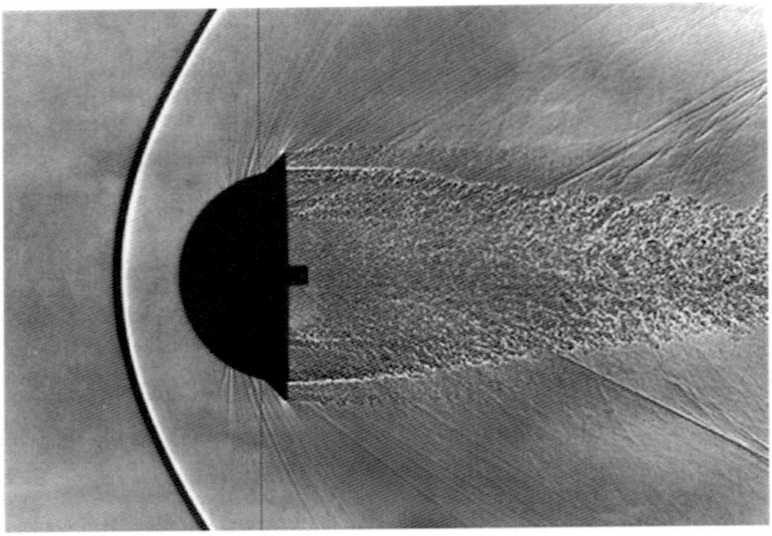

[그림 10-9] 구(球) 전면의 충격파

충격파는 매우 짧은 거리에서 발생하여 유체의 여러 가지 성질을 변화시킨다. 그 거리는 10^{-4}mm 정도로서 그 사이에서 밀도의 변화, 열 전달 등이 일어나지만 여기에서는 이런 사항을 모두 무시하고 충격파의 두께를 0으로 하며 유동은 불연속적인 유동으로 취급하였다.

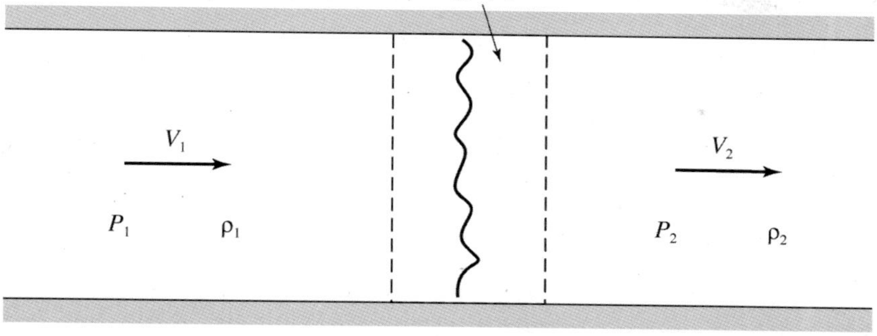

[그림 10-10] 관 내의 수직충격파

관 속에서 V_1의 속도로 이동하는 수직충격파는 [그림 10-10]에서와 같이 충격파는 정지해 있고 관 속의 유체가 V_1속도로 이동한다고 생각할 수 있다. 충격파의 전후에 연속방정식을 적용하면 $A_1 = A_2$이므로

$$\rho_1 V_1 = \rho_2 V_2 \tag{10-34}$$

이다. 에너지 관계는 식 (10-15)의 에너지 방정식에 $Q = W = 0$을 대입하면

$$\frac{1}{2}(V_2{}^2 - V_1{}^2) + \frac{k}{k-1}\left(\frac{p_2}{\rho_2} - \frac{p_1}{\rho_1}\right) = 0 \tag{10-35}$$

이며, 운동량방정식은

$$p_1 - p_2 = \rho_1 V_1 (V_2 - V_1) \tag{10-36}$$

이다. 충격파가 발생하기 이전의 상태, 즉 ρ_1, V_1, p_1 등이 주어진다면 이 세 개의 방정식을 이용하여 충격파가 발생할 때의 ρ_2, V_2, p_2는 물론 T_2, M_2도 얻을 수 있다.

문제의 해석을 쉽게 하기 위해서는 위의 방정식을 그대로 사용하는 것보다는 M 수 M_1, M_2를 이용하여 표현하는 것이 편리하다. 식 (10-36) 운동량방정식을 연속방정식 식 (10-34)를 이용하여 표현하면

$$p_1\left(1+\frac{\rho_1 V_1^2}{p_1}\right)=p_2\left(1+\frac{\rho_2 V_2^2}{p_2}\right) \tag{10-37}$$

여기서 M 수는 정의에 의하여 $\mathrm{M}^2 = V^2\rho/pk$ 이므로 이 식을 대입하여 정리하면 운동량방정식은 다음과 같다.

$$\frac{p_2}{p_1}=\frac{1+k\mathrm{M}_1^2}{1+k\mathrm{M}_2^2} \tag{10-38}$$

같은 방법으로 에너지 방정식에 완전기체의 상태방정식을 적용하여 정리하면

$$T_1\left(1+\frac{k-1}{kRT_1}\frac{V_1^2}{2}\right)=T_2\left(1+\frac{k-1}{kRT_2}\frac{V_2^2}{2}\right) \tag{10-39}$$

여기에 $\mathrm{M}^2 = V^2/kRT$를 적용하여 온도비를 구하면 다음과 같다.

$$\frac{T_2}{T_1}=\frac{1+\dfrac{k-1}{2}\mathrm{M}_1^2}{1+\dfrac{k-1}{2}\mathrm{M}_2^2} \tag{10-40}$$

식 (10-34)의 연속방정식에 $\rho = p/RT$를 대입하면

$$\frac{p_1 V_1}{RT_1}=\frac{p_2 V_2}{RT_2} \tag{10-41}$$

이다. 여기에 M 수의 정의 $V = \mathrm{M}\sqrt{kRT}$ 를 대입하면 위 식은

$$\frac{p_2\mathrm{M}_2}{p_q\mathrm{M}_1}\sqrt{\frac{T_2}{T_1}}=1 \tag{10-42}$$

로 되며 위 식에 식 (10-38)과 식 (10-40)을 대입하면

$$\frac{\mathrm{M}_1\left(1+\dfrac{k-1}{2}\mathrm{M}_1^2\right)^{1/2}}{1+k\mathrm{M}_1^2}=\frac{\mathrm{M}_2\left(1+\dfrac{k-1}{2}\mathrm{M}_2^2\right)^{1/2}}{1+k\mathrm{M}_2^2} \tag{10-43}$$

이다. 따라서 하류의 M 수는 상류의 M 수에 의해서 다음과 같이 구할 수 있다.

$$\mathrm{M}_2^2=\frac{\mathrm{M}_1^2+\dfrac{2}{k-1}}{\dfrac{2k}{k-1}\mathrm{M}_1^2-1} \tag{10-44}$$

위 식을 이용하면 식 (10-38)의 압력비는 다음과 같이 M_1만의 함수로 된다.

$$\frac{p_2}{p_1}=\frac{2k}{k+1}\mathrm{M}_1^2-\frac{k-1}{k+1} \tag{10-45}$$

그리고 에너지 방정식은 다음과 같은 온도비로 주어져 상류의 M 수를 알면 하류의 온도를 얻을 수 있다.

$$\frac{T_1}{T_1}=\frac{\left(1+\dfrac{k-1}{2}\mathrm{M}_1^2\right)\left(\dfrac{2k}{k-1}\mathrm{M}_1^2-1\right)}{\dfrac{(k+1)^2}{2(k-1)}\mathrm{M}_1^2} \tag{10-46}$$

위 세 개의 방정식은 유체가 공기($k=1.4$)의 경우 다음과 같이 간단하게 된다.

$$\begin{aligned}\mathrm{M}_2^2 &= \frac{\mathrm{M}_1^2+5}{7\mathrm{M}_1^2-1}\\ \frac{p_2}{p_1} &= \frac{7\mathrm{M}_1^2-1}{6}\\ \frac{T_2}{T_1} &= \frac{(\mathrm{M}_1^2+5)(7\mathrm{M}_1^2-1)}{36\mathrm{M}_1^2}\end{aligned} \tag{10-47}$$

위 식에서 다음과 같은 사실을 알 수 있다.

1. $M_1 = 1$이면 $M_2 = 1$이고 충격파는 일어나지 않는다.
2. $M_1 > 1$이면 $M_2 < 1$이고 충격파는 초음속흐름에서 아음속흐름으로 바뀐다.
3. $M_1 < 1$이면 $M_2 > 1$이고 충격파에 의하여 아음속흐름은 초음속흐름으로 바뀐다.

예제 10-8

공기가 수직충격파를 일으키고 있다. 충격파가 발생하기 전의 M 수가 3이면 충격파가 발생한 후의 M 수는 얼마가 되는가?

풀이

수직충격파가 발생하기 전 · 후의 상태는 식 (10-44)에 의해서 계산된다.

$$M_2{}^2 = \frac{M_1^2 + \dfrac{2}{k-1}}{\dfrac{2k}{k-1}M_1^2 - 1}$$

$$= \frac{3^2 + \dfrac{2}{1.4-1}}{\dfrac{2\times 1.4}{1.4-1}\times 3^2 - 1} = 0.226$$

10.6 수격작용

[그림 10-11]과 같이 저장탱크가 관으로 연결되고 그 끝에 밸브가 연결된 계에 물이 정상적으로 흐르는 경우를 생각해 보자. 관 끝에서의 유속은 V이고 압력은 대기압과 같다.

관 끝에 연결된 밸브를 갑자기 잠그면 짧은 시간 동안에 관 속의 유속은 감소하고 밸브 부근에서 압력상승이 일어난다. 관 끝에서의 압력이 바로 그 상류의 압력보다 커져서 유체는 상류방향의 힘을 받게 되고 속도는 감소하거나 반전한다. 이와 같은 현상은 차례로 상류 쪽으로 전파되며 이것을 압력파의 전파라 한다. 이 압력파가 저장탱크까지 전달되면 유체는 탱크 쪽으로 순간적으로 흐르게 된다.

[그림 10-11]과 같은 탱크와 관의 연결장치에서, 물이 흐르고 있는 관 끝에 있는 밸브를 갑자기 잠그면 밸브 부근의 물이 먼저 정지하여 압력상승이 일어나고, 그 압축작용은 압력파로 되어 음속 c의 속도로 상류로 전파된다. 즉, 압력파가 도달되지 않은 상류의 물은 밸브를 닫기 전과 마찬가지로 하류를 향하여 V의 속도로 운동하는 반면 파면 뒤쪽의 물은 정지하여 압축된다. 길이 L인 관속의 물 전체가 정지하는 데 걸리는 시간은 $t = L/c$이다. 이와 같이 상류로 향하여 진행하는 파를 전진파라 하며 압력파가 탱크 입구에 도달한 후 반사하여 되돌아오는 파를 후퇴파라 한다. 압력파가 1회 왕복하는 데 걸리는 시간은 $t_r = 2L/c$가 된다. 이상에서 설명한 바와 같이 유체의 속도가 갑자기 감소함으로서 압력이 급격히 상승하거나 진동을 일으키는 현상을 수격작용(water hammering)이라 한다.

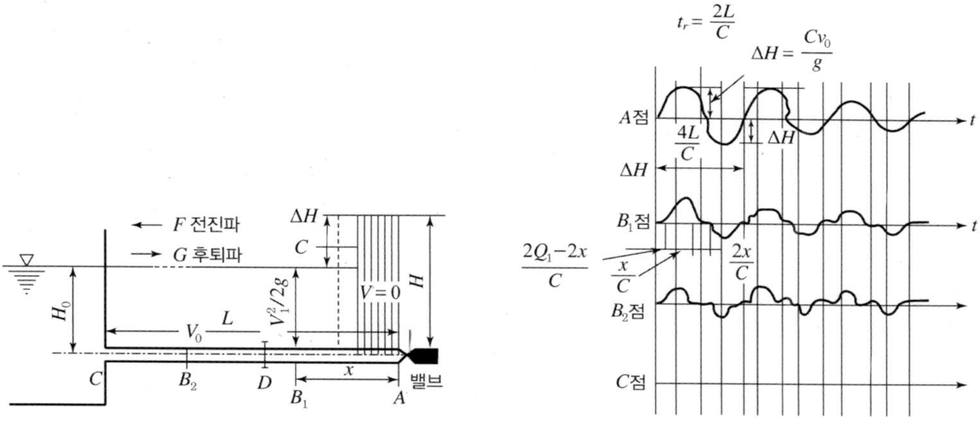

(a) 압력파는 속도 C로 전달된다.　　(b) 압력은 장소와 시간에 따라 변한다.

[그림 10-11] 수격작용

Exercise

1. 다음 온도에서 공기 속에서의 음속과 물속에서의 음속을 구하여라. 단, 물의 체적 탄성계수 $E = 20 \times 10^8 \text{N/m}^2$이다.

   ① 5℃ ② 15℃
   ③ 35℃ ④ 85℃

2. 18℃의 공기 중에서 450m/s로 날고 있는 비행체와 600m/s로 날고 있는 비행체의 마하각을 구하여 비교하여라.

3. 공기의 기체상수가 287J/kg · K이다. 정압비열은 얼마인가?

4. 공기 1kg이 20℃, 20m/s의 상태에서 열량을 공급받아 25℃, 30m/s가 되었다. 외부로 한 일이 없다면 공급받은 열량은 얼마나 되는가?

5. 정압비열 $C_p = 858.2$J/kg · K인 이산화탄소가 속도 10m/s로 파이프를 통하여 노즐로 흐르고 있다. 노즐에서 속도가 50m/s이면 파이프와 노즐 사이의 온도 차이는 얼마나 되는가? 단, 유동상태는 이상기체의 단열흐름으로 간주한다.

6. 20℃의 공기 속을 500m/s로 날고 있는 물체의 표면온도를 계산하라.

7. 노즐에서 550m/s 속도로 흐르는 공기의 온도가 300℃이다. 속도를 증가시키기 위해서는 노즐의 단면적을 증가시켜야 하나 감소시켜야 하는가?

8. 마하 2.0의 속도로 공기가 관 속을 단열상태로 흐르고 있다. 속도를 20% 증가시키기 위해서는 관의 단면적은 몇 % 어떻게 변화시켜야 하는가?

9. 공기탱크의 온도가 20℃이고 여기에 축소 · 확대 노즐이 부착되어 공기를 방출시키고 있다. 노즐 목에서의 M 수가 1(임계상태)이면 목에서의 온도는 얼마인가?

10. 초음속 노즐을 설계하려 한다. 입구에서의 M = 3.0, 유량이 $\dot{m}$= 0.9mg/s이며 압력이 p_o = 80kPa 그리고 온도가 25℃이다. 위의 조건을 충족시키기 위한 노즐 출구 단면적을 구하여라.

11. 충격파가 일어나기 전의 공기의 압력, 속도, 음속이 각각 1 bar, 530m/s, 270m/s 이다. 충격파가 발생한 후의 온도는 얼마나 되겠는가?

12. 충격파가 발생하기 전의 M 수가 4.0이다. 발생 후의 M 수는 얼마나 되는가?

13. 압력 4bar, 온도 40℃의 용기에서 공기가 축소 노즐을 통하여 20℃의 대기 속으로 분출할 때 노즐 출구에서의 M 수를 구하여라.

14. 온도 70℃의 탱크에서 공기가 축소 · 확대 노즐을 통하여 대기 중으로 분출할 때 목 부분에서 음속에 도달하였다. 이 때 목의 온도는 얼마나 되는가?

CHAPTER 11

유체기계

11.1 터보 유체기계

터보 유체기계란 유체를 프로펠러나 날개를 이용하여 유동시킴으로서 유체로부터 에너지를 얻기도 하고 유체에 에너지를 전달하는 기구를 통칭한다. 펌프는 유체에 에너지를 공급하는 일반적인 장치로서 펌프에 의하여 유체의 흐름이 형성되기도 하고 압력이 증가하기도 하며 유량을 증가시키기도 한다. 또, 터빈은 유체로부터 에너지를 얻어내는 장치로 발전소에서는 수력 터빈이나 증기 터빈을 이용하여 전기에너지를 얻는다. 이와 유사한 작용을 하는 기계로서 블로어(blower), 팬(fan), 공기압축기 등은 공기나 기체에 대하여 에너지를 전달하기도 하고 에너지를 얻어내는 기계이다. 이 장에서는 여러 가지 유체기계 중에서 주로 터보 유체기계에 대하여 다루고자 한다. 여기에는 터보 펌프와 터빈 등이 다루어질 것이다.

11.2 터보 펌프

터보 펌프는 크게 두 부분으로 분류된다. 하나는 임펠러(impeller, 회전차)이고 다른 하나는 펌프의 케이싱(casing)이다. 임펠러는 모터에 의해서 공급된 동력을 회전운동으로 유체에 전달하는 역할을 하고 케이싱은 유체를 흡입구에서 임펠러로, 임펠러에 의해서 가압된 유체를 펌프 출구로 흘러 나가도록 유도하는 역할을 한다. [그림 11-1]은 일반적인 원심 펌프의 단면도이다. 임펠러에는 구동축이 연결되어 보통 모터에 의해서 구동되고 케이싱은 흡입구와 배출구가 임펠러 하우징(housing)에 연결되어 있다. 임펠러를 둘러싸고 있는 케이싱 부분은 와류실(volute)이라고 한다. 유체는 흡입구에서 흡입되어 임펠러의 중심부를 통하여 임펠러 내부의 슈라우드(shroud)를 따라서 흐르며 임펠러 날개로부터 회전력을 받는다. 유체는 와류실에서 운동에너지가 압력에너지로 바뀌어 높은 압력으로 출구로 빠져나간다.

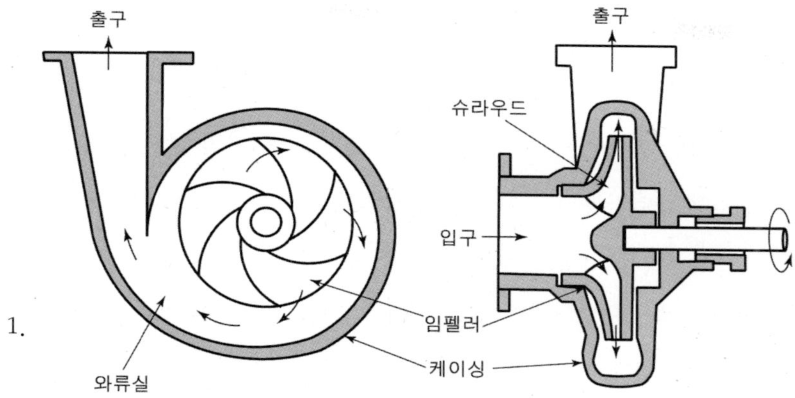

[그림 11-1] 원심 펌프 단면

원심 펌프는 일반적으로 임펠러 날개가 후면 쪽으로 곡선으로 되어 있고 비교적 좁다. 원심 펌프에 비하여 압력이 낮고 임펠러 날개가 더 넓고 흡입 구측이 비틀린 펌프는 혼합류형 펌프라 하며 유체가 임펠러에 축방향으로 흐르는 즉, 유체가 임펠러 구동축에 평행하게 흐르는 펌프를 축류 펌프라 한다. 축류 펌프는 유체의 토출압력이 비교적 낮으며 슈라우드가 없다. [그림 11-2]는 여러 가지 펌프의 임펠러 모형들이다.

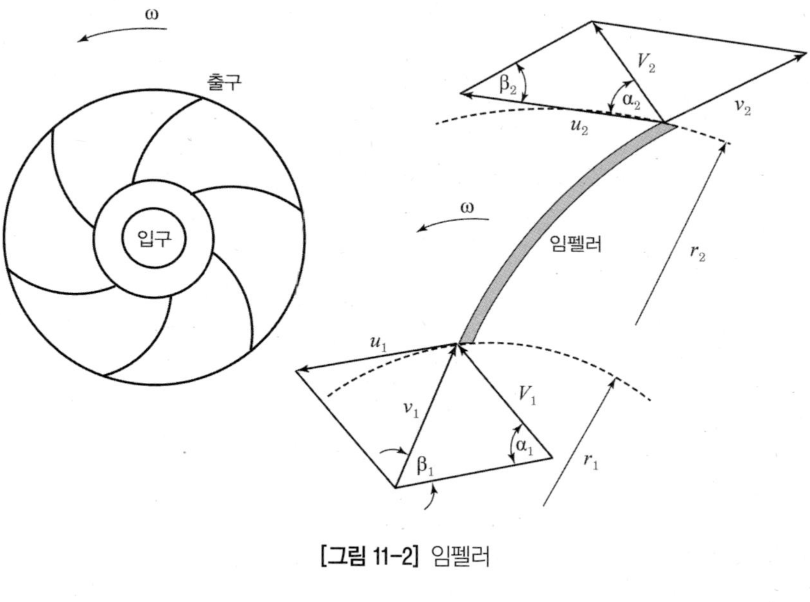

[그림 11-2] 임펠러

11.2.1 원심 펌프

[그림 11-1]은 오늘날 가장 널리 쓰이는 원심 펌프로서 [그림 11-3]은 원심 펌프의 설치 상태이다. 터빈 펌프의 기본적인 이론을 원심 펌프를 중심으로 살펴보자.

실제 터보 펌프에서의 유동은 점성의 영향과 박리현상이 나타나는 3차원 흐름이다. 그러나 해석을 간단히 하기 위하여 점성 영향을 무시하여 임펠러를 통하여 흐르는 유체를 2차원으로 가정하였다. [그림 11-4(a)]는 임펠러의 단면으로 점선은 검사체적이다. 유체는 입구측의 검사표면을 통하여 유입되어 출구측의 검사표면을 통하여 배출된다. 임펠러 속에는 그림에서와 같이 여러 개의 날개가 있어 임펠러에 의하여 각속도 ω로 축을 따라서 회전한다.

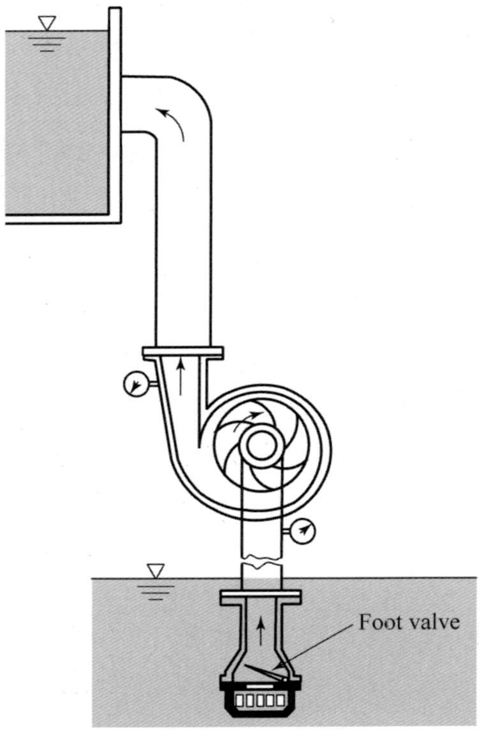

[그림 11-3] 원심 펌프 설치

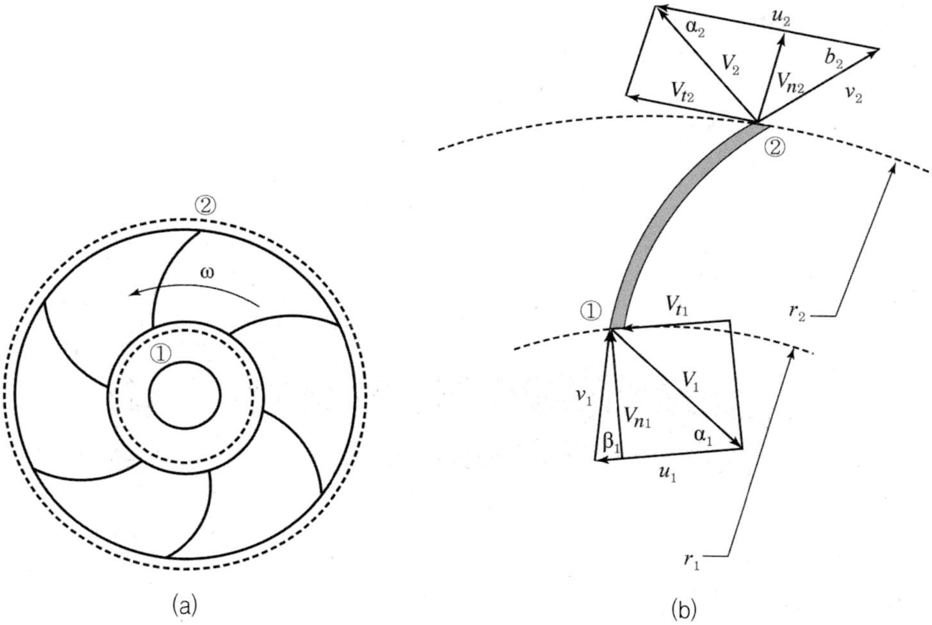

[그림 11-4] 펌프의 임펠러

(1) 펌프의 기본이론

원심 펌프의 운동량 관계식을 유도하기 위하여 [그림 11-4(b)]와 같이 임펠러의 날개를 스케치하여 여기에서의 속도관계를 표시하였다. 이 그림은 4장의 [그림 4-11]과 같은 그림이다. 그림에서 ①은 임펠러 입구에서 유입되는 유체를 나타내며 ②는 임펠러 출구에서의 배출되는 유체를 나타낸다. 속도 벡터, V는 입 · 출구에서의 절대속도이며 V_t는 절대속도의 접선방향의 속도성분이고, V_n은 반경방향 또는 법선방향의 성분이다. 임펠러에서의 상대속도 v로 표현하였으며 u는 원주속도로 $u = r\omega$에 의해서 얻어지는 값이다. [그림 11-4]에서 β는 임펠러 날개의 각도이고 α는 유체가 임펠러에 유입되고 유출되는 유입각, 유출각으로 절대속도 V와 원주속도u사이의 각도이다.

[그림 11-4]의 임펠러 입 · 출구에 각운동량방정식을 적용하여 식 (4-33)을 이용하면 토크 T는 다음과 같다.

$$T = Q\rho(r_2 V_{t2} - r_1 V_{t1}) \tag{11-1}$$

여기서 절대속도의 접선방향의 성분은 $V_t = V\cos\alpha$ 이므로 위 식은 다음과 같이 바꿔 쓸 수 있다.

$$T = Q\rho\,(r_2 V^2 \cos\alpha_2 - r_1 V_1 \cos\alpha_1) \tag{11-2}$$

펌프의 동력 L_t는 $L_t = T\omega$ 이므로 동력은 다음과 같이 구한다.

$$L_t = T\omega = Q\rho(u_2 V_2 \cos\alpha_2 - u_1 V_1 \cos\alpha_1) \tag{11-3}$$

여기서 상대속도 u는 $u = r\omega$ 이다. 펌프에 의해서 형성되는 이론적인 양정(수두)을 H_t라 하면 펌프에 필요한 동력은 γQH_t 이므로 이론적인 양정은 다음과 같이 구할 수 있다.

$$H_t = \frac{\omega T}{\gamma Q} = \frac{u_2 V_2 \cos\alpha_2 - u_1 V_1 \cos\alpha_1}{g} \tag{11-4}$$

위 식 (11-4)를 이용하여 손실이 없는 펌프의 이론양정을 얻을 수 있다. 상대속도와 절대속도의 관계는 cosine 제 2법칙을 이용하면 다음과 같다.

$$\begin{aligned} v_1^2 &= u_1^2 + V_1^2 - 2u_1 V_1 \cos\alpha_1 \\ v_2^2 &= u_2^2 + V_2^2 - 2u_2 V_2 \cos\alpha_2 \end{aligned} \tag{11-5}$$

이 식을 식 (11-4)에 대입하면 다음과 같다.

$$H_t = \frac{{V_2}^2 - {V_1}^2}{2g} + \frac{(u_2^2 - u_1^2) - (v_2^2 - v_1^2)}{2g} \tag{11-6}$$

위 식의 오른쪽 첫항은 임펠러에서 얻은 속도양정의 변화량이고 두 번째 항은 압력수두의 변화량이다.

원심 펌프에서 만일 임펠러의 설계가 매우 잘되어서 임펠러 입구에서의 각운동량이 0이면 펌프에서의 압력상승은 최대가 된다.

이 때 $\alpha_1 = 90^\circ$, $V_{n1} = V_1$이므로 식 (11-4)는 다음과 같다.

$$H_t = \frac{u_2 V_2 \cos\alpha_2}{g} \tag{11-7}$$

[그림 11-4]에서 $V_2 \cos\alpha_2 = u_2 - V_{n2} \cot\beta_2$이므로 위 식은 다음과 같이 된다.

$$H_t = \frac{u_2^2}{g} - \frac{u_2 V_{n2} \cot\beta_2}{g} \tag{11-8}$$

임펠러에서 $V_{n2} \propto Q$이므로 위식은 다음과 같다..

$$H_t = A - BQ \cot\beta_2 \tag{11-9}$$

여기서 A, B는 상수이다. [그림 11-5]는 식 (11-9)를 이용한 이론양정과 β_2와의 관계이다. $\beta_2 > 90^\circ$이면 유량이 증가함에 따라 이론양정도 함께 증가한다. 즉, 펌프가 새로운 작동조건에 맞추기 위하여 불안정하게 되어 서지(surge)가 일어나므로 일반적으로 펌프 설계에서 $\beta_2 < 90^\circ$가 되게 설계한다.

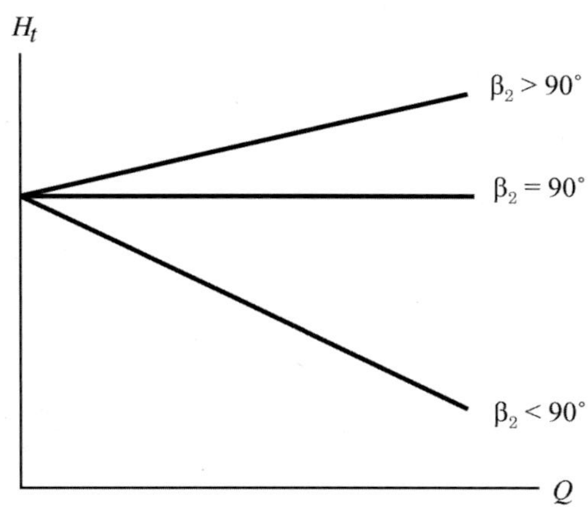

[그림 11-5] 날개 각도와 양정

(2) 펌프의 효율

유체에 기계적 에너지를 압력에너지나 속도에너지로 변환시켜주는 일종의 에너지 변환기기인 펌프는 실제유체를 사용하므로 에너지손실이 큰 기계 중의 하나이다. [그림 11-4]의 펌프의 입·출구에 손실을 고려하여 에너지 방정식을 적용하면 다음과 같이 실제 펌프 양정은 손실수두만큼 감소한다.

$$H_p = H_t - h_L \tag{11-10}$$

여기서 H_p는 실제 펌프 양정이고 h_L은 손실수두이다. 실제 펌프에 필요한 동력 L_p는 실제 펌프 양정에서 얻어지므로

$$L_p = \gamma Q H_p \tag{11-11}$$

이고 이론적인 펌프 동력은 제동마력(brake power)이라고도 하며 식 (11-3)과 같이

$$L_t = \omega T \tag{11-12}$$

가 되며 손실이 없다면 두 값은 같게 된다. 실제에는 $L_p < L_t$이고 펌프의 효율은 다음과 같이 정의한다.

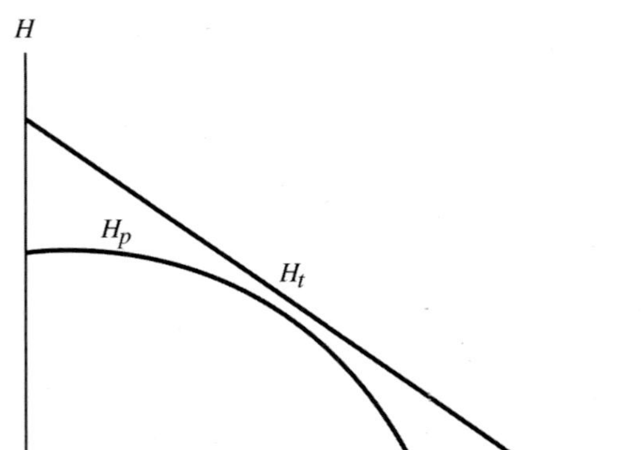

[그림 11-6] 유량과 양정

$$\eta_p = \frac{L_p}{L_t} = \frac{\gamma Q H_p}{\omega T} \tag{11-13}$$

펌프 설계에서 있어서 설계의 목표는 가능한 한 펌프의 효율을 높이는 것이다. [그림 11-6]은 이론양정과 실제양정과의 관계를 유량에 따라서 표현한 그래프이다.

그림에서 두 그래프의 차이, 즉 펌프에서 손실이 일어나는 원인은 임펠러의 입 · 출구에서 회전면과 유체 사이의 마찰손실, 케이싱 내에서의 충격에 의한 박리에 의한 손실 그리고 누설에 의한 손실 등을 들 수 있다.

11.2.2 축류 펌프

축류 펌프는 비교적 저양정이고 유량이 많을 경우 사용되며 임펠러, 안내날개, 케이싱으로 이루어져 구조가 간단하다. 임펠러에는 슈라우드가 없으며 여러 장의 날개가 [그림 11-7]과 같이 축에 방사형으로 부착되어 있다. 축방향으로 유입된 유체는 임펠러 날개에 의해서 속도에너지를 얻고 그 뒷면에 설치된 안내날개에 의해서 속도수두를 압력수두로 변환시킨다.

[그림 11-7]의 축류 펌프의 속도선도에서 임펠러를 떠나는 유체의 반경 방향으로 속도성분이 없으므로 $u_1 = u_2 = u$ 이며 연속방정식에 의해서 $V_{n1} = V_{n2} = V_n$ 이다. 원심 펌프에 관한 식 (11-4)를 축류 펌프에 적용할 수 있도록 $V_2 \cos\alpha_2 = u - V_n \cot\beta_2$ 와 $V_1 \cos\alpha_1 = V_n \cot\alpha_1$ 를 대입하여 정리하면

$$H_t = \frac{u}{g}[u - V_n(\cot\alpha_1 + \cot\beta_2)] \tag{11-14}$$

와 같이 되며 만약 이상적인 펌프로 생각하여 임펠러 입구에서 유체의 회전이 없다면 $\alpha_1 = 90^\circ$ 이므로 위 식은 다음과 같다.

$$H_t = \frac{u}{g}(u - V_n \cot\beta_2) \tag{11-15}$$

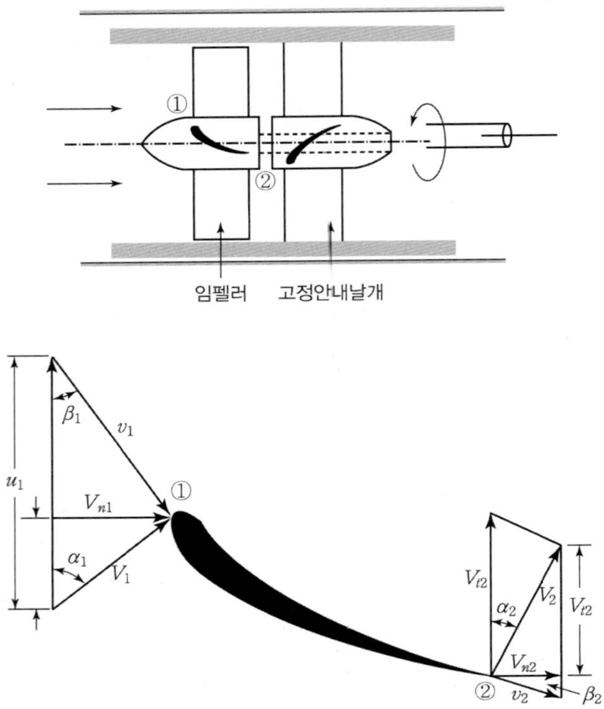

[그림 11-7] 축류 펌프

이 식은 원심 펌프의 식 (11-8)과 마찬가지로 축류 펌프의 이론양정도 임펠러의 출구 상태에 영향을 받음을 의미한다. 축류펌프의 임펠러는 임펠러에서 유체의 속도가 같도록 설계한다. 이렇게 하기 위하여 축 주위를 따라서 입구 쪽에서 출구 쪽으로 안내날개 각도를 점차적으로 증가시킨다.

예제 11-1

운전 중인 펌프의 압력계를 조사하니 펌프의 입구측은 150mmHg 진공이고 출구측은 300kPa 이다. 펌프의 전양정(전수두)은 얼마나 되는가? 단, 출구측 압력계는 입구측 압력계보다 1m 높은 곳에 있고 입구와 출구측 관의 직경은 같다.

풀이

펌프 입구(1), 출구(2)에 대하여 Bernoulli 방정식을 적용하면, 전양정(전수두) H는

$$\frac{V_1^{\ 2}}{2g}+\frac{p_1}{\gamma}+z_1+H=\frac{V_2^{\ 2}}{2g}+\frac{p_2}{\gamma}+z_2$$

이다. 여기서 전양정(수두)을 구하면 다음과 같다.

$$H=\frac{V_2^{\ 2}-V_2^{\ 2}}{2g}+\frac{p_2-p_1}{\gamma}+(z_2-z_1)$$

관의 직경이 입구와 출구 측에서 같으므로 $V_1=V_2$이고 $z_2-z_1=1\text{m}$이다.

$$p_2-p_1=300-\left(-\frac{150\times 101.3}{760}\right)=320\text{kPa}$$

$$H=\frac{320\times 10^3}{9800}+1=33.7\text{m}$$

예제 11-2

원심 펌프의 이론양정이 8m이고 유량이 $0.2\text{m}^3/\text{s}$이다. 펌프 구동에 필요한 동력을 구하여라.

풀이

$L_t=\gamma QH_t$이므로

$$\begin{aligned}L_t&=\gamma QH_t\\&=9800\times 0.2\times 8=15680\text{W}=15.68\text{kW}\end{aligned}$$

이다.

예제 11-3

임펠러 출구 직경이 300mm, 안지름 140mm인 원심 펌프가 회전수 500rpm으로 운전될 때 임펠러의 바깥지름과 안지름에 있어서의 유체의 원주 방향 속도가 14m/s, 0m/s로서 유량이 $3.0\text{m}^3/\text{min}$라 하면 펌프에 필요한 동력은 얼마나 되는가?

풀이

식 (11-4)를 이용하여 회전수를 n이라 하여 펌프 수두를 구하면

$u_2 = \frac{\pi \times d \times n}{60}$ 이고

원주속도는 $V_2 \cos \alpha_2 = 14$이고, $V_1 \cos \alpha_1 = 0$이다.

따라서 펌프 수두는 다음과 같다.

$$H_t = \frac{u_2 V_2 \cos \alpha_2 - u_1 V_1 \cos \alpha_1}{g}$$
$$= \frac{1}{g}\left(\frac{\pi \times 0.3 \times 500}{60} \times 14 - 0\right) = 11.2\text{m}$$

펌프의 동력은 다음과 같다.

$$L = \gamma Q H_t$$
$$= 9800 \times \frac{3}{60} \times 11.2 = 5488\text{W}$$

예제 11-4

전양정 $H = 30\text{m}$, 유량 $Q = 1.2\text{m}^3/\text{min}$의 펌프를 설계하려 한다. 펌프 효율을 70%로 하면 펌프의 동력은 얼마나 필요한가?

풀이

펌프의 축동력을 L_t라 하면

$$\eta_p = \frac{\gamma Q H}{L_t}$$

이므로 펌프의 동력은 다음과 같이 구한다.

$$L_t = \frac{\gamma Q H}{\eta_p} = \frac{9800 \times 1.2 \times 30}{0.75 \times 60} = 7840\text{W}$$

예제 11-5

흡입관의 내경 200mm, 토출관의 내경 150mm인 원심 펌프의 유량이 6m^3/min이고, 펌프 기준면에서 측정한 흡입압력이 150mmHg의 진공압력이고, 기준면에서 수직 상방향으로 1.5m 위에 있는 토출관의 압력이 150kPa이며 펌프를 구동하는 동력은 22kW이다. 펌프의 효율을 구하여라.

풀이

식 (11-13)을 이용하여 효율을 구하려면 펌프의 전양정을 구하여야 한다.

흡입관의 유속

$$V_1 = \frac{Q}{A_1} = \frac{4 \times 6}{\pi \times 0.2^2 \times 60} = 3.2\mathrm{m/s}$$

토출관의 유속은

$$V_2 = \frac{Q}{A_2} = \frac{4 \times 6}{\pi \times 0.15^2 \times 60} = 5.7\mathrm{m/s}$$

이며, 흡입관의 압력을 p_1이라 하면

$$p_1 = -101.325 \times \frac{150}{760} = -20.0\mathrm{kPa}$$

토출관의 압력을 p_2라 하면

$$p_2 = 150\mathrm{kPa}$$

이다. 따라서 전양정 H_p는 Bernoulli 방정식을 이용하여 다음과 같이 얻는다.

$$\begin{aligned} H_p &= \frac{p_2 - p_1}{\gamma} + \frac{V_2{}^2 - V_1{}^2}{2g} + z \\ &= \frac{(150 + 20) \times 10^3}{9800} + \frac{5.7^2 - 3.2^2}{2 \times 9.8} + 1.5 = 19.7\mathrm{m} \end{aligned}$$

따라서 펌프 효율은 식 (11-13)을 이용하여

$$\eta_p = \frac{L_p}{L_t} = \frac{\gamma Q H_p}{L_t}$$

$$= \frac{9800 \times 6 \times 19.7}{60 \times 22000} = 0.878 = 87.8\%$$

이다.

11.3 터보 유체기계의 상사법칙

11.3.1 펌프의 상사법칙

일반적으로 유체기계의 상사성은 5장에서 논의한 바와 같이 기하학적으로 상사가 되어야 함은 물론 운동학적인 상사와 역학적인 상사가 성립하여야 한다. 이와 같은 유체역학적 상사성은 유체기계에서의 속도 벡터가 상사임을 전제로 하여 한 기계의 어떤 회전수에 있어서의 성능에 의하여 다른 기계의 상이한 회전수에서의 성능을 추정하는 데 이용된다.

크기가 서로 다른 두 개의 임펠러의 직경 D, 회전수 n, 양정 H, 유량 Q, 축동력 L 사

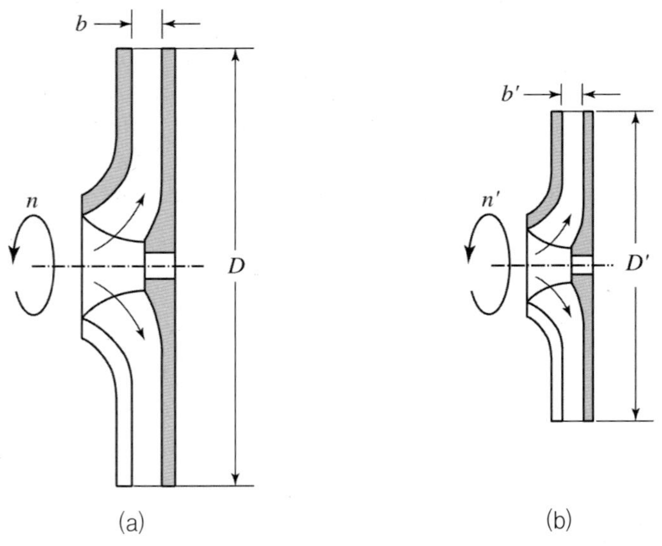

[그림 11-8] 임펠러의 상사

이에는 어떤 관계가 있는가를 조사하자. 두 임펠러 내 흐름의 상태가 유체역학적으로 상사가 되기 위해서는 임펠러 출구의 속도가 서로 상사이어야 한다. 따라서 두 임펠러의 비례성은 형상, 속도 등에서 [그림 11-8]에서 (a), (b)가 서로 대응한다면 다음의 관계가 성립한다.

형상비는

$$\frac{D}{D'} = \frac{b}{b'} \tag{11-16}$$

속도비는

$$\frac{u}{u'} = \frac{n}{n'}\frac{D}{D'} \tag{11-17}$$

유량비는

$$\frac{Q}{Q'} = \frac{\pi D b V_n}{\pi D' b' V_n'} = \left(\frac{D}{D'}\right)^3 \frac{n}{n'} \tag{11-18}$$

양정비는

$$\frac{H}{H'} = \frac{\dfrac{u V_t}{g}}{\dfrac{u' V_t'}{g}} = \left(\frac{D}{D'}\right)\left(\frac{n}{n'}\right)^2 \tag{11-19}$$

축동력비는

$$\frac{L}{L'} = \frac{\gamma Q H}{\gamma Q' H'} = \left(\frac{D}{D'}\right)^5 \left(\frac{n}{n'}\right)^3 \tag{11-20}$$

로 얻어진다.

11.3.2 비교회전도

위에서 알 수 있듯이 한 임펠러의 회전속도가 증가하면 펌프의 양정, 유량이 모두 증가하며 두 임펠러 사이에 회전속도, 양정, 유량간에도 상사법칙이 얻어진다. 식 (11-18)을 식 (11-19)의 3/2승으로 나누면

$$\frac{Q'}{H^{\frac{3}{2}}}=\frac{Q}{H^{\frac{3}{2}}\left(\frac{n'}{n}\right)^{2}} \tag{11-21}$$

으로 이것을 양변이 같은 모양으로 정리하면

$$\frac{n'\sqrt{Q'}}{H'^{\frac{3}{4}}}=\frac{n\sqrt{Q}}{H^{\frac{3}{4}}} \tag{11-22}$$

로 크기가 다른 펌프에서의 상사에 관한 관계식이다. 이 식에 의하면 크기가 다른 두 임펠러가 서로 상사가 되기 위해서는 두 임펠러의 $\frac{n\sqrt{Q}}{H^{\frac{3}{4}}}$이 같아야 함을 알 수 있다. 여기서 n, Q, H의 단위는 어느 단위든 상관이 없다. 지금 하나의 임펠러의 어떤 단위계에서의 $Q=1\text{m}^3/\text{sec}$, $H=1\text{m}$가 되도록 가정하면

$$N_s=\frac{n\sqrt{Q}}{H^{\frac{3}{4}}} \tag{11-23}$$

가 된다. 그리고 표준이 되는 한 쪽의 임펠러는 회전속도가 같아진다. 이와 같이 결정한 N_s를 비교회전도라 정의한다. 또, 비교회전도의 단위는 $\text{m}\cdot\text{m}^3/\text{sec}\cdot\text{rpm}$으로 되고, 비교회전도는 펌프의 임펠러 형상, 즉 펌프의 형태와 관계가 있다. 비교회전도가 40 이하이면 원심 펌프에 해당하며 130 이상이면 축류 펌프이고 그 사이 값은 혼합류 펌프에 해당한다.

11.3.3 펌프의 공동현상

공동현상(cavitation)이란 유체기계 내의 임의의 위치에서의 유체압력이 그 온도에서의 유체의 포화증기압 이하로 떨어지면 증발이 발생하여 유체기계 내부에 증기가 채워지는 현상을 말한다. 공동현상은 펌프의 고속화를 저해하는 하나의 요인이 된다.

공동현상이 발생하면 양정, 동력 및 효율이 급격히 저하하고 소음, 진동이 발생하여 펌프는 운전불능 상태까지 도달한다. 또, 공동현상이 발생하는 펌프는 발생부위에서 심한 부식을 일으켜 펌프 수명을 격감시킨다. 공동현상은 펌프와 유체수면간의 수직거리가 부적당하게 너무 길거나 또는 펌프가 과속으로 회전하여 유량이 증가할 때 발생하며 공동현상을 방지하기 위해서는 펌프 내의 최저압력을 그 때 유체온도에 대한 포화증기압 이하로 내려가지 않도록 하여야 한다.

[그림 11-9]와 같이 펌프가 구동되는 경우를 고려하여 보자. 그림에서 ①은 펌프의 흡입구 쪽으로 유체의 표면을 지칭하며 ②는 펌프의 최저압력이 발생하는 위치이다. ①, ② 위치에 에너지방정식을 적용하면 다음과 같다.

$$z_1 = \frac{{V_2}^2}{2g} + \frac{p_2}{\gamma} + z_2 + h_L \tag{11-24}$$

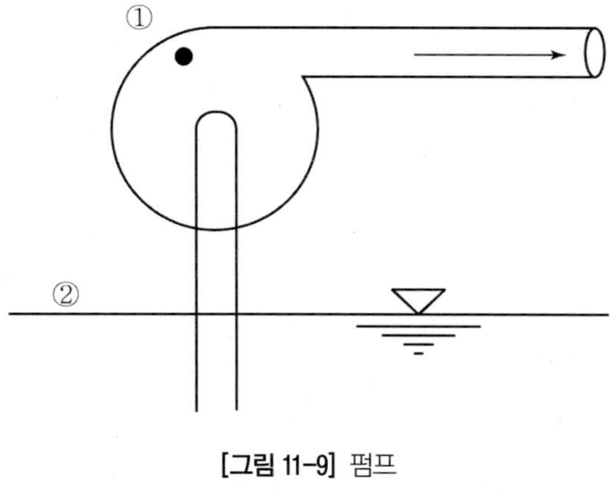

[그림 11-9] 펌프

여기서 h_L은 ①, ② 사이의 손실수두이며 ①에서의 속도는 무시하였다. 또, p_2는 게이지 압력이다. 펌프에서 공동현상이 일어나지 않기 위해서는 ②에서의 압력이 같은 온도에서의 포화증기압 p_v보다 높아야 한다. 식 (11-24)을 $\Delta z = z_2 - z_1$을 이용하여 정리하면 다음과 같이 된다.

$$\frac{{V_2}^2}{2g} = -\left(\frac{p_v}{\gamma} + \Delta z + h_L\right) \tag{11-25}$$

위 식에서 $\frac{{V_2}^2}{2g}$은 펌프에 공동현상이 일어나기 직전에 얻을 수 있는 최대 속도수두로 NPSH (Net Positive Suction Head : 정미 흡입양정)라고 한다.

$$NPSH = -\left(\frac{p_v}{\gamma} + \Delta z + h_L\right) \tag{11-26}$$

NPSH는 터빈에서도 이용된다. 이 때 유동방향은 반대가 되므로 ①이 유체가 토출되는 유체표면이 된다. 공동현상이 발생하지 않는 펌프를 설계하기 위해서는 다음의 조건을 만족하여야 한다.

$$NPSH \le -\left(\frac{p_v}{\gamma} + \Delta z + h_L\right) \tag{11-27}$$

일반적으로 유체기계의 성능표에는 실험실에서 얻어진 NPSH가 주어진다.

식 (11-26)을 펌프의 실제양정 H_p로 나누면 다음과 같이 된다.

$$\sigma = -\frac{(p_v/\gamma + \Delta z + h_L)}{H_p} \tag{11-28}$$

여기서 σ는 무차원수로 공동현상계수(cavitation number)라 하며 이것은 NPSH 대신에 펌프를 설계하는 데 공동현상 기준으로 이용된다. 공동현상이 일어나기 시작하는 임계 공동현상계수는 대부분 경험에 의해서 결정한다. 따라서 공동현상이 일어나지 않기 위해서는 σ는 임계 공동현상계수보다 커야 한다.

예제 11-6

어떤 펌프가 1,000rpm으로 회전하여 전양정 9.0m에 유량 0.01m^3/s의 물을 방출한다. 펌프가 1,550rpm으로 운전된다면 유량은 얼마나 되겠는가?

풀이

식 (11-18)에서 유량과 회전수 사이의 관계를 이용하면 구하는 유량은

동일펌프이므로

$$\frac{D}{D'} = 1$$

$$Q' = Q\left(\frac{D'}{D}\right)^3\left(\frac{n'}{n}\right)$$

$$= 0.01 \times \frac{1550}{1000} = 0.0155\text{m}^3/\text{s}$$

이다.

예제 11-7

펌프가 2,000rpm으로 회전하고 있다. 전양정 60m에서 0.12m^3/s의 물을 배출하고 펌프의 축동력은 150kW이다. 이 펌프와 상사인 펌프가 크기가 2배이면서 1,500rpm으로 운전되고 있다. 이 펌프의 축동력을 구하여라.

풀이

식 (11-20)을 이용하여 문제를 해결하자.

$\frac{D'}{D} = 2$로 주어졌으므로

$$\frac{L'}{L} = \left(\frac{D'}{D}\right)^5\left(\frac{n'}{n}\right)^3$$

이므로

$$L' = L\left(\frac{D'}{D}\right)^5\left(\frac{n'}{n}\right)^3$$

$$= 150 \times 2^5 \times \left(\frac{1500}{2000}\right)^3$$

$$= 2025\,\mathrm{kW}$$

이다.

예제 11-8

전양정 8m, 유량 0.34m^3/s, 회전수 650rpm인 펌프의 비교회전도를 구하여라.

풀이

식 (11-23)을 이용하여 비교회전도를 구하자.

$$N_s = \frac{n\sqrt{Q}}{H^{\frac{3}{4}}}$$

$$= \frac{650 \times \sqrt{0.34}}{8^{\frac{3}{4}}}$$

$$= 79.7\,\mathrm{m} \cdot \mathrm{m}^3/\mathrm{s} \cdot \mathrm{rpm}$$

예제 11-9

원심펌프의 흡입측 진공계 읽음이 50cmHg이고 토출측 압력계 읽음이 400kPa일 경우 펌프의 전양정을 구하여라. 단, 흡입관과 토출관의 직경은 동일하다.

풀이

흡입양정과 토출양정을 합하면 전양정이 되므로 각각을 구하면,

흡입양정은

$$p_i = 50\,\mathrm{cmHg} = \frac{500}{760} \times 101325 = 66661.1\,\mathrm{Pa}$$

$$\frac{p_i}{\gamma} = \frac{66661.1}{9800} = 6.8\text{m}$$

토출양정은

$$\frac{p_o}{\gamma} = \frac{400000}{9800} = 40.8\text{m}$$

전양정은

$$H = 40.8 + 6.8 = 47.6\text{m}$$

이다.

11.4 터빈

수력 터빈은 충분한 양의 물과 적당한 양정이 유지되는 곳에서 전력을 생산하는 일반적인 장치로 이용되고 있다. 터빈은 펌프와는 반대로 관 속을 흐르는 유체로부터 에너지를 뽑아내는 기구로 에너지를 변환시키는 역할을 하는 러너(runner)는 회전축에 날개 또는 유체를 운반하는 버킷(bucket)이 장착되어 있는 형태로 이루어졌다. 유체가 가지고 있는 이용 가능한 에너지는 회전 러너에 의하여 축에 전달되고 축은 다시 발전기를 돌려 전기를 생성한다. 수력 터빈의 크기는 다양하여서 작은 것은 5kW에서부터 규모가 큰 것은 400MW 이상이 되는 것도 있다.

터빈은 충동 터빈(impluse turbine)과 반동 터빈(reaction turbine)의 두 종류로 나눈다. 반동 터빈은 유체의 유동에너지와 운동에너지 두 가지를 이용하며 에너지의 변환은 대기압보다 높은 압력 하의 밀폐된 공간에서 이루어진다. 반동 터빈은 또 다시 유효 양정에 따라서 프랜시스 수차(Francis turbine)와 프로펠러 수차(propeller turbine)로 나뉘어진다. 충동 터빈은 유체가 러너에 충격을 주기 전에 러너 앞에 설치된 노즐에 의해서 유체의 유동에너지를 운동에너지로 변환시킨다. 이 때 에너지는 고속의 제트로 거의 대기압에 가까운 상태로 되어있으며 펠턴 수차(Pelton turbine)는 특수한 형태의 충동 터빈이다.

11.4.1 반동 터빈

반동 터빈에는 유체를 러너로 유도시켜 주는 와실이 있으며, 러너 입구에서 유체의 접선방향의 속도성분을 조정하는 기능을 가지고 있는 가변 안내날개(adjustable guide vane)가 러너의 상류측에 설치되어 있다. 유체는 안내날개 출구를 떠나 적당한 각운동량을 얻어서 러너로 유입된다. 유체가 러너를 통과하여 나가면 유체의 각운동량은 감소하는 대신에 러너에 토크로 작용하여 그것은 터빈 축을 회전시켜 동력을 얻게 된다. 유체는 러너에서 빠져나와 토출관이라 하는 디퓨저로 들어간다. 디퓨저는 유체 속에 남아있는 에너지를 운동에너지로 변환시키는 역할을 한다.

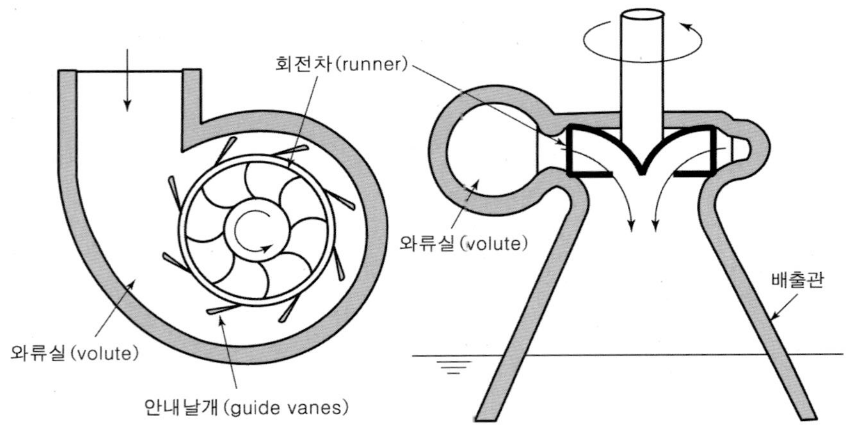

[그림 11-10] 프랜시스 수차

(1) 프란시스 수차

[그림 11-10]은 대표적인 반동 터빈에 해당하는 프랜시스 수차이다. 이 수차는 유체의 낙차 50~500m의 범위에서 사용되며 큰 것은 2,000,000kW에 달하는 것도 있다. 프랜시스 수차는 보통 10~20매의 날개를 가진 러너가 축에 고정되어 있으며, 그 주위에 안내날개가 배치되어 있다. 안내날개를 통하여 유입된 유체는 반경방향으로 흐르며, 러너 입구에서는 [그림 11-11]과 같이 충분한 접선속도를 가지게 된다. 유체가 러너를 통하여 흐르면 접선방향의 속도는 감소하고 축방향 성분이 만들어지며 러너를 떠날 때는 축방향 성

분에 비하여 접선방향 성분은 아주 작아진다. 이 때 러너 출구에서의 압력은 대기압보다 낮아진다.

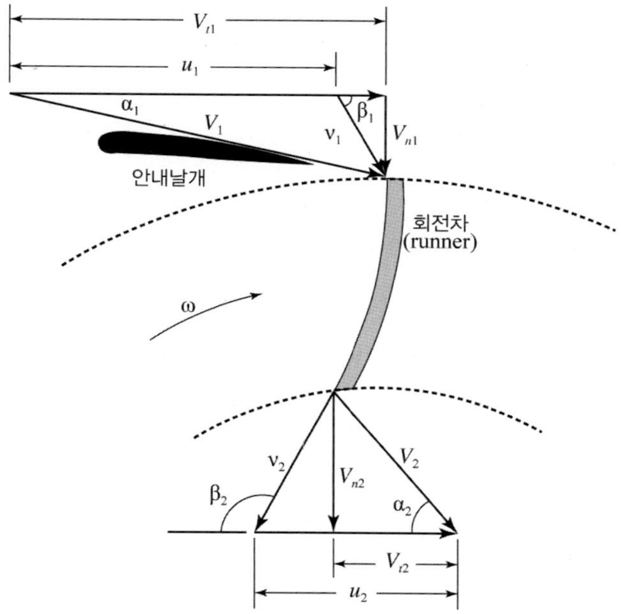

[그림 11-11] 속도선도

앞서의 펌프에서와 마찬가지로 터빈에서의 이론적인 토크를 구하면 다음과 같다.

$$T = \rho Q(r_1 V_{t1} - r_2 V_{t2}) \tag{11-29}$$

터빈 축에서의 동력은 $T\omega$ 이므로

$$L_T = T\omega$$

$$= \rho Q(u_1 V_1 \cos\alpha_1 + u_2 V_2 \cos\alpha_2) \tag{11-30}$$

터빈을 지나는 동안 유체가 잃어버리는 동력은

$$L_f = \gamma Q H_T \tag{11-31}$$

로 여기서 H_T는 터빈을 지나는 동안의 양정변화량이다. 따라서 터빈의 효율은 다음과 같이 구한다.

$$\eta_T = \frac{L_T}{L_f} \tag{11-32}$$

(2) **축류수차**

[그림 11-12]는 축류수차(axial flow turbine)에 대한 그림으로 유체는 회전축에 평행하게 흐르며, 프랜시스 수차와는 달리 유체가 날개를 통과하면 접선방향의 속도는 감소하지만 각운동량은 거의 일정한 상태로 유지된다. 축류수차는 날개가 고정된 고정날개식과 날개의 각도를 임으로 조절할 수 있는 가변날개식이 사용된다. 이 수차는 낮은 양정의 환경에서도 설치가 가능하며 수직으로 또는 수평으로도 설치하여 사용할 수 있다.

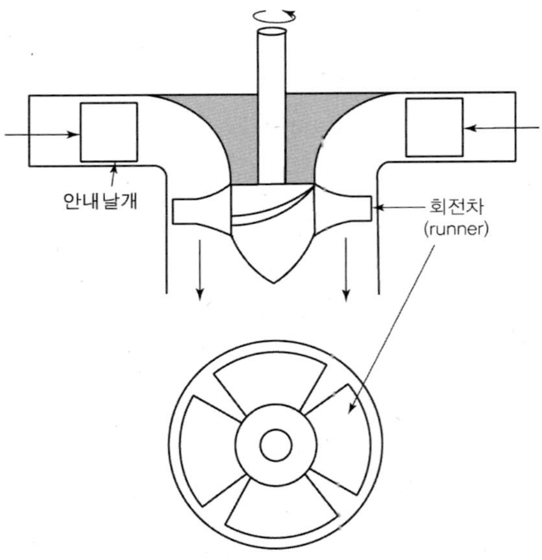

[그림 11-12] 축류수차

11.4.2 충동 터빈

펠턴 수차는 충동 터빈의 일종으로 고정 노즐과 러너, 케이싱으로 이루어져 있다. 러너는 여러 개의 버킷으로 이루어져 로테이딩 휠(rotating wheel)에 고정되어 있다. 노즐 상류에 형성된 압력수두는 노즐을 통과하면서 운동에너지로 바뀌어 제트 형태로 노즐을 빠져 나온다. 노즐에서 분사된 제트는 회전 버킷에 충돌하여 운동에너지가 회전 토크로 바뀌고 버킷을 빠져 나온 분류는 수면에 자연낙하하게 된다. [그림 11-13]과 같이 버킷은 둘로 나뉘어져 있어 분류의 방향을 거의 수평에 가깝도록 변화시킬 수 있게 만들어져 있다.

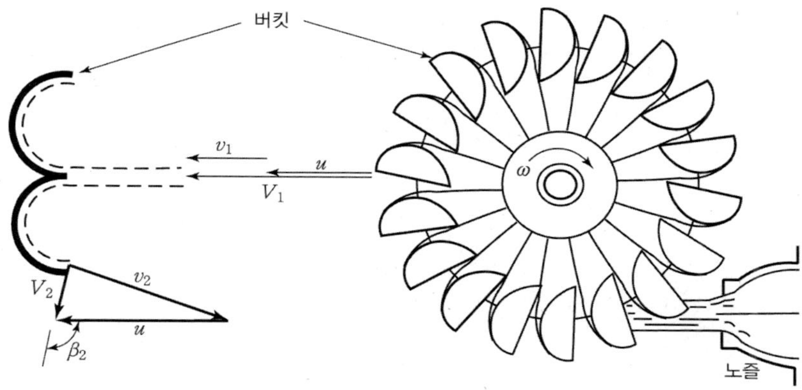

[그림 11-13] 펠턴 수차

앞에서 유도한 운동량방정식을 [그림 11-13]의 분류에 적용하여 토크를 얻을 수 있다. 분류의 마찰손실을 무시하면 분류의 버킷 입구 및 출구에서의 상대속도는

$$v_1 = v_2 = V_1 - u$$

이고 로테이딩 휠의 반경을 r이라 하면

$$\begin{aligned} T &= \rho Q r(v_1 - v_2 \cos\beta_2) \\ &= \rho Q r(V_q - u)(1 - \cos\beta_2) \end{aligned} \qquad (11\text{-}33)$$

으로 여기서 Q는 분류의 유량을 의미하고 $u = r\omega$이다. 따라서 터빈 러너에서 얻을 수 있는 동력은 다음과 같다.

$$L_T = \rho Qu(V_1 - u)(1 - \cos\beta_2) \tag{11-34}$$

일반적으로 β_2는 160° 정도의 각도를 가지며 터빈의 최대동력은 위 식에서 알 수 있는 바와 같이 $u = V_1/2$의 값을 갖는 때이다. 노즐에서 분출되는 분류의 속도는 유효양정을 H_T라 하면

$$V_1 = \sqrt{2gH_T} \tag{11-35}$$

이다. 충동 터빈의 효율은 다음과 같이 얻는다.

$$\eta_T = \frac{L_T}{\gamma QH_T} \tag{11-36}$$

예제 11-10

유효낙차 70m, 유량 85m³/s의 물을 이용하여 4,3000kW의 전기를 생산하는 수차의 효율을 구하여라.

풀이

주어진 낙차와 유량을 이용한 수차의 이론동력은 식 (11-31)을 이용하여

$$L_f = \gamma QH_T = 9800 \times 85 \times 70 = 58.10000\,\text{W}$$

구하는 효율은

$$\eta_T = \frac{L_t}{L_f} = \frac{43000000}{58310000} = 0.734$$

이다.

예제 11-11

수차의 유효낙차가 100m이다. 이론적으로 2,500kW의 출력을 얻으려면 유량은 얼마나 되어야 하는가?

풀이

이론동력은 $L=\gamma HQ$이므로 유량은

$$Q=\frac{L}{\gamma H}=\frac{2500000}{9800\times 100}=2.55\text{m}^3/\text{s}$$

이다.

Exercise

1. 원심 펌프의 구동동력이 20kW이다. 펌프의 유량이 $0.5m^3/s$이면 펌프의 전양정은 얼마나 되는가?

2. 수력발전소의 유효낙차가 50m이고 공급유량이 $2.3m^3/s$인 수차에서 얻을 수 있는 이론동력은 얼마나 되는가?

3. 펌프의 실제 소요동력이 50kW이고, 펌프 효율은 80%이다. 펌프의 전양정을 30m로 해서 양수한다면 송출유량은 얼마나 되겠는가?

4. 내경 500mm인 관을 사용하여 수평거리 20km 떨어진 탱크에 유량 $1.2m^3/s$의 물을 수송하려 한다. 여기에 필요한 이론 펌프 구동동력을 구하여라. 단, 원관의 마찰계수는 0.02이다.

5. 전양정 25m, 유량 $1.5m^3/min$의 물을 품어 올리는 펌프를 설계할 때 펌프 효율 $\eta_p = 0.80$으로 하면 펌프의 축동력은 몇 kW나 되는가?

6. 원심 펌프가 회전수 1,500rpm일 때 전양정이 15m이고 물을 $0.03m^3/s$씩 품어 올린다. 만일 펌프 회전수를 2,500rpm으로 높인다면 토출유량은 얼마나 되겠는가?

7. 전양정 7m, 유량 $24m^3/min$, 회전수 700rpm인 펌프의 비교회전도를 구하여라.

8. 실제 펌프의 전양정은 241.1m, 유량 $18.6m^3/s$, 회전수 300rpm, 축동력 4,9000kW이다. 이 펌프와 닮은, 모형비가 10:1인 모형 펌프를 만들었다. 모형 펌프의 회전수가 3,000rpm이면 이것의 양정, 유량, 축동력을 구하여라.

9. 어떤 펌프의 유량이 $0.6m^3/min$, 관로의 손실수두가 3m인 펌프를 이용하여 펌프와 같은 높이에 있는 물을 20m 위로 양수하고자 한다. 펌프의 동력은 얼마나 필요한가? 단, 펌퍼의 효율은 70%이다.

CHAPTER 12

유체의 계측

12.1 유동변수의 측정

수많은 산업현장에서 또 실험실 등에서 유체의 압력, 속도, 밀도 등과 같은 유체의 여러 가지 성질과 유동변수들의 정확한 측정은 매우 중요하다. 예를 들어 관이나 관개수로에서의 유체의 속도, 강에서의 침전물의 양, 고층빌딩 표면이 받는 압력과 빌딩 주위의 기류의 흐름, 고속으로 운행하는 자동차의 항력, 항공기의 속도 등 유체의 성질이나 유동변수를 정확히 측정해야 하는 예는 수없이 많다.

유체의 성질이나 유동변수를 측정하기 위한 계측장치는 수없이 많이 만들어졌다. 그러나 그 장치들은 각각 특정한 목적을 가지고 고안된 것들이다. 만일 우리가 유체의 어떤 변수를 측정하고자 한다면 먼저 측정하고자 하는 변수와 목적을 분명히 하고 거기에 맞는 계측기를 선정하여 계측을 하여야만 목적에 합당한 측정결과를 얻을 수 있다. 또, 같은 변수를 측정하는 계측기라 할지라도 그 형식에 따라서 나름대로의 특징이 있다. 예를 들어 토출량을 측정하는 계측방법에 대하여 살펴보면 거기에는 일정시간 동안의 유체의 속도분포를 적분하여 얻는 방법과 일정시간 동안의 속도를 평균하여, 즉 평균속도를 이용하여 측정하는 방법 등이 있을 것이다.

이 장에서는 유체를 취급하는 산업현장 및 실험실에서 유체의 성질과 유동변수를 측정하고자 하는 사람들에게 측정에 대한 기본개념과 측정방법을 소개하고자 한다. 여기에 소개된 것들은 실험실 등에서 이용되는 일반적인 방법들로 밀도, 압력, 속도 등의 측정방법을 서술하였다.

12.2 압력 측정

유체의 압력은 여러 가지 방법에 의해서 측정할 수 있다. 따라서 측정장치의 선정은 압력의 용도에 따라 정밀도의 정도 등에 의해서 이루어진다. 일반적으로 압력 측정장치의 원리는 두 가지로 나눌 수 있다. 마노미터의 원리와 유체의 압력을 튜브나, 판 등에 작용하는 압력으로 받아들여 이것을 다시 전기적인 신호나 기계적인 신호로 읽는 방법이다. 유체의 흐름이 난류이거나 정상류가 아니면 압력은 항상 일정하게 유지되지는 않고 크기의 차이는 있지만 약간의 변화가 존재한다. 따라서 압력측정은 이런 변화의 평균값을 측정하게 된다. 여기서는 몇 가지의 압력 측정장치와 압력 변환기(transducer)를 소개한다.

12.2.1 마노미터

마노미터에 대해서는 2,3장에서 자세히 취급하였다. 마노미터는 구조가 간단하고 가격이 저렴하며 운동부분이 없기 때문에 고장 등의 염려가 없다. 정밀한 압력을 측정하기 위해서는 2장에서 소개한 바와 같이 미압계를 이용하면 가능하다.

[그림 12-1(a)]는 흐르는 유체의 정압을 측정하기 위한 마노미터로 그림과 같이 흐름이 평행일 때 압력변화는 유선방향으로 형성되므로 벽에서의 압력을 측정함으로써 임의의 위치에서의 압력을 알 수 있다. 정압관의 연결 개구부는 작아야하고 구멍은 흐름에 영향을 받지 않도록 설치하여야 한다. 비록 작은 와류라도 측정오차를 크게 하므로 개구부 가장자리는 거칠거나 돌출된 부분이 없어야 한다. 따라서 개구부의 거칠기로 인한 측정오차를 줄이고 보다 정확한 압력을 측정하기 위하여 [그림 12-1(b)]와 같은 정압관(static tube)을 일반적으로 이용한다.

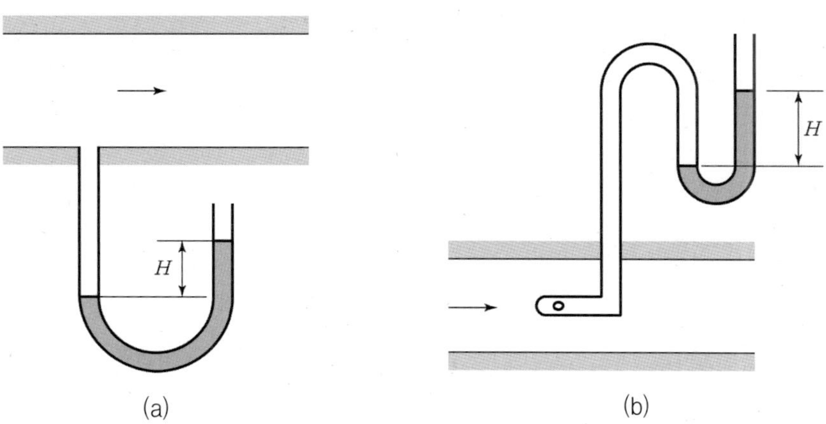

[그림 12-1] 마노미터

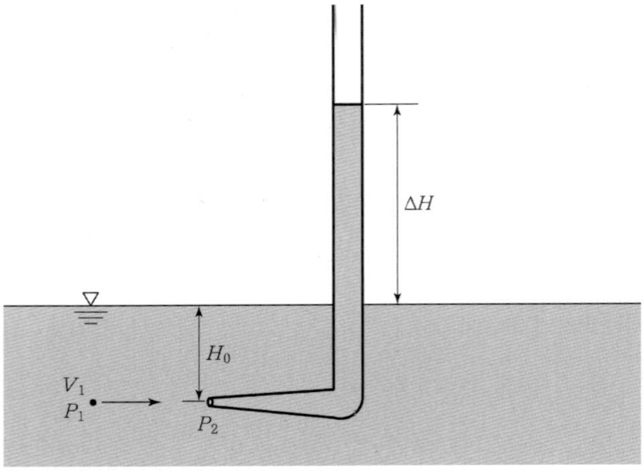

[그림 12-2] 피토관

유체의 유동속도가 0이 되는 점에서의 압력을 전압(total pressure)이라고 한다는 것은 이미 3장에서 말하였다. 전압은 피토관으로 측정이 가능하고 피토관은 [그림 12-2]에서 보는 것처럼 직각으로 구부러진 관의 전면 끝에 작은 구멍이 뚫려 있어서 여기를 통하여 전달되는 압력을 측정하도록 만들어진 장치를 말한다. 피토관의 전면 끝의 모양은 이론적으로는 전압의 크기에 영향을 받지 않지만 전압을 정확하게 측정하기 위한 정체점을 찾기 위하여 전면 끝을 보통 뾰족하게 한다. 또, 피토관의 중심선과 유체의 유동방향과는 일치하게 설치하여야만 정확한 압력측정이 가능하다. [그림 12-2]에서 흐름이 1차원이고 유동속도가 V_1인 유체 속에 피토관이 설치되어 있으면

$$\frac{p_1}{\gamma}+\frac{{V_1}^2}{2g}=\frac{p_2}{\gamma}=H_o+\Delta H \tag{12-1}$$

이다. 여기서 전압을 p_s라 하면

$$p_s=p_2=p_1+\frac{1}{2}\rho {V_1}^2=\gamma(H_o+\Delta H) \tag{12-2}$$

와 같이 피토관의 깊이 H_o와 수면의 상승높이 ΔH에 의해서 측정할 수 있다.

12.2.2 압력계

압력계는 그 용도에 따라서 여러 가지 종류가 있다. 그 중에서 부르동 관 압력계(Bourdon gage)는 값이 저렴하고 비교적 광범위의 정압을 측정할 수 있는 계기로서 널리 사용되는 압력계로 [그림 12-3]은 부르동관 압력계의 그림이다. 압력계의 내부에는 그림 A-A 단면과 같이 평평하고 둥근 튜브가 있어 여기에 압력이 가해지면 둥근 튜브가 바깥쪽으로 팽창한다. 튜브 끝에는 링크 장치(linkage)가 붙어 있어 튜브 팽창에 따라 움직이고 이것이 링크 끝의 톱니바퀴를 구동하면 상대편 톱니바퀴에 달려있는 바늘이 가해진 압력을 지시하여 그것에 의하여 압력을 바로 읽을 수 있다. 부르동 관 압력계는 적절히 설계한다면 상당히 높은 정도의 정확한 압력도 측정이 가능하다. 그러나 압력변화 폭이 큰 경우에는 튜브가 손상될 우려가 있어 사용하지 않는 편이 바람직하다.

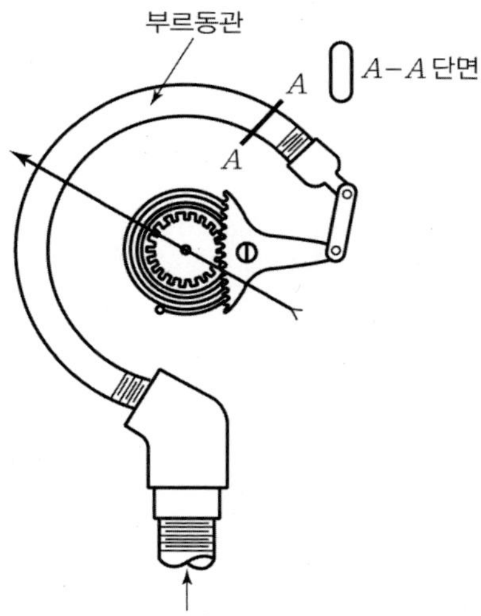

[그림 12-3] 부르동 관 압력계

12.2.3 압력변환기

마노미터나 부르동 관 압력계 등은 압력측정이 압력용기가 놓여있는 가까운 위치에서만 이루어진다. 압력변환기는 압력을 전기적인 신호로 변환시켜주므로 거리에 관계없이 압력측정을 할 수 있도록 고안된 것이다. 압력변환기는 정상류 뿐만 아니라 비정상류의 압력은 물론 음압까지도 측정할 수 있는 전자-기계 압력 측정장치로 가변박막이나 압전소자가 들어 있어 압력변화를 측정할 수 있다. 따라서 변환기는 자체만으로는 압력을 직접 읽어낼 수 없고 여기에 부가적으로 전자회로가 있어 박막이나 압전소자의 변화를 전기신호로 출력한다.

휴대용 녹음기 등에 일반적으로 이용되는 콘덴서마이크는 [그림 12-4(a)] 박막에 작용하는 압력변화에 따라서 용량이 변화하는 콘덴서이다. 이와 같은 압력변환기는 매우 작은 압력변화까지도 측정할 수 있는 아주 민감한 것으로 유체에 사용하기는 적합하지 않

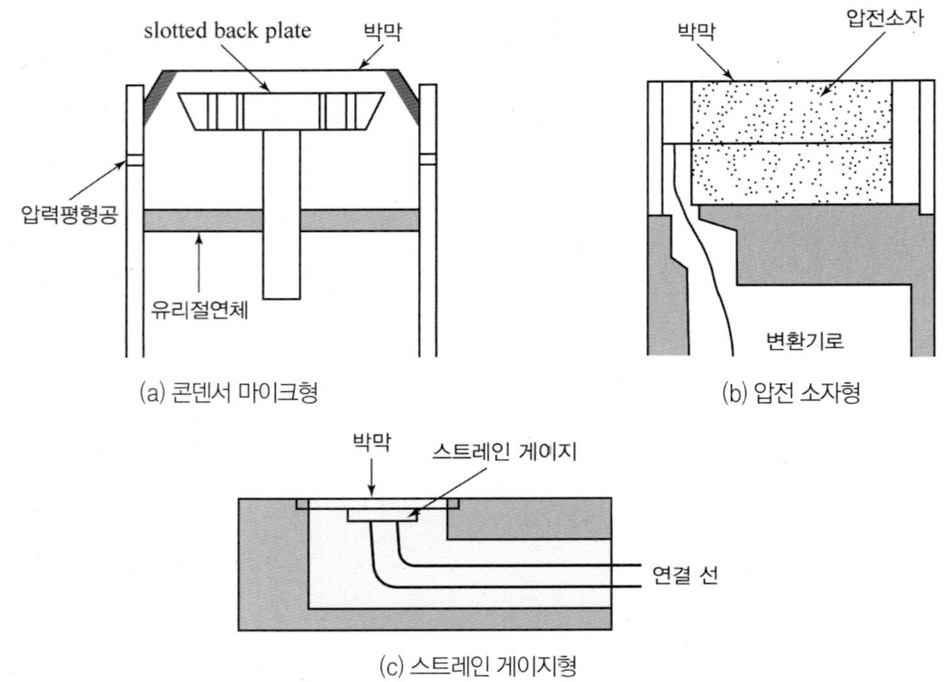

[그림 12-4] 압력변환기

다. 압전소자형 [그림 12-4(b)] 압력변환기는 일반적으로 유체의 압력측정에 이용되며 전기적인 신호의 생성은 수정과 같은 재료를 이용한다. 이것은 아주 작게 만들어져 유체가 흐르는 관의 벽에 설치되어 응답속도가 매우 빠를 뿐만 아니라 완전 진공에서 20MPa까지의 넓은 범위의 압력을 측정할 수 있다. 그 밖에 유체에 쓰이는 압력변환기로 스트레인 게이지형(그림 12-4(c) 압력변환기가 있다. 이것은 박막에 스트레인 게이지를 부착시킨 것으로 박막의 변형을 스트레인 게이지를 통하여 전기적 신호로 변환시킨다.

12.3 속도 측정

유체가 흐르는 임의의 단면에서의 속도분포를 알면 유량을 쉽게 알 수 있다. 따라서 속도 측정은 유량 측정의 전단계이다. 유체의 속도를 정확히 알기 위해서는 유체입자의 움직임을 관찰하여야 한다. 그러나 이러한 방법은 고도의 측정장치가 요구되므로 일반적인 측정장치로는 할 수가 없다.

12.3.1 피도 · 정압관

피토관을 이용하여 개수로에 흐르는 유체의 속도를 측정하여 보자. [그림 12-2]에서 1, 2는 수평하므로 $p_1/\gamma = H_o$가 되어

$$V = \sqrt{2g\,\Delta H} \tag{12-3}$$

이 된다. 따라서 피토관으로 정체압력을 측정함으로써 유체의 속도를 얻을 수 있다. 즉, 피토관에서 자유표면과의 차이 ΔH를 읽음으로써 유속측정이 가능하다.

피토 · 정압관을 이용한 속도측정은 [그림 12-5]와 같이 시차압력계를 피토관과 정압관에 연결하여 행할 수 있다. [그림 12-5(a)]에서 점 1, 2에 대하여 Bernoulli 방정식을 적용하면 다음과 같다.

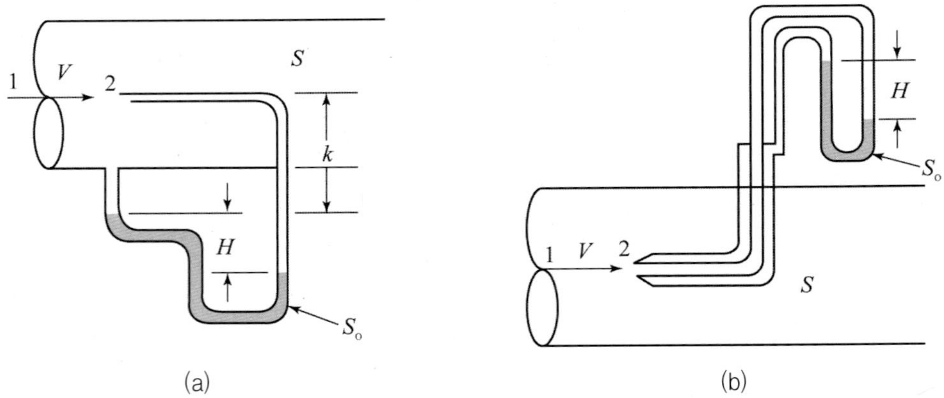

[그림 12-5] 피토 · 정압관

$$\frac{p_1}{\gamma}+\frac{{V_1}^2}{2g}=\frac{p_2}{\gamma}=\frac{p_s}{\gamma} \tag{12-4}$$

시차 액주계의 수두로 환산하기 위하여 압력평형을 이용하면

$$\begin{aligned}\frac{p_2-p_1}{\gamma}&=H\left(\frac{\gamma_o}{\gamma}-1\right)\\&=H\left(\frac{S_o}{S}-1\right)\end{aligned} \tag{12-5}$$

식 (12-4)와 식 (12-5)를 이용하여 관속의 유속 V_1을 구하면

$$V_1=\sqrt{2gH\left(\frac{S_o}{S}-1\right)} \tag{12-6}$$

가 된다. 유체의 비중 S, 액주계 내의 유체의 비중 S_c를 알고 액주계의 높이차 H를 알게 되면 유속 V_1을 식 (12-6)을 이용하여 계산할 수 있다. [그림 12-5(b)]는 [그림 12-5(a)]의 피토관과 정압관이 분리된 장치를 하나로 결합한 피토 · 정압관으로 이용방법은 앞의 것과 같다.

12.3.2 컵형 및 프로펠러 속도계

컵형 또는 프로펠러형 속도계는 기체와 액체의 속도측정에 이용된다. 이 속도계는 다른 기기에 비하여 상대적으로 크기가 크기 때문에 공간적으로도 비교적 넓은 공간의 속도측정에 이용된다. 일반적으로 이와 같은 속도계는 풍속계라 하며 높은 정밀도를 요구하지 않는 경우에 이용된다. [그림 12-6(a)]와 같은 컵형 풍속계는 유동계(current meter)라고도 하며 물의 속도나 공기의 속도를 측정하는 데 쓰이며 흐름의 방향은 측정하지 못하고 오직 풍속만을 측정할 수 있다. 그러나 [그림 12-6(b)]와 같은 프로펠러 풍속계는 유동방향이 바뀌면 회전방향도 바뀌어 흐름방향을 알 수 있다는 것이 컵형 풍속계와는 다르다. [그림 12-6(c)]는 관 속에 프로펠러가 설치된 풍속계로 공기의 속도를 측정하는 데 쓰이며 [그림 12-6(d)] 역시 프로펠러 풍속계로 바람의 속도를 측정하는 데 사용된다.

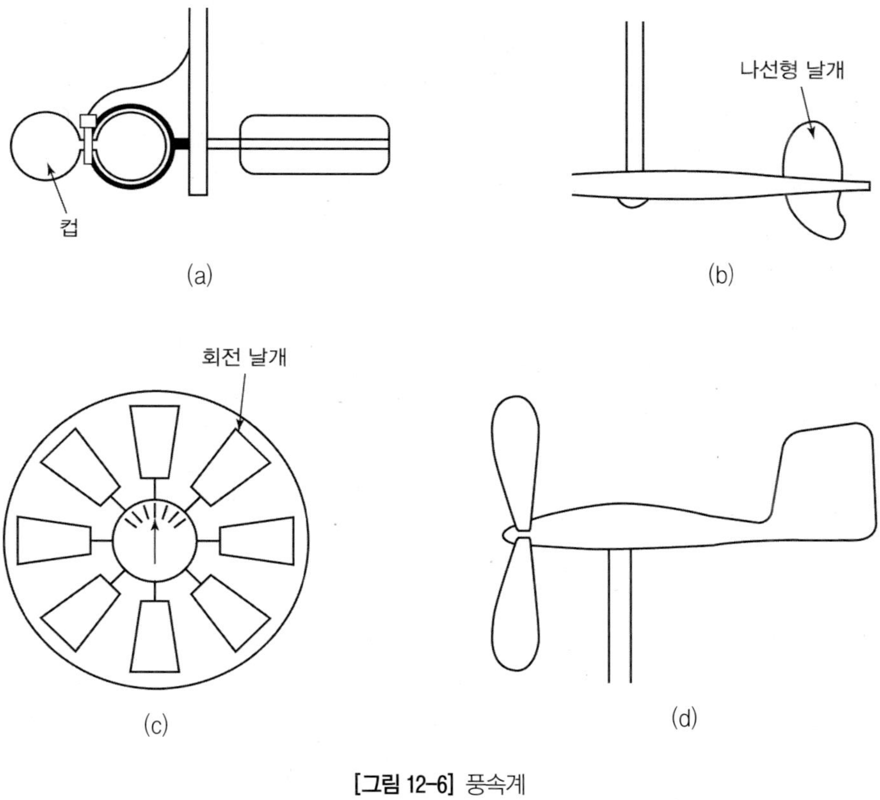

[그림 12-6] 풍속계

12.3.3 열선풍속계

열선풍속계는 주로 공기의 속도를 측정하는 데 이용된다. 이것은 텅스텐, 백금 또는 백금-이리듐 등의 가는 열선으로 만들어져 지지대에 [그림 12-7]과 같이 설치되어 측정하고자 하는 기체의 흐름 속에 설치한다. 이때 텅스텐, 백금 등의 가는 열선은 전기적인 방법으로 일정한 온도로 가열되어 있어 유체의 속도에 따라서 열선의 냉각효과는 달라지며 결국 열선의 저항이 변화하게 된다. 여기서 유체속도의 변화에 따르는 냉각손실을 보상하여 주기 위한 전기압력의 크기는 유속과 일정한 함수 관계를 가지고 있어 적당한 보정을 거치면 유속을 측정할 수 있게 된다.

열선풍속계의 특징은 유속을 직접 측정하는 열선의 크기를 아주 작게 만들 수 있다는 데 있으며 피토관으로는 도저히 측정이 곤란한 경계의 측정이 가능하다. 또한 속도변화에 대단히 민감하여 난류에 따르는 파동 속도성분까지도 감지할 수 있어 난류측정에서는 큰 장점을 가지고 있다. 열선풍속계는 사용전에 반드시 피토관이나 벤투리 유량계와 같이 평균속도를 정확히 알 수 있는 기구를 이용하여 보정을 하여야 한다.

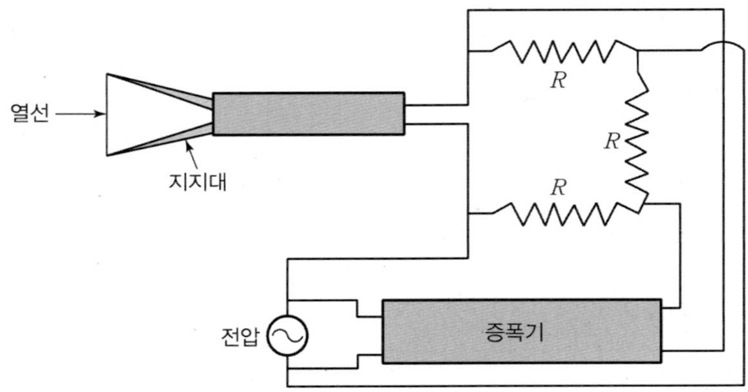

[그림 12-7] 열선풍속계

12.3.4 레이저도플러 속도계

레이저도플러 속도계(laser doppler velocimeter, LDV)는 유체와 직접적인 접촉없이도 유속을 측정할 수 있는 속도계이다. LDV 중에서 가장 일반적인 것은 이중 빔 형식(dual-beam type)으로 [그림 12-8]은 그것의 원리를 보여주는 것이다. 유체에 의해서 여러 방향으로 흩어진 광선을 영상검출기(photo detector)가 측정하여 그것을 전기적인 신호로 바꾸어 준다. 두 광선이 만나는 지점에서의 광선의 회절 패턴은 회절간격 Δx에 따라서 영향을 받는다. 광선이 회절하는 지역을 통과하는 입자에 의해서 산란되는 빛은 회절에 대한 속도의 수직방향의 성분 u와 직접적인 관계가 있는 주파수 f를 변조시킨다.

$$u = \frac{\Delta x}{\Delta t} = \frac{\lambda f}{2\sin(\theta/2)} \tag{12-7}$$

여기서 λ는 레이저 광선의 파장을 의미하며 θ는 광선의 각도이다. 유체흐름이 역으로 흐르는 것은 움직이는 회절 패턴을 이용하면 측정해 낼 수 있다.

타원형의 유체측정부분의 체적은 아주 적다. 길이 1mm, 직경 0.1mm 정도의 크기이다. LDV 속도계는 광학기계로서 그 작동원리는 광학의 원리로서 설명할 수 있다. LDV의 응용 분야로는 종래의 측정방법으로는 측정이 불가능했던 공학분야는 물론 의학, 농학 등에까지 널리 이용되고 있다. 측정항목으로는 평균유속, 유량, 난류강도(强度), 난류 스펙트럼 등이다.

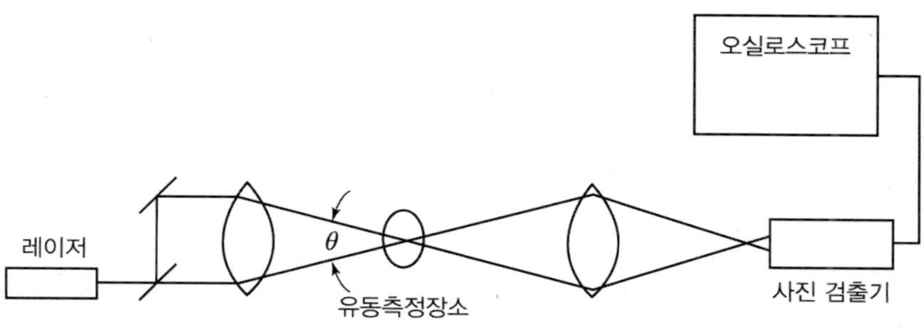

[그림 12-8] 레이저도플러 속도계

12.4 유량계

유체의 유량을 측정하는 방법에는 유체와 직접 접촉하여 측정하는 방법과 간접적으로 측정하는 방법이 있다. 직접 측정법은 일정 시간 동안에 공간 내에서 흐르는 유량을 직접 측정하는 방법이고 간접 측정방법은 유량과 관견이 있는 압력변화 등을 측정하여 유량을 계산하는 방법이다. 즉, 위어는 개수로의 유량을 측정하는 직접적인 방법이고 벤투리 유량계, 오리피스 등은 간접적인 방법으로 유량을 측정하는 방법이다.

12.4.1 면적-속도법

유체가 흐르는 관 내의 유체속도분포가 좌우대칭이면 관의 중심선을 따라 속도를 적분하여 유량을 계산할 수 있다. 원관의 예를 들어 보자. 피토관이나 열선풍속계를 사용하여 관의 반경 r에서 속도를 계측하여 이것으로 $2\pi Vr$을 계산하고 이것을 $2\pi Vr$과 r을 축으로 하는 그래프를 작성한다. 여기서 $2\pi Vr$을 r의 함수로 표시하여 전체 단면적에 대하여 적분하면 유량을 얻을 수 있다. 즉, $dQ = VdA = V(2\pi rdr)$이 되고 이것을 $r = 0$에서 $r = R$까지 적분하면 유량 Q를 구할 수 있다.

12.4.2 벤투리 유량계

벤투리 유량계는 관 속을 흐르는 유체의 유량을 측정하는 데 사용된다. 이것은 관의 단면적을 변화시킴으로서 발생하는 압력차를 검출하여 이것을 이용하여 유량을 측정하는 방법으로 뒤에서 설명하는 오리피스, 노즐과도 같은 원리로 볼 수 있다.

[그림 12-9]는 벤투리 유량계의 그림이다. 그림에서 보는 바와 같이 약 20°의 원추부분이 관의 입구 쪽에 있으며 이 원추는 짧은 원통에 연결되고 다시 5°~7°의 확대관이 연결되어 있다. 여기서 확대관의 원추각이 5°~7°인 것은 확대부분에서 손실을 최소로 하기 위해서이다. 벤투리 유량계는 관에서의 유동상태가 충분히 발달하고 안정된 위치에 설

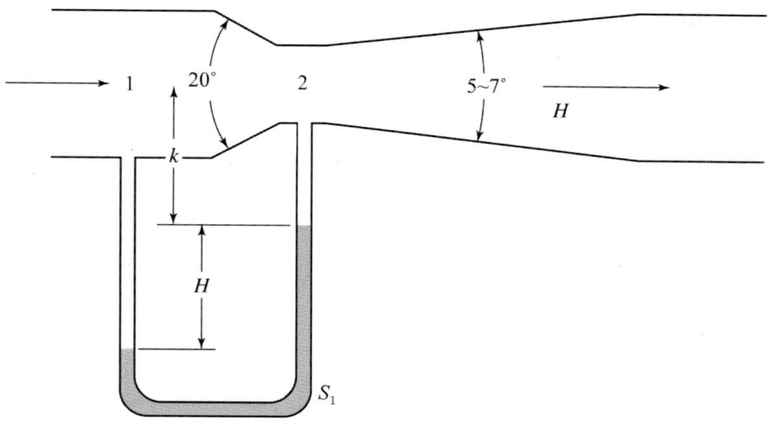

[그림 12-9] 벤투리 유량계

치하여야 측정오차를 최소로 줄일 수 있다. 즉, 벤투리 유량계 전방에 관의 연결부위나 만곡부 등이 없어야 한다.

단면 1에서와 목부분 2에서의 압력차는 U자관 시차압력계의 원리를 이용하여 계산할 수 있다. 두 점 사이의 손실을 무시하고 Bernoulli 방정식을 적용하여 유속을 구하면 다음과 같다.

$$\frac{p_1}{\gamma}+\frac{{V_1}^2}{2g}=\frac{p_2}{\gamma}+\frac{{V_2}^2}{2g} \tag{12-8}$$

로 여기서 V_1, V_2는 관 입구와 벤투리 유량계 목에서의 속도로 연속방정식을 적용하면 $V_1 = V_2\left(\frac{d_2}{d_1}\right)^2$ 이므로 위의 식에서 V_1을 소거하면 다음과 같다.

$$V_2 = \sqrt{\frac{2g\,[(p_1-p_2)/\gamma\,]}{1-(d_2\,/d_1)^4}} \tag{12-9}$$

실제유체의 속도는 이론적인 속도와는 다르므로 실제속도 $V_2{}'$는 속도 수정계수를 C_v라 하면 $V_2{}' = C_v\,V_2$이므로 실제유량 $Q' = A\,V$는

$$Q' = C_v A_2 \sqrt{\frac{2g\,[(p_1 - p_2)/\gamma\,]}{1-(d_2\,/d_1)^4}} \tag{12-10}$$

이다.

벤투리 유량계에 연결된 시차압력계의 높이차를 H, 비중을 S_1이라 하고 관 속을 흐르는 유체의 비중을 S라 하면

$$\frac{p_1 - p_2}{\gamma} = H\left(\frac{S_1}{S} - 1\right) \tag{12-11}$$

이다. 이 식을 식 (12-10)에 대입하면

$$Q' = C_v A_2 \sqrt{\frac{2gH\left[\left(\frac{S_1}{S}\right) - 1\right]}{1-(d_2\,/d_1)^4}} \tag{12-12}$$

으로 이것은 벤투리 유량계를 이용한 비압축성유체에 대한 실제유량을 계산하는 식이다. 이 식에서 속도 수정계수 C_v는 벤투리 유량계를 통하여 흐르는 유량과 식 (12-12)를 같게 놓음으로서 실험적으로 구할 수 있다.

12.4.3 노즐

[그림 12-10]은 관로 내에 설치된 유동 노즐을 보여준다. 이러한 장치는 그림에서와 같이 압력 탭을 상류측에서는 노즐로부터 관의 직경와 같은 D의 거리에 설치하고 하류측에는 노즐로부터 $D/2$의 거리에 설치한다. 이 압력 탭을 이용하여 벤투리 유량계에서와 같이 시차압력계를 설치하여 유량을 구할 수 있다. 또, 상류측의 관 길이는 적어도 노즐 직경의 10배 이상의 길이가 노즐의 직경와 같은 직경으로 노즐이 설치된 것으로부터 곧게 유지되어야 한다.

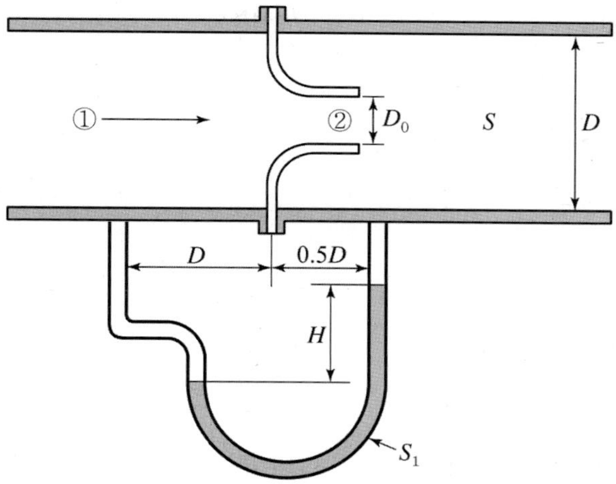

[그림 12-10] 노즐 유량계

그림에서 관의 직경을 D, 노즐 출구의 직경을 D_o라 하면 유량은 식 (12-12)에서와 같이

$$Q = CA_2\sqrt{\frac{2gH\left[\left(\frac{S_1}{S}\right)-1\right]}{1-(D_o/D)^4}} \tag{12-13}$$

이 되며 여기서 C는 유량계수로 Re 수의 함수로 주어진다. 노즐은 벤투리 유량계에 비하여 값이 저렴하지만 확대부분이 없어서 벤투리 유량계보다 손실이 큰 단점이 있다.

12.4.4 오리피스

오리피스는 벤투리 유량계와 함께 유체의 유동현상을 측정하는 데 널리 이용된다. 관 내를 흐르는 유체의 유량을 측정하기 위하여 관 내의 오리피스를 설치한 예가 [그림 12-11]이다. 그림에서 오리피스는 동심원의 내부가 날카롭게 가공된 얇은 판으로, 관의 프랜지 사이에 끼어 고정되어 있다. 오리피스에서의 유체의 유동단면적은 오리피스를 지나서 오리피스의 단면적보다 더 작은 단면을 형성하며 흐른다. 즉, 유동의 최소단면적은 오리피스에서가 아니라 그 하류에서 형성되며 이것이 벤투리 유량계와의 차이점이다.

오리피스를 이용하여 유량을 구하는 방법은 식 (12-13)을 사용하는 것이다. 여기서 유량계수 C는 Re 수와 A_o/A의 함수로서 다음의 [그림 12-12]와 같다.

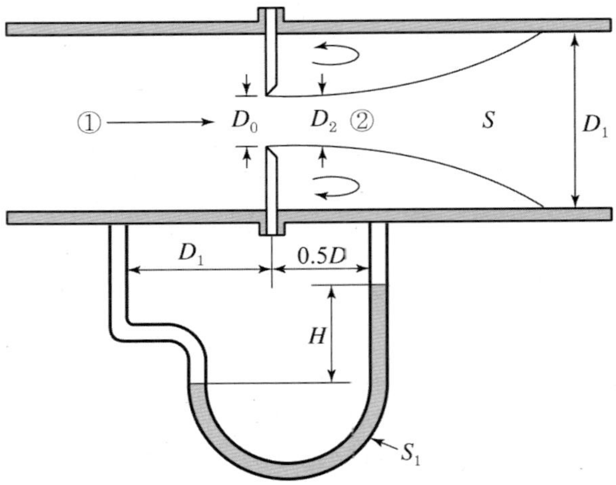

[그림 12-11] 오리피스 유량계

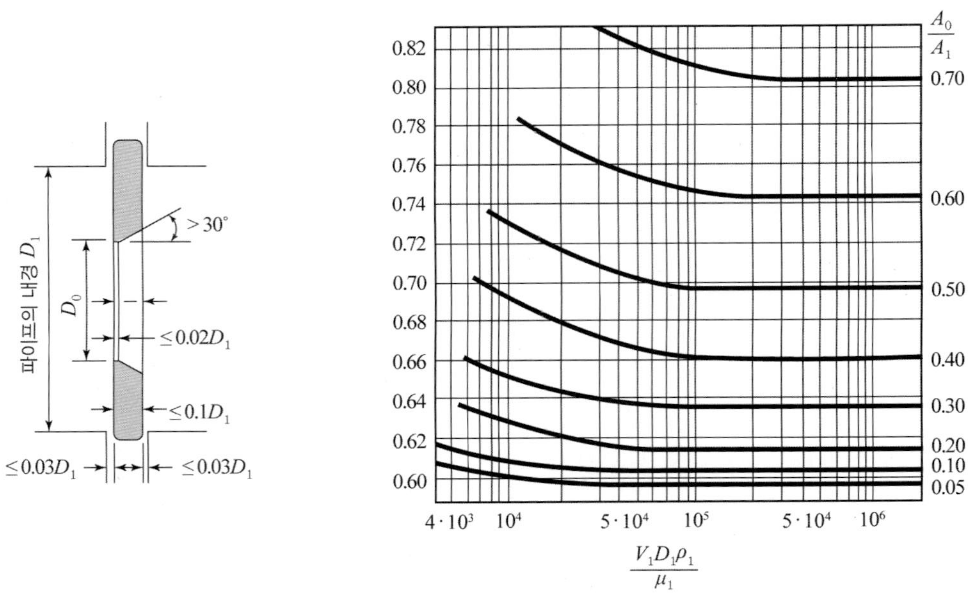

[그림 12-12] 오리피스와 유량계수

12.4.5 엘보계

앞에서 소개한 벤투리 유량계, 노즐, 오리피스 등은 관로의 단면적을 변화시켜 유속에 변화를 줌으로서 압력차를 유발하여 이것에 의하여 유량을 측정해 내는 흐름에 변화를 일으키는 유량측정장치이다. 엘보계(elbow meter)는 또 다른 방법의 유량측정장치로 관의 단면적을 변화시키지 않고 엘보를 흐르는 유체의 엘보 내측과 바깥측의 압력차이를 이용하여 유량을 측정하는 계측기이다. [그림 12-13]은 엘보계이다. 엘보계는 유량을 측정하는 가장 간단한 장치 중의 하나로 앞에서 소개한 차압식 장치보다 정밀하지 않다고는 할 수 없지만 관 내의 유동에 영향을 주지는 않는다.

엘보계의 원리는 유체가 엘보 굴곡부를 통과하게 되면 유체는 원심력을 받아 엘보의 안쪽과 바깥쪽의 압력차이를 측정하여 실험적으로 얻어진 차압과 유량과의 관계를 이용하여 유량을 결정할 수 있다. 이 방법은 엘보와 마노미터 외에 추가비용이 들지 않으므로 비용 면에서는 다른 유량계보다 저렴한 것이 장점이다. 엘보계는 관 속을 흐르는 유체의 유동형태를 바꾸지도 않고 유동관 속에 측정장치를 설치하여 관 속을 흐르는 유체에 다른 유동 패턴을 삽입시키거나 유동에 방해를 주지도 않으므로 다른 측정장치에 비하여 믿을 만하다고 할 수 있다.

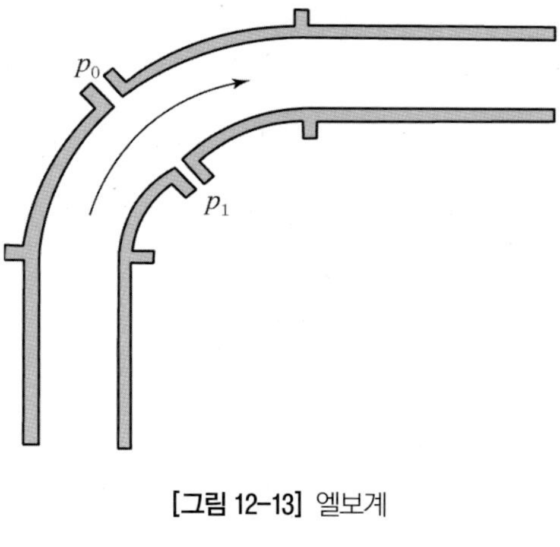

[그림 12-13] 엘보계

Lansford는 그림과 같은 엘보계에서 만곡부의 두 점에 Bernoulli 방정식을 적용시키고 이것을 속도수두의 변화량으로 표현하면 다음과 같이 쓸 수 있다고 제안하였다.

$$\left(\frac{p}{\gamma}+z\right)_o-\left(\frac{p}{\gamma}+z\right)_i=C_k\frac{V^2}{2g} \tag{12-14}$$

여기서 C_k는 1.3~3.2 사이의 값을 갖는 계수로 엘보의 형태와 모양에 따라 달라진다. $C=\sqrt{1/C_k}$ 라 하면 엘보계를 이용하여 얻을 수 있는 유량은 다음과 같다.

$$Q=CA\sqrt{\left[\left(\frac{p}{\gamma}+z\right)_o-\left(\frac{p}{\gamma}+z\right)_i\right]} \tag{12-15}$$

12.4.6 로터미터

[그림 12-14]는 로터미터(rotameter)의 구조도로 이 게이지는 테이퍼(taper) 관으로 만들어져 있으며 흐름의 관에 수직으로 설치된다. 로터미터의 플로트(float)는 유체의 유량에 따라 상하로 움직이다 플로트 자체 무게와 부력이 평형이 되는 점에서 정지하게 된다. 이 때 플로트의 높이를 관 외벽에 새겨진 눈금에 비교하여 눈금을 읽으면 그 값은 유량을 나타낸다. 흐르는 유체의 압력이 너무 높아 테이퍼 관으로 유리나 플라스틱 관 등을 사용할 수 없을 때에는 금속으로 테이퍼 관을 만들고 플로트의 위치는 눈으로 관측할 수 없으므로 자기나 전기적인 방법을 이용하여 감지한다. 관의 유량은 플로트의 높이와 비례하도록 테이퍼의 각도를 조절하여 제작하며 플로터는 관 속의 유체흐름에 마찰손실을 유발한다. 따라서 로터미터는 일반적으로 그 오차가 5%정도로 앞에서 소개한 차압계에 의한 유량계보다 더 정확하지 않다.

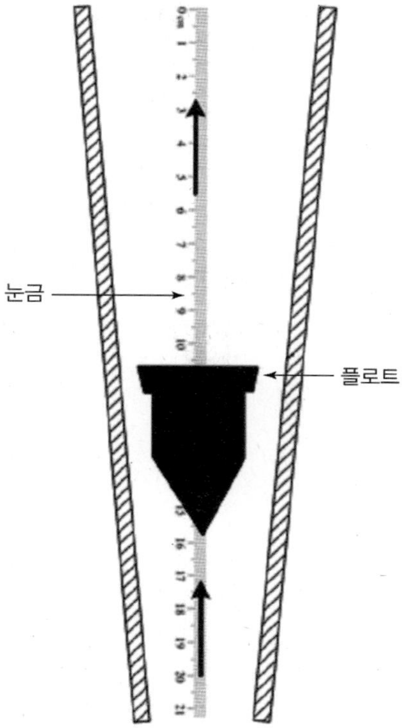

[그림 12-14] 로터미터

12.5 위어

운하와 하천 등 개수로에서의 유량은 관에서와는 달리 위어를 이용하여 측정한다. 위어는 [그림 12-15]와 같이 개수로의 유체가 흐르는 유로에 장애물을 설치하여 액체가 이 장애물에 의해서 차단되었다가 장애물 위로 넘쳐 흐르게 하여 유량을 측정하는 장치를 말한다. 위어에서의 유량은 넘쳐흐르는 유체의 높이를 측정함으로서 계산이 가능하다. 위어는 장애물의 형태에 따라 여러 가지가 있는데 일반적으로 많이 쓰이는 위어에는 사각 위어와 삼각 위어가 있다. 여기에서는 사각 위어와 삼각 위어에 대하여 소개한다.

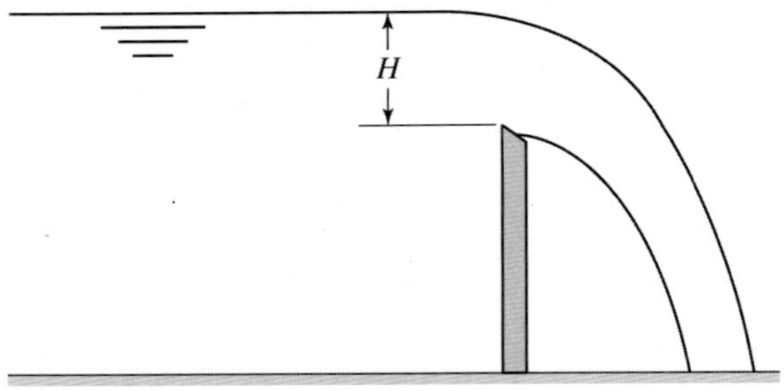

[그림 12-15] 위어

12.5.1 사각 위어

위어 중에서 가장 널리 사용되는 사각 위어에 대하여 생각해 보자. [그림 12-16]에서 개수로의 자유표면에서 위어 꼭대기까지의 거리가 H이다. 개수로의 유량은 위어를 지나는 유체의 속도가 모든 위치에서 다르므로 임의의 위치에서의 미소유량을 구하여 전체면적에 대하여 적분함으로서 얻을 수 있다. 수면에서부터 깊이 h에서의 속도를 V라 하고 위어의 폭을 [그림 12-15]와 같이 L이라 하자. 그림에서와 같이 상류측의 수면 위를 1이라 하고 위어의 임의의 깊이 h를 2로 하여 Bernoulli 방정식을 적용하면 상류에서의 속도는 0으로 볼 수 있고 1, 2에서의 압력은 대기압이므로 0으로 하면 다음과 같다.

$$H = \frac{V^2}{2g} + (H - h) \tag{12-16}$$

$$V = \sqrt{2gh} \tag{12-17}$$

여기서 수면에서의 깊이 h에서의 유량을 dQ라 하면

$$dQ = VdA = \sqrt{2gh}\ L\,dh9 \tag{12-18}$$

이므로 전체유량은

$$Q = \int_0^H \sqrt{2gh}\ L\,dh$$

$$= \frac{2}{3}\sqrt{2g}\, L\, H^{3/2} \tag{12-19}$$

이다. 그러나 실제 위어에서의 유량은 이론적인 값과는 차이가 나므로 유량계수를 K라 하면 유량은 다음과 같이 KS에 정하고 있다.

$$Q = K\sqrt{2g}\, L\, H^{3/2}(\mathrm{m^3/min}) \tag{12-20}$$

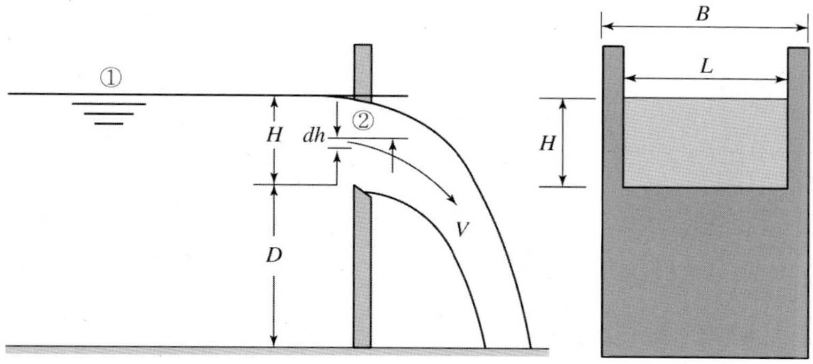

[그림 12-16] 사각 위어

여기서 K는 유량계수로

$$K = 107.1 + \frac{0.177}{H} + 14.2\frac{H}{D} - 25.7\sqrt{(B-L)\frac{H}{BD}} + 2.04\sqrt{\frac{B}{D}} \tag{12-21}$$

이다.

12.5.2 삼각 위어

삼각 위어는 유량이 적을 경우에 사용하면 편리하다. [그림 12-17]은 삼각 위어의 예로서 꼭지각을 θ라 하면 임의의 깊이 h에서의 폭 x는 다음과 같다.

$$x = 2(H-h)\tan\frac{\theta}{2} \tag{12-22}$$

위 식을 식 (12-18)에 대입하여 적분하면

$$
\begin{aligned}
Q &= \int_0^H x\sqrt{2gh}\,dh \\
&= 2\int_0^H (H-h)\tan\frac{\theta}{2}\sqrt{2gh}\,dh \qquad (12\text{-}23) \\
&= \frac{8}{15}\tan\frac{\theta}{2}\sqrt{2g}\,H^{5/2}
\end{aligned}
$$

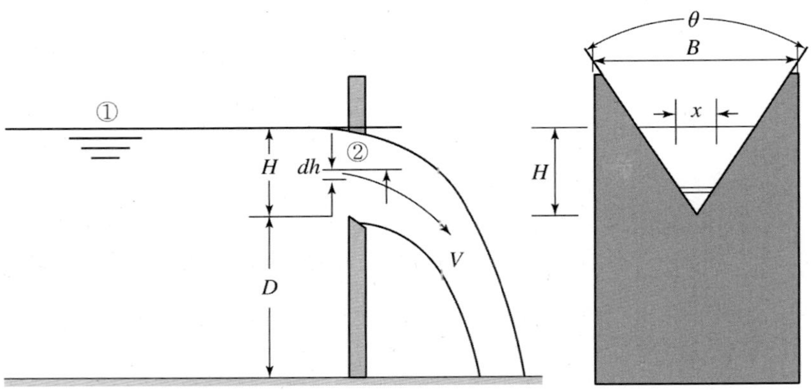

[그림 12-17] 삼각 위어

이며 KS에서는

$$Q = KH^{5/2} \quad (\mathrm{m^3/min}) \qquad (12\text{-}24)$$

이고 유량계수 K는 다음과 같이 주어진다.

$$K = 81.2 + \frac{0.24}{H} + \left(8.4 + \frac{12}{\sqrt{D}}\right)\left(\frac{H}{B} - 0.09\right)^2 \qquad (12\text{-}25)$$

Exercise

1. 무게 1N, 체적 0.26l의 용기에 어떤 액체를 채웠을 때, 전체 무게가 4.2N이었다. 이 액체의 비중을 구하여라.

2. U 자관에서 어떤 액체의 높이는 40mm이고 수은의 높이는 3mm로 평형을 이루고 있다. 이 액체의 비중을 구하여라.

3. 흐르는 물 속에 피토관을 넣었더니 물기둥의 높이가 물 위로 150mm로 올라왔다. 이 물의 속도를 구하여라.

4. 물이 흐르는 직경 200mm의 관 중심에 피토관을 설치하였다. 차압이 80mmHg이면 유량은 얼마나 되겠는가?

5. 다음 그림과 같이 시차액주계를 설치하였다. 1점에서 유속을 구하여라.

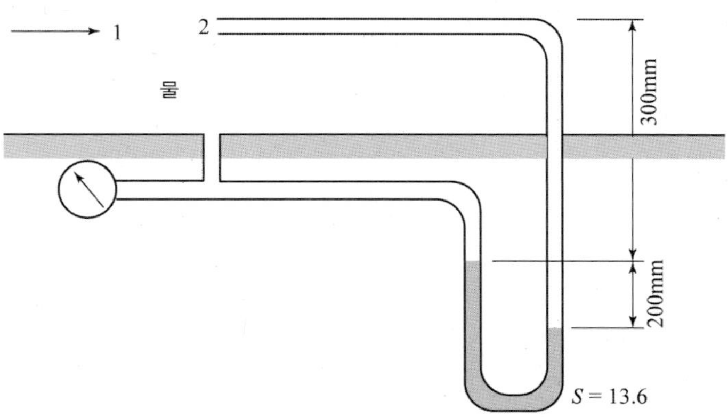

6. 내경이 25cm인 원관에 직경 15cm인 오리피스를 설치하여 물의 유량을 측정하려고 한다. 오리피스 앞부분과 축소부에서의 압력수두차가 1mAq일 때 유량은 얼마나 되는가?

7. 200 × 100cm의 벤투리 유량계에 물이 흐르고 있다. 여기에 설치된 시차압력계의 읽음이 60mmHg일 때 유량은 얼마나 될까?

8. 그림과 같은 피토 · 정압관에서 $H = 1\text{cm}$이다. 유속은 얼마나 되는가?

9. 납으로 만든 추의 무게가 공기 중에서는 4.5N이고, 어떤 액체 속에서는 3.1N이다. 이 추의 체적이 $1.3 \times 10^{-4}\text{m}^3$이면 액체의 비중은 얼마나 되는가?

10. U 자관에 수은과 어떤 액체가 들어 있다. 수은 5cm와 액체 25cm가 평형을 이루었다면 이 액체의 비중은 얼마나 되는가?

APPENDIX

A.1 단위

〈표 1.1〉 SI 단위와 영국제 단위

물리량	영국제단위 (U.S. system)	국제표준단위 (SI)[a]	변환상수
길이	inch	millineter	1 in = 25.4mm
	foot	meter	1 ft = 0.3048m
	mile	kilometer	1 mile = 1.069km
면적	square inch	square centimeter	1 in^2 = 6.452cm^2
	square foot	square meter	1 ft^2 = 0.09290 m^2
체적	cubic inch	cubic centimeter	1 in^3 = 16.39 cm^3
	cubic foot	cubic meter	1 ft^3 = 0.02832 m^3
	gallon		1 gal = 0.003789 m^3
질량	pound-mass	kilogram	1 lb_m = 0.4536 kg
	slug		1 slug = 14.59 kg
밀도	slug/cubic foot	kilogram/cubic meter	1 slug/ft^3 = 515.4 kg/m^3
힘	pound-force	newton	1 lb = 4.448 N
일-토 크	foot-pound	newton-meter	1 ft − lb = 1.356 N · m
압력	pound/square inch	newton/square meter	1 psi = 6895 Pa
		(pascal)	
	pound/square foot		1 psf = 47.88 Pa
온도	degree Fahrenheit	degree Celsius	____° F = $\frac{9}{5}$ _℃ + 32
	degree Rankine	kelvin	____° R = $\frac{9}{5}$ _K
에너지	British thermal unit	joule	1 Btu = 1055 J
	calorie		1 cal = 4.186 J
	foot-pound		1 ft-lb = 1.356 J
동력	horsepower	watt	1 hp = 745.7 W
	foot-pound/second		1 ft-lb/sec = 1.356 W
속도	foot/second	meter/second	1 ft/sec = 0.3048 m/s
가속도	foot/second squared	meter/second squared	1 ft/sec^2 = 0.3048 m^2/s
주파수	cycle/second	hertz	1 cps = 1.000 Hz
점성계수	pound-second/square	newton-second/square	1 lb-sec/ft^2 = 47.88 N-s/m^2
	foot	meter	

〈표 1.2〉 단위비교

길이	힘	질량
1 cm = 0.3937 in.	1 lb = 0.4536 kg	1 oz = 28.35 g
1 m = 3.281 ft	1 lb = 0.448 × 10^6 dyn	1 lb = 0.4536 kg
1 km = 0.6214 mile	1 lb = 32.17 pdl	1 slug = 32.17 lb
1 in. = 2.54 cm	1 kg = 2.205 lb	1 slug = 14.59 kg
1 ft = 0.3048 m	1 pdl = 0.03108 lb	1 kg = 2.205 lb
1 mile = 1.609 km	1 dyn = 2.248 × 10^{-6}lb	1 kg = 0.06852 slug
1 mile = 5280 ft	1 lb = 4.448 N	
1 mile = 1760 yd	1 N = 0.2248 lb	

속도	일과 동력	압력
1 mph = 1.467 ft/sec	1 Btu = 778.2 ft−lb	1 psi = 2.036 in. Hg
1 mph = 0.8684 knot	1 J = 10^7 ergs	1 psi = 27.7 in. H_2O
1 ft/sec = 0.3048 m/s	1 cal = 3.088 ft−lb	14.7 psi = 22.92 in. Hg
1 m/s = 3.281 ft/sec	1 cal = 0.003968 Btu	14.7 psi = 33.93 ft H_2O
	1 kWh = 3413 Btu	14.7 psi = 1.0332 kg/cm^2
	1 Btu = 1.055 kJ	14.7 psi − 1.0133 bar
	1 ft−lb = 1.356 J	1 kg/cm^2 = 14.22 psi
	1 hp = 550 ft−lb/sec	1 in. Hg = 0.4912 psi
	1 hp = 0.7067 Btu/sec	1 ft H_2O = 0.4331 psi
	1 hp = 0.7455 kW	1 psi = 6895 Pa
	1 W = 1 J/s	1 psf = 47.88 Pa
	1 W = 1.0 × 10^7 dyn−cm/s	10^5 Pa = 1 bar

체적	유량
1 ft^3 = 2832 L	1 ft^3/min = 4.719 × $10^{-4}m^3$/s
1 ft^3 = 7.481 gal(U.S.)	1 ft^3/sec = 0.02832m^3/s
1 gal(U.S.) = 231 in^3	1 m^3/s = 35.31 ft^3/ser
1 gal(Brit.) = 1.2 gal(U.S.)	1 gal/min = 0.002228ft^3/sec
1 m^3 = 1000L	1 ft^3 = 448.9 gal/min
1 ft^3 = 0.02832 m^3	
1 m^3 = 35.31 ft^3	

A.2 유체의 성질

〈표 2.1〉 물

온도 (℃)	밀도 ρ (kg/m³)	점성계수 μ (N · s/m²)	동점성계수 v (m²/s)	표면장력 σ (N/m)	증기압 (kPa)	체적탄성계수 E (Pa)
0	999.9	1.792×10^{-3}	1.792×10^{-6}	0.0762	0.588	204×10^{7}
5	1000.0	1.519×10^{-3}	1.519×10^{-6}	0.0754	0.882	206×10^{7}
10	999.7	1.308×10^{-3}	1.308×10^{-6}	0.0748	1.176	211×10^{7}
15	999.1	1.140×10^{-3}	1.141×10^{-6}	0.0741	1.666	214×10^{7}
20	998.2	1.005×10^{-3}	1.007×10^{-6}	0.0736	2.45	220×10^{7}
30	995.7	0.801×10^{-3}	0.804×10^{-6}	0.0718	4.30	223×10^{7}
40	992.2	0.656×10^{-3}	0.661×10^{-5}	0.0701	7.40	227×10^{7}
50	988.1	0.549×10^{-3}	0.556×10^{-5}	0.0682	12.22	230×10^{7}
60	983.2	0.469×10^{-3}	0.477×10^{-6}	0.0668	19.60	228×10^{7}
70	977.8	0.406×10^{-3}	0.415×10^{-6}	0.0650	30.70	225×10^{7}
80	971.8	0.357×10^{-3}	0.367×10^{-6}	0.0630	46.40	221×10^{7}
90	965.3	0.317×10^{-3}	0.328×10^{-6}	0.0612	68.20	216×10^{7}
100	958.4	0.284×10^{-3}	0.295×10^{-6}	0.0594	97.50	207×10^{7}

〈표 2.2〉 공기의 성질(표준상태)

온도 T (℃)	밀도 ρ (kg/m³)	점성계수 μ (N · s/m²)	동점성계수 v (m²/s)	음속 c (m/s)
−50	1.582	1.46×10^{-5}	0.921×10^{-5}	299
−30	1.452	1.56×10^{-5}	1.08×10^{-5}	312
−20	1.394	1.61×10^{-5}	1.16×10^{-5}	319
−10	1.342	1.67×10^{-5}	1.24×10^{-5}	325
0	1.292	1.72×10^{-5}	1.33×10^{-5}	331
10	1.247	1.76×10^{-5}	1.42×10^{-5}	337
20	1.204	1.81×10^{-5}	1.51×10^{-5}	343
30	1.164	1.86×10^{-5}	1.60×10^{-5}	349
40	1.127	1.91×10^{-5}	1.69×10^{-5}	355
50	1.092	1.95×10^{-5}	1.79×10^{-5}	360
60	1.060	2.00×10^{-5}	1.89×10^{-5}	366
70	1.030	2.05×10^{-5}	1.99×10^{-5}	371
80	1.000	2.09×10^{-5}	2.09×10^{-5}	377
90	0.973	2.13×10^{-5}	2.19×10^{-5}	382
100	0.946	2.17×10^{-5}	2.30×10^{-5}	387
200	0.746	2.57×10^{-5}	3.45×10^{-5}	436
300	0.616	2.93×10^{-5}	4.75×10^{-5}	480

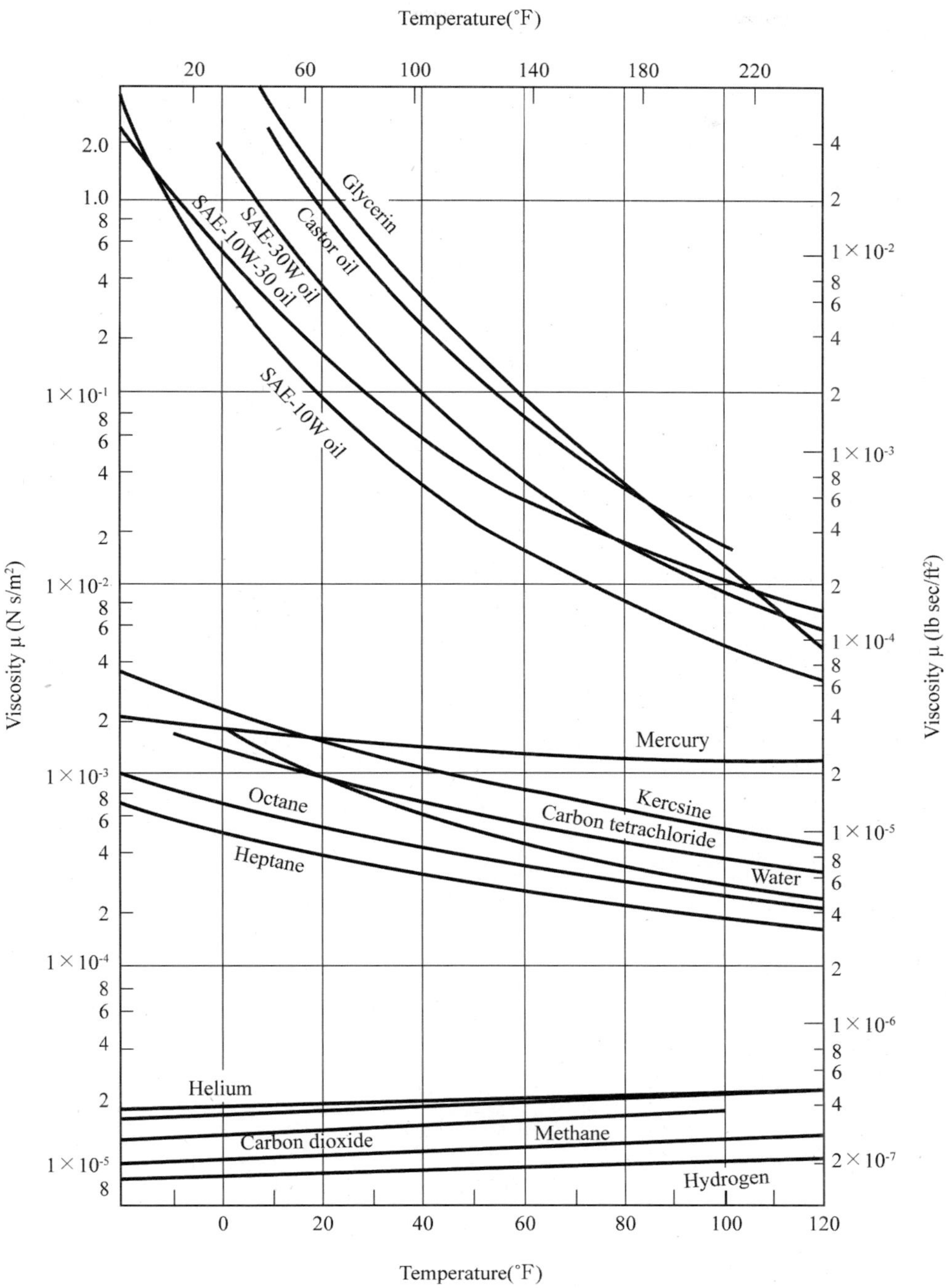

[그림 2-1] 온도변화와 점성계수

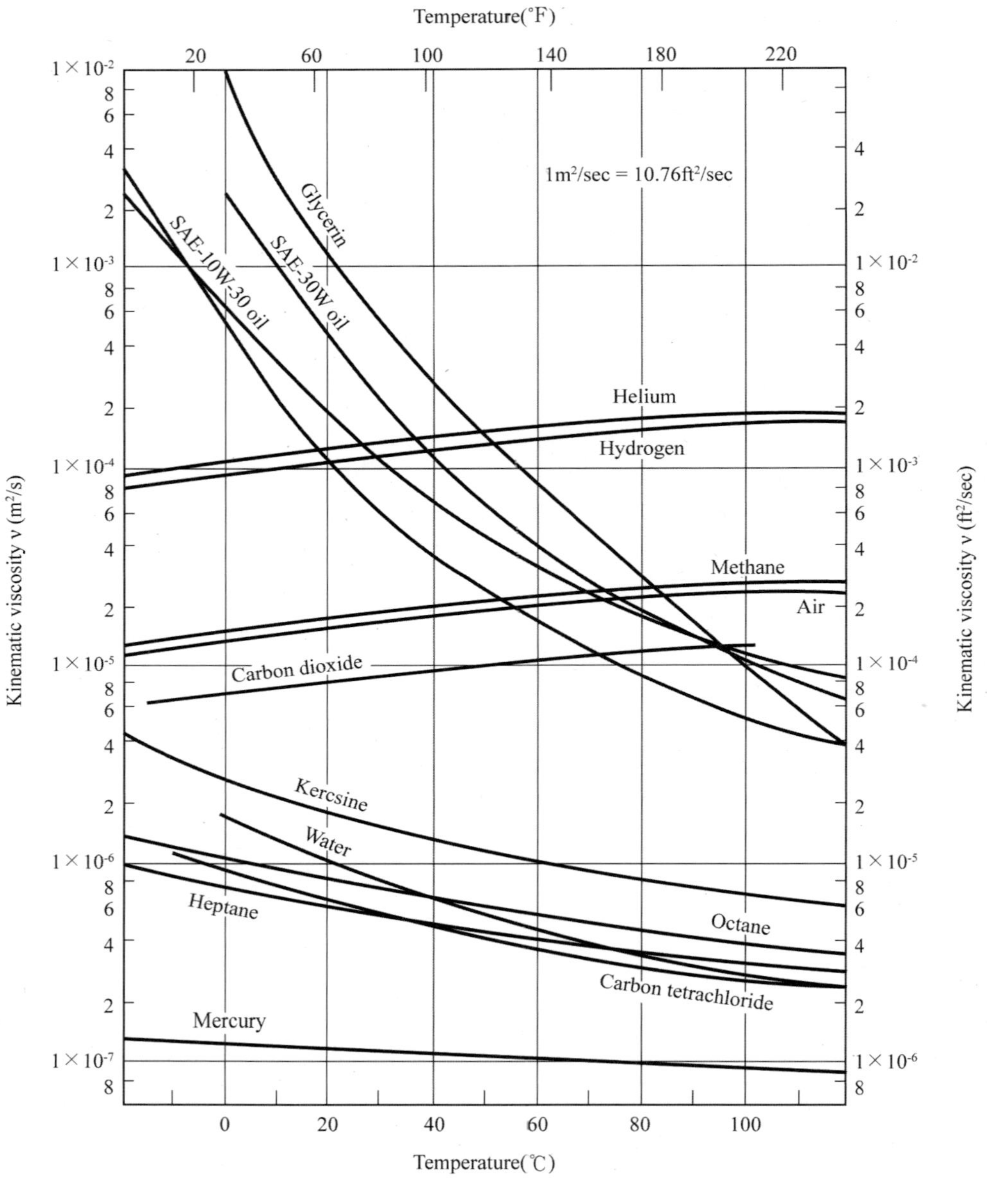

[그림 2-2] 온도변화와 동점성계수

〈표 2.3〉 표준대기의 성질

해발고도 (m)	온도 (K)	압력 (kPa)	밀도 (kg/m^3)	음속 (m/s)
0	288.2	101.3	1.225	340
500	284.9	95.43	1.167	338
1000	281.7	89.85	1.112	336
2000	275.2	79.48	1.007	333
4000	262.2	61.64	0.8194	325
6000	249.2	47.21	0.6602	316
8000	236.2	35.65	0.5258	308
10000	223.3	26.49	0.4136	300
12000	216.7	19.40	0.3119	295
14000	216.7	14.17	0.2278	295
16000	216.7	10.35	0.1665	295
18000	216.7	7.563	0.1216	295
20000	216.7	5.528	0.0889	295
30000	226.5	1.196	0.184	302
40000	250.4	0.287	4.00×10^{-3}	317
50000	270.7	0.0798	1.03×10^{-3}	330
60000	255.8	0.0225	3.06×10^{-4}	321
70000	219.7	0.00551	8.75×10^{-5}	297
80000	180.7	0.00103	2.00×10^{-5}	269

〈표 2.4〉 300K에서의 이상 기체 성질

기체종류	화학식	분자량	$R\left(\frac{ft-lb}{slug-{}^\circ R}\right)$	$R\left(\frac{kJ}{kg \cdot K}\right)$	$c_p\left(\frac{ft-lb}{slug-{}^\circ R}\right)$	$c_p\left(\frac{kJ}{kg \cdot K}\right)$	k
공 기	–	28.97	1716	0.287	6012	1.004	1.40
아 르 곤	Ar	39.94	1244	0.2081	3139	0.5203	1.667
이산화탄소	CO_2	44.01	1129	0.1889	5085	0.8418	1.287
일산화탄소	CO	28.01	1775	0.2968	6238	1.041	1.40
에 탄	C_2H_6	30.07	1653	0.2765	10,700	1.766	1.184
헬 륨	He	4.003	12,420	2.077	31,310	5.193	1.667
수 소	H_2	2.016	24,660	4.124	85,930	14.21	1.40
메 탄	CH_4	16.04	3100	0.5184	13,330	2.254	1.30
질 소	N_2	28.02	1774	0.2968	6213	1.042	1.40
산 소	O_2	32.00	1553	0.2598	5486	0.9216	1.394
프 로 판	C_3H_8	44.10	1127	0.1886	10,200	1.679	1.12
수 증 기	H_2O	18.02	2759	0.4615	11,150	1.872	1.33

$c_v = c_p - R,\ k = c_p / c_v$

〈표 2.5〉 16~21℃에서 액체의 성질

액체종류	비중량(γ)		밀도(ρ)		표면장력(σ)		증기압(ρ_V)	
	lb/ft^3	N/m^3	slugs/ft^3	kg/m^3	lb/ft	N/m	psia	kPa
에틴 알코올	49.3	7,744	1.53	789	0.0015	0.022	–	–
벤 젠	56.2	8,828	1.75	902	0.0020	0.029	1.50	10.3
사염화탄소	99.5	15,629	3.09	1,593	0.0018	0.026	12.50	86.2
가 솔 린	42.2	6,660	1.32	680	–	–	–	–
글 리 세 린	78.6	12,346	2.44	1,258	0.0043	0.063	2×10^{-6}	1.4×10^{-5}
Kerosene	50.5	7,933	1.57	809	0.0017	0.025	–	–
머 큐 리	845.5	132,800	26.29	13,550	0.032	0.467	2.31×10^{-5}	1.59×10^{-4}
SAE 10 oil	57.4	9,016	1.78	917	0.0025	0.036	–	–
SAE 30 oil	57.4	9,016	1.78	917	0.0024	0.035	–	–
터 펜 틴	54.3	8,529	1.69	871	0.0018	0.026	7.7×10^{-3}	5.31×10^{-2}
물	62.4	9,790	1.94	998	0.0050	0.073	0.34	2.34

A.3 면적과 체적의 성질

〈표 3.1〉 면적

	그림	면적	중심점	단면 2차모멘트
사각형	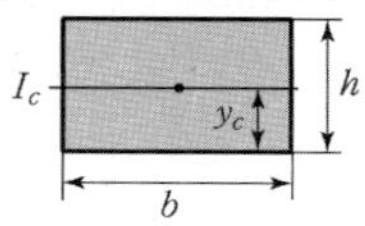	bh	$\bar{y}=h/2$	$\bar{I}=bh^3/12$
삼각형	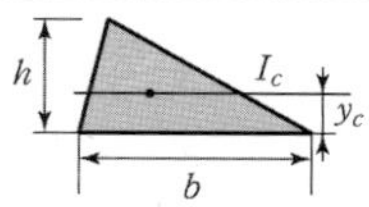	$bh/2$	$\bar{y}=h/3$	$\bar{I}=bh^3/36$
원	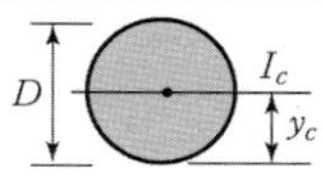	$\pi D^2/4$	$\bar{y}=r$	$\bar{I}=\pi D^4/64$
반원	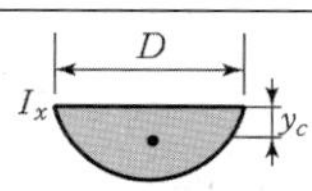	$\pi D^2/8$	$\bar{y}=4r/3\pi$	$\bar{I}_x=\pi D^4/128$
타원	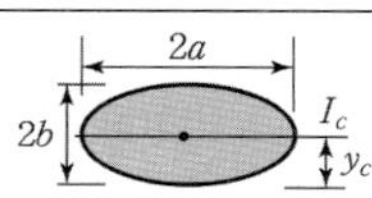	πab	$\bar{y}=b$	$\bar{I}=\pi ab^3/4$
반타원	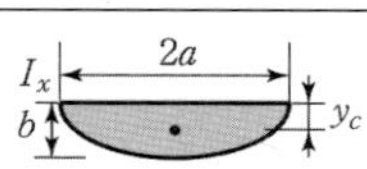	$\pi ab/2$	$\bar{y}=4b/3\pi$	$\bar{I}_x=\pi ab^3/8$

〈표 3.2〉 체적

	그림	표면적	체적	중심점
원통	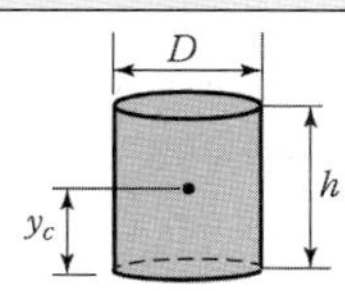	$\pi Dh+\pi D^2/2$	$\pi D^2h/4$	$\bar{y}=h/2$
구	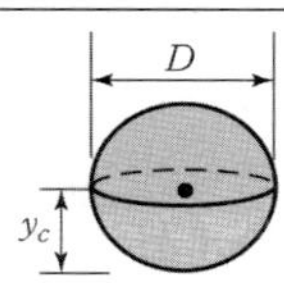	πD^2	$\pi D^3/6$	$\bar{y}=r$
원뿔	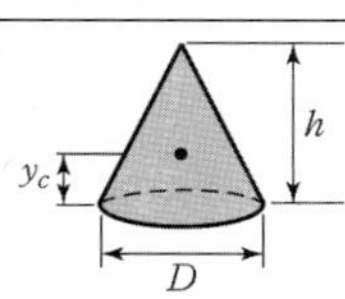	$\pi(r^2+r\sqrt{r^2+h^2})$	$\pi D^2h/12$	$\bar{y}=h/4$
반구	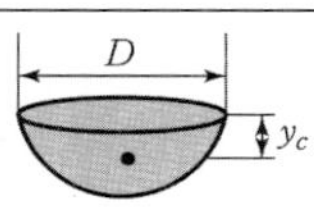	$3\pi D^2/4$	$\pi D^3/12$	$\bar{y}=3r/8$

A.4 공기-압축성 유동

〈표 4.1〉 등엔트로피 유동

M	p/p_0	T/T_0	A/A^*	M	p/p_0	T/T_0	A/A^*
0	1.0000	1.0000	∞	0.80	0.6560	0.8865	1.0382
0.02	0.9997	0.9999	28.9421	0.82	0.6430	0.8815	1.0305
0.04	0.9989	0.9997	14.4815	0.84	0.6300	0.8763	1.0237
0.06	0.9975	0.9993	9.6659	0.86	0.6170	0.8711	1.0179
0.08	0.9955	0.9987	7.2616	0.88	0.6041	0.8659	1.0129
0.10	0.9930	0.9980	5.8218	0.90	0.5913	0.8606	1.0089
0.12	0.9900	0.9971	4.8643	0.92	0.5785	0.8552	1.0056
0.14	0.9864	0.9961	4.1824	0.94	0.5658	0.8498	1.0031
0.16	0.9823	0.9949	3.6727	0.96	0.5532	0.8444	1.0014
0.18	0.9776	0.9936	3.2779	0.98	0.5407	0.8389	1.0003
0.20	0.9725	0.9921	2.9635	1.00	0.5283	0.8333	1.000
0.22	0.9668	0.9904	2.7076	1.02	0.5160	0.8278	1.000
0.24	0.9607	0.9886	2.4956	1.04	0.5039	0.8222	1.001
0.26	0.9541	0.9867	2.3173	1.06	0.4919	0.8165	1.003
0.28	0.9470	0.9846	2.1656	1.08	0.4800	0.8108	1.005
0.30	0.9395	0.9823	2.0351	1.10	0.4684	0.8052	1.008
0.32	0.9315	0.9799	1.9219	1.12	0.4568	0.7994	1.011
0.34	0.9231	0.9774	1.8229	1.14	0.4455	0.7937	1.015
0.36	0.9143	0.9747	1.7358	1.16	0.4343	0.7879	1.020
0.38	0.9052	0.9719	1.6587	1.18	0.4232	0.7822	1.025
0.40	0.8956	0.9690	1.5901	1.20	0.4124	0.7764	1.030
0.42	0.8857	0.9659	1.5289	1.22	0.4017	0.7706	1.037
0.44	0.8755	0.9627	1.4740	1.24	0.3912	0.7648	1.043
0.46	0.8650	0.9594	1.4246	1.26	0.3809	0.7590	1.050
0.48	0.8541	0.9560	1.3801	1.28	0.3708	0.7532	1.058
0.50	0.8430	0.9524	1.3398	1.30	0.3609	0.7474	1.066
0.52	0.8317	0.9487	1.3034	1.32	0.3512	0.7416	1.075
0.54	0.8201	0.9449	1.2703	1.34	0.3417	0.7358	1.084
0.56	0.8082	0.9410	1.2403	1.36	0.3323	0.7300	1.094
0.58	0.7962	0.9370	1.2130	1.38	0.3232	0.7242	1.104
0.60	0.7840	0.9328	1.1882	1.40	0.3142	0.7184	1.115
0.62	0.7716	0.9286	1.1657	1.42	0.3055	0.7126	1.126
0.64	0.7591	0.9243	1.1452	1.44	0.2969	0.7069	1.138
0.66	0.7465	0.9199	1.1265	1.46	0.2886	0.7011	1.150
0.68	0.7338	0.9153	1.1097	1.48	0.2804	0.6954	1.163
0.70	0.7209	0.9107	1.0944	1.50	0.2724	0.6897	1.176
0.72	0.7080	0.9061	1.0806	1.52	0.2646	0.6840	1.190
0.74	0.6951	0.9013	1.0681	1.54	0.2570	0.6783	1.204
0.76	0.6821	0.8964	1.0570	1.56	0.2496	0.6726	1.219
0.78	0.6691	0.8915	1.0471	1.58	0.2423	0.6670	1.234

M	p/p_0	T/T_0	A/A^*	M	p/p_0	T/T_0	A/A^*
1.60	0.2353	0.6614	1.250	2.48	0.6038−1	0.4484	2.588
1.62	0.2284	0.6558	1.267	2.50	0.5853−1	0.4444	2.637
1.64	0.2217	0.6502	1.284	2.52	0.5674−1	0.4405	2.686
1.66	0.2151	0.6447	1.301	2.54	0.5500−1	0.4366	2.737
1.68	0.2088	0.6392	1.319	2.56	0.5332−1	0.4328	2.789
1.70	0.2026	0.6337	1.338	2.58	0.5169−1	0.4289	2.842
1.72	0.1966	0.6283	1.357	2.60	0.5012−1	0.4252	2.896
1.74	0.1907	0.6229	1.376	2.62	0.4859−1	0.4214	2.951
1.76	0.1850	0.6175	1.397	2.64	0.4711−1	0.4177	3.007
1.78	0.1794	0.6121	1.418	2.66	0.4568−1	0.4141	3.065
1.80	0.1740	0.6068	1.439	2.68	0.4429−1	0.4104	3.123
1.82	0.1688	0.6015	1.461	2.70	0.4295−1	0.4068	3.183
1.84	0.1637	0.5963	1.484	2.72	0.4165−1	0.4033	3.244
1.86	0.1587	0.5910	1.507	2.74	0.4039−1	0.3998	3.306
1.88	0.1539	0.5859	1.531	2.76	0.3917−1	0.3963	3.370
1.90	0.1492	0.5807	1.555	2.78	0.3799−1	0.3928	3.434
1.92	0.1447	0.5756	1.580	2.80	0.3685−1	0.3894	3.500
1.94	0.1403	0.5705	1.606	2.82	0.3574−1	0.3860	3.567
1.96	0.1360	0.5655	1.633	2.84	0.3467−1	0.3827	3.636
1.98	0.1318	0.5605	1.660	2.86	0.3363−1	0.3794	3.706
2.00	0.1278	0.5556	1.688	2.88	0.3263−1	0.3761	3.777
2.02	0.1239	0.5506	1.716	2.90	0.3165−1	0.3729	3.850
2.04	0.1201	0.5458	1.745	2.92	0.3071−1	0.3696	3.924
2.06	0.1164	0.5409	1.775	2.94	0.2980−1	0.3665	3.999
2.08	0.1128	0.5361	1.806	2.96	0.2891−1	0.3633	4.076
2.10	0.1094	0.5313	1.837	2.98	0.2805−1	0.3602	4.155
2.12	0.1060	0.5266	1.869	3.00	0.2722−1	0.3571	4.235
2.14	0.1027	0.5219	1.902	3.02	0.2642−1	0.3541	4.316
2.16	0.9956−1	0.5173	1.935	3.04	0.2564−1	0.3511	4.399
2.18	0.9649−1	0.5127	1.970	3.06	0.2489−1	0.3481	4.483
2.20	0.9352−1	0.5081	2.005	3.08	0.2416−1	0.3452	4.570
2.22	0.9064−1	0.5036	2.041	3.10	0.2345−1	0.3422	4.657
2.24	0.8785−1	0.4991	2.078	3.12	0.2276−1	0.3393	4.747
2.26	0.8514−1	0.4947	2.115	3.14	0.2210−1	0.3365	4.838
2.28	0.8251−1	0.4903	2.154	3.16	0.2146−1	0.3337	4.930
2.30	0.7997−1	0.4859	2.193	3.18	0.2083−1	0.3309	5.025
2.32	0.7751−1	0.4816	2.233	3.20	0.2023−1	0.3281	5.121
2.34	0.7512−1	0.4773	2.274	3.22	0.1964−1	0.3253	5.219
2.36	0.7281−1	0.4731	2.316	3.24	0.1908−1	0.3226	5.319
2.38	0.7057−1	0.4688	2.359	3.26	0.1853−1	0.3199	5.420
2.40	0.6840−1	0.4647	2.403	3.28	0.1799−1	0.3173	5.523
2.42	0.6630−1	0.4606	2.448	3.30	0.1748−1	0.3147	5.629
2.44	0.6426−1	0.4565	2.494	3.32	0.1698−1	0.3121	5.736
2.46	0.6229−1	0.4524	2.540	3.34	0.1649−1	0.3095	5.845

M	p/p_0	T/T_0	A/A^*	M	p/p_0	T/T_0	A/A^*
3.36	0.1602−1	0.3069	5.956	4.26	0.4684−2	0.2160	13.48
3.38	0.1557−1	0.3044	6.069	4.28	0.4565−2	0.2144	13.72
3.40	0.1512−1	0.3019	6.184	4.30	0.4449−2	0.2129	13.95
3.42	0.1470−1	0.2995	6.301	4.32	0.4337−2	0.2113	14.20
3.44	0.1428−1	0.2970	6.420	4.34	0.4228−2	0.2098	14.45
3.46	0.1388−1	0.2946	6.541	4.36	0.4121−2	0.2083	14.70
3.48	0.1349−1	0.2922	6.664	4.38	0.4018−2	0.2067	14.95
3.50	0.1311−1	0.2899	6.790	4.40	0.3918−2	0.2053	15.21
3.52	0.1274−1	0.2875	6.917	4.42	0.3820−2	0.2038	15.47
3.54	0.1239−1	0.2852	7.047	4.44	0.3725−2	0.2023	15.74
3.56	0.1204−1	0.2829	7.179	4.46	0.3633−2	0.2009	16.01
3.58	0.1171−1	0.2806	7.313	4.48	0.3543−2	0.1994	16.28
3.60	0.1138−1	0.2784	7.450	4.50	0.3455−2	0.1980	16.56
3.62	0.1107−1	0.2762	7.589	4.52	0.3370−2	0.1966	16.84
3.64	0.1076−1	0.2740	7.730	4.54	0.3288−2	0.1952	17.13
3.66	0.1047−1	0.2718	7.874	4.56	0.3207−2	0.1938	17.42
3.68	0.1018−1	0.2697	8.020	4.58	0.3129−2	0.1925	17.72
3.70	0.9903−2	0.2675	8.169	4.60	0.3053−2	0.1911	18.02
3.72	0.9633−2	0.2654	8.320	4.62	0.2978−2	0.1898	18.32
3.74	0.9370−2	0.2633	8.474	4.64	0.2906−2	0.1885	18.63
3.76	0.9116−2	0.2613	8.630	4.66	0.2836−2	0.1872	18.94
3.78	0.8869−2	0.2592	8.789	4.68	0.2768−2	0.1859	19.26
3.80	0.8629−2	0.2572	8.951	4.70	0.2701−2	0.1846	19.58
3.82	0.8396−2	0.2552	9.115	4.72	0.2637−2	0.1866	19.91
3.84	0.8171−2	0.2532	9.282	4.74	0.2573−2	0.1820	20.24
3.86	0.7951−2	0.2513	9.451	4.76	0.2512−2	0.1808	20.58
3.88	0.7739−2	0.2493	9.624	4.78	0.2452−2	0.1795	20.92
3.90	0.7532−2	0.2474	9.799	4.80	0.2394−2	0.1783	21.26
3.92	0.7332−2	0.2455	9.977	4.82	0.2338−2	0.1771	21.61
3.94	0.7137−2	0.2436	10.16	4.84	0.2283−2	0.1759	21.97
3.96	0.6948−2	0.2418	10.34	4.86	0.2229−2	0.1747	22.33
3.98	0.6764−2	0.2399	10.53	4.88	0.2177−2	0.1735	22.70
4.00	0.6586−2	0.2381	10.72	4.90	0.2126−2	0.1724	23.07
4.02	0.6413−2	0.2363	10.91	4.92	0.2076−2	0.1712	23.44
4.04	0.6245−2	0.2345	11.11	4.94	0.2028−2	0.1700	23.82
4.06	0.6082−2	0.2327	11.31	4.96	0.1981−2	0.1689	24.21
4.08	0.5923−2	0.2310	11.51	4.98	0.1935−2	0.1678	24.60
4.10	0.5769−2	0.2293	11.71	5.00	0.1890−2	0.1637	25.00
4.12	0.5619−2	0.2275	11.92	6.00	0.0633−2	0.1219	53.19
4.14	0.5474−2	0.2258	12.14	7.00	0.0242−2	0.0926	104.14
4.16	0.5333−2	0.2242	12.35	8.00	0.0102−2	0.0725	190.11
4.18	0.5195−2	0.2225	12.57	9.00	0.0474−3	0.0582	327.19
4.20	0.5062−2	0.2208	12.79	10.00	0.0236−3	0.0476	535.94
4.22	0.4932−2	0.2192	13.02	∞	0	0	∞
4.24	0.4806−2	0.2176	13.25				

〈표 4.2〉 충격파

M_1	M_2	p_2/p_1	T_2/T_1	p_{02}/p_{01}
1.00	1.000	1.000	1.000	1.000
1.02	0.9805	1.047	1.013	1.000
1.04	0.9620	1.095	1.026	0.9999
1.06	0.9444	1.144	1.039	0.9997
1.08	0.9277	1.194	1.052	0.9994
1.10	0.9118	1.245	1.065	0.9989
1.12	0.8966	1.297	1.078	0.9982
1.14	0.8820	1.350	1.090	0.9973
1.16	0.8682	1.403	1.103	0.9961
1.18	0.8549	1.458	1.115	0.9946
1.20	0.8422	1.513	1.128	0.9928
1.22	0.8300	1.570	1.141	0.9907
1.24	0.8183	1.627	1.153	0.9884
1.26	0.8071	1.686	1.166	0.9857
1.28	0.7963	1.745	1.178	0.9827
1.30	0.7860	1.805	1.191	0.9794
1.32	0.7760	1.866	1.204	0.9758
1.34	0.7664	1.928	1.216	0.9718
1.36	0.7572	1.991	1.229	0.9676
1.38	0.7483	2.055	1.242	0.9630
1.40	0.7397	2.120	1.255	0.9582
1.42	0.7314	2.186	1.268	0.9531
1.44	0.7235	2.253	1.281	0.9476
1.46	0.7157	2.320	1.294	0.9420
1.48	0.7083	2.389	1.307	0.9360
1.50	0.7011	2.458	1.320	0.9298
1.52	0.6941	2.529	1.334	0.9233
1.54	0.6874	2.600	1.347	0.9166
1.56	0.6809	2.673	1.361	0.9097
1.58	0.6746	2.746	1.374	0.9026
1.60	0.6684	2.820	1.388	0.8952
1.62	0.6625	2.895	1.402	0.8877
1.64	0.6568	2.971	1.416	0.8799
1.66	0.6512	3.048	1.430	0.8720
1.68	0.6458	3.126	1.444	0.8640
1.70	0.6405	3.205	1.458	0.8557
1.72	0.6355	3.285	1.473	0.8474
1.74	0.6305	3.366	1.487	0.8389
1.76	0.6257	3.447	1.502	0.8302
1.78	0.6210	3.530	1.517	0.8215
1.80	0.6165	3.613	1.532	0.8127
1.82	0.6121	3.698	1.547	0.8038
1.84	0.6078	3.83	1.562	0.7948
1.86	0.6036	3.870	1.577	0.7857
1.88	0.5996	3.957	1.592	0.7765
1.90	0.5956	4.045	1.608	0.7674
1.92	0.5918	4.134	1.624	0.7581
1.94	0.5880	4.224	1.639	0.7488

M_1	M_2	p_2/p_1	T_2/T_1	p_{02}/p_{01}
1.96	0.5844	4.315	1.655	0.7395
1.98	0.5808	4.407	1.671	0.7302
2.00	0.5774	4.500	1.688	0.7209
2.02	0.5740	4.594	1.704	0.7115
2.04	0.5707	4.689	1.720	0.7022
2.06	0.5675	4.784	1.737	0.6928
2.08	0.5643	4.881	1.754	0.6835
2.10	0.5613	4.978	1.770	0.6742
2.12	0.5583	5.077	1.787	0.6649
2.14	0.5554	5.176	1.805	0.6557
2.16	0.5525	5.277	1.822	0.6464
2.18	0.5498	5.378	1.839	0.6373
2.20	0.5471	5.480	1.857	0.6281
2.22	0.5444	5.583	1.875	0.6191
2.24	0.5418	5.687	1.892	0.6100
2.26	0.5393	5.792	1.910	0.6011
2.28	0.5368	5.898	1.929	0.5921
2.30	0.5344	6.005	1.947	0.5833
2.32	0.5321	6.113	1.965	0.5745
2.34	0.5297	6.222	1.984	0.5658
2.36	0.5275	6.331	2.002	0.5572
2.38	0.5253	6.442	2.021	0.5486
2.40	0.5231	6.553	2.040	0.5401
2.42	0.5210	6.666	2.059	0.5317
2.44	0.5189	6.779	2.079	0.5234
2.46	0.5169	6.894	2.098	0.5152
2.48	0.5149	7.009	2.118	0.5071
2.50	0.5130	7.125	2.138	0.4990
2.52	0.5111	7.242	2.157	0.4911
2.54	0.5092	7.360	2.177	0.4832
2.56	0.5074	7.479	2.198	0.4754
2.58	0.5056	7.599	2.218	0.4677
2.60	0.5039	7.720	2.238	0.4601
2.62	0.5022	7.842	2.259	0.4526
2.64	0.5005	7.965	2.280	0.4452
2.66	0.4988	8.088	2.301	0.4379
2.68	0.4972	8.213	2.322	0.4307
2.70	0.4956	8.338	2.343	0.4236
2.72	0.4941	8.465	2.364	0.4166
2.74	0.4926	8.592	2.386	0.4097
2.76	0.4911	8.721	2.407	0.4028
2.78	0.4896	8.850	2.429	0.3961
2.80	0.4882	8.980	2.451	0.3895
2.82	0.4868	9.111	2.473	0.3829
2.84	0.4854	9.243	2.496	0.3765
2.86	0.4840	9.376	2.518	0.3701
2.88	0.4827	9.510	2.540	0.3639
2.90	0.4814	9.645	2.563	0.3577
2.92	0.4801	9.781	2.586	0.3517
2.94	0.4788	9.918	2.609	0.3457

M_1	M_2	p_2/p_1	T_2/T_1	p_{02}/p_{01}
2.96	0.4776	10.06	2.632	0.3398
2.98	0.4764	10.19	2.656	0.3340
3.00	0.4752	10.33	2.679	0.3283
3.02	0.4740	10.47	2.703	0.3227
3.04	0.4729	10.62	2.726	0.3172
3.06	0.4717	10.76	2.750	0.3118
3.08	0.4706	10.90	2.774	0.3065
3.10	0.4695	11.05	2.799	0.3012
3.12	0.4685	11.19	2.823	0.2960
3.14	0.4674	11.34	2.848	0.2910
3.16	0.4664	11.48	2.872	0.2860
3.18	0.4654	11.63	2.897	0.2811
3.20	0.4643	11.78	2.922	0.2762
3.22	0.4634	11.93	2.947	0.2715
3.24	0.4624	12.08	2.972	0.2668
3.26	0.4614	12.23	2.998	0.2622
3.28	0.4605	12.38	3.023	0.2577
3.30	0.4596	12.54	3.049	0.2533
3.32	0.4587	12.69	3.075	0.2489
3.34	0.4578	12.85	3.101	0.2446
3.36	0.4569	13.00	3.127	0.2404
3.38	0.4560	13.16	3.154	0.2363
3.40	0.4552	13.32	3.180	0.2322
3.42	0.4544	13.48	3.207	0.2282
3.44	0.4535	13.64	3.234	0.2243
3.46	0.4527	13.80	3.261	0.2205
3.48	0.4519	13.96	3.288	0.2167
3.50	0.4512	14.13	3.315	0.2129
3.52	0.4504	14.29	3.343	0.2093
3.54	0.4496	14.45	3.370	0.2057
3.56	0.4489	14.62	3.398	0.2022
3.58	0.4481	14.79	3.426	0.1987
3.60	0.4474	14.95	3.454	0.1953
3.62	0.4467	15.12	3.482	0.1920
3.64	0.4460	15.29	3.510	0.1887
3.66	0.4453	15.46	3.539	0.1855
3.68	0.4446	15.63	3.568	0.1823
3.70	0.4439	15.81	3.596	0.1792
3.72	0.4433	15.98	3.625	0.1761
3.74	0.4423	16.15	3.654	0.1731
3.76	0.4420	16.33	3.684	0.1702
3.78	0.4414	16.50	3.713	0.1673
3.80	0.4407	16.68	3.743	0.1645
3.82	0.4401	16.86	3.772	0.1617
3.84	0.4395	17.04	3.802	0.1589
3.86	0.4389	17.22	3.832	0.1563
3.88	0.4383	17.40	3.863	0.1536
3.90	0.4377	17.58	3.893	0.1510
3.92	0.4372	17.76	3.923	0.1485
3.94	0.4366	17.94	3.954	0.1460

M_1	M_2	p_2/p_1	T_2/T_1	p_{02}/p_{01}
3.96	0.4360	18.13	3.985	0.1435
3.98	0.4355	18.31	4.016	0.1411
4.00	0.4350	18.50	4.047	0.1388
4.02	0.4344	18.69	4.078	0.1364
4.04	0.4339	18.88	4.110	0.1342
4.06	0.4334	19.06	4.141	0.1319
4.08	0.4329	19.25	4.173	0.1297
4.10	0.4324	19.45	4.205	0.1276
4.12	0.4319	19.64	4.237	0.1254
4.14	0.4314	19.83	4.269	0.1234
4.16	0.4309	20.02	4.301	0.1213
4.18	0.4304	20.22	4.334	0.1193
4.20	0.4299	20.41	4.367	0.1173
4.22	0.4295	20.61	4.399	0.1154
4.24	0.4290	20.81	4.432	0.1135
4.26	0.4286	21.01	4.466	0.1116
4.28	0.4281	21.20	4.499	0.1098
4.30	0.4277	21.41	4.532	0.1080
4.32	0.4272	21.61	4.566	0.1062
4.34	0.4268	21.81	4.600	0.1045
4.36	0.4264	22.01	4.633	0.1028
4.38	0.4260	22.22	4.668	0.1011
4.40	0.4255	22.42	4.702	0.9948−1
4.42	0.4251	22.63	4.736	0.9787−1
4.44	0.4247	22.83	4.771	0.9628−1
4.46	0.4243	23.04	4.805	0.9473−1
4.48	0.4239	23.25	4.840	0.9320−1
4.50	0.4236	23.46	4.875	0.9170−1
4.52	0.4232	23.67	4.910	0.9022−1
4.54	0.4228	23.88	4.946	0.8878−1
4.56	0.4224	24.09	4.981	0.8735−1
4.58	0.4220	24.31	5.017	0.8596−1
4.60	0.4217	24.52	5.052	0.8459−1
4.62	0.4213	24.74	5.088	0.8324−1
4.64	0.4210	24.95	5.124	0.8192−1
4.66	0.4206	25.17	5.160	0.8062−1
4.68	0.4203	25.39	5.197	0.7934−1
4.70	0.4199	25.61	5.233	0.7809−1
4.72	0.4196	25.82	5.270	0.7685−1
4.74	0.4192	26.05	5.307	0.7564−1
4.76	0.4189	26.27	5.344	0.7445−1
4.78	0.4186	26.49	5.381	0.7329−1
4.80	0.4183	26.71	5.418	0.7214−1
4.82	0.4179	26.94	5.456	0.7101−1
4.84	0.4176	27.16	5.494	0.6991−1
4.86	0.4173	27.39	5.531	0.6882−1
4.88	0.4170	27.62	5.569	0.6775−1
4.90	0.4197	27.85	5.607	0.6670−1
4.92	0.4164	28.07	5.646	0.6567−1

M_1	M_2	p_2/p_1	T_2/T_1	p_{02}/p_{01}
4.94	0.4161	28.30	5.684	0.6465−1
4.96	0.4158	28.54	5.723	0.3633−1
4.98	0.4155	58.77	5.761	0.6268−1
5.00	0.4152	29.00	5.800	0.6172−1
6.00	0.4042	41.83	7.941	0.2965−1
7.00	0.3974	57.00	10.469	0.1535−1
8.00	0.3929	74.50	13.387	0.0849−1
9.00	0.3898	94.33	16.693	0.0496−1
10.00	0.3875	116.50	20.388	0.0304−1
∞	0.3780	∞	∞	0

INDEX

저자 소개

- **박남섭** 유한대학교 기계과 기계시스템전공 교수
- **박시환** 울산과학대학교 기계공학부 교수
- **김상진** 대림대학교 기계과 교수
- **강형민** 동양미래대학교 기계공학과 교수

기본 유체역학 2판

발 행 일 • 2016년 7월 25일

저 자 • 박남섭 · 박시환 · 김상진 · 강형민
발 행 자 • 최봉조
발 행 처 • 진샘미디어
주 소 • 서울특별시 은평구 연서로5길 28
부호아파트 102동 상가 5호
전 화 • 02)353-4421
F A X • 02)353-4431

Home-page • www.jinsaem.co.kr
신고번호 • 제311-2005-000025호

I S B N • 979-11-85504-65-0 93550

정가 26,000원